卓越系列·国家示范性高等职业院校核心课程特色教材
21世纪高职高专精品规划教材

# 机械制造基础
## （第2版）
## FOUNDATION OF MECHANICAL MANUFACTURING
## (2ND EDITION)

主　编　赵　峰
副主编　王振意　方　力

## 内容简介

本书教学内容共包含七个学习项目，项目一机械制造安全与管理主要内容包括机械制造生产企业的安全工作、现场管理、企业5S管理等；项目二质量检验与管理主要内容包括质量要求、质量检验及质量管理等；项目三成形加工技术主要包括铸造、锻压和焊接工艺相关内容；项目四金属切削基础知识主要包括切削原理、刀具、机床相关基础知识；项目五典型机床加工主要包括车削、铣削、刨削、插削、拉削、孔加工、磨削、精密及光整加工等相关内容；项目六机械制造工艺方案主要包括加工工艺方案制定、典型零件加工工艺方案等相关内容；项目七现代制造工艺主要包括数控加工技术、超精密加工技术、微细加工技术、特种加工技术等基础知识。

机械制造基础是机械类和近机械类专业一门重要的专业技术基础课，涵盖了相关门类众多专业技术，而且，它又是一门理论和实践紧密结合的课程，因此要求学生既要掌握机械制造工艺方面的一些最基本的专业理论知识，又要具备一定的实践技能。本书可作为高职高专机械类、材料类及机电类等相关专业的教材，也可作为企业相关技术人员、技师、操作工、管理人员的培训教材和参考书。

**图书在版编目(CIP)数据**

机械制造基础/赵峰主编. —天津：天津大学出版社，2012.8(2023.6 重印)
(卓越系列)
国家示范性高等职业院校核心课程特色教材 21世纪高职高专精品规划教材
ISBN 978-7-5618-4437-3

Ⅰ.①机… Ⅱ.①赵… Ⅲ.①机械制造-高等职业教育-教材 Ⅳ.①TH

中国版本图书馆CIP数据核字(2012)第190483号

出版发行 天津大学出版社
地　　址 天津市卫津路92号天津大学内(邮编:300072)
电　　话 发行部:022-27403647
网　　址 www.tjupress.con.cn
印　　刷 北京盛通商印快线网络科技有限公司
经　　销 全国各地新华书店
开　　本 787mm×1 092mm　1/16
印　　张 17.75
字　　数 518千
版　　次 2012年9月第1版　2023年6月第2版
印　　次 2023年6月第6次
定　　价 45.00元

---

# 前　言

本书坚持思政进课堂，以立德树人为根本任务，将党的二十大报告精神有机融入到教材中，并以天津中德应用技术大学三十余年德国“双元制”教学、企业培训、高职学历教育“机械制造基础”课程为基础，结合教育部倡导的职业教育课程教学改革精神，并根据高职高专机械类与近机械类高端技能型人才的培养要求而编写。

党的二十大报告指出，教育、科技、人才是全面建设社会主义现代化国家的基础性、战略性支撑，同时指出高质量发展是全面建设社会主义现代化国家的首要任务。高质量发展离不开高质量的装备制造，而机械制造又是高质量发展的重要基础工程，因此，机械制造基础相关知识对我国制造领域高质量发展将起到重要的基础学科支撑作用。

机械制造基础是机械类和近机械类专业一门重要的专业技术基础课，涵盖了相关门类众多专业技术，而且，它又是一门理论和实践紧密结合的课程，因此要求学生既要掌握机械制造工艺方面的一些最基本的专业理论知识，又要具备一定的实践技能。因此，本书一方面要阐述机械制造工艺方面的基本理论，揭示机械制造工艺方面的原理及工艺，介绍各种机械制造工艺的特点及应用，总结各种典型机械制造工艺的选用。另一方面要使教材中更多的内容源于机械切削加工、铸造、锻造、焊接等相关岗位工作过程中的典型工作任务，以机械制造领域相关岗位具体工作过程为导向，以工作任务为引领，并嵌入相关国家职业标准的能力要求来设计教学内容，以能力为本位构建项目化、弹性化的教学内容。并遵循“以掌握基础、强化应用、培养技能为重点”的原则，将理论知识进行精简，结合项目、任务、课题、案例等增加应用技术内容，编写时注意简化基础理论的叙述，注意联系生产实际，加强应用性内容的介绍；列举大量实际案例，根据现代制造技术的发展趋势更新有关教学内容，尽量反映机械制造工艺发展的新成果，贯彻国家最新技术标准。通过与生产实践紧密结合，将课程内容的组织与实践技能的训练项目相结合，培养学生建立机械制造技术体系的相关概念，掌握机械制造工艺的基本知识；提高分析解决机械制造工艺相关问题的方法能力；结合基础实训课程掌握一定的操作技能，为学习后续课程和从事机械制造领域相关岗位的工作奠定必要的基础。本书可作为高职高专机械类、材料类与机电类等相关专业的教材，也可作为企业相关技术人员、技师、操作工、管理人员的培训教材和参考书。

本书由天津中德应用技术大学“工程材料”国家级精品课程负责人赵峰教授任主编并负责策划、组织和统稿，天津中德应用技术大学王振意、方力老师任副主编。编写团队的老师大多数具有德国“双元制”教学、企业培训、师资培训等方面的教学经验。

全书包含七个学习项目，项目一由天津中德应用技术大学的韩晓方编写；项目二由天津中德应用技术大学的戴文婷编写；项目三由天津中德应用技术大学的马林旭编写；项目四和项目六由天津中德应用技术大学王振意编写；项目五中任务 1、3、5、6 由天津中德应用技术大学方力编写；项目五中任务 2 由天津中德应用技术大学张国刚编写；项目五中任务 4 由天津中德应用技术大学宋全胜编写;项目七由天津中德应用技术大学骆鸣编写。

本书在编写过程中得到了相关领导和专家的鼎力支持和帮助,对基于工作过程教材的改革和创新探索了新的思路,同时我们参阅了许多相关教材、手册以及机械制造工艺方面的一些最新研究成果,在此对相关专家、学者和老师表示衷心的感谢,也对天津大学出版社的积极协助表示由衷的感谢。

由于时间和精力所限,教材在基于工作过程的特色等方面还有不完善之处,错误和纰漏也在所难免,希望广大读者批评指正。如有意见和建议请反馈到电子邮箱 zdzhao319@163.com。

编者

2023 年 6 月

# 目　录

# 绪　论

制造是人类最主要的生产活动之一。它是指人类按照所需，运用主观掌握的知识和技能，应用可利用的设备和工具，采用有效的方法，将原材料转化为有使用价值的物质产品并投放市场的全过程。制造业是指对原材料进行加工或再加工以及对零部件装配的工业的总称。它是国民经济的支柱产业之一。

机械制造业是制造业的最主要的组成部分。它是为用户创造和提供机械产品的行业，包括机械产品的开发、设计、制造生产、流通和售后服务全过程。目前，机械制造业肩负着双重任务：一是直接为最终用户提供消费品，二是为国民经济各行业提供生产技术装备。因此，机械制造业是国家工业体系的重要基础和国民经济的重要组成部分，机械制造技术水平是衡量一个国家科技水平的重要标志之一，在综合国力竞争中具有重要地位，它的提高与进步将对整个国民经济的发展和科技、国防实力产生直接的作用和影响。

**1. 机械制造过程涉及的技术和工艺**

产品的制造过程是将原材料转变为成品的过程。它包括生产技术准备、毛坯制造、机械加工、热处理、装配、调试检验以及油漆包装等过程。上述凡使被加工对象的尺寸、形状或性能产生一定变化的过程均称为直接生产过程。而工艺装备的制造、原材料的供应、工件及材料的运输和储存、设备的维修及动力供应等过程，不会使被加工对象产生直接的变化，称为辅助生产过程。

产品制造过程中涉及产品设计技术、材料工程技术、材料成形技术、切削加工技术、质量检验与管理技术、生产安全与管理技术、装配维修技术、计算机和信息技术等。

在生产过程中直接改变生产对象的形状、尺寸、相对位置和性质（物理、化学、力学性能）等，使其成为合格产品的过程，称为工艺过程，如毛坯制造、机械加工、热处理、装配等，它是生产过程的重要组成部分。工艺过程包括热加工工艺过程（铸造、塑性加工、焊接、热处理及表面处理）、机械加工工艺过程（冷加工）和装配工艺过程。

在机械制造的生产过程中，零件（毛坯）的成形要采用各种不同的制造工艺方法。这些方法利用不同的机理，使被加工对象（原材料、毛坯、半成品等）产生变化（指尺寸、几何形状、性质、状态等的变化）。按照加工过程中质量的变化，可以将零件（毛坯）的制造工艺方法分为材料成形工艺、材料去除工艺和材料累积工艺三种类型。

(1) 材料成形工艺

材料成形工艺是指加工时材料的形状、尺寸、性能等发生变化，而其质量未发生变化，属于质量不变工艺。材料成形工艺常用来制造毛坯，也可以用来制造形状复杂但精度要求不太高的零件。材料成形工艺的生产效率较高，常用的成形工艺有铸造、锻压、粉末冶金成形等。

(2) 材料去除工艺

材料去除工艺是以一定的方式从工件上切除多余的材料，得到所需形状、尺寸的零件。在材料的去除过程中，工件逐渐逼近理想零件的形状与尺寸。材料去除工艺是机械制造中应用最广泛的加工工艺,包括各种传统的切削加工、磨削加工和特种加工。

切削加工是用金属切削刀具在机床上切除工件毛坯上多余的金属,从而使工件的形状、尺寸和表面质量达到设计要求的工艺方法。常用的切削加工方式有车削、铣削、刨削、插削、钻削、拉削、镗削等。

磨削加工是利用高速旋转的砂轮在磨床上磨去工件上多余的金属,从而达到较高的加工精度和表面质量的工艺方法。磨削既可加工非淬硬表面,也可加工淬硬表面。常用的磨削加工方式有内外圆磨削、平面磨削、成形磨削等。

特种加工是利用电能、热能、化学能、光能、声能等对工件进行材料去除的加工方法。特种加工主要是用其他能量而不是机械能,去除金属材料;特种加工的工具硬度可以低于被加工工件材料;加工过程中工具和工件间不存在显著的机械切削力。常用的特种加工方法有电火花加工、电解加工、激光加工、超声波加工、水喷射加工、电子束加工、离子束加工等。

(3)材料累积工艺

材料累积工艺是指利用一定的方式使零件的质量不断增加的工艺方法,包括传统的连接方法、电铸电镀加工和先进的快速成形技术。

传统的累加方式有连接与装配。可以通过不可拆卸的连接方法,如焊接、黏接、铆接和过盈配合等,使物料结合成一个整体,形成零件或部件;也可以通过各种装配方法,如螺纹连接、销连接等,使若干零件装配连接成组件、部件或产品。

电铸加工、表面局部涂镀加工和电镀加工都是利用电镀液中的金属正离子在电场的作用下,逐渐镀覆沉积到阴极上去,形成一定厚度的金属层,达到复制成形、修复磨损零件和表面装饰防锈的目的。

快速成形技术是以微元叠加方式累积生成的技术。将零件的三维实体模型数据经计算机分层切片处理,得到各层截面轮廓;按照这些轮廓,激光束选择性地切割一层层薄如纸的薄层(叠层法),或固化一层层的液态树脂(光固化法),或烧结一层层的粉末材料(烧结法),或由喷射源选择性地喷射一层层的黏结剂或热熔材料(熔融沉积法),形成一个个薄层,并逐步叠加成三维实体。快速成形技术可以直接、快速、精确地将设计思想物化为具有一定功能的原型或直接制造零件,从而可以对产品设计进行快速评价、修改及功能试验,有效地缩短了产品的研发周期,是近年来制造技术领域的一次重大突破。

随着科技、经济、社会的日益进步和快速发展,日趋激烈的国际竞争及不断提高的人民生活水平对机械产品在性能、价格、质量、服务、环保及多样性、可靠性等多方面提出的要求越来越高,对先进的生产技术装备、科技与国防装备的需求越来越大,机械制造业面临着新的发展机遇和挑战。



**2. 机械制造技术的发展趋势**

现代机械制造技术发展的总趋势是机械制造技术与材料科学、电子科学、信息科学、生命科学、环保科学、管理科学等的交叉和融合,具体主要集中在以下几个方面。

(1)机械制造基础技术

切削(含磨削)加工仍然是机械制造的主导加工方法,进一步提高生产效率和加工质量是今后的发展方向。高速、超高速切削(磨削),高精度、高速切削机床与刀具,最佳切削参数的自动优选,刀具的高可靠性和在线监控技术,成组技术,自动装配技术等将得到进一步的发展和应用。

(2)超精密及微细加工技术

各种精密、超精密加工技术,微细与纳米加工技术在微电子芯片及光子芯片制造、超精密微型机器及仪器、微机电系统等尖端技术及国防尖端装备制造领域中将大显身手。

(3)自动化制造技术

自动化制造技术将进一步向柔性化、智能化、集成化、网络化发展。计算机辅助设计(CAD)、计算机辅助工艺规程设计(CAPP)、快速成形(RP)等技术将在新产品设计方面得到更全面的应用和完善。高性能的计算机数控(CNC)机床、加工中心(MC)、柔性制造单元(FMC)等将更好地适应多品种、小批量产品高质、高效的加工制造。精益生产(LP)、准时生产(JIT)、并行工程(CE)、敏捷制造(AM)、计算机集成制造系统(CIMS)等先进制造生产管理模式将主导新世纪的制造业。

(4)绿色制造技术

在机械制造业综合考虑社会、环境、资源等可持续发展因素的绿色制造技术将朝着能源与原材料消耗最小,所产生的废弃物最少并尽可能回收利用,在产品的整个生命周期中对环境无害等方向发展。

**3. 本课程的性质、教学目标和学习方法**

本课程是机械类和近机械类专业一门重要的专业技术基础课程,通过本课程的学习,学生对机械制造要有一个总体的了解和把握,初步掌握企业安全生产与管理、质量检验与质量管理相关基础知识,材料成形工艺的特点及应用,金属切削过程的基本规律和机械加工的基本知识,能选择机械加工方法与机床、刀具、夹具及切削加工参数,初步具备制订机械加工工艺规程的能力,掌握机械装配基本知识,了解先进制造技术的特点及应用,初步具备分析和解决现场工艺问题的能力。

本课程的特点是口径宽、涉及面广、综合性和应用性强;与许多有关机械的基础知识和基本理论都有联系,内容丰富;工艺理论和工艺方法的应用灵活多变,与实际生产联系密切。学习本课程应理论联系实践,重视实践性教学环节,通过金工实习、生产实习、课程试验、课程设计及工厂调研等更好地融会贯通,最终掌握机械制造专业知识和技能。

# 项目一　机械制造安全与管理

## 任务1　认识安全工作

安全——生命永恒的旗帜，重中之重的话题，它关系着千万职工的幸福与欢乐。做好安全生产工作就是对个人、家庭、公司、社会履行义务最大的负责；是对个人、家庭、公司、国家经济发展最大的贡献；是对个人、家庭、公司和国家利益的基本保障；对实现个人理想、保持家庭和睦幸福、促进社会和谐发展具有现实和深远的意义。因此，必须在企业范围内以“全员参与、全过程控制、全方位管理”的意识来扎实地做好安全生产工作。

图1-1　安全含义

### 知识链接1　安全基础知识

安全：泛指没有危险、不出事故的状态。生产过程中的安全，指的是“不发生工伤事故、职业病、设备和财产损害”。（图1-1）

安全生产：是为了使生产过程在符合物质条件和工作秩序下进行的，防止发生人身伤亡和财产损失等生产事故，消除或控制危险及有害因素，保障人身安全与健康、设备和设施免受损害、环境免遭破坏的一切行为。《辞海》中将“安全生产”解释为：为预防生产过程中发生人身、设备事故，形成良好劳动环境和工作秩序而采取的一系列措施和活动。

安全生产管理：就是针对人们在生产过程中的安全问题，运用有效的资源，发挥人们的智慧，通过人们的努力，进行有关决策、计划、组织和控制等活动，实现生产过程中人与机器设备、物料、环境的和谐，达到安全生产的目的。

事故：指生产经营活动中发生的造成人身伤亡或直接财产和经济损失的事件。我国在工伤事故统计中，按照《企业职工伤亡事故分类标准》（GB 6441—1986）将企业工伤事故分为20类，分别为物体打击、车辆伤害、机械伤害、起重伤害、触电、淹溺、灼烫、火灾、高处坠落、坍塌、冒顶片帮、漏水、放炮、瓦斯爆炸、火药爆炸、锅炉爆炸、容器爆炸、其他爆炸、中毒和窒息以及其他伤害等。

事故隐患：泛指生产系统中可能导致事故发生的人的不安全行为、物的不安全状态和管理上的缺陷。其本质是有危险的、不安全的、有缺陷的“状态”，这种状态可在人或物上表现出来，如人走路不稳、路面太滑都是导致摔倒致伤的隐患；也可表现在管理的程序、内容或方式上，如检查不到位、制度不健全、人员培训不到位等。

危险：根据系统安全工程的观点，危险是指系统中存在导致发生不期望后果的可能性超过了人们的承受程度。

危险源：从安全生产角度解释，危险源是指可能造成人员伤害、疾病、财产损失、作业环境或其他损失的根源或状态。危险源的实质是具有潜在危险的源点或部位，是爆发事故的源头，是能量、危险物质集中的核心，是能量传出或爆发的地方。

本质安全：指设备、设施或技术工艺含有内在的能够从根本上防止发生事故的功能。它是生产过程中"预防为主"的根本体现，也是安全生产的最高境界。具体包括以下两个方面。

①失误－安全功能：指即使操作者操作失误，也不会发生事故或伤害，或者说设备、设施和技术工艺本身具有自动防止人的不安全行为的功能。

②故障－安全功能：指设备、设施或生产工艺发生故障或损坏时，还能暂时维持正常工作或自动转变为安全状态的功能。

企业安全文化：指企业在长期安全生产经营活动中形成的或有意识塑造的，又为全体职工所接受、遵循的，具有企业特色的安全思想和意识、安全作风和态度、安全管理机制及安全行为规范。

## 知识链接2　安全教育

企业安全教育是安全管理的一项重要工作，其目的是提高职工的安全意识，增强职工的安全操作技能和安全管理水平，最大程度减少人身伤害事故的发生。它真正体现了"以人为本"的安全管理思想，是搞好企业安全管理的有效途径。

### 1. 企业安全教育的基本原则

(1)全员原则

这是由安全事故发生的"木桶规律"所决定的。所谓安全事故发生的"木桶规律"，就是指事故往往在最薄弱的地方发生。形象地讲，一万个人素质很高，并遵章守纪，只要有一个人素质跟不上或违纪，事故往往就在这个人身上发生。

(2)以法律为核心原则

企业要贯彻落实国家和地方政府安全生产的法律、法规、方针、政策，加强企业的安全生产机制建设，不断建立、健全、改进各项安全生产规章制度和管理规定以及保障安全生产的控制措施。

(3)反复抓、抓反复原则

这一原则是由安全知识自身具有与时俱进性和适用的偶然性所决定的。生产、生活和工作方式总是在不断发展和变化的，这就使得安全知识必然随之更新变化。因此，在安全教育问题上不会一劳永逸，不能期盼一蹴而就，必须坚持常抓不懈，反复抓，抓反复。

### 2. 安全教育的基本方法

(1)尽可能地给受教育者输入多种"刺激"

如讲课、参观、展览、实例等，使受教育者"见多"、"博闻"，增强感性认识，以求达到"广识"与"强记"。

(2)使受教育者形成安全意识

经过多次、反复“刺激”,使受教育者形成安全意识。

(3)使受教育者做出有利安全生产的判断与行动

安全生产教育就是要强化原有安全意识,培养辨别是非、安危、福祸的能力,坚定安全生产行为。

(4)因人而异采取不同的教学方法

对于各级领导,宜采用研讨法和发现法等;对于企业职工,宜采用讲授法、谈话法、访问法、练习法和复习法等;对于安全专职人员,则应采用讲授法、研讨法、读书指导法等。

**3. 三级安全教育**

三级安全教育是指新入厂职员、工人的厂级安全教育,车间级安全教育和岗位(工段、班组)安全教育,它是企业安全生产教育制度的基本形式。

企业必须对新职工进行安全生产的入厂教育、车间教育、班组教育;对调换新工种,采用新技术、新工艺、新设备、新材料的职工,必须进行新岗位、新操作方法的安全卫生教育,受教育者经考试合格后,方可上岗操作。

(1)厂级安全教育的主要内容

①讲解劳动保护的意义、任务、内容及其重要性,使新入厂的职工树立起“安全第一”和“安全生产,人人有责”的思想。

②介绍企业的安全概况,包括企业安全工作发展史、企业生产特点、工厂设备分布情况(重点介绍接近重要位置、特殊设备的注意事项)、工厂安全生产的组织。

③介绍国务院颁发的《全国职工守则》和《企业职工奖惩条例》以及企业内设置的各种警告标志和信号装置等。

④介绍企业典型事故案例和教训,还有抢险、救灾、救人常识以及工伤事故报告程序等。

厂级安全教育一般由企业安全技术部门负责进行,并应给每个员工发一本浅显易懂的规定手册。

(2)车间级安全教育的主要内容

①介绍车间的概况。如车间生产的产品、工艺流程及其特点,车间人员结构、安全生产组织状况及活动情况,车间危险区域、有毒有害工种情况,车间劳动保护方面的规章制度和对劳动保护用品的穿戴要求以及注意事项,车间事故多发部位、原因,特殊规定和安全要求,车间常见事故和对典型事故案例的剖析,车间文明生产方面的具体做法和要求。

②根据车间的特点介绍安全技术基础知识。如冷加工车间的特点是金属切削机床多、电气设备多、起重设备多、运输车辆多、各种油类多、生产人员多和生产场地比较拥挤等。由于机床旋转速度大、力矩大,要教育工人遵守劳动纪律,穿戴好防护用品,防止衣服、发辫被卷进机器以及手被旋转的刀具擦伤。要告诉职工在装夹、检查、拆卸、搬运工件特别是大件时,防止碰伤、压伤、割伤;调整工夹刀具、测量工件、加油以及调整机床速度均须停车进行;擦车时要切断电源,并悬挂警告牌;清扫铁屑时不能用手拉,要用钩子钩;应保持工作场地整洁、道路畅通;装砂轮要恰当,附件要符合要求规格,砂轮表面和拖架之间的空隙不可过大,操作时不要用力过猛,站立的位置应与砂轮保持一定的距离和角度,并戴好防护眼镜;加工超长、超高产品时,应有安全防护措施等。其他如铸造、锻造和热处理车间以及锅炉房、变配电站、危险品仓库、油库等,均应根据各自的特点,对新职工进行安全技术知识教育。(图1-2)

③介绍车间防火知识。包括防火的方针，车间易燃易爆品的情况，防火的要害部位及防火的特殊需要，消防用品放置地点，灭火器的性能、使用方法，车间消防组织情况，遇到火险如何处理等。

图 1-2　女工安全教育图片

④组织新职工学习安全生产文件和安全操作规程制度，并应教育新职工尊敬师傅、听从指挥、安全生产。

车间级安全教育由车间主任或安全技术人员负责。

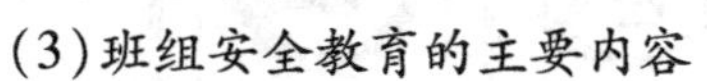
(3)班组安全教育的主要内容

①介绍本班组的生产特点、作业环境、危险区域、设备状况、消防设施等。重点介绍高温、高压、易燃易爆、有毒有害、腐蚀、高空作业等方面可能导致事故发生的危险因素，交代本班组容易发生事故的部位和典型事故案例的剖析。

②讲解本工种的安全操作规程和岗位责任。重点讲解思想上应时刻重视安全生产，自觉遵守安全操作规程，不违章作业；爱护和正确使用机器设备和工具；介绍各种安全活动以及作业环境的安全检查和交接班制度。告诉新工人出了事故或发现了事故隐患，应及时报告领导，采取措施。

③讲解如何正确使用、爱护劳动保护用品和文明生产的要求。要强调机床转动时不准戴手套操作，高速切削时要戴保护眼镜，女工进入车间要戴好工帽，进入施工现场和登高作业必须戴好安全帽、系好安全带，工作场地要整洁，道路要畅通，物件堆放要整齐等。

④进行安全操作示范。组织重视安全、技术熟练、富有经验的老工人进行安全操作示范，边示范、边讲解，重点讲解安全操作要领，说明怎样操作是危险的、怎样操作是安全的以及不遵守操作规程将会造成的严重后果。

安全工作人命关天，三级安全教育是新职工入厂接受的第一次正规的安全教育，因此应以对职工生命高度负责的责任感，严把关口，扎扎实实地开展好三级安全教育，使他们从一开始就树立起正确的安全观，积极投入到安全生产中去。

## 知识链接3　安全标志

根据国家标准规定，安全标志由安全色、几何图形和图形符号构成。

### 1. 安全色

安全色是用以表达禁止、警告、指令、指示等安全信息含义的颜色，具体规定为红、蓝、黄、绿四种颜色。安全色的对比色是黑、白两种颜色，红、蓝、绿色的对比色为白色，黄色的对比色为黑色。

①红色：表示禁止、停止、防火等信息，能使人在心理上产生兴奋感和醒目感。

②黄色：表示警告、注意，其和黑色相间组成的条纹是视认性最高的色彩。

③蓝色：表示指令或必须遵守的规定，其和白色配合使用效果较好。

④绿色：表示提示、安全状态、通行，能使人感到舒畅、平静和安全。

2. 安全标志分类

安全标志是由几何图形和图形符号所构成的,用以表达特定的安全信息。安全标志的作用是引起人们对不安全因素的注意,防止事故发生,但不能代替安全操作规程和防护措施。

安全标志从内容上可分为禁止标志、警告标志、指令标志和提示标志等。

(1)禁止标志

禁止标志是禁止人们不安全行为的图形标志,其基本形式是带斜杠的圆形边框,颜色为白底、红圈、红杠、黑图案。常用的禁止标志如图1-3所示。

图1-3 常用禁止标志



(2)警告标志

警告标志是提醒人们对周围环境引起注意,以避免可能发生危险的图形标志,其基本形式是正三角形边框,颜色为黄底、黑边、黑图案。常用的警告标志如图1-4所示。

(3)指令标志

指令标志是强制人们必须做出某种动作或采取防范措施的图形标志,其基本形式是圆形边框,颜色为蓝底、白图案。常用的指令标志如图1-5所示。

(4)提示标志

提示标志是向人们提供某种信息的图形标志,其基本形式是正方形边框,颜色为绿底、白图案。常用的提示标志如图1-6所示。

图 1-4　常用警告标志

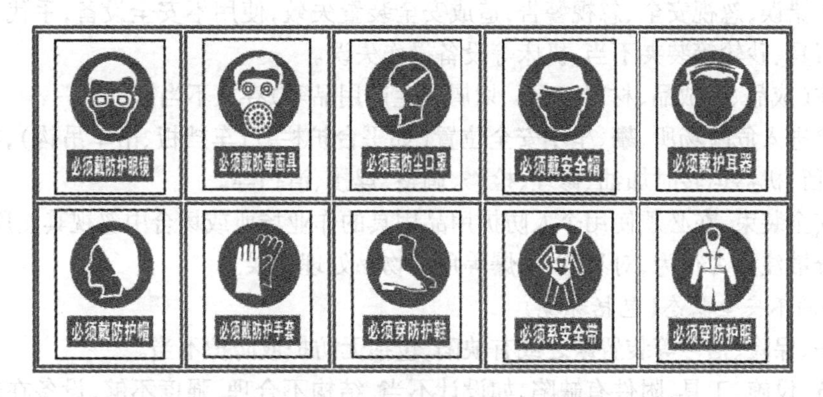


图 1-5　常用指令标志

图 1-6　常用提示标志

## 知识链接4 安全事故原因

### 1. 生产安全事故等级和分类

根据生产安全事故(以下简称事故)造成的人员伤亡或者直接经济损失,事故一般分为以下等级,见表1-1。

表1-1 事故等级和分类

| 类 别 | 特大事故 | 重大事故 | 较大事故 | 一般事故 |
| --- | --- | --- | --- | --- |
| 死亡(人) | 30以上 | 10~29 | 3~9 | 1~2 |
| 重伤(人) | 100以上 | 50~99 | 10~49 | 1~9 |
| 经济损失(元) | 1亿以上 | 5 000万~1亿 | 1 000万~5 000万 | 100万~1 000万 |
| 事故调查权限 | 国务院 | 省级 | 市级 | 县级 |

### 2. 安全事故原因

安全事故原因一般体现在人的不安全行为和物的不安全状态两个方面,既有人为的失误也有技术上的失误。

(1)人的不安全行为

①操作错误、忽视安全、忽视警告,造成安全装置失效,使用不安全设备,手代替工具操作,工件、刀具、砂轮等装夹不当,机床等设备操作失误。

②物体(成品、半成品、材料、工具、切屑和生产用品等)存放不当。

③冒险进入危险场所,攀、坐不安全位置(如平台护栏、汽车挡板、吊车吊钩),在起吊物下作业、停留,机器运转时加油、修理、检修、调整、焊接、清扫等。

④不安全装束,在必须使用个人防护用品用具的作业场所或场合中忽视其使用。

⑤有分散注意力行为,对易燃、易爆等危险物品处理错误。

(2)物的不安全状态(包括环境)

①防护、保险、信号等装置缺乏或有缺陷,包括无防护或防护不当。

②设备、设施、工具、附件有缺陷,如设计不当、结构不合理、强度不够,设备在非正常状态下运行,维修、调整不良。

③个人防护用品用具(防护服、手套、护目镜及面罩、呼吸器官护具、听力护具、安全带、安全帽、安全鞋等)缺少或有缺陷。

④生产(施工)场地环境不良,如照明光线不良,通风不良,作业场所狭窄,作业场地杂乱,交通线路配置不安全,操作工序设计或配置不安全,地面滑,储存方法不安全,环境温度、湿度不当。

## 知识链接5 安全措施

安全措施是为了达到保障人民生命财产安全、维护社会公共秩序稳定、防范生产安全事故发生等目的而采取的举措与行动。

### 1. 安全措施的安全规程

安全规程又称安全法规,是机械及电气设计、安装、运行和检修人员必须共同遵循的准则。安全规程内容包括安全技术措施和安全组织措施两部分。

(1)安全技术措施

主要内容有:机电设备安全技术、厂房和工作场所安全技术、设备操作安全技术、机电设备运行维护和检修试验安全技术、防雷防火安全技术、触电紧急救护方法。

(2)安全组织措施

主要内容有:制订安全措施计划、建立安全工作制度、建立安全资料、进行安全教育和培训、组织事故分析。

**2. 劳动安全卫生设施**

劳动安全卫生设施是防止事故发生,减少职业危害的一项重要措施。企业都应根据各自的生产特点,采取各种办法,完善各种劳动安全卫生设施,保障劳动者的安全与健康。因此,《劳动法》第53条规定,劳动安全卫生设施必须与主体工程同时设计、同时施工、同时投入生产和使用。

(1)安全技术方面的设施

①机床、提升设备、机车、农业机器及电气设备等传动部分的防护装置,在传动梯、吊台上安装的防护装置及各种快速自动开关等。

②刨床、电锯、砂轮及锻压机器上的防护装置,有碎片、屑末、液体飞出及有裸露导电体等处所安设的防护装置。

③升降机和起重机械上的防护装置。

④锅炉、压力容器、压缩机械及各种有爆炸危险的机器设备的安全装置和信号装置。

⑤各种联动机械之间、工作场所的动力机械之间、建筑工地上为安全而设的信号装置以及在操作过程中为安全而设的信号装置。

⑥各种运转机械上的安全启动和迅速停车装置,各种机床附近为减轻工人劳动强度而专门设置的附属起重设备。

⑦电气设备的防护性接地或接零以及其他防触电设施。

⑧在生产区域内危险处所设置的标志、信号和防护装置。

⑨在高处作业时,为避免工具等物体坠落伤人及防坠落摔伤而设置的工具箱或安全网等。

(2)劳动卫生方面的设施

①为保持空气清洁或使温度符合劳动卫生要求而设的通风换气装置和采光、照明设施等。

②为消除粉尘危害和有毒物质而设置的除尘设备及防毒设施。

③防止辐射、热危害的装置及隔热、防暑、降温设施。

④为劳动卫生而设置的对原材料和加工材料的消毒设施。

⑤为改善劳动条件而铺设的各种垫板。

⑥为减轻或消除工作中的噪声及震动而安设的设施。

(3)生产性辅助设施

①职工工作中专用的饮水设施。

②从事高温作业或接触粉尘、有害化学物质或毒物作业人员专用的淋浴设备或盥洗、干燥、消毒设备。

③为从事高温作业等工种工人修建的倒班休息室等。

### 知识链接6　安全管理

安全管理是企业管理的一个重要组成部分，它是以安全为目的，完成有关安全工作的方针、决策、计划、组织、指挥、协调、控制等职能，合理有效地使用人力、财力、物力、时间和信息，为达到预定的安全防范而进行的各种活动的总和。

**1. 安全管理原则**

①必须坚持“安全第一，预防为主，综合治理”的原则，坚持“以人为本”的管理原则。

②必须坚持“三同时”原则：生产经营单位新建、改建、扩建工程项目的安全设施必须与主体工程同时设计、同时施工、同时投入生产和使用。

③必须坚持“三同步”原则：同步规划、同步实施、同步发展。

④必须坚持“四不放过”原则：对事故原因没有查清不放过，事故责任者没有受到严肃处理不放过，事故责任者与应受教育者没有受到教育不放过，防范措施没有落实不放过。

⑤必须坚持“五同时”原则：企业领导在计划、布置、检查、总结、评比生产的同时，要计划、布置、检查、总结、评比安全工作。

**2. 安全管理内容**

①企业安全管理的内容包括：行政管理、技术管理、工业卫生管理。即从全局到局部，做出周密的规划协调和控制及安全管理的指导方针、规章制度、组织机构，对职工的安全要求、作业环境、教育和训练、年度安全工作目标、阶段工作重点、安全措施项目、危险分析、不安全行为、不安全状态、防护措施与用具、事故灾害的预防等。

②企业安全管理的对象包括：生产的人员、生产的设备和环境、生产的动力和能量以及管理的信息和资料。

③企业安全管理的手段有：行政手段、法制手段、经济手段、文化手段等。

## 任务2　认识企业管理

企业管理（Business Management）是对企业的生产经营活动进行组织、计划、指挥、监督和调节等一系列职能的总称。

### 知识链接1　企业管理分项

企业管理，主要指运用各类策略与方法，对企业中的人、机器、原材料、方法、资产、信息、品牌、销售渠道等进行科学管理，从而实现组织目标的活动，由此对应衍生为各个管理分支：人力资源管理、行政管理、财务管理、研发管理、生产管理、质量管理、项目管理、采购管理、营销管理等，而这些分支又可统称为企业资源管理（SaaS）。通常公司会按照这些专门的业务分支设置职能部门。

**1. 企业管理的分项**

①按照管理对象划分包括：人力资源、项目、资金、技术、市场、信息、设备与工艺、作业与流程、文化制度与机制、经营环境等。

②按照职能或者业务功能划分包括：计划管理、生产管理、采购管理、销售管理、仓库管理、财务管理、人力资源管理、统计管理、信息管理等。

③按照层次上下划分包括:经营层面、业务层面、决策层面、执行层面、职工层面等。

④按照资源要素划分包括:人力资源、物料资源、技术资源、资金、市场与客户、政策与政府资源等。

在企业系统的管理上,又可分为企业战略、业务模式、业务流程、企业结构、企业制度、企业文化等系统的管理。美国管理界在借鉴日本企业经营经验的基础上,最后由麦肯锡咨询公司发展出了企业组织七要素,又称麦肯锡7S模型,七要素中,战略(Strategy)、制度(Systems)、结构(Structure)被看做"硬件",风格(Style)、员工(Staff)、技能(Skills)、共同价值观(Shared Values)被看做"软件",而以共同价值观为中心。学者何道谊将企业系统分为战略、模式、流程、标准、价值观、文化、结构、制度、品牌、环境十大软系统和人、财、物、技术、信息五大硬系统。企业的管理除了对职能业务部门进行管理外,还需要对这些企业系统要素进行管理。

**2. 企业分项管理的内容**

①计划管理:通过预测、规划、预算、决策等手段,把企业的经济活动有效地围绕总目标的要求组织起来。计划管理体现了目标管理。

②生产管理:通过生产组织、生产计划、生产控制等手段,对生产系统的设置和运行进行管理。

③物资管理:对企业所需的各种生产资料进行有计划的组织采购、供应、保管、节约使用和综合利用等。

④质量管理:对企业的生产成果进行监督、考查和检验。

⑤成本管理:围绕企业所有费用的发生和产品成本的形成进行成本预测、成本计划、成本控制、成本核算、成本分析、成本考核等。

⑥财务管理:对企业的财务活动包括固定资金、流动资金、专用基金、赢利等的形成、分配和使用进行管理。

⑦人力资源管理:对企业经济活动中各个环节和各个方面的劳动和人事进行全面计划、统一组织、系统控制、灵活调节。

## 知识链接2　生产管理

生产管理(Production Management)是对企业生产系统的设置和运行的各项管理工作的总称,又称生产控制。

**1. 生产管理内容**

①生产组织工作:选择厂址,布置工厂,组织生产线,实行劳动定额和劳动组织,设置生产管理系统等。

②生产计划工作:编制生产计划、生产技术准备计划和生产作业计划等。

③生产控制工作:控制生产进度、生产库存、生产质量和生产成本等。

**2. 生产管理模块**

生产管理的主要模块包括:计划管理、采购管理、制造管理、品质管理、效率管理、设备管理、库存管理、士气管理及精益生产管理共九大模块。

**3. 生产管理目标**

生产管理目标是高效、低耗、灵活、准时地生产合格产品,为客户提供满意服务。

①高效:迅速满足用户需要,缩短订货、提货周期,为市场营销提供争取客户的有利条件。

②低耗:人力、物力、财力消耗最少,实现低成本、低价格。

③灵活:能很快适应市场变化,生产不同品种和新品种。

④准时:在用户需要的时间,按用户需要的数量,提供所需的产品和服务。

⑤高品质和满意服务:产品和服务质量达到顾客满意水平。

**4. 生产管理的三大手法**

(1)标准化

所谓标准化,就是将企业里各种各样的规范,如规程、规定、规则、标准、要领等形成文字化的东西,统称为标准,制定标准后依标准付诸行动。

(2)目视管理

所谓目视管理,就是通过视觉导致人的意识变化的一种管理方法。目视管理实施得如何,很大程度上反映了一个企业的现场管理水平。目视管理有三个要点:

①无论是谁都能判明是好是坏,透明度高,便于现场人员互相监督,发挥激励作用;

②能迅速判断,形象直观地将潜在问题和浪费现象显现出来,有利于提高工作效率;

③判断结果不会因人而异,客观、公正、透明化,促进企业文化的建立和形成。

在日常活动中,人们是通过"五感"(视觉、嗅觉、听觉、触摸、味觉)来感知事物的。其中,最常用的是视觉。据统计,人的行动的60%是从视觉的感知开始的。因此,在企业管理中,强调各种管理状态、管理方法清楚明了,达到"一目了然",从而容易明白、易于遵守,让员工自主地完全理解、接受、执行各项工作,这将会给管理带来极大的好处。

(3)管理看板

管理看板是管理可视化的一种表现形式,即对数据、情报等的状况一目了然的表现,主要是对于管理项目特别是情报进行的透明化管理活动。它通过各种形式如标语、现况板、图表、电子屏等把文件上、脑子里或现场等隐藏的情报揭示出来,以便任何人都可以及时掌握管理现状和必要的情报,从而能够快速制定并实施应对措施。因此,管理看板是发现问题、解决问题的非常有效且直观的手段,是优秀的现场管理必不可少的工具之一。管理看板是一种高效而又轻松的管理方法,一般有生产看板、异常看板等。

## 知识链接3 现场管理

现场管理就是指用科学的标准和方法对生产现场各生产要素,包括人(工人和管理人员)、机(设备、工具、工位器具)、料(原材料)、法(加工、检测方法)、环(环境)、信(信息)等进行合理有效的计划、组织、协调、控制和检测,使其处于良好的结合状态,达到优质、高效、低耗、均衡、安全、文明生产的目的。现场管理是生产第一线的综合管理,是生产管理的重要内容,也是生产系统合理布置的补充和深入。

**1. 现场管理内容**

现场管理包括现场的安全管理、工艺管理、质量管理、物料管理、计划管理、设备管理、工具管理、人员管理、排产管理、5S管理等方面。基本内容有:

①现场实行"定置管理",使人流、物流、信息流畅通有序,现场环境整洁,文明生产;

②加强工艺管理,优化工艺路线和工艺布局,提高工艺水平,严格按工艺要求组织生产,

使生产处于受控状态，保证产品质量；

③以生产现场组织体系合理化、高效化为目的，不断优化生产劳动组织，提高劳动效率；

④健全各项规章制度、技术标准、管理标准、工作标准、劳动及消耗定额、统计台账等；

⑤建立和完善管理保障体系，有效控制投入产出，提高现场管理的运行效能；

⑥搞好班组建设和民主管理，充分调动职工的积极性和创造性。

**2. 现场管理六要素(5M1E 分析法)**

现场管理的六个要素即人、机、料、法、测、环，也就是以下要介绍的5M1E 分析法。

①人(Man)：操作者对质量的认识、技术熟练程度、身体状况等。

②机器(Machine)：机器设备、测量仪器的精度和维护保养状况等。

③材料(Material)：材料的成分、物理性能和化学性能等。

④方法(Method)：包括生产工艺、设备选择、操作规程等。

⑤测量(Measurement)：主要指测量时采取的方法是否标准、正确。

⑥环境(Environment)：工作地的温度、湿度、照明和清洁条件等。

由于这六个因素的英文名称的第一个字母是 M 或 E，所以常简称为5M1E。

**3. 现场管理的要求**

现场管理的要求：

①环境整洁；

②纪律严明，奖惩分明，杜绝“不好意思”；

③设备完好，定期检查；

④物流畅通有序；

⑤信息准确及时；

⑥生产均衡有效；

⑦提高质量。

**4. 现场管理遵循的基本原则**

(1)经济效益原则

施工现场管理一定要克服只抓进度和质量而不计成本和市场的思想，不能形成单纯的生产观和进度观。项目部应在精品奉献、降低成本方面下工夫，同时在生产活动中，时时处处精打细算，力争少投入多产出，坚决杜绝浪费和不合理开支。

(2)科学合理原则

施工现场的各项工作都应当按照既科学又合理的原则处理，做到现场管理的科学化，现场资源有效利用，现场施工安全科学，充分发挥员工的聪明才智。

(3)标准化、规范化原则

标准化、规范化是对施工现场最基本的管理要求。事实上，要有效协调地进行生产，现场的诸要素都必须坚决服从一个统一的标准，克服主观随意性。只有这样，才能从根本上提高施工现场的生产效率和管理效益，建立起一个科学而规范的现场作业秩序。标准化主要内容如图1-7 所示。

图 1-7　标准化主要内容

## 知识链接 4　企业 5S 管理

5S 起源于日本，是指在生产现场对人员、机器、材料、方法等生产要素进行有效的管理，这是日本企业独特的一种管理办法。(图 1-8)

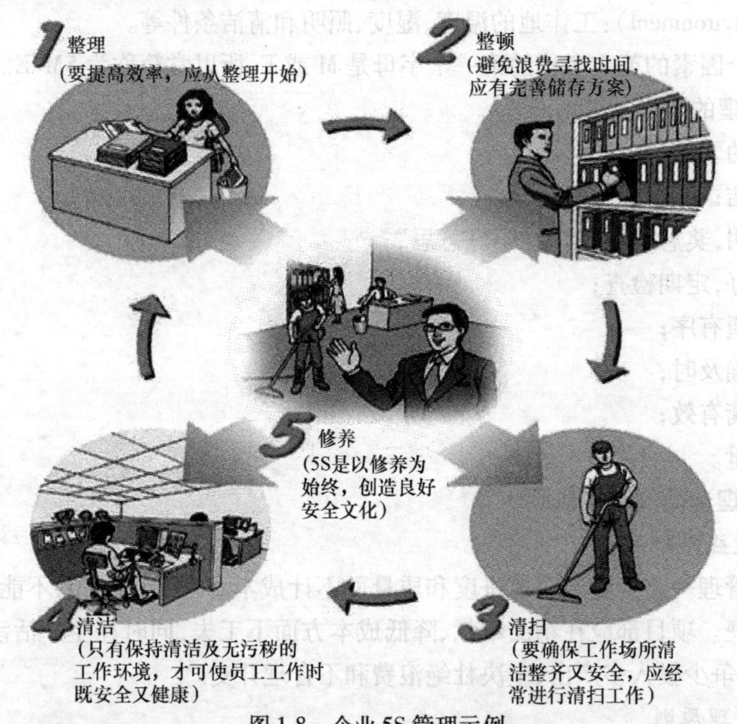


图 1-8　企业 5S 管理示例

5S 是一种管理，而非手法或技巧，而且 5S 可以说是所有的产品质量管理、企业管理的基础，真正的目的是要创造或建立一个容易发现问题的环境，并在发现问题之后能将问题及时地彻底解决，创造公司或工厂的利益。

随着世界经济的发展，5S 已经成为工厂管理的一股新潮流，根据企业进一步发展的需要，有的公司在原来 5S 的基础上又增加了节约(Save)及安全(Safety)这两个要素，形成了“6S”、“7S”；也有的企业加上习惯化(Shiukanka)、服务(Service)及坚持(Shikoku)，形成了“10S”。但是万变不离其宗，所谓“7S”、“10S”都是从“5S”衍生出来的。

1. 5S 的含义

5S 是指日文 SEIRI(整理)、SEITON(整顿)、SEISO(清扫)、SEIKETSU(清洁)、SHITSUKE(修养),因为五个单词前面发音都是"S",所以统称为"5S"。它的具体类型内容和典型的意思就是倒掉垃圾和扔掉仓库长期不用的东西。

(1)整理

整理就是区分必需和非必需品,现场不放置非必需品,在岗位上只放必需物品:

①将混乱的状态收拾成井然有序的状态;

②5S 管理和整理都是为了改善企业的体制。

(2)整顿

整顿就是能在 30 s 内找到要找的东西,将寻找必需品的时间减少为零:

①能迅速取出;

②能立即使用;

③处于能节约的状态。

(3)清扫

清扫是将岗位保持在无垃圾、无灰尘、干净整洁的状态。清扫的对象:

①地板、天花板、墙壁、工具架、橱柜等;

②机器、工具、测量用具等。

(4)清洁

清洁是将整理、整顿、清扫进行到底,并且制度化,而且管理要公开化、透明化。

(5)修养

修养是对于规定了的事,大家都要认真地遵守执行:

①要求严守标准,强调团队精神;

②养成良好的 5S 管理的习惯。

5S 的具体内容见表 1-2。

表 1-2 5S 具体内容

| 中文 | 日文 | 英文 | 典型例子 |
|---|---|---|---|
| 整理 | SEIRI | Organization | 倒掉垃圾和扔掉仓库长期不用的东西 |
| 整顿 | SEITON | Neatness | 30 s 内就可找到要找的东西 |
| 清扫 | SEISO | Cleaning | 谁使用谁负责清洁(管理) |
| 清洁 | SEIKETSU | Stangardisation | 管理的公开化、透明化 |
| 修养 | SHITSUKE | Discipline and training | 严守标准、团队精神 |



2. 5S 的目的

一个企业如全力推动 5S,就可以培养员工的主动性和积极性,从而能有效地降低生产成本,改善零件在库房中的周转率,促进效率的提高;就可以提高管理的水平,改善企业的经营状况,给人和设备创造一种十分适宜的环境;让企业组织的每个成员都能由内而外地散发出团队及合作精神。精神面貌的改变能使企业的形象得到提升,会形成一种自主改善的机制。推行 5S 有八个作用,即使亏损、不良、浪费、故障、切换产品时间、事故、投诉、缺勤等 8 个方面都为零,有人称之为"八零工厂"。

①亏损为零——5S 是最佳的推销员。

②不良为零——5S 是品质零缺陷的护航者。

③浪费为零——5S 是节约能手。

④故障为零——5S 是交货期的保证。

⑤切换产品时间为零——5S 是高效率的前提。

⑥事故为零——5S 是安全的软件设备。

⑦投诉为零——5S 是标准化的推动者。

⑧缺勤为零——5S 可以创造出快乐的工作岗位。

5S 的八大目的如图 1-9 所示。

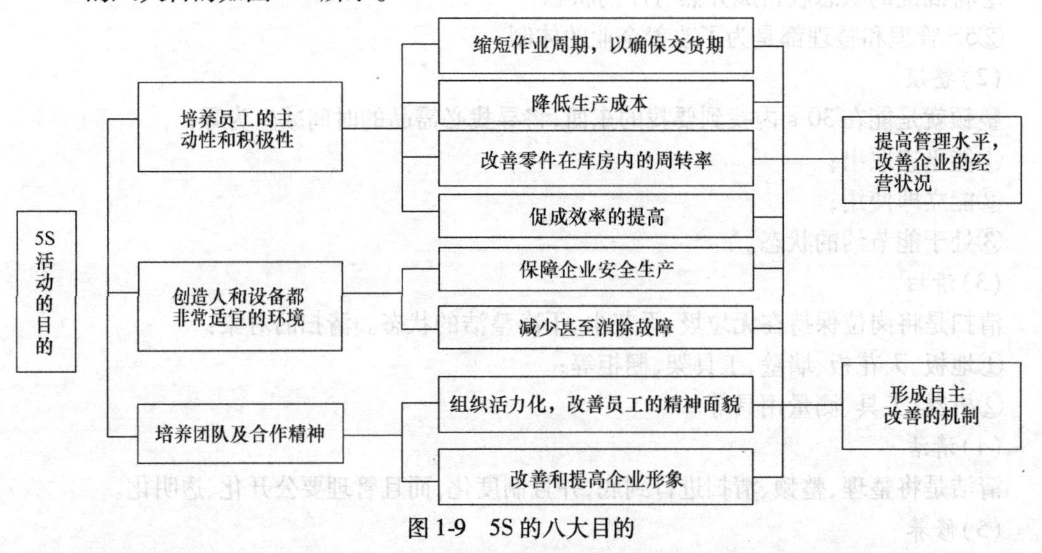


图 1-9　5S 的八大目的

### 3. 5S 的推行

5S 是通过推行整理、整顿、清扫来强化管理，再用清洁来巩固效果，通过这 4 个 S 来规范员工的行为，通过规范员工的行为来改变员工的工作态度，而使之成为习惯，最后达到塑造优秀企业团队的目的。策划 5S 的推行活动如图 1-10 所示。

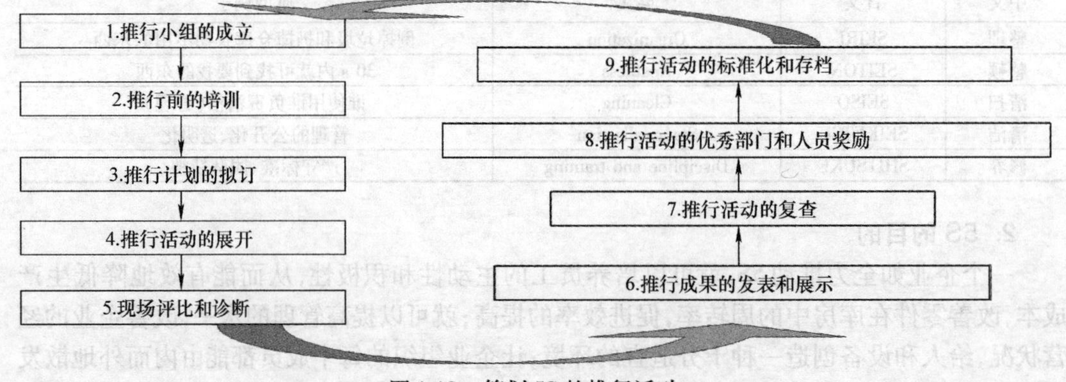


图 1-10　策划 5S 的推行活动

推行 5S 应经历三个阶段:形式化、行事化、习惯化，如图 1-11 所示。通过强制规范员工的行为，改变一个员工的工作态度，让他成为习惯，习惯化之后，一切事情就会变得非常自然、顺理成章，“习惯可以成自然”。在 5S 实施好的公司，很多员工很难察觉到它的存在，因为大家都习惯了，也就都习以为常了。推行 5S 的实际效益如图 1-12 所示。

5S 推行的步骤：

①筹组 5S 推行委员会；

②组织职能部门和人员；

③拟订 5S 方针和目标；

④拟订 5S 推行方案和计划；

⑤组织实施 5S 的宣传及培训；

⑥选定样板单位，局部推行；

⑦制定 5S 的稽核制度、查核表、奖惩办法；

⑧5S 全厂导入、实施；

⑨5S 检查、稽核、评比、奖罚，并公布结果；

⑩持续改善；

⑪纳入工厂的管理系统，长期执行。

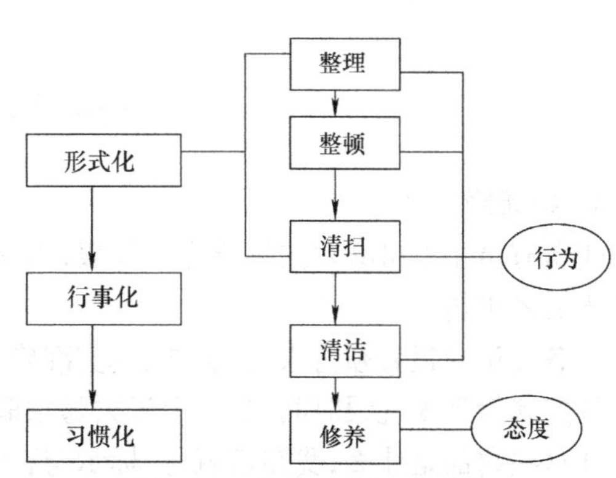


图 1-11　推行 5S 的三个阶段

产品质素

提高产品质量

- 工作过程、原料、设施及工具储存均能有所规范
- 减少产品出现瑕点而要返工

提高工作效率

- 妥善存放物件
- 减少因寻找物件、物料及工具等而影响工作进度

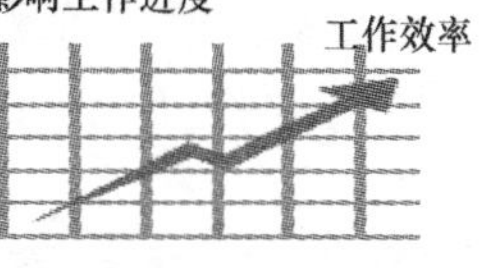


建立安全及健康的工作环境

- 工作场所保持整齐清洁
- 有助减少意外发生

推行 5S 的实际效益

孕育良好安全文化

- 透过“整理”、“整顿”、“清扫”、“清洁”和“修养”改善工作场所管理，
- 使员工对工作环境产生归属感、从而激发自发性的安全改善行动

减少故障出现

- 清扫时检查各项设施及工具正常运作
- 减少因设备故障而要停机维修

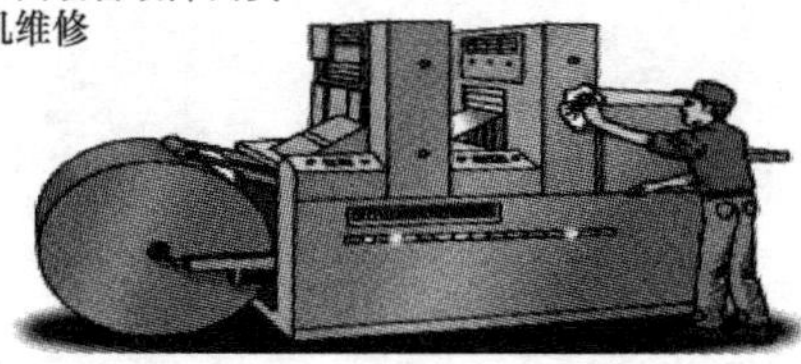

图 1-12　推行 5S 的实际效益

## 本项目复习题

**1. 判断题**

①所有员工上班必须按规定穿工作服，不允许带早餐、零食进厂，上班时间不可以做与工作无关的事情。（　）

②各类记录报表须仿宋化、整洁、真实准确，不得缺损、缺页、缺项。（　）

③定置管理太耽误时间，赶不上过去随意取放方便、省时。（　）

④这些物品是什么，我知道就行，标示与否没关系，这样可以减少浪费。（　）

⑤仓库保管员清楚物品在哪就行，不作标示也没什么关系。（　）

⑥5S 管理需要全员参与，如有部分成员跟不上进度，或内心抵制，5S 管理就会失败。（　）

**2. 简答题**

①如何开展企业三级安全教育？

②企业管理分项包含哪些方面？

③现场管理包含哪些内容？现场管理六要素包含哪些内容？

④如果在本公司推行 5S，可能遇到的困难是什么？怎么办？

⑤何为目视管理？试举出工作场所中可以实施的地方（不少于 5 处）。

⑥列举十项工作场所中现阶段你认为的 5S 管理死角。

⑦简述 5S 管理的含义。

⑧5S 管理的最终目的是什么？

# 项目二　质量检验与管理

机器的质量取决于零件的加工质量和机器的装配质量。零件的加工质量又包括零件加工精度和表面质量两大部分。

加工精度包括尺寸精度、形状精度和位置精度，指零件加工后的实际几何参数（尺寸、形状和位置）与理想几何参数相符合程度。它们之间的差异称为加工误差，即宏观几何形状误差。

表面质量包括反映表面层的微观几何形状误差（如表面结构、表面波度）和表面层物理力学性能（如表面层冷作硬化、表面层金相组织的变化、表面层残余应力）。

本模块将对零件提出的质量要求、质量检验、质量管理的内容进行介绍。

## 任务1　认识质量要求

具体地说，零件的质量要求主要包括：尺寸精度要求、形状和位置公差要求、表面结构要求、公差配合要求、材料性能要求和其他特殊要求。

### 知识链接1　尺寸精度要求

尺寸精度：指加工后零件的实际尺寸与零件尺寸的公差带中心的相符合程度。

机器的零件必须能够在与加工制造无关并且没有修整的状态下进行装配或更换，因此零件的尺寸只允许在规定尺寸的偏差范围内。公差所规定的就是这种允许偏差。

**1. 线性尺寸精度（极限制）**

国家标准规定了一系列标准的公差数值和标准的极限偏差数值，用以确定轴孔的极限偏差即公差带。

图2-1所示常用尺寸极限配合是由标准公差和基本偏差组成的。标准公差是国家标准所规定的用来确定公差带大小的公差值。基本偏差是国家标准所规定的用来确定公差带位置的偏差值，一般为靠近零线或位于零线上的那个极限偏差（图2-2）。孔、轴基本偏差各有28种，用英文字母表示，孔用大写字母，轴用小写字母 。孔A～H表示下偏差EI，J～ZC表示上偏差ES；轴a～h表示上偏差es，j～zc表示下偏差ei。

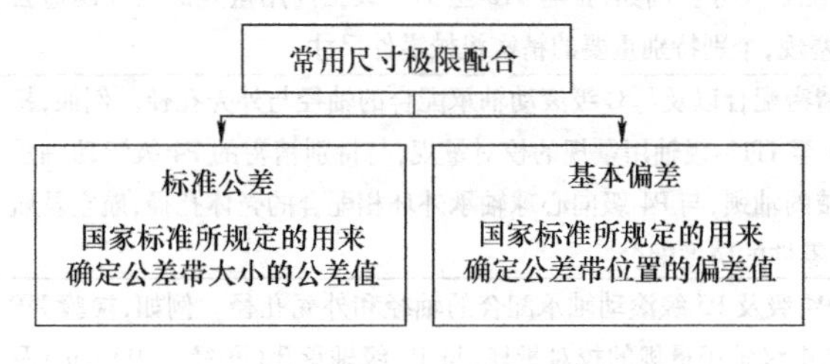


图2-1　常用尺寸极限配合组成

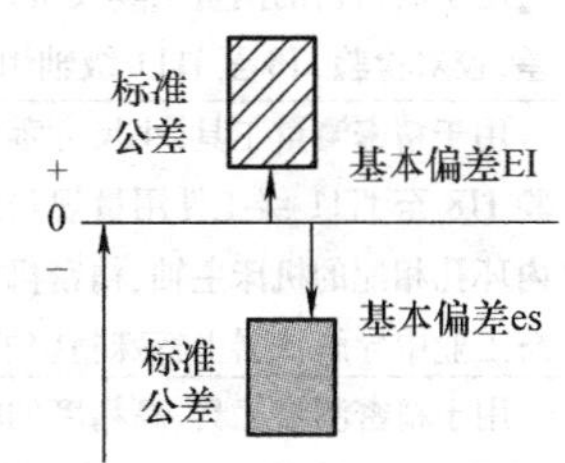


图2-2　标准公差和基本偏差

基本尺寸和公差等级可以决定标准公差的数值，比如孔直径 $D=18$ mm，公差等级为 8 级，从表 2-1 中可知，$D=18$ mm，IT8 = 27 μm。

**表 2-1　标准公差数值**

| 基本尺寸/mm | | 标准公差数值 | | | | | | | | | | | | | | | | | |
|---|---|---|---|---|---|---|---|---|---|---|---|---|---|---|---|---|---|---|---|
| | | IT1 | IT2 | IT3 | IT4 | IT5 | IT6 | IT7 | IT8 | IT9 | IT10 | IT11 | IT12 | IT13 | IT14 | IT15 | IT16 | IT17 | IT18 |
| 大于 | 至 | μm | | | | | | | | | | | mm | | | | | | |
| — | 3 | 0.8 | 1.2 | 2 | 3 | 4 | 6 | 10 | 14 | 25 | 40 | 60 | 0.1 | 0.14 | 0.25 | 0.4 | 0.6 | 1 | 1.4 |
| 3 | 6 | 1 | 1.5 | 2.5 | 4 | 5 | 8 | 12 | 18 | 30 | 48 | 75 | 0.12 | 0.18 | 0.3 | 0.48 | 0.75 | 1.2 | 1.8 |
| 6 | 10 | 1 | 1.5 | 2.5 | 4 | 6 | 9 | 15 | 22 | 36 | 58 | 90 | 0.15 | 0.22 | 0.36 | 0.58 | 0.9 | 1.5 | 2.2 |
| 10 | 18 | 1.2 | 2 | 3 | 5 | 8 | 11 | 18 | 27 | 43 | 70 | 110 | 0.18 | 0.27 | 0.43 | 0.7 | 1.1 | 1.8 | 2.7 |
| 18 | 30 | 1.5 | 2.5 | 4 | 6 | 9 | 13 | 21 | 33 | 52 | 84 | 130 | 0.21 | 0.33 | 0.52 | 0.84 | 1.3 | 2.1 | 3.3 |
| 30 | 50 | 1.5 | 2.5 | 4 | 7 | 11 | 16 | 25 | 39 | 62 | 100 | 160 | 0.25 | 0.39 | 0.62 | 1 | 1.6 | 2.5 | 3.9 |
| 50 | 80 | 2 | 3 | 5 | 8 | 13 | 19 | 30 | 46 | 74 | 120 | 190 | 0.3 | 0.46 | 0.74 | 1.2 | 1.9 | 3 | 4.6 |
| 80 | 120 | 2.5 | 4 | 6 | 10 | 15 | 22 | 35 | 54 | 87 | 140 | 220 | 0.35 | 0.54 | 0.87 | 1.4 | 2.2 | 3.5 | 5.4 |
| 120 | 180 | 3.5 | 5 | 8 | 12 | 18 | 25 | 40 | 63 | 100 | 160 | 250 | 0.4 | 0.63 | 1 | 1.6 | 2.5 | 4 | 6.3 |

国家标准规定的公差等级共 20 级，公差等级由高到低代号依次为 IT01、IT0、IT1、IT2、…、IT18，用以满足不同行业、不同精度的产品要求，具体情况见表 2-2 和表 2-3。

**表 2-2　主要加工方法与公差等级的大致对应关系**

| 研磨 | IT01 ~ IT5 | 铣 | IT8 ~ IT11 | 锻造 | IT10 ~ IT14 | 砂型铸造 | IT16 |
|---|---|---|---|---|---|---|---|
| 铰孔 | IT6 ~ IT10 | 平磨 | IT5 ~ IT8 | 镗 | IT7 ~ IT12 | 金刚石车或镗 | IT5 ~ IT8 |
| 冲压 | IT10 ~ IT14 | 圆磨 | IT5 ~ IT7 | 拉削 | IT5 ~ IT8 | 钻 | IT11 ~ IT14 |
| 塑性成形 | IT4 ~ IT7 | 车 | IT7 ~ IT12 | 刨 | IT7 ~ IT12 | 粉末冶金成形 | IT7 ~ IT10 |

**表 2-3　公差等级应用范围及举例**

| 公差等级 | 应用范围及举例 |
|---|---|
| IT01 | 用于特别精密的尺寸传递基准。例如，特别精密的标准量块 |
| IT0 | 用于特别精密的尺寸传递基准及宇航中特别重要的精密配合尺寸。例如，特别精密的标准量块，个别特别重要的精密机械零件尺寸，校对检验 IT6 级轴用量规的校对量规 |
| IT1 | 用于精密的尺寸传递基准、高精密测量工具、特别重要的极个别精密配合尺寸。例如，高精密标准量规，校对检验 IT7 至 IT9 级轴用量规的校对量规，个别特别重要的精密机械零件尺寸 |
| IT2 | 用于高精密的测量工具及特别重要的精密配合尺寸。例如，检验 IT6 至 IT7 级工件用量规的尺寸制造公差，校对检验 IT8 至 IT11 级轴用量规的校对塞规，个别特别重要的精密机械零件尺寸 |
| IT3 | 用于精密测量工具、小尺寸零件的高精度精密配合以及与 C 级滚动轴承配合的轴径与外壳孔径。例如，检验 IT8 至 IT11 级工件用量规和校对检验 IT9 至 IT13 级轴用量规的校对量规，与特别精密的 P4 级滚动轴承内环孔相配的机床主轴，精密机械和高速机械的轴颈，与 P4 级向心球轴承外环相配合的壳体孔径，航空及航海工业中导航仪器上特殊精密的个别小尺寸零件的精度配合 |
| IT4 | 用于精密测量工具、高精度的精密配合和 P4 级及 P5 级滚动轴承配合的轴径和外壳孔径。例如，检验 IT9 至 IT12 级工件用量规和校对检验 IT12 至 IT14 级轴用量规的校对量规，与 P4 级轴承孔(孔径 > 100 mm)及与 P5 级轴承孔相配的机床主轴，精密机械和高速机械的轴颈，与 P4 级轴承相配的机床外壳孔，柴油机活塞销及活塞销座孔径，高精度(1 级至 4 级)齿轮的基准孔径或轴径，航空及航海工业用仪器的特殊精密的孔径 |

续表

| 公差等级 | 应用范围及举例 |
| --- | --- |
| IT5 | 用于配合公差要求很小、形状公差要求很高的条件下，这类公差等级能使配合性质比较稳定，常用于机床、发动机和仪表中特别重要的配合尺寸，一般机械中应用较少。例如，检验 IT11 至 IT14 级工件用量规和校对检验 IT14 至 IT15 级轴用量规的校对量规，与 P5 级滚动轴承相配的机床箱体孔，与 E 级滚动轴承孔相配的机床主轴，精密机械及高速机械的轴颈，机床尾架套筒，高精度分度盘轴颈，分度头主轴，精密丝杠基准轴颈，高精度镗套的外径等；发动机中主轴仪表中的精密孔的配合，5 级精度齿轮的内孔及 5 级、6 级精度齿轮的基准轴 |
| IT6 | 配合表面有较高均匀性的要求，能保证相当高的配合性质，使用稳定可靠，相当于旧国标 2 级轴和 1 级精度孔，广泛地应用于机械中的重要配合。例如，检验 IT12 至 IT15 级工件用量规和校对检验 IT15 至 IT16 级轴用量规的校对量规；与 E 级轴承相配的外壳孔及与滚子轴承相配的机床主轴轴颈，机床制造中装配式青铜蜗轮，轮壳外径安装齿轮、蜗轮、联轴器、皮带轮、凸轮的轴颈；机床丝杠支承轴颈、矩形花键的定心直径、摇臂钻床的立柱等；机床夹具的导向件的外径尺寸，精密仪器中的精密轴，航空及航海仪表中的精密轴，自动化仪表，邮电机械，手表中特别重要的轴，发动机中气缸套外径，曲轴主轴颈，活塞销，连杆衬套，连杆和轴瓦外径；6 级精度齿轮的基准孔和 7 级、8 级精度齿轮的基准轴颈，特别精密如 1 级或 2 级精度齿轮的顶圆直径 |
| IT7 | 在一般机械中广泛应用，应用条件与 IT6 相似，但精度稍低。例如，检验 IT14 至 IT16 级工件用量规和校对 IT16 级轴用量规的校对量规；机床中装配式青铜蜗轮、轮缘孔径，联轴器、皮带轮、凸轮等的孔径，机床卡盘座孔，摇臂钻床的摇臂孔，车床丝杠的轴承孔，机床夹头导向件的内孔，发动机中连杆孔、活塞孔，铰制螺柱定位孔；纺织机械中的重要零件，印染机械中要求较高的零件，精密仪器中精密配合的内孔，电子计算机、电子仪器、仪表中重要内孔，自动化仪表中重要内孔，7 级、8 级精度齿轮的基准孔和 9 级、10 级精度齿轮的基准轴 |
| IT8 | 在机械制造中属于中等精度，在仪器、仪表及钟表制造中，由于基本尺寸较小，所以属于较高精度范围，在农业机械、纺织机械、印染机械、自行车、缝纫机、医疗器械中应用最广。例如，检验 IT16 级工件用量规，轴承座衬套沿宽度方向的尺寸配合，手表中跨齿轴、棘爪拨针轮等与夹板的配合，无线电仪表中的一般配合 |
| IT9 | 应用条件与 IT8 相类似，但要求精度低于 IT8 时采用。例如，机床中轴套外径与孔，操纵件与轴，空转皮带轮与轴，操纵系统的轴与轴承等的配合，纺织机械、印染机械中一般配合零件，发动机中机油泵体内孔、气门导管内孔、飞轮与飞轮套的配合，自动化仪表中的一般配合尺寸，手表中要求较高零件的未注公差的尺寸，单键连接中键宽配合尺寸 |
| IT10 | 应用条件与 IT9 相类似，但要求精度低于 IT9 时采用，相当于旧国标的 5 级精度公差。例如，电子仪器、仪表中支架上的配合，导航仪器中绝缘衬套孔与汇电环衬套轴，打字机中铆合件的配合尺寸，手表中基本尺寸小于 18 mm 时要求一般的未注公差的尺寸及大于 18 mm 要求较高的未注公差的尺寸，发动机中油封挡圈孔与曲轴皮带轮毂配合的尺寸 |
| IT11 | 广泛应用于间隙较大，且有显著变动也不会引起危险的场合，亦可用于配合精度较低，装配后允许有较大的间隙的情况。例如，机床上法兰盘止口与孔、滑块与滑移齿轮、凹槽等；农业机械、机车车箱部件及冲压加工的配合零件，钟表制造中不重要的零件，手表制造用的工具及设备中未注公差的尺寸，纺织机械中较粗糙的活动配合，印染机械中要求较低的配合尺寸，磨床制造中的螺纹连接及粗糙的动连接，不作测量基准用的齿轮顶圆直径公差等 |
| IT12 | 这种配合精度要求很低，装配后有很大的间隙，适用于基本上无配合要求的部位，要求较高的未注公差的尺寸极限偏差。例如，非配合尺寸及工序间尺寸，发动机分离杆，计算机工业中金属加工的未注公差尺寸的极限偏差，机床制造业中扳手孔和扳手座的连接等 |
| IT13 | 应用条件与 IT12 相类似，例如，非配合尺寸及工序间尺寸，计算机、打字机中切削加工零件及圆片孔，二孔中心距的未注公差的尺寸 |

续表

| 公差等级 | 应用范围及举例 |
|---|---|
| IT14 | 用于非配合尺寸及不包括在尺寸链中的尺寸，相当于旧国标的 8 级精度公差。例如，在机床、汽车、拖拉机、冶金机械、矿山机械、石油化工、电机、电器、仪器仪表、航空航海、医疗器械、钟表、自行车、缝纫机、造纸与纺织机械等机械加工零件中未注公差尺寸的极限偏差 |
| IT15 | 用于非配合尺寸及不包括在尺寸链中的尺寸，相当于旧国标的 9 级精度公差。例如，冲压件、木模铸造零件、重型机床制造，当基本尺寸大于 3 150 mm 时的未注公差尺寸的极限偏差 |
| IT16 | 用于非配合尺寸。例如，无线电制造业中箱体外形尺寸，手术器械中的一般外形尺寸，压弯延伸加工用尺寸，纺织机械中木件的尺寸，塑料零件的尺寸，木模制造及自由锻造的尺寸 |
| IT17<br>IT18 | 用于非配合尺寸，相当于旧国标的 11 级或 12 级精度的公差。例如，塑料成形尺寸，手术器械中的一般外形尺寸，冷作和焊接用尺寸的公差 |

## 2. 角度尺寸精度

(1)角度标准公差数值

角度尺寸公差没有专门的国家标准规定，而是采用圆锥角公差标准。标准圆锥角公差分为 12 个公差等级，依精度从高至低的顺序排列为 AT1、AT2、…、AT12。表 2-4 中为常用圆锥角公差等级 AT4 至 AT9 的数值。

表 2-4　圆锥角公差等级数值(GB/T 11334—2005)

| 基本圆锥长度 $L$/mm | | 圆锥角公差等级 | | | | | | | | |
|---|---|---|---|---|---|---|---|---|---|---|
| | | AT4 | | | AT5 | | | AT6 | | |
| | | $AT_\alpha$ | | $AT_D$ | $AT_\alpha$ | | $AT_D$ | $AT_\alpha$ | | $AT_D$ |
| 大于 | 至 | μrad | | (μm) | μrad | | (μm) | μrad | | (μm) |
| 16 | 25 | 125 | 26″ | >2.0~3.2 | 200 | 41″ | >3.2~5.0 | 315 | 1′05″ | >5.0~8.0 |
| 25 | 40 | 100 | 21″ | >2.5~4.0 | 160 | 33″ | >4.0~6.3 | 250 | 52″ | >6.3~10.0 |
| 40 | 63 | 80 | 16″ | >3.2~5.0 | 125 | 26″ | >5.0~8.0 | 200 | 41″ | >8.0~12.5 |
| 63 | 100 | 63 | 13″ | >4.0~6.3 | 100 | 21″ | >6.3~10.0 | 160 | 33″ | >10.0~16.0 |
| 100 | 160 | 50 | 10″ | >5.0~8.0 | 80 | 16″ | >8.0~12.5 | 125 | 26″ | >12.5~20.2 |

| 基本圆锥长度 $L$/mm | | 圆锥角公差等级 | | | | | | | | |
|---|---|---|---|---|---|---|---|---|---|---|
| | | AT7 | | | AT8 | | | AT9 | | |
| | | $AT_\alpha$ | | $AT_D$ | $AT_\alpha$ | | $AT_D$ | $AT_\alpha$ | | $AT_D$ |
| 大于 | 至 | μrad | | (μm) | μrad | | (μm) | μrad | | (μm) |
| 16 | 25 | 500 | 1′43″ | >8.0~12.5 | 800 | 2′45″ | >12.5~20.0 | 1 250 | 4′18″ | >20~32 |
| 25 | 40 | 400 | 1′22″ | >10.0~16.0 | 630 | 2′10″ | >16.0~20.5 | 1 000 | 3′26″ | >25~40 |
| 40 | 63 | 315 | 1′05″ | >12.5~20.0 | 500 | 1′43″ | >20.0~32.0 | 800 | 2′45″ | >32~50 |
| 63 | 100 | 250 | 52″ | >16.0~25.0 | 400 | 1′22″ | >25.0~40.0 | 630 | 2′10″ | >40~63 |
| 100 | 160 | 200 | 41″ | >20.0~32.0 | 315 | 1′05″ | >32.0~50.0 | 500 | 1′43″ | >50~80 |

注：①$AT_\alpha$ 以角度单位(微弧度、度、分、秒)表示圆锥角公差值(1 μrad)等于半径为 1 m、弧长为 1 μm 的圆周所产生的角度，5 μrad≈1″，300 μrad≈1′)。

②$AT_D$ 以线值单位(μm)表示圆锥角公差值。在同一圆锥长度中，$AT_D$ 值有两个，分别是对应于 $L$ 的最大值和最小值。

③$AT_\alpha$ 和 $AT_D$ 的关系如下：$AT_D = AT_\alpha \times L \times 10^{-3}$，$AT_\alpha$ 单位为 μrad，$AT_D$ 单位为 μm，$L$ 单位为 mm。

(2) 角度公差带配置

角度公差带配置如图 2.1.3 所示。

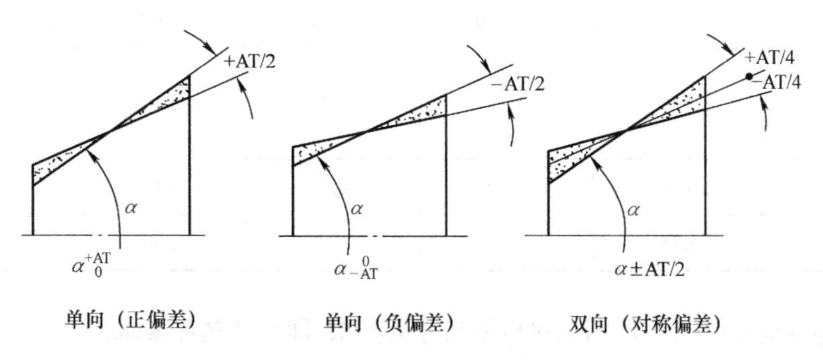


图 2-3　角度公差带配置

### 3. 一般尺寸公差

未注出的长度和角度尺寸公差称为一般公差，其公差等级和极限偏差数值由相应标准规定。一般公差包括线性尺寸和角度尺寸，适用于金属切削加工、冲压加工的尺寸，非金属材料和其他工艺方法加工的尺寸可参照采用。一般公差不适用于其他已有相关标准规范对未注公差精度做出了专门规定的尺寸，也不适用于圆分度的角度和坐标轴之间的角度，这是因为在圆周上等分的要素的角度误差可以累积。

一般公差规定了四个公差等级：精密级(f)、中等级(m)、粗糙级(c)和最粗级(v)，见表 2-5、表 2-6、表 2-7。

标注示例：未注尺寸公差按 GB/T 1804 等级。

表 2-5　线性尺寸一般公差的极限偏差数值　　mm

| 公差等级 | 基本尺寸分段 | | | | | | | |
|---|---|---|---|---|---|---|---|---|
| | 0.5 ~ 3 | 3 ~ 6 | 6 ~ 30 | 30 ~ 120 | 120 ~ 400 | 400 ~ 1 000 | 1 000 ~ 2 000 | 2 000 ~ 4 000 |
| 精密 f | ±0.05 | ±0.05 | ±0.1 | ±0.15 | ±0.2 | ±0.3 | ±0.5 | — |
| 中等 m | ±0.1 | ±0.1 | ±0.2 | ±0.3 | ±0.5 | ±0.8 | ±1.2 | ±2 |
| 粗糙 c | ±0.2 | ±0.3 | ±0.5 | ±0.8 | ±1.2 | ±2 | ±3 | ±4 |
| 最粗 v | — | ±0.5 | ±1 | ±1.5 | ±2.5 | ±4 | ±6 | ±8 |

表 2-6　倒圆半径和倒角高度尺寸一般公差的极限偏差数值　　mm

<table>
<tr><th rowspan="2">公差等级</th><th colspan="4">基本尺寸分段</th></tr>
<tr><th>0.5 ~ 3</th><th>3 ~ 6</th><th>6 ~ 30</th><th>30</th></tr>
<tr><td>精密 f</td><td rowspan="2">±0.2</td><td rowspan="2">±0.5</td><td rowspan="2">±1</td><td rowspan="2">±2</td></tr>
<tr><td>中等 m</td></tr>
<tr><td>粗糙 c</td><td rowspan="2">±0.4</td><td rowspan="2">±1</td><td rowspan="2">±2</td><td rowspan="2">±4</td></tr>
<tr><td>最粗 v</td></tr>
</table>

注：倒圆半径和倒角高度的含义参见 GB/T 6403.4。

表 2-7　角度尺寸一般公差的极限偏差数值

<table>
<tr><th rowspan="2">公差等级</th><th colspan="5">长度分段/mm</th></tr>
<tr><th>0～10</th><th>10～50</th><th>50～120</th><th>120～400</th><th>400</th></tr>
<tr><td>精密 f</td><td rowspan="2">±10°</td><td rowspan="2">±30′</td><td rowspan="2">±20′</td><td rowspan="2">±10′</td><td rowspan="2">±5′</td></tr>
<tr><td>中等 m</td></tr>
<tr><td>粗糙 c</td><td>±1°30′</td><td>±1°</td><td>±30′</td><td>±15′</td><td>±10′</td></tr>
<tr><td>最粗 v</td><td>±3°</td><td>±2°</td><td>±1°</td><td>±30′</td><td>±20′</td></tr>
</table>

加工后零件应该满足零件图上对极限尺寸的要求,即尺寸精度要求。

## 知识链接 2　形状和位置公差要求

表 2-8　形位公差项目和符号

<table>
<tr><th colspan="2">公差</th><th>特征项目</th><th>符号</th><th>有或无基准要求</th></tr>
<tr><td rowspan="4">形状</td><td rowspan="4">形状</td><td>直线度</td><td>—</td><td>无</td></tr>
<tr><td>平面度</td><td>▱</td><td>无</td></tr>
<tr><td>圆度</td><td>○</td><td>无</td></tr>
<tr><td>圆柱度</td><td>⌭</td><td>无</td></tr>
<tr><td rowspan="2">形状或位置</td><td rowspan="2">轮廓</td><td>线轮廓度</td><td>⌒</td><td>有或无</td></tr>
<tr><td>面轮廓度</td><td>⌓</td><td>有或无</td></tr>
<tr><td rowspan="8">位置</td><td rowspan="3">定向</td><td>平行度</td><td>//</td><td>有</td></tr>
<tr><td>垂直度</td><td>⊥</td><td>有</td></tr>
<tr><td>倾斜度</td><td>∠</td><td>有</td></tr>
<tr><td rowspan="3">定位</td><td>位置度</td><td>⌖</td><td>有或无</td></tr>
<tr><td>同轴(同心)度</td><td>◎</td><td>有</td></tr>
<tr><td>对称度</td><td>⌯</td><td>有</td></tr>
<tr><td rowspan="2">跳动</td><td>圆跳动</td><td>↗</td><td>有</td></tr>
<tr><td>全跳动</td><td>⌰</td><td>有</td></tr>
</table>

在加工过程中,由于工件、刀具、夹具及工艺操作等因素的影响,被加工零件的各几何要素会产生一定的形状误差和位置误差(简称形位公差)。

①形状公差:包括直线度、平面度、圆度、圆柱度、线轮廓度、面轮廓度。

②位置公差:包括平行度、垂直度、倾斜度、同轴度、对称度、位置度、圆跳动、全跳动。

形位公差的具体项目和符号见表 2-8。

## 知识链接 3　表面结构要求

切削加工时,由于振动、刀痕及刀具与零件之间的摩擦,会在制造的零件表面不可避免地产生一些微小的峰谷。零件表面上这些微小的峰谷的高低程度称为表面结构。粗加工后的表面峰谷用肉眼就能看到,精加工后的表面峰谷用放大镜或显微镜仍能观察到。从相反概念的角度来说,表面结构也可以称为表面光洁度。表面结构对零件的使用性能有着重要的影响,尤其对在高温、高速、高压条件下的机器(仪器)零件影响更大。它主要影响零件的摩擦磨损、配合性质、抗疲劳强度和密封性等。

### 1. 表面结构的评定参数(幅度参数)

*(1)平均表面粗糙深度 $Rz$*

$Rz$ 是由多个表面粗糙深度 $Z_1$ 至 $Z_5$ 计算出的算术平均值(图 2-4)。$R_{max}$ 为整个检测区段内最大表面粗糙深度，图 2-4 中 $R_{max}$ 相当于 $Z_3$。

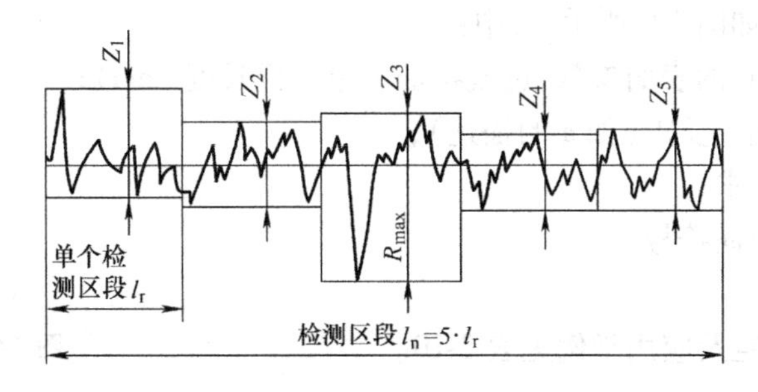


图 2-4　最大表面粗糙深度和平均表面粗糙深度

(2) 平均表面粗糙值 $Ra$

$Ra$ 是单个检测区段 $l_r$ 范围内中间线处表面形状误差的绝对值的算术平均值(图 2-5)。

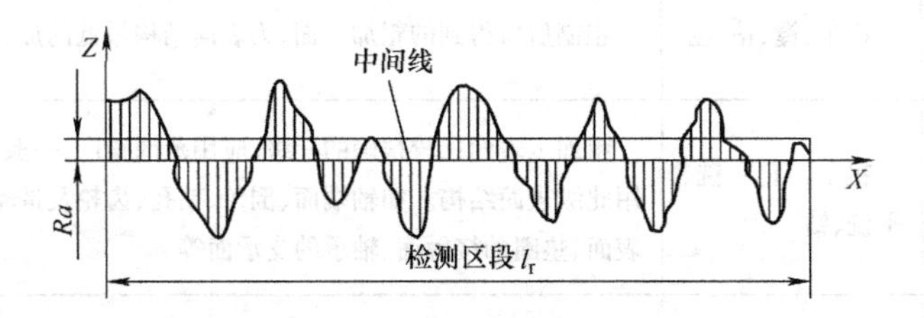


图 2-5　平均表面粗糙值

2. 表面结构的符号

(1) 基本图形符号

表面结构基本图形符号的含义见表 2-9。

表 2-9　表面结构基本图形符号的含义

| 符　号 | 意义及说明 |
|---|---|
| | 基本符号，表示可用任何方法获得的表面，(单独使用无意义)仅适用于简化代号标注 |
| | 表示用去除材料的方法获得的表面，例如车、铣、钻、磨、剪切、抛光、腐蚀、电火花加工等 |
| | 表示用不去除材料的方法获得的表面，例如铸、锻、冲压、热轧、冷轧、粉末冶金等方法，或用于保留原供应状况的表面 |
| | 所有轮廓表面具有相同的表面加工要求 |

(2)表面结构的标注

表面结构的标注如图 2-6 所示,其中:

a——带数值(μm)的表面参数,过渡特征/单取样长度(mm);

b——二级表面加工要求(如 a 的描述);

c——制造加工要求;

d——加工纹理方向符号;

e——加工余量。

表面结构选用评定及应用举例见表 2-10。

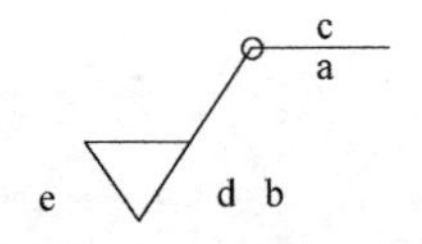


图 2-6　表面结构的标注

表 2-10　表面结构选用评定及应用举例

| 表面结构 $Ra$/μm | 表面形状特征 | 加工方法 | 应用举例 |
|---|---|---|---|
| 50 | 明显可见刀痕 | 粗车、镗、钻、刨 | 粗制后所得到的粗加工面,为表面结构最低的加工面,一般很少采用 |
| 25 | 微见刀痕 | 粗车、刨、立铣、平铣、钻 | 粗加工表面比较精确的一级,应用范围很广,一般凡非结合的加工面均用此级表面结构。如轴端面、倒角、钻孔、齿轮及带轮的侧面、键槽非工作表面、垫圈的接触面、轴承的支承面等 |
| 12.5 | 可见加工痕迹 | 车、镗、刨、钻、平铣、立铣、粗铰、磨、铣齿 | 半精加工表面,一般用于不重要零件的非配合表面,如支柱、轴、支架、外壳、衬套、盖等的端面,紧固件的自由表面,如螺栓、螺钉、双头螺栓和螺母的表面;不要求定心及配合特性的表面,如用钻头钻的螺栓孔、螺钉孔及铆钉孔等;表面固定支承表面,如与螺栓头及铆钉头相接触的表面,带轮、联轴器、凸轮、偏心轮的侧面,平键及键槽的上下面,斜键侧面等 |
| 6.3 | 微见加工痕迹 | 车、镗、刨、铣、刮 1~2 点/$cm^2$、拉、磨、锉、滚压、铣齿 | 半精加工表面,一般用于与其他零件连接而不是配合的表面,如外壳、凸耳、端面和扳手及手轮的外圆;要求有定心及配合特性的固定支承表面,如定心的轴肩、键和键槽的工作表面;不重要的紧固螺纹的表面,非传动的梯形螺纹、锯齿形螺纹表面,轴与毡圈的摩擦面,燕尾槽的表面 |
| 3.2 | 看不见加工痕迹 | 车、镗、刨、铣、铰、拉、磨、滚压、刮 1~2 点/$cm^2$、铣齿 | 接近于精加工,一般用于要求有定心(不精确的定心)及配合特性的固定支承表面,如衬套、轴承和定位销的压入孔;不要求定心及配合特性的活动支承面,如活动关节、花键结合、8 级齿轮齿面、传动螺纹工作表面、低速的轴颈($d$<50 mm)、楔形键及槽上下面、轴承盖凸肩表面(对中心用)端盖内侧面等 |
| 1.6 | 可辨加工痕迹的方向 | 车、镗、拉、磨、立铣、铰、刮 3~10 点/$cm^2$,磨、滚压 | 要求保证定心及配合特性的表面,如锥形销和圆柱销的表面;普通表面与 6 级精度的球轴承的配合面,安装滚动轴承的孔,滚动轴承的轴颈;中速转动的轴颈,静连接 IT7 精度公差等级的孔,动连接 IT9 精度公差等级的孔,不要求保证定心及配合特性的活动支承面,如高精度的活动球状接头表面、支承垫圈、套齿叉形件、磨削的轮齿 |

续表

| 表面结构 $Ra/\mu m$ | 表面形状特征 | 加工方法 | 应用举例 |
| --- | --- | --- | --- |
| 0.8 | 微辨加工痕迹的方向 | 铰、磨、刮3～10点/$cm^2$、镗、拉、滚压 | 要求能长期保持所规定的配合特性的IT7精度公差等级的轴和孔的配合表面；高速工作下的轴颈及衬套的工作面；间隙配合中IT7精度公差等级的孔，7级精度大小齿轮工作面、蜗轮齿面(7～8级精度)、滚动轴承轴颈；要求保证定心及配合特性的表面，如滑动轴承轴瓦的工作表面；不要求保证定心及结合特性的活动支承面，如导杆、推杆表面工作时受反复应力的重要零件；在不破坏配合特性下工作，要保证其耐久性和疲劳强度所要求的表面，如受力螺栓的圆柱表面、曲轴和凸轮轴的工作表面 |
| 0.4 | 不可辨加工痕迹的方向 | 布轮磨、磨、研磨、超级加工 | 工作时承受反复应力的重要零件表面，保证零件的疲劳强度、防腐性和耐久性；工作时不破坏配合特性的表面，如轴颈表面、活塞和柱塞表面等；IT5～IT6精度公差等级配合的表面，3、4、5级精度齿轮的工作表面，4级精度滚动轴承配合的轴颈 |
| 0.2 | 暗光泽面 | 超级加工 | 工作时承受较大反复应力的重要零件表面，保证零件的疲劳强度、防蚀性及在活动接头工作中的耐久性的一些表面，如活塞销的表面、液压传动用的孔的表面 |
| 0.1 | 亮光泽面 | 超级加工 | 精密仪器及附件的摩擦面，量具工作面，块规、高精度测量仪工作面，光学测量仪中的金属镜面 |
| 0.05 | 镜状光泽面 | | |
| 0.025 | 雾状镜面 | | |
| 0.012 | 镜面 | | |

## 知识链接4　公差配合要求

### 1. 有关配合的术语及定义

配合是指基本尺寸相同的，相互结合的孔和轴公差带之间的关系(图2-7)。

间隙或过盈是指孔的尺寸减去相配合轴的尺寸所得的代数差。即

$$D_a - d_a = \begin{cases} +\text{间隙}\ S \\ -\text{过盈}\ \delta \end{cases}$$

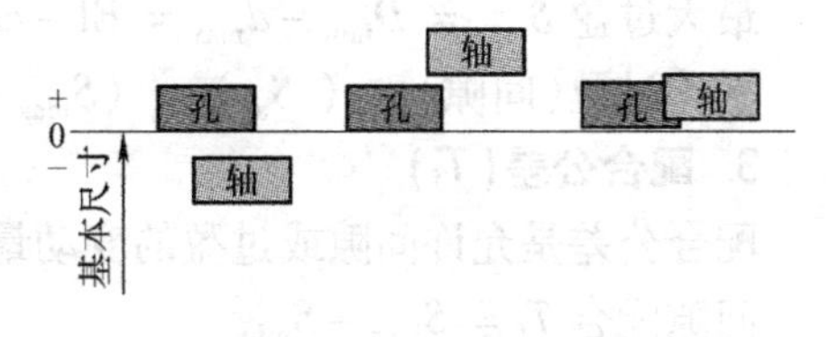


图2-7　配合

若孔的实际尺寸与轴的实际尺寸的差为正值则称为间隙；若孔的实际尺寸与轴的实际尺寸的差为负值则称为过盈。

### 2. 配合的种类

(1)间隙配合

间隙配合是指具有间隙的配合，此时孔公差带在轴公差带的上方(图2-8)。

最大间隙 $S_{max} = D_{max} - d_{min} = ES - ei$

最小间隙 $S_{min} = D_{min} - d_{max} = EI - es$

平均间隙 $S_{av}=(S_{max}+S_{min})/2$

最小间隙 $S_{min}$可以为零(图 2-9)。

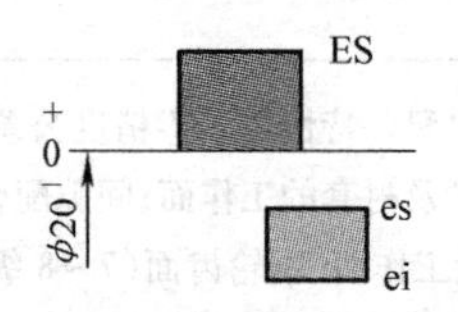


图 2-8　间隙配合

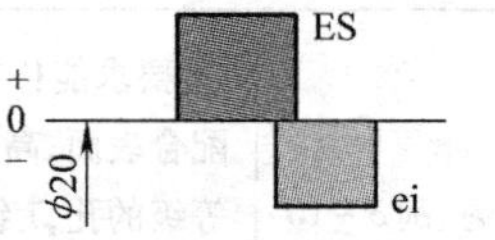

图 2-9　最小间隙为零

(2)过盈配合

过盈配合是指具有过盈的配合,此时孔公差带在轴公差带的下方(图 2-10)。

最大过盈 $\delta_{max}=D_{min}-d_{max}=\mathrm{EI}-\mathrm{es}$

最小过盈 $\delta_{min}=D_{max}-d_{min}=\mathrm{ES}-\mathrm{ei}$

平均过盈 $\delta_{av}=(\delta_{max}+\delta_{min})/2$

最小过盈 $\delta_{min}$可以为零(图 2-11)。

(3)过渡配合

过渡配合是指可能具有间隙或过盈的配合,此时孔公差带与轴公差带有重叠(图 2-12、图 2-13)。

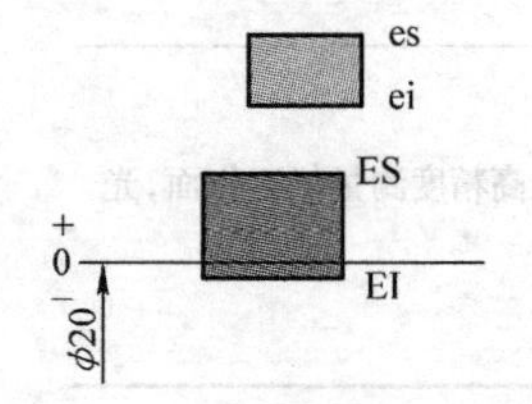


图 2-10　过盈配合

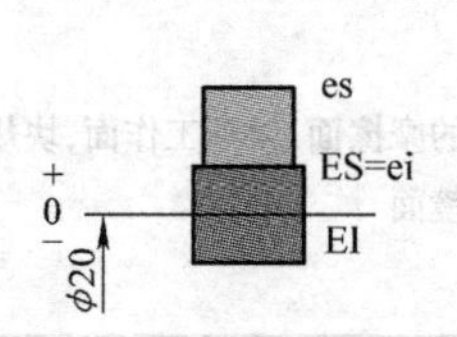


图 2-11　最小过盈为零

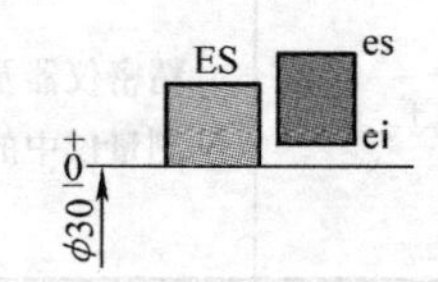


图 2-12　过渡配合 1

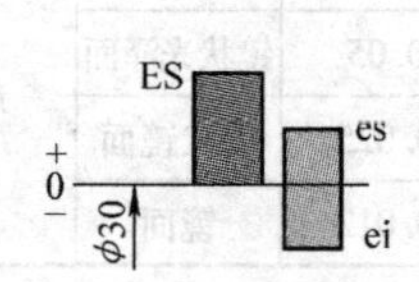


图 2-13　过渡配合 2

最大间隙 $S_{max}=D_{max}-d_{min}=\mathrm{ES}-\mathrm{ei}$

最大过盈 $\delta_{max}=D_{min}-d_{max}=\mathrm{EI}-\mathrm{es}$

平均过盈(间隙) $\delta_{av}(S_{av})=(S_{max}+\delta_{max})/2$

**3. 配合公差($T_f$)**

配合公差是允许间隙或过盈的变动量。

间隙配合 $T_f=S_{max}-S_{min}$

过盈配合 $T_f=\delta_{min}-\delta_{max}$

过渡配合 $T_f=S_{max}-\delta_{max}$　　$T_f=T_D$(配合孔公差)$+T_d$(配合轴公差)

**4. 公差配合代号**

①公差带代号:由基本偏差和公差等级代号组合而成,标注在零件图上。例如:H7、F8,m7、t6。

②配合代号:由孔和轴的公差带组合而成,用分数形式表示,标注在装配图上。例如:孔的公差带可标注为 $\phi50(^{+0.025}_{0})$或 $\phi50\mathrm{H7}(^{+0.025}_{0})$,轴的公差带可标注为 $\phi50(^{-0.025}_{-0.041})$或 $\phi50\mathrm{f6}(^{-0.025}_{-0.041})$,如图 2-14 所示。

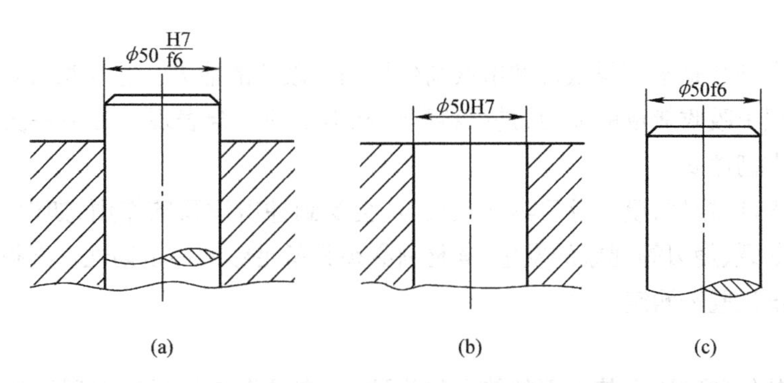


图 2-14　公差配合代号

(a)公差配合;(b)孔的公差带;(c)轴的公差带

## 知识链接 5　材料性能要求

材料性能方面的要求,主要是力学性能方面的要求,即材料在外力作用下表现出来的性能,包括强度、塑性、韧性、硬度及疲劳强度等。

### 1. 强度

金属材料抵抗塑性变形或断裂的能力称为强度。根据载荷作用方式不同,强度可分为抗拉强度($\sigma_b$)、抗压强度($\sigma_{bc}$)、抗弯强度($\sigma_{bb}$)、抗剪强度($\tau_b$)和抗扭强度($\tau_t$)等。通过拉伸试验可测定弹性极限($\sigma_e$)、屈服极限(旧标 $\sigma_s$,新标 $R_e$)和抗拉极限(旧标 $\sigma_b$,新标 $R_m$)强度指标。

屈服强度和抗拉强度是机械零件设计和选材的重要依据。对结构件、标准件、铸钢件、铸铁件等,都有强度方面的要求。例如 5.6 级螺栓,表示 $5 \times 100 = 500$ MPa 为抗拉强度,$5 \times 6 \times 10 = 300$ MPa 为屈服强度。

### 2. 塑性

在外力作用下,材料发生断裂前产生永久变形的能力称为塑性。常用拉伸试样断裂时的最大相对变形量来表示塑性指标。塑性指标有断后伸长率 $A$ 和断面收缩率 $Z$。

(1)断后伸长率

$$A = (L_u - L_0) / L_0 \times 100\%$$

式中:$L_u$——试样拉断后的标距(mm);

$L_0$——试样的原始标距(mm)。

(2)断面收缩率

$$Z = (S_0 - S_u) / S_0 \times 100\%$$

式中:$S_0$——试样的原始横截面面积($mm^2$);

$S_u$——试样拉断处的最小横截面面积($mm^2$)。

金属材料的断后伸长率 $A$ 和断面收缩率 $Z$ 数值越大,表示材料的塑性越好,不容易突然断裂。塑性好的金属可以通过压力加工等加工成形方法加工成形状复杂的零件,其冷冲压、冷镦、冷挤压等变形加工性能好。

### 3. 韧性

材料的冲击韧性是指材料抵抗冲击载荷作用而不破坏的能力。它反映材料在塑性变形和断裂的全过程中吸收能量的能力,是材料塑性和强度的综合表现。常用一次摆锤冲击试验方法测定冲击韧性 $a_k$。

许多机械零件、构件、模具及刀具在服役时,会受到冲击载荷的作用,如齿轮、冲模和锻模等。为防止断裂、崩刃等现象的发生,其材料必须具备足够的冲击韧性。其指标可通过金属夏比缺口冲击试验来测定。

### 4. 硬度

材料抵抗其他硬物压入其表面的能力称为硬度,它是衡量材料软硬程度的力学性能指标。材料的硬度代表其在一定压力和试验力作用下,所反映出的弹性、塑性、强度、韧性及磨损抗力等多种物理量的综合性能。一般认为零件表面的硬度越大则耐磨性越好。硬度可用硬度试验机测定,常用的硬度指标有布氏硬度(HBW)、洛氏硬度(HRA、HRB、HRC 等)和维氏硬度(HV)。由于通过硬度试验可以反映金属材料在不同的化学成分、组织结构和热处理工艺条件下性能的差异,因此硬度试验广泛应用于原材料的检验、机械零件和工模具热处理工艺质量的检验及新材料研制的检验等方面。

### 5. 疲劳强度

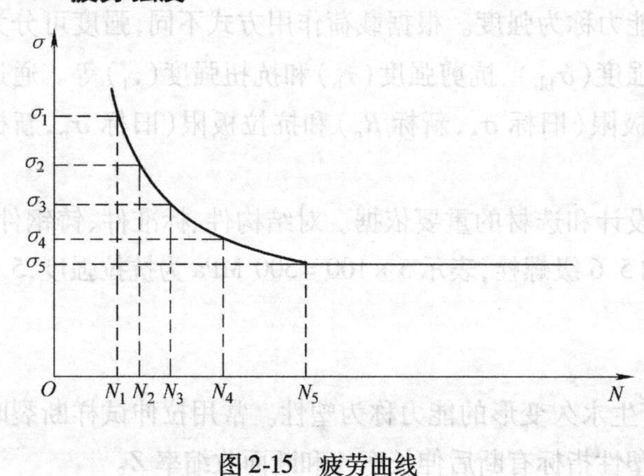

图 2-15　疲劳曲线

疲劳强度是指金属材料在无限多次交变载荷作用下而不破坏的最大应力。实际上,一般试验时规定,将钢在经受 $10^7$ 次、非铁(有色)金属材料在经受 $10^8$ 次交变载荷作用不产生断裂时的最大应力称为疲劳强度。当施加的交变应力是对称循环应力时,所得的疲劳强度用 $\sigma_{-1}$ 表示。试验测得材料的交变应力和断裂前应力循环次数 $N$ 之间的关系如图 2-15 所示。

## 知识链接6　其他特殊要求

除以上介绍的各项要求外,有的零件、工模具等还会有成分、显微组织、有无缺陷(如烧伤、碰伤、裂纹、麻点、锈迹等)、红硬性、热强性、耐蚀性、抗氧化性、表面处理以及物理性能和工艺性能等方面的要求。

## 任务2　认识质量检验

质量检验是质量管理的重要组成部分。企业的质量检验工作肩负着与产品质量密切相关的鉴别、把关、预防、报告和监督等职能,在产品质量产生、形成和实现的全过程中起到重要的质量保证作用。

## 知识链接1 质量检验概述

### 1. 质量检验基本知识

(1)质量检验概念

质量检验就是对产品的一个或多个质量特性进行观察、测量、试验,并将结果与规定的质量要求进行比较,以确定每项质量特性合格情况的技术性检查活动。

(2)质量检验基本要点

①一种产品为满足顾客要求或预期的使用要求和政府法律、法规的强制性规定,都要对其技术性能、安全性能、互换性能及其对环境和人身安全、健康影响的程度等多方面的要求做出规定,这些规定组成产品相应的质量特性。

②产品的质量特性一般都转化为具体的技术要求在产品技术标准(国家标准、行业标准、企业标准)和其他相关的产品设计图样、作业文件或检验规程中明确规定,成为质量检验的技术依据和检验后比较检验结果的基础。

③产品质量特性是在产品实现过程中形成的,是由产品的原材料、构成产品的各个组成部分(如零部件)的质量决定的,并与产品实现过程的专业技术、人员水平、设备能力甚至环境条件密切相关。

④质量检验是要对产品的一个或多个质量特性,通过物理的、化学的和其他科学技术手段和方法进行观察、试验、测量,取得证实产品质量的客观证据。因此,需要有适用的检测手段,并对其实施有效控制,保持检测所需的准确度和精密度及一致性。

⑤质量检验的结果要与产品技术标准和相关的产品图样、过程(工艺)文件或检验规程的规定进行对比,确定每项质量特性是否合格,从而对单件产品或批量产品质量进行判定。

(3)质量检验的主要职能

1)鉴别职能

由专业人员参照标准完成。

2)把关职能

不合格品不能出厂。

3)预防职能

不合格品不能进厂,及时返工、纠偏。对原材料和外购件的进货检验,对中间产品转序或入库前的检验,既起把关作用,又起预防作用。前过程的把关,对后过程就是预防。

4)报告职能

①报告原材料、外购件、外协件进货验收的质量情况和合格率。

②报告过程检验、成品检验的合格率、返修率、报废率和等级率以及相应的废品损失金额。

③报告按产品组成部分(如零部件)划分统计的合格率、返修率、报废率及相应废品损失金额。

④报告产品报废原因的分析。

⑤报告重大质量问题的调查、分析和处理意见。

⑥报告提高产品质量的建议。

2. 质量检验的步骤

(1)检验的准备

①首先要熟悉检验标准和技术文件规定的质量特性和具体内容,确定测量的项目和量值。

②确定检验方法,选择精密度、准确度适合检验要求的计量器具和试验及理化分析用的仪器设备。

③确定测量、试验的条件,确定检验实物的数量,对批量产品还需确定批量的抽样方案。

④做好检测样品、材料、器皿、仪器、试剂和人员的准备。

(2)检测、测量或试验

①按已确定的检验方法和方案,对产品的一项或多项质量特性进行定量或定性的观察、测量、试验(检测),得到需要的量值和结果。

②测量首先应保证所用的测量装置或理化分析仪器处于受控状态。

③准确及时地做好原始记录。

(3)质量检验记录

对测量的条件、测量得到的量值和观察得到的技术状态用规范化的格式和要求予以记录或描述,作为客观的质量证据保存下来。

(4)比较和判定

由专职人员将检验的结果与规定要求进行对照比较,确定每一项质量特性是否符合规定要求,从而判定被检验的产品是否合格。

(5)确认和处置

检验有关人员对检验的记录和判定的结果进行签字确认。对产品(单件或批量)是否可以"接收"、"放行"做出处置。

①对合格品准予放行,并及时转入下一作业过程(工序)或准予入库、交付(销售、使用);对不合格品,按其程度情况分别做出返修、返工或报废处置。

②对批量产品,根据产品批量质量情况和检验判定结果分别做出接收、拒收、复检处置。

3. 质量检验的形式

①查验原始质量凭证:质量证明书、合格证、检验或试验报告等。(针对有信誉的企业)

②实物检验:由本单位专职检验人员或委托外部检验单位按规定的程序和要求进行检验。(针对原料、半成品和成品)

③派员进厂(驻厂)验收:对产品形成过程和质量控制进行现场查验。(重点是生产过程质量受控)

## 知识链接2 质量检验分类

1. 按生产流程分类

①进货检验(In-coming Quality Control,IQC):首件样品进货检验、成批进货检验。

②过程检验(In-process Quality Control,IPQC ):首件检验、巡回检验、在线检验、完工检验。

③最终检验(Final Quality Control,FQC):成品检验、型式检验、出厂检验。

质量检验按生产流程分类如图2-16所示。

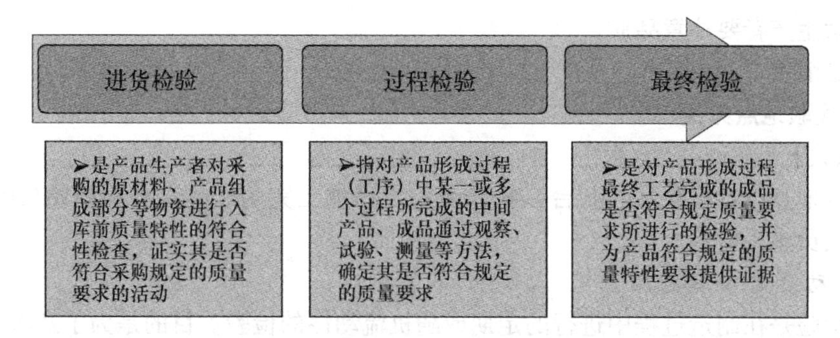


图 2-16　质量检验按生产流程分类

### 2. 按检验人员分类

质量检验按检验人员分类具体如图 2-17 所示。

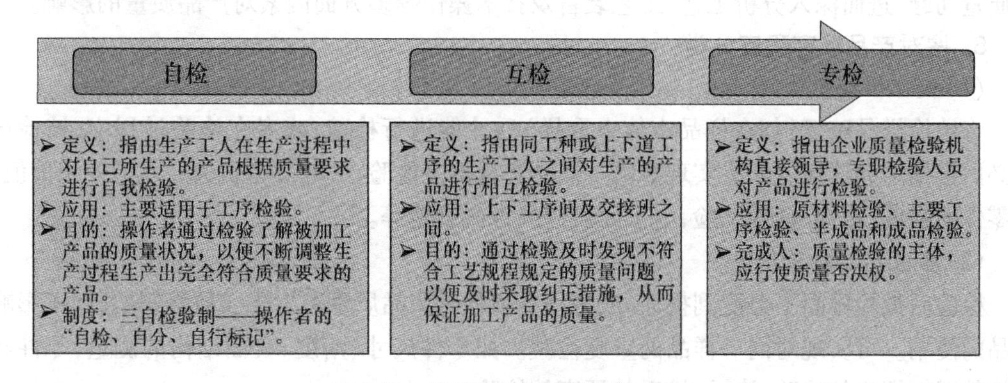


图 2-17　质量检验按检验人员分类

### 3. 按检验数量分类

①全数检验：对一批产品中的所有产品逐个进行检验，做出合格与否的判定。

②抽样检验：根据抽样方案，从一批产品中随机抽取一部分产品，按产品图样、工艺、技术标准要求进行检验，做出该批产品合格与否的判定。

③免检：在有足够的证据证明产品质量合格而且稳定的情况下，不需要对产品质量进行检验。

(1)全检的适用范围

①批量太小，失去抽检意义。

②检验手续简单，不至于浪费大量人力、经费。

③不允许不良品存在，该不良品对制品有致命影响。

④工程能力不足，其不良率超过规定，无法保证品质。

⑤为了解该批制品实际品质状况。

(2)抽检的适用范围

①产量大、批量大，且是连续生产，无法作全检。

②破坏性测试。

③允许有某种程度的不良品存在。

④欲减少时间和经费。

⑤刺激生产者要注意品质。

⑥满足消费者要求。

**4. 按检验地点分类**

(1)固定检验

在固定地点设置检验站(组、台),操作者将自己加工完的产品送到检验站(组、台),由专职质检人员进行检验。

(2)流动检验(巡回检验)

巡回检验是在制造过程中进行的定期或随机流动性的检验。目的是为了及时发现质量问题。巡回检验是抽检的一种形式。巡回检验深入到机台进行检验,这要求质检 QC 熟悉产品的特点,加工过程,装配调试技术,必备的检验以及工、夹、量具及技术文件,质量记录表单等。不仅如此,还要求质检 QC 有比较丰富的工作经验、较高的技术水平,这样才能及时发现质量问题,进而深入分析工艺、工艺装备及技术操作等多方面因素对产品质量的影响。

**5. 按对产品损害程度分类**

(1)破坏性检验

将被检样品破坏(如在样品本体上取样)后才能进行检验;或者在检验过程中,被检样品必然会损坏和消耗。无法实现对同一样品进行重复检验,一般都会丧失原有的使用价值。如零件的强度、塑性、韧性试验,电子元器件的寿命试验等。

(2)非破坏性检验

检验后被检样品不会受到损坏,或者稍有损耗对产品质量不发生实质性影响,即不影响产品的使用。可实现对同一样品的重复检验。如零件尺寸、角度、表面结构的测量,零件和结构件无损探伤的检验,洛氏、维氏等硬度的检验。

**6. 按检验技术手段分类**

(1)理化检验

理化检测是利用物理的、化学的技术手段,采用理化检验用计量器具、仪器仪表和测试设备或化学物质和试验方法,对产品进行检验而获取检验结果的检验方法。

物理检验有:度量衡检验、光学检验、热学检验、电性能检验、力学性能检验、无损检验、声学检验。

化学检验有:定性分析、定量分析、化学分析、仪器分析。

(2)感官检验



感官检验是依靠检验人员的感觉器官进行产品质量评价或判断的检验。感官检验是重要的检验手段之一,有许多产品的某些质量特性的检验只能依靠感官检验。

感官检验的优点:方法简单易行,不需要特殊设备、仪器和化学试剂,判断迅速、成本低。

感官检验的缺点:属于主观评价方法,受检验者自身的影响,容易出现不确切的判断或错判、误判。

## 知识链接3 机械产品的质量检验

**1. 特点**

①最基本单元是零件,零件一般由原材料制成,材料的微观组成(成分)及各项性能就

是零件重要的内在质量要求。

②整机产品由固定部分和可拆部分组成。

③整机产品又可分为固定件和运动件两部分,机械的使用功能是通过运动部分在直线、平面、空间的运动实现的。

④通过不同方式、方法传递载荷,因此对零件要有适当的强度和刚性等性能要求。对运动件有可靠性、耐久性及耐磨性等性能要求。

**2. 主要技术性能要求**

(1)零件的主要技术性能要求

①金属材料化学成分。

②金属材料显微组织。

③主要结构形式尺寸、几何参数、形状与位置公差及表面结构。

④力学性能。

⑤特殊要求,如互换性、耐磨性、耐腐性、耐老化性等。

(2)部件和整机的主要技术性能要求

①运动部件的灵活性,固定部分连接的牢固性。

②配合部件的互换性。

③外观质量及结构主要的规格尺寸。

④输入输出功率、速度、扭矩、动静平衡及完成各种不同作业的功能、技术性能和适用性。

**3. 机械产品的检验、试验**

(1)机械零件的检验

①化学分析:材料化学成分检验。

②物理试验:力学性能试验、无损探伤、金相显微组织检验等。

③几何量测量:尺寸精度及形状公差、位置公差、表面结构等。

(2)产品性能的试验

产品性能指按规定程序和要求对产品的基本功能和各种使用条件下的适应性及其他能力进行检查和测量,以评价产品性能满足规定要求的程度。

产品性能的试验一般有:

①功能试验;

②结构力学试验(一般用于承受动、静载荷的产品);

③空运转试验(考察产品在无负载条件下工作状况);

④负载试验(考察产品在加载条件下工作状况);

⑤人体适应性试验(考察机械对人体的影响及人体对机械运转影响的耐受程度等);

⑥安全性、可靠性和耐久性试验(考察机械在长期实际使用条件下运行性能);

⑦环境条件试验(考察产品性能对环境的适应性、持续性及稳定性)。

## 知识链接4 检验手册和检验指导书

### 1. 检验手册

检验手册是质量检验活动的管理规定和技术规范的文件集合。检验手册基本上由程序性和技术性两方面内容组成。它的具体内容可以有：

①质量检验体系和机构，包括机构框图、机构职能（职责、权限）的规定；

②质量检验的管理制度和工作制度；

③进货检验程序，过程（工序）检验程序；

④成品检验程序；

⑤计量控制程序，包括通用仪器设备及计量器具的检定、校验周期表；

⑥与检验有关的原始记录表格格式、样张及必要的文字说明；

⑦不合格产品审核和鉴别程序；

⑧检验标志的发放和控制程序；

⑨检验结果和质量状况反馈及纠正程序；

⑩经检验确认不符合规定质量要求的物料、产品组成部分、成品的处理程序。

### 2. 产品和过程（工序）检验手册（技术性文件）

①不合格严重性分级的原则和规定及分级表。

②抽样检验的原则和抽样方案的规定。

③材料部分：有各种材料规格及其主要性能及标准。

④过程（工序）部分：有作业（工序）规程、质量控制标准。

⑤产品部分：有产品规格、性能及有关技术资料、产品样品、图片等。

⑥检验、试验部分：有检验规程、细则，试验规程及标准。

⑦索引、术语等。

### 3. 检验指导书

(1)检验指导书的概念

检验指导书是具体规定操作要求的技术文件，又称检验规程或检验卡片。它是产品形成过程中，用以指导检验人员规范、正确地实施产品和过程的检查、测量、试验的技术文件。它既是质量管理体系文件中的一种技术作业指导性文件，又可作为检验手册中的技术性文件。其特点是技术性、专业性、可操作性强。其目的是为重要产品及组成部分和关键作业过程的检验活动提供具体操作指导。其作用是使检验操作达到统一、规范。

(2)编制检验指导书的要求

①对该过程作业控制的所有质量特性，应全部逐一列出，不可遗漏。其中可能包括不合格的严重性分级、尺寸公差、检验顺序、检测频率、样本大小等有关内容。

②必须针对质量特性和不同精度等级的要求，合理选择适用的测量工具或仪表。

③当采用抽样检验时，应正确选择并说明抽样方案。

(3)检验指导书的内容

检验指导书的内容包括检测对象、质量特性值、检验方法、检测手段、检验判定、记录和报告以及其他说明。

检验指导书案例见表2-11。

**表2-11 检验指导书案例**

<table>
<tr><td colspan="2">零件名称</td><td colspan="2">零件件号</td><td>检验频次</td><td>发出日期</td></tr>
<tr><td colspan="2">套筒</td><td colspan="2">HJX41-03-300</td><td>全检</td><td></td></tr>
<tr><td>注意事项</td><td colspan="5">1. 在测量零件时,必须做好清洁工作,消除毛刺和硬点,保持零件良好状态<br>2. 在使用杠杆卡规检验时,活动脚需松开,防止零件表面划伤<br>3. 需用量块校准尺寸,并消除量块误差<br>4. 在检验接触精度时,需保证塞规清洁,防止拉毛、起线<br>5. 在使用各种量仪时,应具备有效期内的检定合格证</td></tr>
<tr><td>序号</td><td>检验项目</td><td>检验要求</td><td>测量器具</td><td>检验方法、方案</td><td>重要度</td></tr>
<tr><td>1</td><td>尺寸公差:配合间隙</td><td><0.01</td><td>内径千分尺、量块、杠杆卡规</td><td>与100件研配,莫氏锥孔处允许略小</td><td>[2]</td></tr>
<tr><td>2</td><td>表面结构:$\phi60$外圆</td><td>0.1</td><td>样板比较</td><td>目测</td><td></td></tr>
<tr><td>3</td><td>表面结构:$\phi60_{-0.10}^{-0.05}$处</td><td>0.4</td><td>样板比较</td><td>目测</td><td></td></tr>
<tr><td>4</td><td>表面结构:莫氏4#锥孔</td><td>0.4</td><td>样板比较</td><td>目测</td><td></td></tr>
<tr><td>▲5</td><td>圆度:$\phi60$外圆</td><td>0.002</td><td>杠杆卡规</td><td>H3-4</td><td>△[2]</td></tr>
<tr><td>▲6</td><td>平行度</td><td>0.002</td><td>杠杆卡规</td><td>H1-2</td><td>△[2]</td></tr>
<tr><td>▲7</td><td>同轴度</td><td>0.007</td><td>扭簧测微仪<br>莫氏4#试棒</td><td>L:距轴端150 mm处H3-5</td><td>△[2]</td></tr>
<tr><td>▲8</td><td>接触精度:莫氏4#锥孔</td><td>≥75%</td><td>莫氏4#塞规<br>4/K 04-2A</td><td>目测</td><td></td></tr>
<tr><td>9</td><td>硬度:$\phi60$外圆</td><td>HRC56</td><td>硬度计</td><td>每批抽检一件</td><td></td></tr>
<tr><td colspan="6">简图(略)</td></tr>
</table>

注:①“▲”为关键项目,不得申请例外放行。

②“△”为工序质量控制点。

③[2]为二级重要度。

# 任务3 认识质量管理

## 知识链接1 质量管理概述

### 1. 质量管理发展历史

质量管理的发展有如下三个阶段。

第一阶段(20世纪初至40年代)是质量检验阶段。在此阶段,泰勒主张计划与执行必须分开,执行当中要有检查和监督。工业企业普遍设置了专职检验机构。1924年美国贝尔研究所的休哈特(W. A. Shewhart)针对质量检验方法缺乏预防性的情况,运用数理统计原理提出了经济控制生产过程产品质量的“6σ”法。1929年道奇(H. F. Dodge)和罗米克(H. G. Romick)发表了论文《挑选型抽样检查法》。

第二阶段(20世纪40年代至50年代)是统计质量管理阶段。在此阶段,资产阶级“行为科学”理论形成,数理统计方法应用于质量管理。

第三阶段(20 世纪 60 年代至今)是全面质量管理阶段 。第二次世界大战结束后,各种管理学派有很多。其中最有影响的学派是“决策理论”,其代表人物是美国经济学家西蒙。他把高等数学、统计学、运筹学和电子计算机等技术以及创造思想和逻辑思想应用于决策方式的研究。随着科学技术和管理理论的发展,某些产品,特别是大型和复杂工程的安全性、可靠性的要求更高了,在产品的质量概念中出现了“可靠性”“安全性”“经济性”等要求。在管理中出现了“无缺陷运动”“质量管理小组活动”“质量保证”“产品责任”等新内容。美国通用电气公司的菲根鲍姆博士于 20 世纪 60 年代首次提出了 TQC 的思想,使质量管理发展到一个崭新的阶段。他把技术、行政管理和统计方法结合起来形成了一整套工作系统。

**2. 质量管理发展趋势**

①质量的竞争已成为国际市场竞争的焦点。

②质量是全球追求的目标。

③“用户满意”是衡量产品质量的唯一标准。

④质量管理是企业经营战略的根本内容。

⑤ISO 9000 现象的出现。

a. 国际标准化组织 ISO 及 ISO/TC 176(质量管理和质量保证技术委员会)。国际标准化组织、质量管理和质量保证技术委员会成立于 1947 年,工作范围覆盖了国际贸易中对产品或服务的质量和质保要求的 80% ~90%。在 ISO 发布的 7 000 多个国际标准中仅 1988 年一年,TC 176 制定 ISO 9000 族系列标准占全年标准销售额的三分之一。

b. ISO 9000 的产生与发展。为了满足商业和工业的使用要求以及国防工业的需求,世界上各主要工业发达国家分别在质量体系领域制定了国家标准或多国标准。这些标准尽管在传统上有某些历史性的共同点,但在细节上存在许多差异,在名词术语方面也存在不一致甚至混乱的现象,不能广泛地应用于国际贸易。企业为了获得市场,不得不付出巨大的努力去满足合同中形形色色的质量体系要求。质量管理与质量保证的国际化成为各国的迫切要求。

c. ISO 9000 现象。ISO 9000 标准自 1987 年公布以来,在世界上产生了巨大的影响,许多国家迅速以ISO 9000标准代替本国的国家标准。世界 80 多个国家和地区采用,其中包括所有的欧洲联盟和欧洲自由贸易联盟国以及日本、美国等。有 50 多个国家和地区根据 ISO 9000 开展了第三方评定和有关的技术服务工作。ISO 9000 已成为目前 ISO 标准中应用范围最广的标准。在国际市场上,ISO 9000 系列标准已成为评估产品质量和质量体系是否合格的基础,并成为许多国家开展第三方质量体系认证和注册服务的基础。截至 1993 年 9 月底,世界上有 76 个国家发出 23 971 份 ISO 9000 认证证书;截至 1994 年 6 月底,世界上有 76 个国家发出 70 517 份 ISO 9000 认证证书,国际标准化专家称这种 ISO 9000 迅速发展的现象为“ISO 9000 现象”。

d. ISO 9000 浪潮对企业的益处。第三方认证证明公司为顾客提供的产品和服务实施了适当的质量管理体系,提高了用户的信任程度;第三方认证使公司或企业获得了良好的内部支持。体系认证的结果是使公司或企业提高了质量管理和质量保证能力;减少了不同贸易伙伴进行多次评定的费用,用户通常只审核对供方质量体系提出的特殊要求的部分。供方通过第三方认证机构的质量体系认证,可使用户减少 80% 的重复性工作。

⑥以技术为先导的质量管理。任何管理模式都要以技术为先导,以顾客为目标。若企

业的技术和管理不能生产出顾客需要的产品,就必须要改进。用高投入换来高技术,用高技术保证高质量。高投入、高技术、高质量、高速度是赢得顾客、占领市场的有效手段。实现生产加工检测的高度自动化;重视可靠性技术、田口方法(稳健性设计技术)和计算机辅助设计的应用将是质量管理未来发展的方向。

⑦质量工程学科的形成。20 世纪 70 年代,具有思考性的新 QC 七种工具,如质量功能展开(QFD)、田口方法(稳健性设计)等在日本应运而生。这些方法的核心内容是对顾客需求的分析、保证手段以及设计阶段的质量保证技术。20 世纪 80 年代,产品质量和市场竞争的严峻形势给美国企业带来了严重的危机,迫使其重新考虑经营战略;质量意识空前提高;加强了研制过程的质量设计和质量分析,尤其重视 QFD、稳健性设计、可靠性技术、计算机辅助设计在设计过程中的应用,研制过程的质量管理实现了规范化、程序化;将传统的质量管理和新兴的质量设计技术互相结合、互相渗透,建立了强有力的供应商质量保证模式、完备的售后服务系统和质量信息系统,提出了并行工程的概念——在产品设计阶段同时考虑产品整个寿命周期的全部要素(质量、成本、进度和用户服务),将产品设计与制造、保障过程的设计综合进行;以系统工程的方式开展质量保证工作,将技术的、组织的、管理的措施统一规划,将质量管理与优化设计、可靠性工程、市场营销、价值工程、仿真技术等互相渗透,采用多学科综合设计的方法,实现产品的高质量、高可靠性、高效率。先进的质量管理思想和方法促进了生产力的发展,并进一步形成了质量工程学科体系。

## 知识链接2 质量特性和缺陷

### 1. 质量特性

质量特性的种类见表 2-12。

**表 2-12 质量特性的种类**

| 数值特性 | | 质量特性 | |
|---|---|---|---|
| 可检测性 | 可计数性 | 可表征性 | 分级性 |
| 例如长度、直径、平面度、表面结构 | 例如转速、每小时加工完成的工件 | 例如每个检验单元中出现的缺陷,功能"合格"或"不合格" | 例如质量等级为 1、2、3 的油漆 |

①数值特性是可检测和可计数的。可检测特征中的测量值可采用任何一个数字值。

②质量特性包括:一种称之为"可表征的特性",例如检测结果"合格"或"不合格";一种有序关系的特征值,也称作"成绩分数",例如优秀、良好、糟糕。公差等级为 2、1、0、K 的块规,也是一种有序关系。

### 2. 缺陷

当一个或若干个质量要求没有满足时,产品便存在缺陷。未被发现的缺陷的后果成本将逐级累积。如果产品研发阶段时消除缺陷的成本尚处于 1 欧分到 1 欧元的范围,那么到产品检验阶段或产品送达客户手中时,消除缺陷的成本将增长千倍。汽车制造商因汽车安全性能缺陷而采取的大量产品召回行动就是例子。

零缺陷战略要求:如希望在生长线终端得到一个无缺陷零件,就应该在每个制造环节都避免出现缺陷。如果工厂 100 个员工,每个人的产品合格率只有 99%,那么成品无缺陷率便只能达到 37%。

按照产品的安全性和可实用性划分的制成品缺陷种类见表2-13。

表2-13　按照产品的安全性和可实用性划分的制成品缺陷种类

| | |
|---|---|
| 极限缺陷 | 这类缺陷可能对人员造成危险或不安全的局面,或在出现损害时产生高昂的后果成本,例如汽车的刹车装置有缺陷或转向系统出现腐蚀 |
| 主要缺陷 | 这类缺陷可能导致使用中断(事故)或实质性降低其使用性,例如汽车上有缺陷的雨刷器 |
| 次要缺陷 | 这类缺陷预计不会实质性降低其使用性,例如油漆缺陷或操作困难的汽车车窗玻璃升降器 |

## 知识链接3　质量控制和保证

### 1. 质量控制

质量控制的主要目的是在所有生产环节为完成优质产品采取措施,从而避免缺陷零件的产生。优秀的质量控制可以保证杜绝缺陷产品。

质量控制时,应以规定的时间间隔从生产过程中抽检样品进行检测(图2-18)。如果检测所得数值与所要求的数值有偏差,应立即采取措施,避免缺陷零件出现。

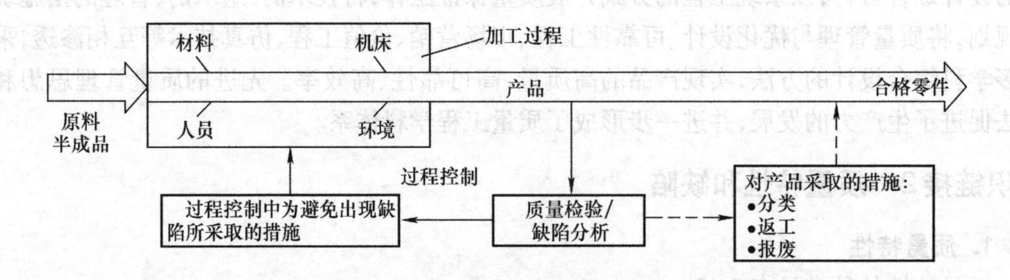


图2-18　为避免出现缺陷而进行的质量控制

监视生产过程的质量控制目标是将数值特性的误差控制在极限之内。产生误差的主要原因是5M因素(表2-14)。

表2-14　影响特性数值误差的5M因素

| | |
|---|---|
| 人员 | 劳动技能,劳动动机,劳动负荷程度,责任意识 |
| 机床 | 刚性,加工的稳定性,定位精度,运动中的不变形性,发热过程,刀具系统和夹具系统 |
| 材料 | 规格尺寸,强度,硬度,应力,例如热处理或机加工后的应力 |
| 方法 | 加工方法,工作顺序,切削条件,检测方法 |
| 环境 | 温度,地板振动 |



质量控制措施有:

①质量检验应尽可能在加工过程之中或之后直接进行,目的是尽早识别出缺陷零件;

②应直接进行检测值处理,以便实施产品控制,例如分拣出缺陷零件或返工;

③为避免出现产品缺陷而进行质量趋势识别。

图2-19所示为磨削加工过程中通过机床控制装置实施过程控制,以保证零件均进行相同的尺寸加工。

### 2. 质量保证

质量保证的主要目的是证明生产过程中质量要求已得到满足,并据此来保证客户手中

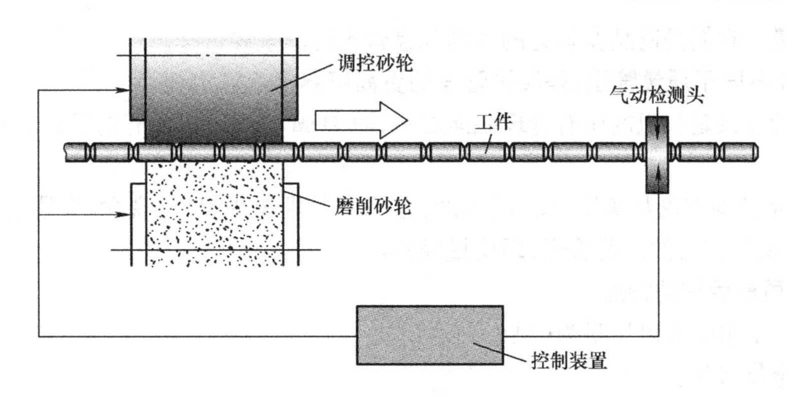


图 2-19　磨削加工过程质量控制

的产品的质量。在企业内部，则建立起对企业质量保证能力的信心。在质量检验范围内，质量保证和质量控制相互重叠。

## 知识链接 4　质量体系

质量体系指为保证产品、过程或服务质量满足规定（或潜在）的要求，由组织机构、职责、程序、活动、能力和资源等构成的有机整体。也就是说，为了实现质量目标的需要而建立的综合体；为了履行合同、贯彻法规和进行评价，可能要求提供实施各体系要素的证明；企业为了实施质量管理，生产出满足规定和潜在要求的产品和提供满意的服务，实现企业的质量目标，必须通过建立和健全质量体系来实现。

质量体系按体系目的可分为质量管理体系和质量保证体系两类。企业在非合同环境下，只建有质量管理体系；在合同环境下，企业应建有质量管理体系和质量保证体系。

ISO 9000 标准系列的研发目的是支持企业在质量管理体系的构建、维护和持续改进方面所做的努力。此外通过质量检验机构根据这类标准的检验，可使企业获得国际通用有效的质量管理体系认证。

DIN EN ISO 9000 阐明了重要的质量管理原则和质量管理体系的基础知识，它还规定了质量管理体系方面的专业术语。

DIN EN ISO 9001 规定了针对质量管理体系的范围广泛的各种要求，因此 DIN EN ISO 9001 是一个认证标准。

DIN EN ISO 9004 阐明了观察某个质量管理体系有效性、经济性和总成就的指导原则，并针对改进质量管理组织机构和客户满意度提出建议。

ISO 19011 被视为质量管理体系和环境管理体系审计的指导说明，亦属于 ISO 9000 标准系列。

## 知识链接 5　全面质量管理（TQC、TQM）

### 1. 定义

全面质量管理是指以质量为中心，以全员参与为基本手段，目的在于通过让顾客满意和本组织所有成员及社会受益而达到长期成功的管理途径。

### 2. TQM 的四个基本要素

TQM 的四个基本要素是产品质量（适用性）、交货质量（日期、数量）、成本质量（价格）、售后服务质量。它们是商品竞争力的基础和经营管理的重要目标。

**3. TQM 不同于质量管理,是质量管理的更高境界**

①质量管理只是组织的所有管理职能之一,而 TQM 是将组织所有的管理职能纳入质量管理的范畴。

②TQM 是管理理论及实质“质”的飞跃,是一套管理思想、理论观念、手段、方法的综合体系,是以质量为核心的经营管理,即质量经营。

**4. 全面质量管理的特点**

①强调一个组织要以质量为中心。

②强调全员参与。

③强调全员的教育与培训。

④强调科学的质量管理。

⑤强调最高管理者的强有力和持续的领导。

⑥强调谋求长期的经济效益和社会效益。

## 本项目复习题

**1. 判断题**

①“符合标准”就是合格的产品质量。 ( )

②质量特性是指产品、过程或体系与标准有关的固有特性。 ( )

③质量改进是质量管理的一部分,致力于增强满足质量要求的能力。 ( )

④质量检验是对产品质量特性进行检验,以确定每项质量特性合格情况的管理性检查活动。 ( )

⑤质量检验不包括查验原始质量凭证。 ( )

⑥过程检验特别应重视首件检验。 ( )

⑦最终检验是对最终作业完成的产品是否符合规定质量特性的检验,因此不包括包装的检验。 ( )

⑧感官检验属主观评价方法,影响因素多,因此只能作为一种辅助检验手段。 ( )

**2. 简答题**

①质量的定义是什么?如何对其正确地理解?

②质量检验的主要功能有哪些?

③质量检验的步骤有哪些?

④质量检验的形式和种类有哪些?

# 项目三　成形加工技术

## 任务1　认识铸造

### 知识链接1　铸造概述

**1. 铸造的概念**

铸造是指将液态的合金浇注到已制造好的铸型空腔中，凝固后获得一定形状尺寸和性能的金属铸件的成形方法。(图3-1)

图3-1　铸造示意图

**2. 运用铸造成形方法的条件**

当工件采用其他制造方法不经济或不可能时，或当铸件材料的某些特性需充分利用时，便采用铸造方法制造工件。

**3. 几个基本概念**

(1)铸件

用铸造方法制成的毛坯或零件称为铸件。

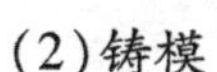

(2)铸模

铸模可分为一次性铸模和永久性铸模。一次性铸模在铸件脱模后便已毁坏，它一般都由石英砂和黏结剂构成，还有的用发泡剂制成。永久性铸模用于大批量有色金属铸件的铸造，铸模由钢、铁或铝等铸件构成。

(3)木模

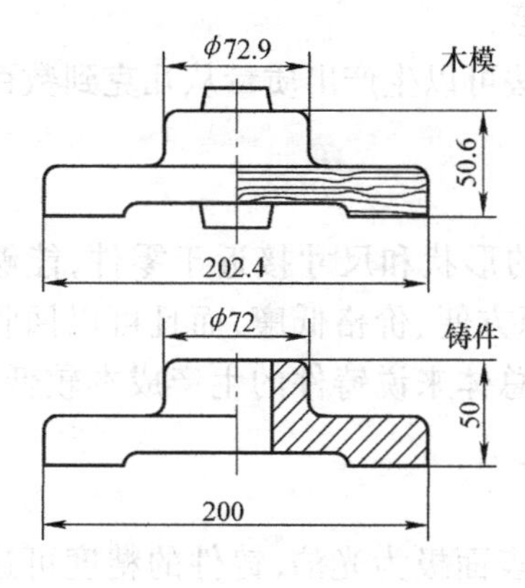


图3-2　木模和铸件尺寸

制造砂型铸模要求使用木模。工件图纸是木模制作的基础。由于铸件在冷却过程中将出现收缩现象，所以木模尺寸必须大于实际制造的工件尺寸，多出的尺寸余量就是冷却时收缩的尺寸(图3-2)。此外，在木模上，那些需切削加工的工件面还必须预留出加工余量。

收缩尺寸取决于铸造材料，也与木模尺寸有关，最大收缩量可达2%。

木模也可分为一次性木模和永久性木模两种。永久性木模可多次重复使用。而一次性木模则保留在铸模内，浇注时被液态金属毁坏。

(4)型砂

型砂由原砂、黏结剂、附加材料(煤粉和木屑)、旧砂和水搅拌而成。型砂必须有可塑性、足够的强度、耐火性、透气性和退让性。

(5)芯砂

芯砂在铸造过程中被液态金属所包围,工作条件较型砂恶劣很多,所以应该选质量好的原砂和质量好的黏结剂(如植物油、树脂等)组成。

(6)涂料

涂料的作用是防止铸件表面粘砂。常用的涂料有石墨粉、煤粉、石英粉等。

(7)造型

砂型的制造可分为手工造型和机器造型两种。一般单件、小批量或个别大件、复杂铸件的生产都用手工造型,机器造型适用于大批量生产。

普通砂箱手工造型步骤如下。

①造下型:将下半模样放在底板上,套下砂箱,加面砂及填充砂,捣实;然后扎通气孔,翻转砂箱,修整分型砂,下型造完。

②造上型:把上半模样按定位销放置于下半模样上,将上砂箱与下砂箱对齐并做好记号,放浇口棒和冒口棒,加面砂,再加填充砂并捣实,刮去多余型砂,扎通气孔,取出浇口棒形成直浇道,直浇道上开出浇口盆,拔出浇口棒形成冒口(冒口的主要作用是补缩),上型造完。

③合型:翻转上砂箱,用拔模针取出上下两半模样,开挖横浇道和内浇道,修整损坏的型腔;然后放型芯,加涂料,对准上、下砂箱的记号合型,放置压铁,准备浇注。

(8)浇注

将熔融金属从浇包注入铸型的操作称为浇注。浇注是铸造生产中的重要工序,浇注工作组织好坏,浇注工艺是否合理,不仅影响到铸件质量,而且还涉及操作人员的安全。

**4. 铸造的特点**

(1)较强的适应性

①铸件材料不受限制。工业生产中常用的金属材料均可作为铸件材料,如各种铸铁、非合金钢、低合金钢等。

②铸件形状不受限制。铸造可生产出形状复杂的铸件,特别是能够制造具有复杂内腔的铸件,如发动机的汽缸曲轴箱体、变速箱箱体、曲轴支架等。

③铸件的尺寸、质量和生产批量不受限制。用铸造方法可以生产出质量从几克到数百吨、壁厚大于0.5 mm的各种铸件。

(2)良好的经济性

一般铸造生产不需要复杂、精密、昂贵的设备;铸件的形状和尺寸接近于零件,能够节省金属材料和切削加工的费用;铸造所用的原材料来源方便、价格低廉,而且可以回收使用,型砂等铸型材料还可以回收处理多次使用。因此,总体来说铸件的生产成本较低、经济性好。

(3)实现了少或无切削加工

铸件的形状和尺寸与零件非常接近,铸型精密,型腔表面极为光洁,铸件的精度可达IT7~IT5级,表面结构参数值可达$Ra$3.2~25 μm,可实现少切削和无切削加工。

(4)铸件力学性能较差

由于铸造生产工艺的特点是液态成形,铸造的工序多,铸件在浇注、凝固和固态冷却过程中,受到许多因素影响,因此铸件缺陷往往较多,如晶粒粗大、成分偏析、冷隔或浇不足、缩孔、气孔、夹渣等，废品率较高，质量不够稳定。所以，同种材料铸件的力学性能比锻件差，其应用范围也受到一定限制。

**5. 铸造材料**

除对所铸工件提出的要求外，如强度和抗震性能，铸造材料还必须具有其他多种性能。所以铸造材料必须可以低成本地熔化且易加工，并具有良好的液态流动性。

**6. 铸造缺陷**

铸造过程中，造型、浇注和冷却时都可能出现缺陷。

（1）造型缺陷

1）铸疤

铸疤是铸件表面粗糙并且呈凸瘤状的隆起。它产生的原因是型砂残余湿气的蒸发。这些蒸发的湿气稍后冷凝在砂层底部，导致砂箱壁变软。变软的这个部分砂箱壁可能会脱落，而脱落的部分将导致型砂被包裹在铸件之内。（图3-3）

2）错型

错型（又称错箱）产生的原因是砂箱定位销扣得不紧，导致上下砂箱之间木模脱模后形成空腔错位，浇注后便产生错型。（图3-4）

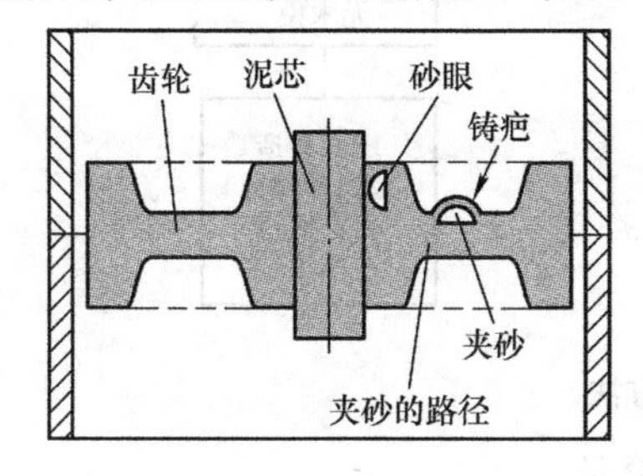


图3-3　铸疤

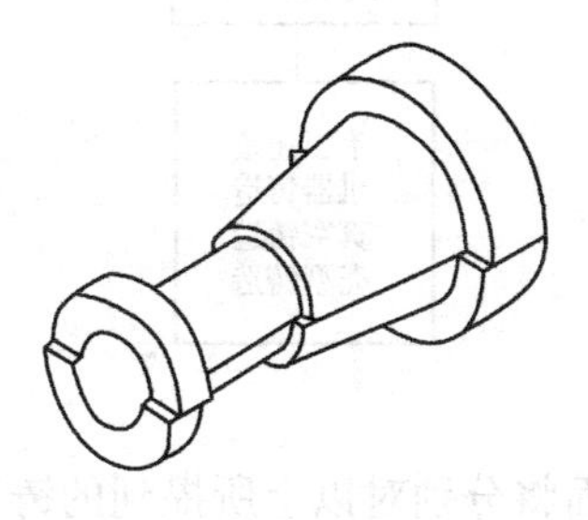

图3-4　错型

（2）浇注和冷却时的缺陷

1）夹渣

夹渣是在铸件上形成的平坦光滑的表面凹穴。形成夹渣的原因有浇注熔液除渣不彻底以及浇口系统不合理等。

2）气体空腔（气孔）

气孔产生的原因是在金属内部冷却的气体无法逸出。严格遵照正确的浇注温度可以在很大程度上避免气孔。

3）缩孔

缩孔是在冷却和凝固过程中，因冒口内的铸件材料已冷却而使内部液态金属无法继续通过冒口得到补偿所导致的收缩空腔。（图3-5）

4）偏析

偏析是熔液的分解。偏析产生的原因是合金元素的密度差别过大。偏析将导致在一个铸件内出现各不相同的材料特性。

5）铸件应力

铸件壁厚的差异、锐角过渡段以及阻碍收缩的设计结构等，都可能导致在铸件内形成应力。铸件应力的表现形式主要是铸件的扭曲和常见的裂纹。（图3-6）

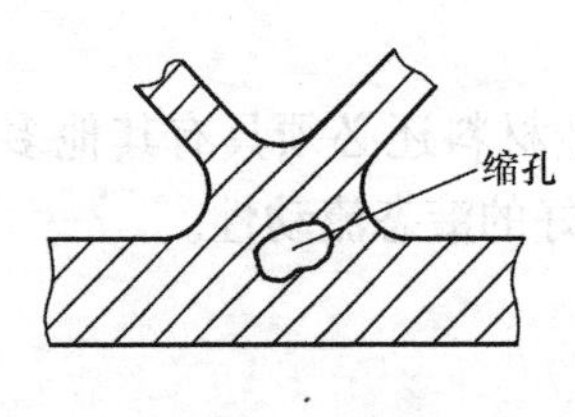


图 3-5　缩孔

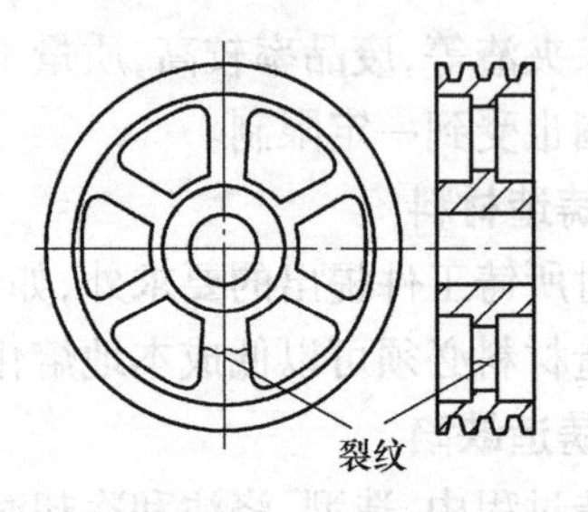


图 3-6　铸件应力

**7. 铸造成形方法的分类**

铸造成形的方法很多,主要方法如图 3-7 所示。

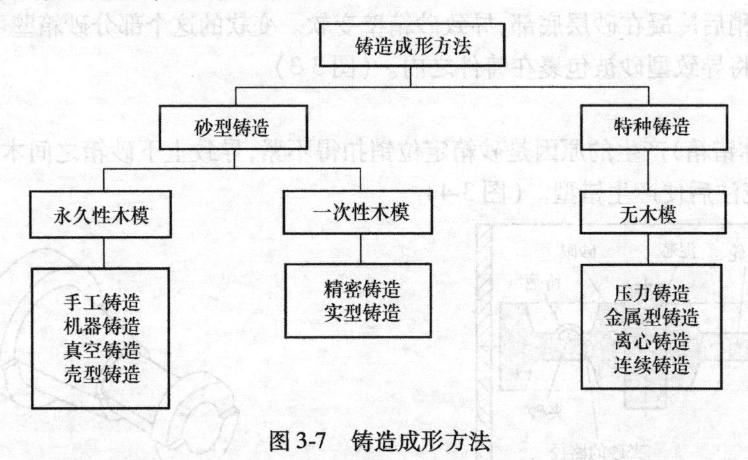


图 3-7　铸造成形方法

下面将分别对以上所提到的铸造方法进行具体介绍。

## 知识链接 2　砂型铸造

**1. 砂型铸造的概念**

在砂型中生产铸件的铸造方法称为砂型铸造。钢、铁和大多数有色合金铸件都可用砂型铸造方法获得。由于砂型铸造所用的造型材料价廉易得,铸型制造简便,对铸件的单件生产、成批生产和大量生产均能适应,长期以来一直是铸造生产中的基本工艺。

**2. 砂型铸造的优缺点**

(1)优点

①黏土的资源丰富、价格便宜。

②使用过的黏土湿砂经适当的处理后,绝大部分均可回收再用。

③制造铸型的周期短、工效高。

④混好的型砂可使用的时间长。

⑤砂型捣实以后仍可承受少量变形而不致破坏,对拔模和下芯都非常有利。

(2)缺点

①混砂时要将黏稠的黏土浆涂布在砂粒表面上,需要使用有搓揉作用的高功率混砂设备,否则不可能得到质量良好的型砂。

②由于型砂混好后即具有相当高的强度,造型时型砂不易流动、难以捣实,手工造型时

既费力又需一定的技巧，机器造型时设备复杂而庞大。

③铸型的刚度不高，铸件的尺寸精度较差。

④铸件易于产生冲砂、夹砂、气孔等缺陷。

**3. 造型的方法**

手工造型铸模、机器造型铸模、真空造型铸模和壳型铸模均属于采用永久性木模的造型法。

(1)手工造型铸模(图3-8)

为了把木模装入铸模，一般都采用两个或多个砂箱。若是大型铸件或批量极小的铸件，其铸模都采用手工造型制作。

为了把做成两半的木模装入铸模，首先把木模的一半放入铸模的下砂箱，并用手工压实填充的型砂(图3-8(e))；然后在上砂箱中放入另一半木模，捣实型砂后合在翻转后的下砂箱上，用砂箱定位销固定住上砂箱的位置(图3-8(f))。上砂箱从下砂箱上抬起后需切出内浇口和外浇口，接着抽出两个半边木模，放入泥芯。由于浇注时的浮力，上下砂箱应彼此扣紧或增加配重使其难以分开(图3-8(g))。

浇注时，液态金属充满铸模砂箱，这时箱内空气通过冒口逸出。液态金属从冒口溢出，平衡了铸模砂箱内液体的收缩。这种平衡避免了收缩空腔(缩孔)的产生。

(2)机器造型铸模

机器造型时，其铸模的制作过程与手工造型时完全一样，但却是由机器完成，例如型砂的压实和木模的抽出等工作。若使用全自动造型设备，会自动进行铸模浇注和冷却后铸件的脱模，从而缩短铸造时间。只有在生产中等以上批量的铸件时，机器造型才具有经济意义。

机器造型铸件的尺寸精度高于手工造型铸件，因此具有更好的表面质量。

(a)工件图纸

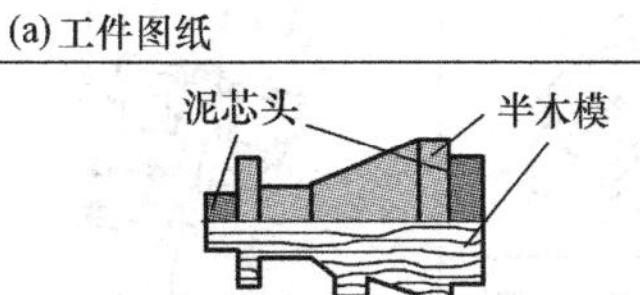


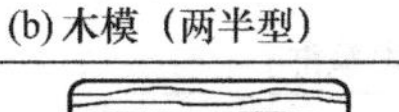

(b)木模（两半型）

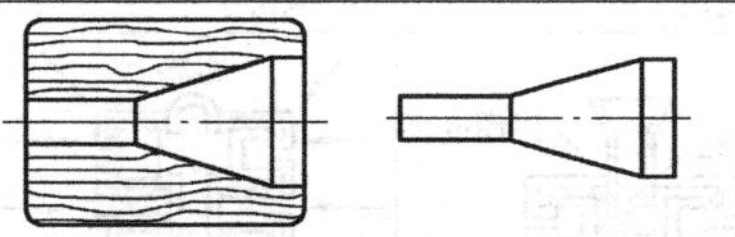

(c)泥芯砂箱（两半型）　(d)从砂箱脱出后的泥芯

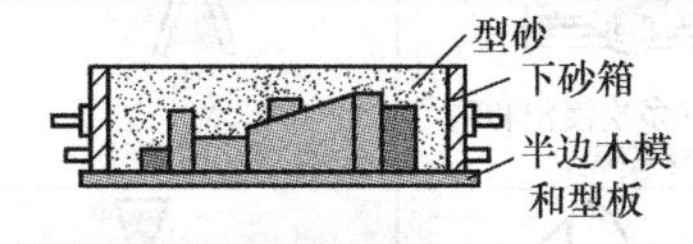


(e)装入砂箱的木模下半部

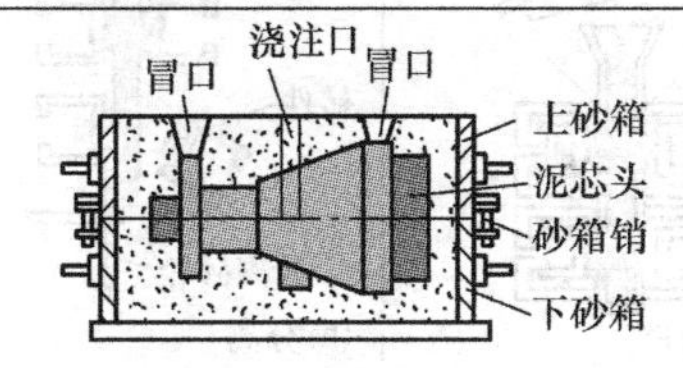


(f)装入砂箱的木模上半部

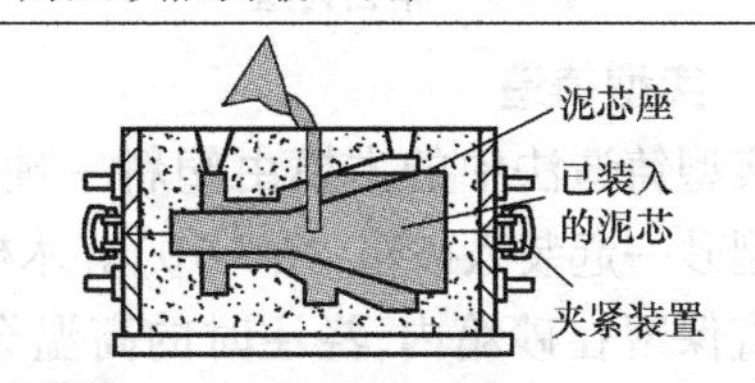


(g)浇注

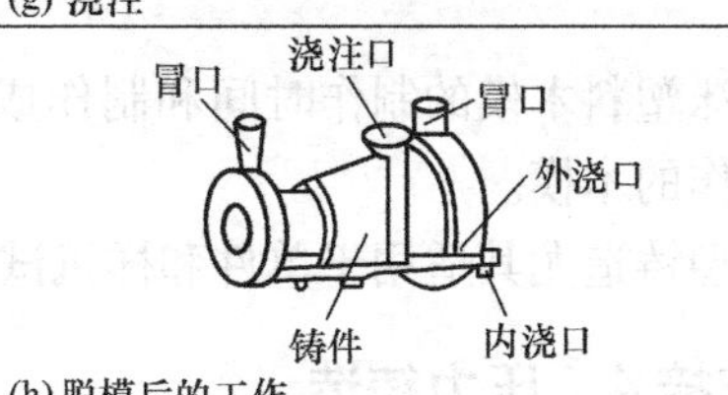


(h)脱模后的工作

图3-8　手工造型铸模

## 知识链接3　精密铸造和实型铸造

**1. 精密铸造**

精密铸造又叫熔模铸造，采用精密铸造生产的产品精密、复杂、接近于零件最后形状，可不加工或很少加工就直接使用，故熔模铸造是一种近净形成形的先进工艺。

熔模技术发展使熔模铸造不仅能生产小型铸件，而且能生产较大的铸件，最大的熔模铸

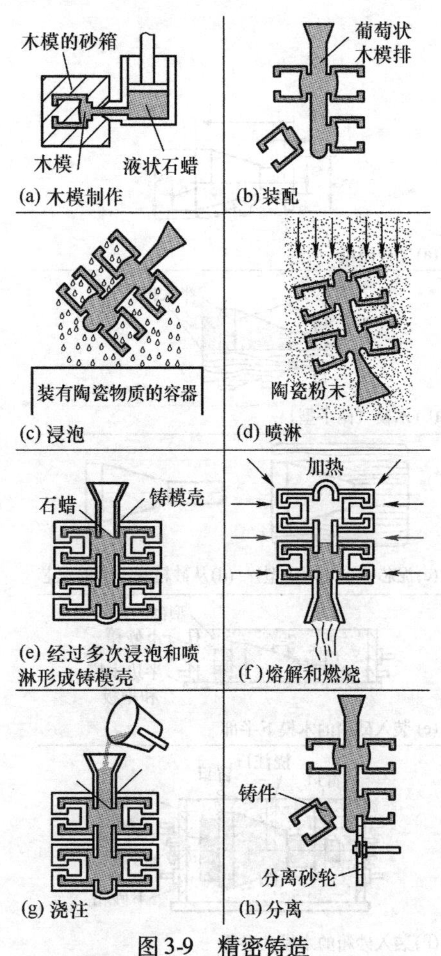

图 3-9　精密铸造

件的轮廓尺寸近 2 m,而最小壁厚却不到 2 mm。同时熔模铸件也更趋精密,除线形公差外,零件也能达到较高的几何公差。熔模铸件的表面结构值也越来越小,可小至 *Ra*0.4 μm。

精密铸造法中的木模采用低熔点的材料制作,例如石蜡或塑料(图 3-9(a))。多个木模与浇注和浇口部分共同连接,组成一个葡萄状(图 3-9(b))木模排。通过多次浸泡在一种糊状陶瓷性物质中并喷淋陶瓷粉末(图 3-9(c)、(d)、(e)),木模排表面形成一层耐高温的精细陶瓷覆层,烘干后这个覆层将构成铸模。

通过熔解来分离木模材料(图 3-9(f))。为使铸模具有承受浇注所必备的强度,需将铸模放入约 1 000 ℃高温下焙烧。这时,铸模上残留的木模材料将一同燃烧殆尽。使用这种方法制做出的铸模在其高温状态下即送去浇注(图 3-9(g))。

铸件材料冷却后,剥离陶瓷覆层,接着从浇注系统中分离出各个铸件(图 3-9(h))。

由于铸模处于高温状态,采用精密铸造的方法可以制造复杂的和大面积的,但同时侧壁板极薄且横截面很小的合金钢工件。其铸件具有上佳的表面质量和尺寸精度。

**2. 实型铸造**

实型铸造法中的木模由塑料 - 硬泡沫制成,并与型砂一起装入砂箱(图 3-10)。木模装入砂箱后一直保留在砂箱内,浇注时的高温会使它燃烧并汽化。

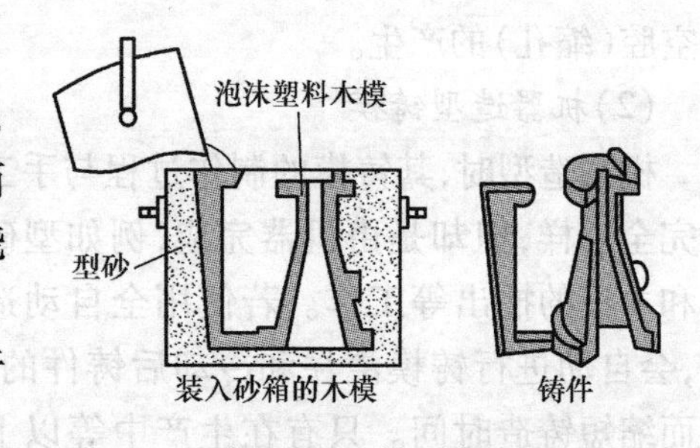

图 3-10　实型铸造

泡沫塑料木模的制作时间和制作成本都低于木料制作的木模。

实型铸造尤其适用于单件和样机试制。

## 知识链接 4　压力铸造

**1. 压力铸造的概念**

压力铸造(简称压铸)的实质是在高压作用下,使液态或半液态金属以较高的速度充填压铸型(压铸模具)型腔,并在压力下成形和凝固而获得铸件的方法。由于高压可以保证浇注的液流充分填充铸模,因而可以铸造壁板极薄的铸件。

压力铸造法分为热室压铸法和冷室压铸法两种。热室压铸法时压铸室在溶液内(图 3-11),这种方法多用于铸造低熔点的材料以及不侵蚀高压活塞和压铸室的材料。而冷室压铸法则用一种给料装置将熔液填入压铸室(图3-12),这种方法多用于铸造较高熔点的材料以及对高压活塞和压铸室有强烈侵蚀作用的材料。

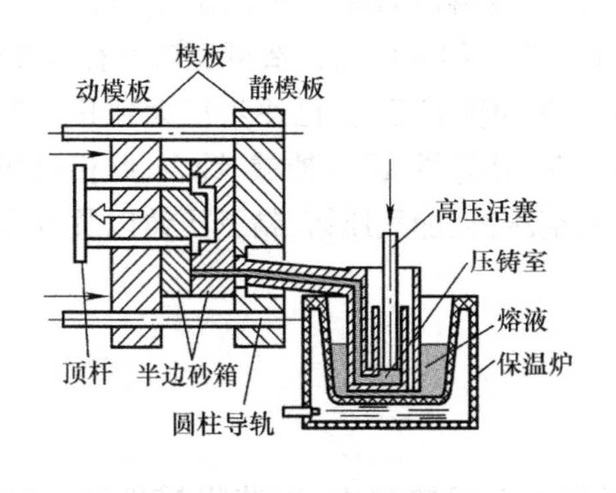


图3-11　热室压铸法

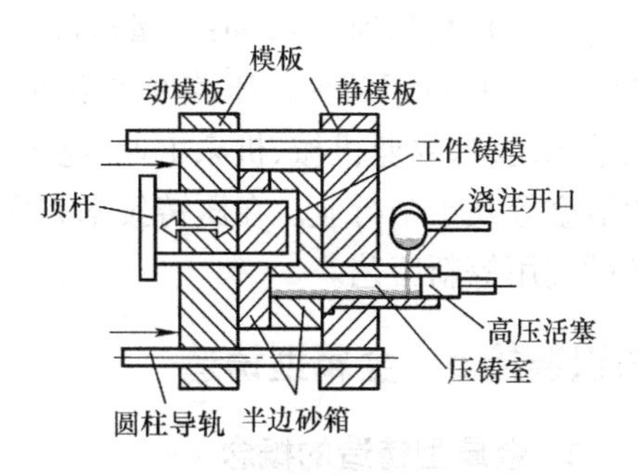


图3-12　冷室压铸法

**2. 压力铸造的优点**

与其他铸造方法相比,压力铸造有以下三方面优点。

(1)*产品质量好*

铸件的尺寸精度高,一般相当于6~7级,甚至可达4级;表面质量好,一般相当于5~8级;强度和硬度较高,强度一般比砂型铸造高25%~30%,但延伸率降低约70%;尺寸稳定,互换性好;可压铸薄壁复杂的铸件,例如目前锌合金压铸件最小壁厚仅0.3 mm,铝合金铸件仅0.5 mm,最小铸出孔径为0.7 mm,最小螺距为0.75 mm。

(2)*生产效率高*

机器生产效率高,例如国产JⅢ3型卧式冷空压铸机平均每八小时可压铸600~700次,小型热室压铸机平均每八小时可压铸3 000~7 000次;压铸型寿命长,一副压铸型压铸铝合金,寿命可达几十万次,甚至上百万次;易实现机械化和自动化。

(3)*经济效果好*

由于压铸件有尺寸精确、表面光洁等优点,一般不再进行机械加工而直接使用,或加工量很小,所以既提高了金属利用率,又减少了大量的加工设备和工时;铸件价格便宜;可以采用组合压铸其他金属或非金属材料,既节省装配工时又节省金属。

**3. 压力铸造的缺点**

压力铸造虽然有许多优点,但也有一些缺点尚待解决:

①压铸时由于液态金属充填型腔速度大、流态不稳定,故采用一般压铸法时,铸件易产生气孔,不能进行热处理;

②对内凹复杂的铸件,压铸较为困难;

③高熔点合金(如铜、黑色金属),压铸型寿命较低;

④不宜小批量生产,其主要原因是压铸型制造成本高,压铸机生产效率高,小批量生产不经济。

**4. 压力铸造的应用范围及发展趋势**

压铸是最先进的金属成形方法之一,是实现少切削、无切削的有效途径,应用范围很广,发展很快。目前压铸合金不再局限于有色金属的锌、铝、镁和铜,已逐渐扩大到用来压铸铸铁和铸钢件。

压铸件的尺寸和质量,取决于压铸机的功率。由于压铸机的功率不断增大,铸件外形尺寸可以从几毫米到 1 ~ 2 m;质量可以从几克到数十千克。国外压力铸造可压铸直径为 2 m,质量为50 kg的铝铸件。压铸件也不再局限于汽车工业和仪表工业,已逐步扩大到其他各个工业部门,如农业机械、机床工业、电子工业、国防工业、计算机、医疗器械、钟表、照相机和日用五金等几十个行业。在压铸技术方面也出现了真空压铸、加氧压铸、精密压铸以及可熔型芯的应用等新工艺。

## 知识链接 5　金属型铸造

### 1. 金属型铸造的概念

金属型铸造又称硬模铸造,它是将液态金属浇入金属铸型中,以获得铸件的一种铸造方法。金属型铸造的铸型是用金属制成的(图 3-13),可以反复使用多次(几百次到几千次)。金属型铸造目前所能生产的铸件,在质量和形状方面还有一定的限制,如黑色金属只能铸造形状简单的铸件,铸件的质量不可太大,壁厚也有限制,较小的铸件壁厚无法铸出。

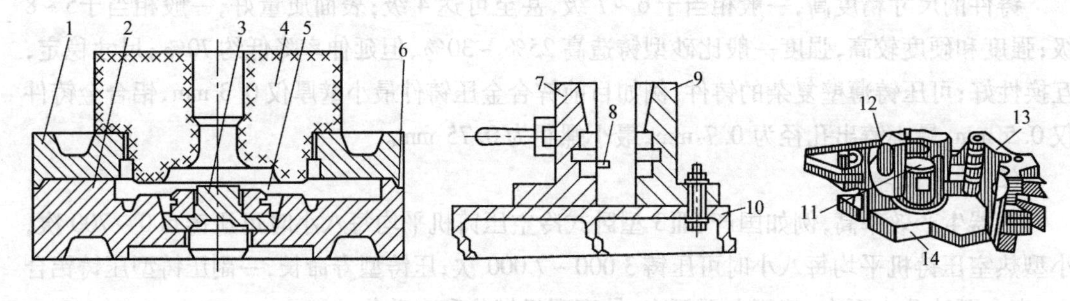


图 3-13　金属型的结构

1—上型;2—下型;3—型块;4—砂芯;5—型腔;6—止口定位;7—动型;8—定位销;9—定型;10—底座;11—铸件;12—左半形;13—右半形;14—底座

### 2. 金属型铸造的优点与不足

金属型铸造与砂型铸造比较,在技术与经济上有许多优点:

①金属型生产的铸件,其力学性能比砂型铸件高,同种合金,其抗拉强度平均提高约 25%,屈服强度平均提高约 20%,抗蚀性能和硬度亦显著提高;

②金属型铸件的精度和表面质量比砂型铸件高,而且质量和尺寸稳定;

③金属型铸件的工艺收得率高,液态金属耗量减少,一般可节约 15% ~30%;

④不用砂或者少用砂,一般可节约造型材料 80% ~100%。

此外,金属型铸造的生产效率高,使铸件产生缺陷的原因减少,工序简单,易实现机械化和自动化。金属型铸造虽有很多优点,但也有以下不足之处:

①金属型制造成本高;

②金属型不透气,而且无退让性,易造成铸件浇不足、开裂或铸铁件白口等缺陷;

③金属型铸造时,铸型的工作温度、合金的浇注温度和浇注速度、铸件在铸型中停留的

时间以及所用的涂料等,对铸件的质量均有影响,需要严格控制。

因此,在决定采用金属型铸造时,必须综合考虑下列各因素:铸件形状和质量大小必须合适,要有足够的批量,完成生产任务的期限许可。

**3. 金属型铸件形成过程的特点**

金属型和砂型在性能上有显著的区别,如砂型有透气性,而金属型则没有;砂型的导热性差,金属型的导热性很好;砂型有退让性,而金属型没有等。金属型的这些特点决定了它在铸件形成过程中有自己的规律。

金属型型腔内气体状态变化对铸件成形的影响:液态金属在充填时,型腔内的气体必须迅速排出,但金属型又无透气性,只要对工艺稍加疏忽,就会给铸件的质量带来不良影响。

铸件凝固过程中热交换的特点:液态金属一旦进入型腔,就把热量传给金属型壁,液态金属通过型壁散失热量、进行凝固并产生收缩,而型壁在获得热量、温度升高的同时产生膨胀,结果在铸件与型壁之间形成了“间隙”。在“铸件—间隙—金属型”系统未到达同一温度之前,可以把铸件视为在“间隙”中冷却,而金属型壁则通过“间隙”被加热。

金属型阻碍收缩对铸件的影响:金属型或金属型芯,在铸件凝固过程中无退让性,阻碍铸件收缩,这是它的又一特点。

## 知识链接6　离心铸造

离心铸造(图 3-14)是将液态金属浇入旋转的铸型里,在离心力作用下充型并凝固成铸件的铸造方法。离心铸造用的机器称为离心铸造机。按照铸型的旋转轴方向不同,离心铸造机分为卧式、立式和倾斜式三种。卧式离心铸造机主要用于浇注各种管状铸件,如灰铸铁、球墨铸铁的水管和煤气管,管径最小 75 mm,最大可达 3 000 mm,此外可浇注造纸机用大口径铜辊筒,各种碳钢、合金钢管以及要求内外层有不同成分的双层材质钢轧辊。立式离心铸造机则主要用于生产各种环形铸件和较小的非圆形铸件。

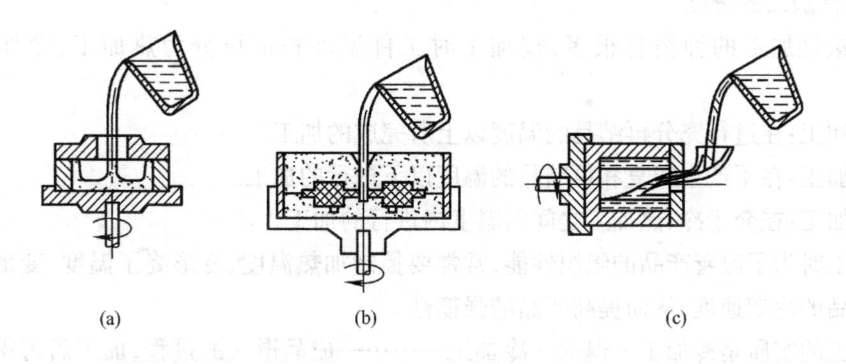


图 3-14　圆筒件的离心铸造示意图

(a)立式离心铸造轮盘类铸件;(b)立式离心铸造成形类铸件;(c)卧式离心铸造轴套类铸件

离心铸造所用的铸型,根据铸件形状、尺寸和生产批量的不同,可选用非金属型(如砂型、壳型或熔模壳型)、金属型或在金属型内敷以涂料层或树脂砂层的铸型。铸型的转数是离心铸造的重要参数,既要有足够的离心力以增加铸件金属的致密性,离心力又不能太大以免阻碍金属的收缩。尤其是对于铅青铜,过大的离心力会在铸件内外壁间产生成分偏析。一般转速在每分钟几十转到 1 500 转为宜。

离心铸造的特点是:金属液在离心力作用下充型和凝固,金属补缩效果好,铸件外层组织致密,非金属夹杂物少,力学性能好;不用造型、制芯,节省了相关材料及设备投入;铸造空心铸件不需浇冒口,金属利用率可大大提高。因此对某些特定形状的铸件来说,离心铸造是一种节省材料、节省能耗、高效益的工艺,但须特别注意采取有效的安全措施。

离心铸造可以获得无缩孔、无气孔、无夹渣的铸件,而且组织细密、力学性能好。当铸造圆形中空零件时,可以省去型芯。此外,离心铸造不需要浇注系统,减少了金属的消耗。

但离心铸造铸出的筒形零件内孔自由表面粗糙、尺寸误差大、质量差,有较多气孔、夹渣,因此需增加加工余量,而且不适宜浇注容易产生比重偏析的合金及铝镁合金等。

离心铸造主要用于大批量生产管、筒类铸件,如铁管、铜套、缸套、双金属钢背铜套、耐热钢辊道、无缝钢管毛坯等,还可用于生产轮盘类铸件。

## 任务2　认识塑性成形

### 知识链接1　塑性成形概述

#### 1. 塑性加工的概念

金属塑性加工是使金属在外力(通常是压力)作用下,产生塑性变形,获得所需形状、尺寸和组织、性能制品的一种基本的金属加工技术,以往常称压力加工。如果不计加工时切头、切尾、切边和氧化烧损等损失,可以认为变形前后金属的质量相等;如果忽略变形中金属的密度变化,也可认为变形前后金属的体积不变(铸锭在开始几道变形时例外)。所以,也称塑性加工为无屑(或无切削)加工。

#### 2. 塑性加工的分类

金属塑性加工的种类有很多,按加工时工件温度特征可分为热加工、冷加工和温加工。

①热加工:在进行充分再结晶的温度以上所完成的加工。

②冷加工:在不产生回复和再结晶的温度以下进行的加工。

③温加工:在介于冷、热加工之间的温度内进行的加工。

热加工时为了改善产品的组织性能,常常要控制加热温度、变形终了温度、变形程度和加工后产品的冷却速度,从而提高产品的强韧性。

冷加工的实质是冷加工—退火—冷加工—……—成品退火的过程,加工后可得到表面光洁、尺寸精确、组织性能良好的产品。

温加工的目的有的是为了降低金属的变形抗力,如奥氏体不锈钢温轧;有的是为了改善金属的塑性,如高速钢的温拔和温轧;也有的是为了在韧性不显著降低时提高金属的强度,如合金结构钢在低温过冷的不稳定奥氏体区进行温轧,然而冷却下来可获得微细结构的马氏体,并进行回火,从而可得到具有一定韧性的高强度钢材。

根据加工时工件的受力和变形方式,塑性成形基本的加工方法见表3-1。

**表 3-1　基本加工方法**

| 基本加工方法 | | | | | | |
|---|---|---|---|---|---|---|
| 基本受力方式 | 压　力 | | | | | |
| 分类与名称 | 锻造轧制 | | | | | |
| | 自由锻造 | | 模锻 | 纵轧 | 横轧 | 斜轧 |
| | 镦粗 | 拔长 | | | | |
| 图例 | | | | | | |

| 基本受力方式 | 压力 | | 拉力 | | | 弯矩 | 剪力 |
|---|---|---|---|---|---|---|---|
| 分类与名称 | 挤压 | | 拉拔 | 冲压(拉深) | 拉伸成形 | 弯曲 | 剪切 |
| | 正挤压 | 反挤压 | | | | | |
| 图例 | | | | | | | |

| 组合加工方法 | | | | | |
|---|---|---|---|---|---|
| 组合方式 | 锻造－纵轧 | 锻造－横轧 | 锻造(扩孔)－横轧 | 轧制－弯曲 | 冲压(拉深)－轧制 |
| 名称 | 辊锻 | 楔横轧 | 辗压 | 辊弯 | 旋压 |
| 图例 | | | | | |

其中锻造、轧制和挤压是依靠压力作用使金属发生塑性变形，拉拔和拉深是依靠拉力作用使金属发生塑性变形，弯曲是依靠弯矩作用使金属发生弯曲变形，剪切是依靠剪切力作用使金属产生剪切变形或剪断。锻造、挤压和一部分轧制多在热态下进行加工；拉拔、拉深和一部分轧制以及弯曲和剪切是在室温下进行的。

(1)锻造

锻造是靠锻压机的锻锤锤击工件产生压缩变形的一种加工方法，有自由锻和模锻两种方式。自由锻不需专用模具，靠平锤和平砧间工件的压缩变形，使工件镦粗或拔长，其加工精度低、生产效率也不高，主要用于轴类、曲柄和连杆等工件的小批量生产。模锻通过上、下锻模模腔拉制工作的变形，可加工形状复杂和尺寸精度较高的零件，适用于大批量的生产，生产效率也较高，是机械零件制造上实现少切削或无切削加工的重要途径。

(2)轧制

轧制是使通过两个或两个以上旋转轧辊间的轧件产生压缩变形，使其横断面面积减小与形状改变，而纵向长度增加的一种加工方法。根据轧辊与轧件的运动关系，轧制有纵轧、横轧和斜轧三种方式。

①纵轧:两轧辊旋转方向相反,轧件的纵轴线与轧辊轴线垂直,金属不论在热态或冷态都可以进行纵轧,是生产矩形断面的板、带、箔材以及断面复杂的型材常用的金属材料加工方法,具有很高的生产效率,能加工长度和质量很大的产品,是钢铁和有色金属板、带、箔材以及型钢的主要加工方法。

②横轧:两轧辊旋转方向相同,轧件的纵轴线与轧辊轴线平行,轧件获得绕纵轴的旋转运动,可加工回转体工件,如变断面轴、丝杆、周期断面型材以及钢球等。

③斜轧:两轧辊旋转方向相同,轧件轴线与轧辊轴线成一定倾斜角度,轧件在轧制的过程中,除有绕其轴线的旋转运动外,还有前进运动,是生产无缝钢管的基本方法。

(3)挤压

挤压是使装入挤压筒内的坯料,在挤压筒后端挤压轴的推力作用下,使金属从挤压筒前端的模孔流出,而获得与挤压模孔形状、尺寸相同产品的一种加工方法。挤压有正挤压和反挤压两种基本方式。正挤压时,挤压轴的运动方向与从模孔中挤出的金属流动方向一致;反挤压时,挤压轴的运动方向与从模孔中挤出的金属流动方向相反。挤压法可加工各种复杂断面实心型材、棒材、空心型材和管材,它是有色金属型材、管材的主要生产方法。

(4)拉拔

拉拔是靠拉拔机的钳口夹住穿过拉拔模孔的金属坯料,从模孔中拉出,而获得与模孔形状、尺寸相同产品的一种加工方法。拉拔一般在冷态下进行。可拉拔断面尺寸很小的线材和管材,如直径为0.015 mm的金属线,直径为0.25 mm的管材。拉拔制品的尺寸精度高、表面质量极高、金属的强度高(因冷加工硬化强烈)。可生产各种断面的线材、管材和型材,广泛用于电线、电缆、金属网线和各种管材生产上。

(5)冲压

冲压(又叫拉深)是依靠冲头将金属板料顶入凹模中产生拉延变形,而获得各种杯形件、桶形件和壳体的一种加工方法。冲压一般在室温下进行,其产品主要用于各种壳体零件的制作,如飞机蒙皮、汽车覆盖件、子弹壳、仪表零件及日用器皿等。

(6)弯曲

弯曲是在弯矩作用下,使板料发生弯曲变形或板料或管、棒材得到矫直的一种加工方法。

(7)剪切

剪切是坯料在剪切力的作用下产生剪切,使板材冲裁以及板料和型材切断的一种常用加工方法。

为了扩大加工产品品种、提高生产效率,随着科学技术的进步,相继研究开发了多种由基本加工方式相组合而成的新型塑性加工方法。如轧制与铸造相结合的连铸连轧法、锻造与轧制相结合的辊锻法、轧制与弯曲相结合的辊变成形法、轧制与剪切相结合的搓轧法(异步轧制法)、拉深与轧制相结合的旋压法等。

下面将分别对以上所提到的主要方法进行具体介绍。

## 知识链接2　自由锻

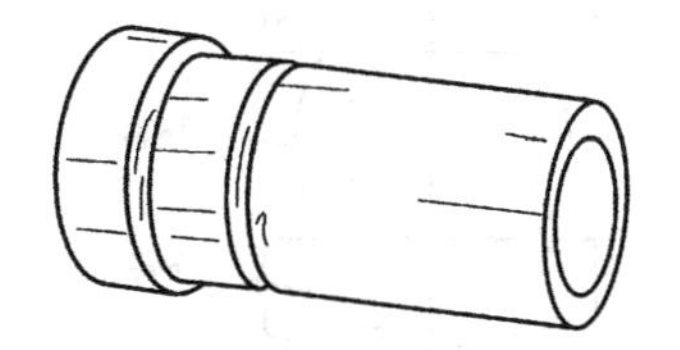
图 3-15　自由锻锻件

自由锻造是利用冲击力或压力使金属在上下砧面间各个方向自由变形，不受任何限制而获得所需形状及尺寸和一定力学性能锻件的一种加工方法，简称自由锻。(图 3-15)

**1. 锻造特点**

自由锻造所用工具和设备简单、通用性好、成本低。同铸造毛坯相比，自由锻消除了缩孔、缩松、气孔等缺陷，使毛坯具有更高的力学性能。锻件形状简单、操作灵活。因此，它在重型机器及重要零件的制造上有特别重要的意义。

**2. 应用领域**

自由锻造是靠人工操作来控制锻件的形状和尺寸的，所以锻件精度低、加工余量大、劳动强度大、生产效率也不高，因此它主要应用于单件、小批量生产。

**3. 锻造分类**

自由锻造分为手工自由锻和机器自由锻两种。手工自由锻生产效率低、劳动强度大，仅用于修配或简单、小型、小批锻件的生产。在现代工业生产中，机器自由锻已成为锻造生产的主要方法，在重型机械制造中，它具有特别重要的作用。

**4. 主要设备**

自由锻造的设备分为锻锤和液压机两大类。生产中使用的锻锤有空气锤和蒸汽－空气锤。液压机是以液体产生的静压力使坯料变形的，是生产大型锻件的唯一设备。

**5. 基本工序**

自由锻造的基本工序包括拔长、镦粗、冲孔、弯曲、切割、错移、锻接及扭转等。

(1)拔长

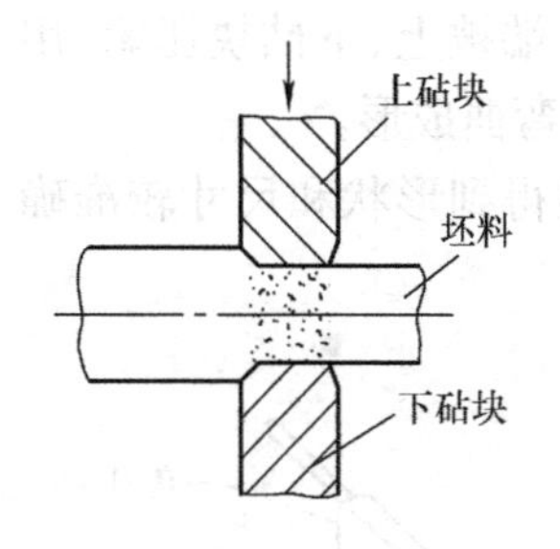

图 3-16　拔长示意图

拔长(图 3-16)也称延伸，是使坯料横断面面积减小、长度增加的锻造工序。拔长常用于锻造杆、轴类零件。拔长的方法主要有两种：在平砧上拔长，在芯棒上拔长。

锻造时，先将芯棒插入冲好孔的坯料中，然后当做实心坯料进行拔长。拔长时，一般不是一次拔成，而先将坯料拔成六角形，锻到所需长度后，再倒角滚圆，取出芯棒。为便于取出芯棒，芯棒的工作部分应有 1:100 左右的斜度。这种拔长方法可使空心坯料的长度增加、壁厚减小而内径不变，常用于锻造套筒类长空心锻件。

(2)镦粗

镦粗(图 3-17)是使毛坯高度减小、横断面面积增大的锻造工序。镦粗工序主要用于锻造齿轮坯、圆饼类锻件。镦粗工序可以有效地改善坯料组织，减小力学性能的异向性。镦粗与拔长的反复进行，可以改善高合金工具钢中碳化物的形态和分布状态。镦粗主要有以下三种形式。

①完全镦粗：将坯料竖直放在砧面上，在上砧块的锤击下，使坯料产生高度减小、横截面面积增大的塑性变形。

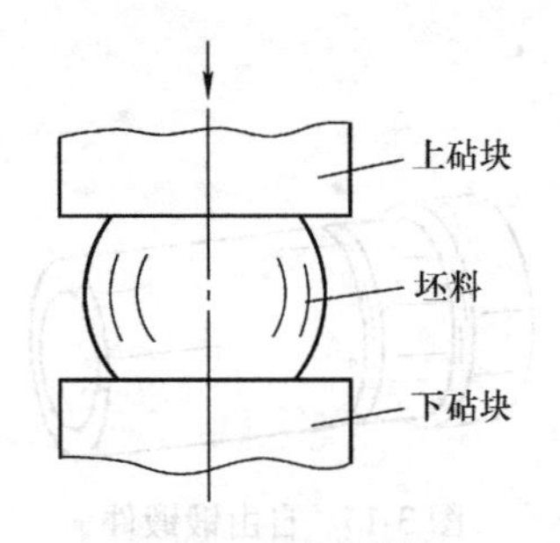

图 3-17　镦粗示意图

②端部镦粗：将坯料加热后，一端放在漏盘或胎模内，限制这一部分的塑性变形，然后锤击坯料的另一端，使之镦粗成形。漏盘镦粗方法，多用于小批量生产；胎模镦粗方法，多用于大批量生产。在单件生产条件下，可将需要镦粗的部分局部加热，或者全部加热后将不需要镦粗的部分在水中激冷，然后进行镦粗。

③中间镦粗：坯料镦粗前，需先将坯料两端拔细，然后使坯料直立在两个漏盘中间进行锤击，使坯料中间部分镦粗。这种方法用于锻造中间断面大，两端断面小的锻件，例如双面都有凸台的齿轮坯就采用此法锻造。

为了防止镦粗时坯料弯曲，坯料高度 $h$ 与直径 $d$ 之比 $h/d \leqslant 2.5$ 。

(3) 冲孔

冲孔（图 3-18）是在坯料上冲出透孔或不透孔的锻造工序。冲孔的方法主要有以下两种。

①双面冲孔法：用冲头在坯料上冲至 2/3 ~ 3/4 深度时，取出冲头，翻转坯料，再用冲头从反面对准位置，冲出孔来。

②单面冲孔法：厚度小的坯料可采用单面冲孔法，冲孔时，坯料置于垫环上，用一略带锥度的冲头大端对准冲孔位置，用锤击方法打入坯料，直至孔穿透为止。

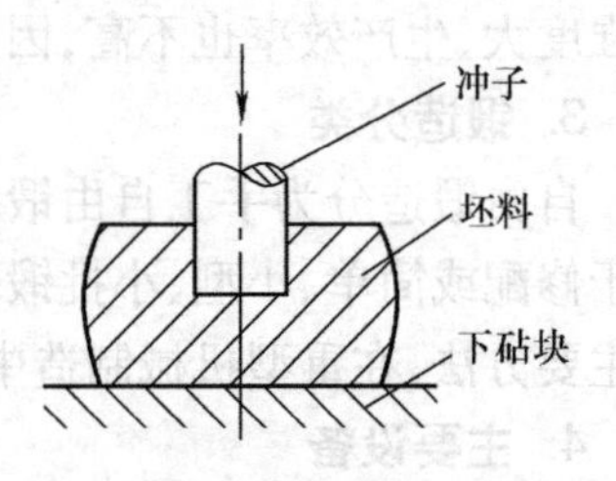

图 3-18　冲孔示意图

(4) 弯曲

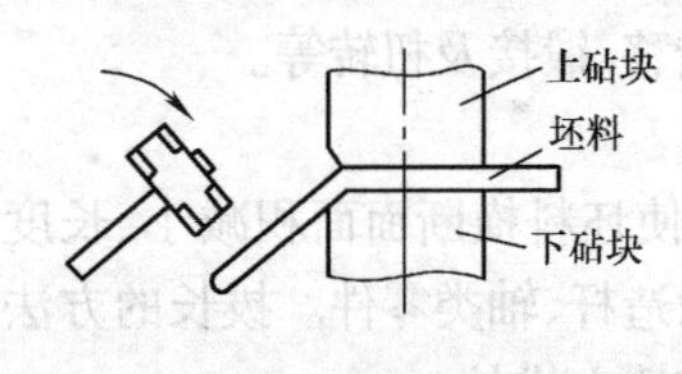

图 3-19　弯曲示意图

弯曲（图 3-19）是采用一定的工模具将坯料弯成所规定外形的锻造工序。常用的弯曲方法有以下两种。

①锻锤压紧弯曲法：坯料的一端被上、下砧块压紧，用大锤锤击或用吊车拉另一端，使其弯曲成形。

②模弯曲法：在垫模中弯曲能得到形状和尺寸较准确的小型锻件。

(5) 切割

切割（图 3-20）是指将坯料分成几部分或部分地割开，或从坯料的外部割掉一部分，或从内部割出一部分的锻造工序。

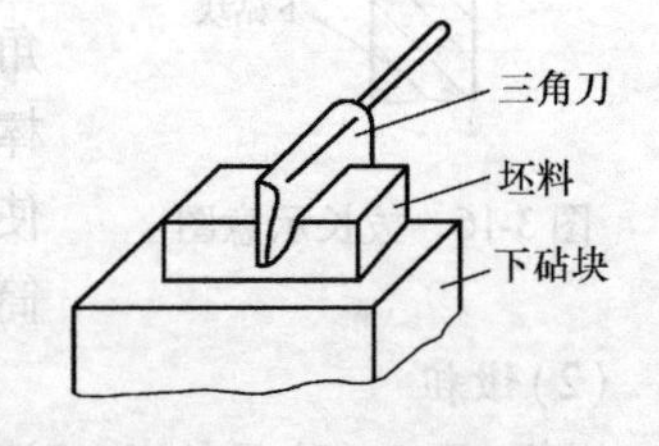

图 3-20　切割示意图

(6) 错移

错移（图 3-21）是指将坯料的一部分相对另一部分平行错开一段距离，但仍保持轴心平行的锻造工序，常用于锻造曲轴零件。错移时，先对坯料进行局部切割，然后在切口两侧分别施加大小相等、方法相反且垂直于轴线的冲击力或压力，使坯料实现错移。

(7) 锻接

锻接（图 3-22）是将坯料在炉内加热至高温后，用锤快击，使两者在固态结合的锻造工序。锻接的方法有搭接、对接、咬接等。锻接后的接缝强度可达被连接材料强度的

70% ~80%。

(8)扭转

扭转(图 3-23)是将毛料的一部分相对于另一部分绕其轴线旋转一定角度的锻造工序。该工序多用于锻造多拐曲轴和校正某些锻件。当小型坯料扭转角度不大时,可用锤击方法。

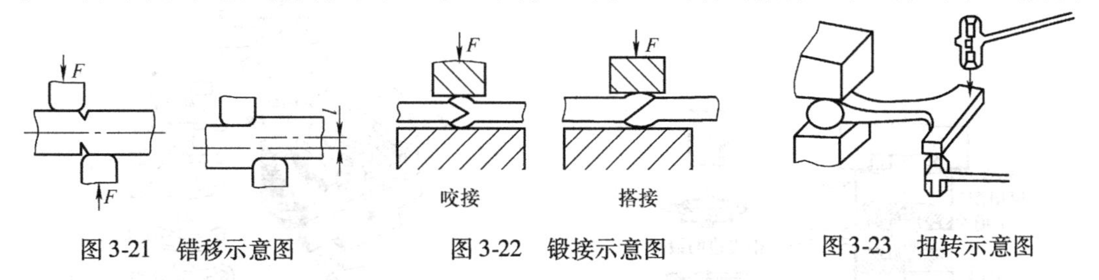


图 3-21　错移示意图　　图 3-22　锻接示意图　　图 3-23　扭转示意图

6. 自由锻造的缺陷

①裂纹:可能由坯料质量不好、加热不充分、锻造温度过低、锻件冷却不当和锻造方法有误造成。

②末端凹陷和轴心裂纹:可能由锻造时坯料内部未热或坯料整个截面未锻透,变形只产生在坯料表面造成。

③折叠:可能由坯料在锻压时送进量小于单面压下量造成。

## 知识链接 3　模锻

利用模具在外力作用下使毛坯变形而获得与模膛形状相吻合的锻件,这种锻造方法称为模锻。(图 3-24)

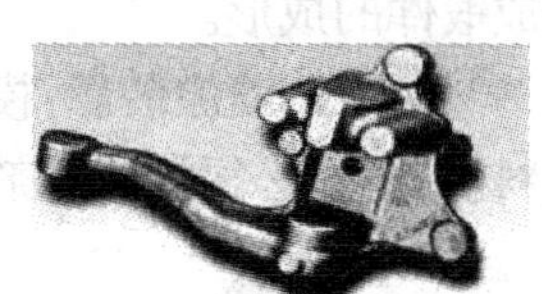

图 3-24　模锻

模锻与自由锻相比,具有锻件尺寸精度高、表面结构值低、加工余量小、形状比较复杂、劳动强度低和生产效率高等特点,但受模锻设备吨位的限制,一般模锻件质量都小于 150 kg,而且模具制造成本高、周期长。所以,模锻适用于中小型模锻件的大批量生产。按使用设备的不同,模锻分为锤上模锻、压力机上模锻和水压机上模锻等。

### 1. 锤上模锻

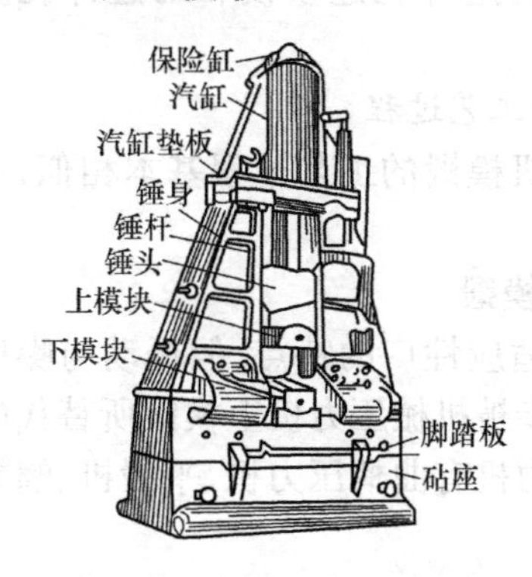


图 3-25　蒸汽-空气模锻锤

(1)锤上模锻设备

锤上模锻生产常用的设备是蒸汽-空气模锻锤,如图 3-25 所示。蒸汽-空气模锻锤通常由锤身、操纵机构、工作缸、落下部分以及砧座等几部分组成。模锻锤的吨位(落下部分的重量)为 10 ~160 kN,模锻件的质量为 0.5 ~150 kg。

(2)锻模

模锻时为使坯料成形而获得模锻件的工具称为锻模。锤上模锻用的锻模由上、下两个模块组成。下模块固定在砧座上,上模块安装在锤头上,模锻时锻模与锤头一起上下运动进行锤击。根据锻件形状和模锻过程的需要，锻模上设有一定形状的空腔，称为模槽或模膛。锻模有单模槽和多模槽两种。单模槽锻模（图 3-26）用于锻制形状简单的模锻件。按不同功能多模槽可分为制坯模槽和模锻模槽。根据模锻槽的作用，制坯模槽有镦粗、压扁、拔长、卡肩、弯曲、成形等模槽，模锻模槽有预锻和终锻模槽两种。弯曲连杆的多模槽模锻过程如图 3-27 所示。

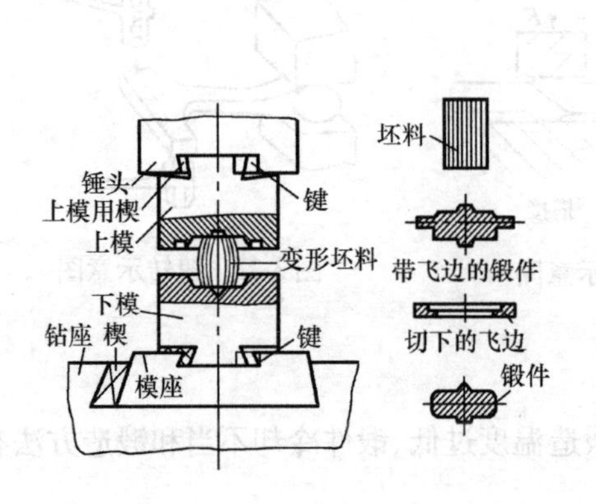


图 3-26　单模槽锻模

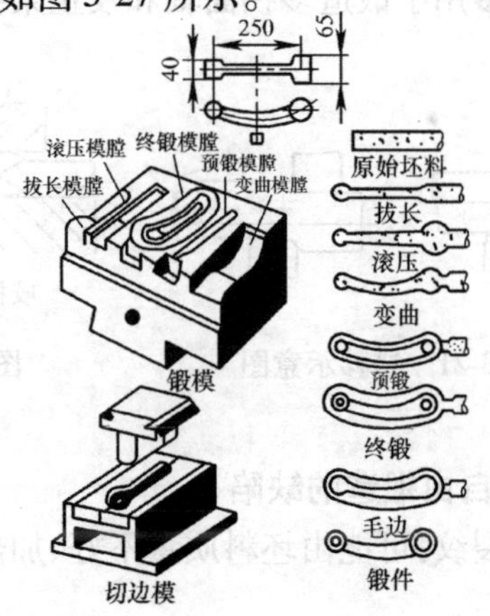


图 3-27　弯曲连杆多模槽模锻过程

（3）辅助工具及模具

①夹持工具：模锻中小锻件时，操作工人根据锻件的形状和工艺要求，选择合适的夹钳来转移坯料或锻件，完成各工序的变形过程；对于大锻件，要靠机械手移动坯料或锻件，以便完成锻件的成形。

②润滑剂喷涂装置：模锻时，为减小锻坯在模具中成形的流动阻力及模具磨损，在放入坯料前，模具必须涂润滑剂，一般采用润滑剂喷涂装置将润滑剂喷在锻模型腔上。

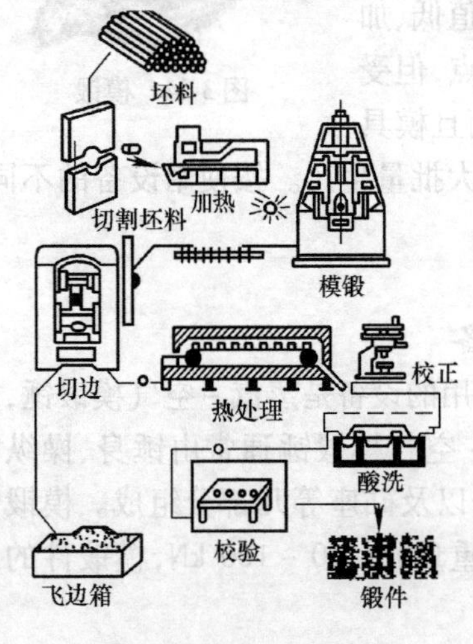


图 3-28　锤上模锻

③切边与冲孔模具：锻件模锻后，大多数都带有飞边（围在锻件周边多余的部分）或连皮（带孔的锻件孔内残留的部分），只有将飞边和连皮去除才可作为最终锻件转去机械加工。去除飞边和连皮是利用专门的切飞边模具和冲孔模具在专门的曲轴压力机上进行的（图 3-27），另外还有切边冲孔连续模和切边冲孔复合模。

（4）锤上模锻典型工艺过程

锤上模锻与压力机模锻的工艺过程基本相似，如图 3-28 所示。

**2. 机械压力机上模锻**

锤上模锻虽具有适应性广的特点，但振动与噪声大、能耗多，因此有逐步被机械压力机上模锻所替代的趋势。用于模锻的压力机有曲柄压力机、平锻机、螺旋压力机及水压机等。

（1）曲柄压力机上模锻

曲柄压力机上模锻具有锤击力近似静压力、振动及噪声小、机身刚度大、导轨与滑块间隙小、易于保证上下模对准等优点。因此，锻件尺寸精度高，但不适宜于拔长和滚压等工步，生产效率高，适合于大批量生产。

(2)平锻机上模锻

平锻机上模锻可锻出锤上模锻和曲柄压力机上模锻无法锻出的锻件，还可进行切飞边、切断、弯曲和热精压等工步。生产效率高，每小时可生产400～900件；锻件尺寸精度较高，表面质量好；节省材料，材料利用率可达89%～95%。但对非回转体及中心不对称的锻件难以锻造。

## 知识链接4　冲压与冲裁

### 1. 冲压工艺

冲压加工是借助常规或专用冲压设备的动力，使板料在模具里直接受到变形力并进行变形，从而获得一定形状、尺寸和性能的产品零件的生产技术。冲压按加工温度分为热冲压和冷冲压，前者适合变形抗力高、塑性较差的板料加工；后者则在室温下进行，是薄板常用的冲压方法。冲压加工是金属塑性加工(或压力加工)的主要方法之一，也隶属于材料成形工程技术。

冲压所使用的模具称为冲压模具，简称冲模。冲模是将材料(金属或非金属)批量加工成所需冲件的专用工具。冲模在冲压中至关重要，没有符合要求的冲模，批量冲压生产就难以进行；没有先进的冲模，先进的冲压工艺就无法实现。冲压工艺与模具、冲压设备和冲压材料构成冲压加工的三要素，只有它们相互结合才能生产出冲压件。

### 2. 冲压工艺的优点

与机械加工及塑性加工的其他方法相比，冲压加工无论是在技术方面还是在经济方面都具有许多独特的优点，主要表现如下。

①冲压加工的生产效率高，且操作方便，易于实现机械化与自动化。这是因为冲压是依靠冲模和冲压设备来完成加工的，普通压力机的行程次数每分钟可达几十次，高速压力机每分钟可达数百次甚至千次以上，而且每次冲压行程就可能得到一个冲件。

②冲压时由于模具保证了冲压件的尺寸与形状精度，且一般不破坏冲压件的表面质量，而模具的寿命一般较长，所以冲压的质量稳定、互换性好，具有“一模一样”的特征。

③冲压可加工出尺寸范围较大、形状较复杂的零件，如小到钟表的秒针，大到汽车纵梁、覆盖件等，加上冲压时材料的冷变形硬化效应，冲压的强度和刚度均较高。

④冲压一般没有切屑、碎料生成，材料的消耗较少，且不需其他加热设备，因而是一种省料、节能的加工方法，冲压件的成本较低。

另外，冲压件与铸件、锻件相比，具有薄、匀、轻、强的特点。冲压可制出其他方法难以制造的带有加强筋、肋、起伏或翻边的工件，以提高其刚性。由于采用精密模具，工件精度可达微米级，且重复精度高、规格一致，可以冲压出孔窝、凸台等。冷冲压件一般不再经切削加工，或仅需要少量的切削加工。热冲压件精度和表面状态低于冷冲压件，但仍优于铸件、锻件，且切削加工量少。

### 3. 冲压工艺的问题和缺点

当然，冲压加工也存在着一些问题和缺点。主要表现在冲压加工时产生的噪声和振动两种公害，而且操作者的安全事故时有发生。不过，这些问题并不完全是由冲压加工工艺及模具本身带来的，而主要是由传统的冲压设备及落后的手工操作造成的。随着科学技术的进步，特别是计算机技术的发展，机电一体化技术的进步，这些问题一定会尽快而完善地得到解决。

### 4. 冲压基本工序

冲压基本工序分为分离工序和成形工序两大类。分离工序是将冲压件或毛坯沿一定轮廓相互分离；成形工序是在板料不破坏的条件下使之发生塑性变形，成为所需形状、尺寸的零件。板料冲压的基本工序分类见表3-2。

**表3-2　板料冲压的基本工序分类**

| 类别 | 工序 | | 简　图 | 变形特征 |
|---|---|---|---|---|
| 分离工序 | 冲裁 | 落料 | 工件<br>废料 | 用模具沿封闭轮廓线冲切板料，冲下部分是工件，留下部分是废料 |
| 分离工序 | 冲裁 | 冲孔 | 废料<br>工件 | 用模具沿封闭轮廓线冲切板料，冲下部分是废料，留下部分是工件 |
| 分离工序 | 剪切 | | | 用剪床或模具切断板料，切断线不封闭 |
| 分离工序 | 切口 | | | 用模具将板料冲切成部分分离，切口部分发生弯曲变形 |
| 分离工序 | 切边 | | | 将变形后的半成品的边缘修切整齐或切成一定形状 |
| 成形工序 | 弯曲 | 弯曲 | | 将坯料沿直线变成各种形状 |
| 成形工序 | 弯曲 | 卷圆 | | 将坯料端部卷圆 |

续表

| 类别 | 工序 | | 简图 | 变形特征 |
|---|---|---|---|---|
| 成形工序 | 拉深 | 拉深 | | 将落料后的坯料制成各种空心零件 |
| | | 变薄拉深 | | 将拉深后的空心半成品进一步加工成侧壁厚度小于底部厚度的零件 |
| | 翻边 | 孔翻边 | | 在预先冲孔的半成品上或未经冲孔的坯料上冲制出竖立的边缘 |
| | | 边缘翻边 | | 在板料半成品的边缘沿曲线或圆弧翻出竖立的边缘 |
| | 缩口 | | | 将空心毛坯或管状毛坯的口部缩小 |
| | 起伏 | | | 在板料毛坯或半成品上压出肋条、花纹或文字 |
| | 胀形 | | | 使空心毛坯或管状毛坯的一部分沿径向扩张成凸肚状 |

### 5. 主要冲压设备

常用冲压设备主要有剪床、冲床、液压机等。

(1)剪床

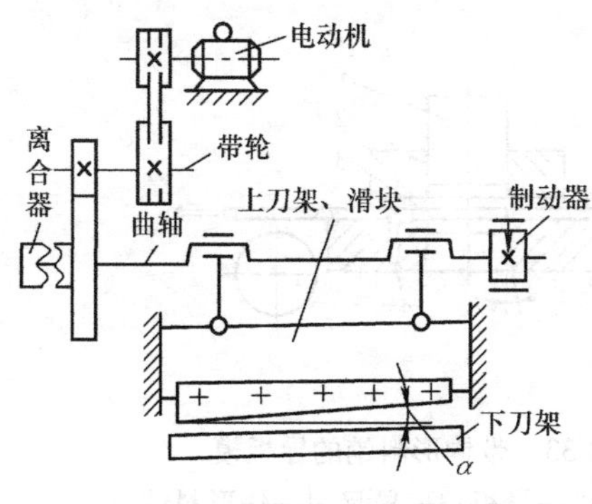

图 3-29　龙门剪床传动机构

常用的剪床是龙门剪床,它是下料的基本设备之一,其传动机构如图 3-29 所示。

剪床的上、下刀刃分别固定在滑块和工作台上,根据上刀刃与水平方向的夹角,剪床分为平刃剪床和斜刃剪床。其工作是由电动机带动带轮、齿轮和曲轴转动,从而使滑块及上刀刃作上、下运动。工作时电动机不停地转动,上刀刃通过离合器的闭合与脱开进行剪裁;制动器的作用是使上刀刃剪切后停在最高位置上,为下次剪切做好准备;挡铁用以控制下料尺寸。剪床的规格是以所剪切板料的厚度和宽度表示的。

(2)冲床

常用的冲床有偏心冲床和曲轴冲床。它们的结构和工作原理基本相同,不同的是偏心冲床是通过偏心轴而曲轴冲床是通过曲轴,将旋转运动转变为滑块的直线往复运动,以完成除剪切外的绝大多数的冲压基本工序。图3-30所示为开式单动曲轴冲床工作原理示意图。冲床的规格以额定公称压力来表示,单位为kN,其他主要技术参数有滑块行程距离(mm)、滑块行程次数(str/min)和封闭高度(mm)等。此外,还有以液压驱动滑块的冲床。

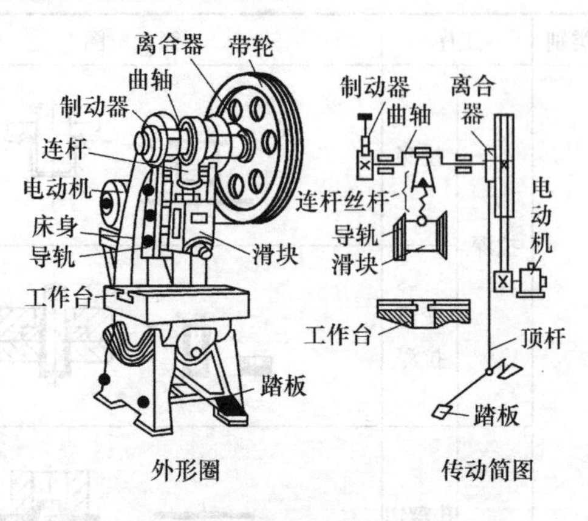


图3-30 开式单动曲轴冲床工作原理

### 6. 冲模

加压将金属或非金属板料或型材分离、成形或结合,而得到制件的工艺装备称为冲模。冲模按工序的组合形式可分为单工序模、级进模和复合模。

(1)单工序模

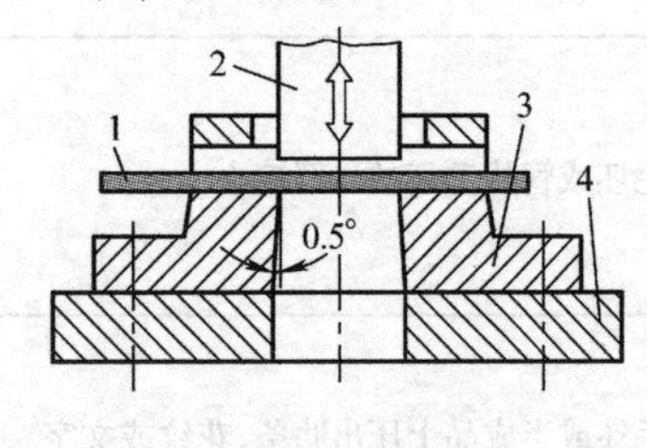


图3-31 敞开模

1—工件;2—凸模;

3—凹模;4—下模板

单工序模(简单模)是指在冲床每次行程中只能完成同一种冲裁工序的模具。按上、下模导向形式分为敞开模、导板模和导柱模。

①敞开模:本身无导向装置,工作时靠冲床导轨起导向作用,如图3-31所示。这种模具的特点是结构简单、成本低、制作精度低、模具安装麻烦、生产效率低、模具刃口易磨损、工作时不太安全,一般用于生产批量小、精度要求不高、外形比较简单的制件。

②导板模:用导板来保证冲模在冲裁时的准确位置,如图3-32所示。这种模具的特点是精度较高、使用寿命较长、容易安装、安全性好,一般用于冲裁小件或形状不复杂的制件。图3-33所示为带钩形料销的导板模。

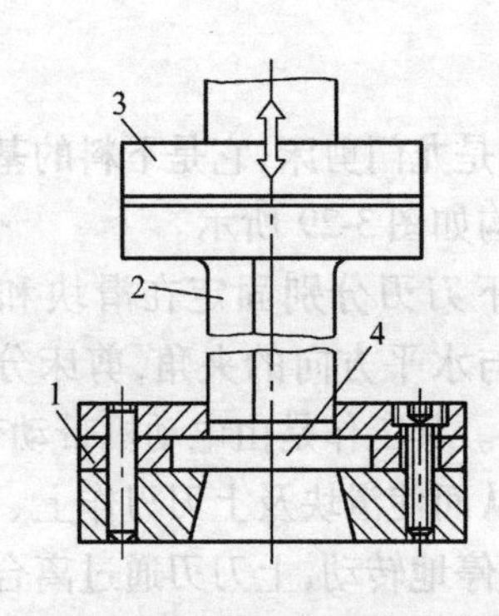


图3-32 导板模

1—导尺;2—凸模;3—上模板;4—工件

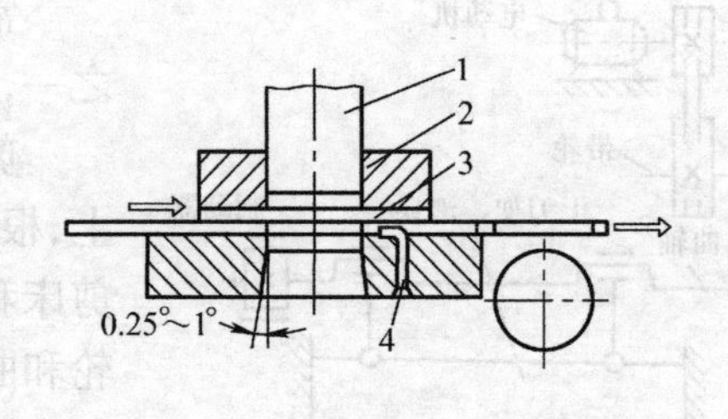


图3-33 带钩形料销的导板模

1—凸模;2—导板;3—导尺;4—钩形料销

③导柱模：用分别安装在上、下模上的导套、导柱进行导向，以保证冲裁时的准确位置，如图3-34所示。这种模具的特点是导向准确可靠，能保证凸凹模之间的间隙值，安装时不用重新调整凸凹模间隙，使用寿命长、制件精度高、制造成本较高，一般用于较大批量生产。

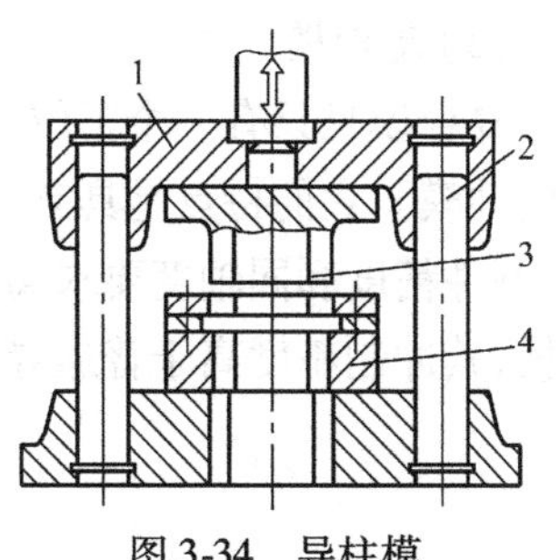

图3-34　导柱模
1—上模板；2—导柱；
3—凹模；4—下模板

(2)级进模

级进模(连续模)是指在条料的送料方向上，具有两个以上的工位，并在压力机一次行程中在不同的工位上完成两道或两道以上的冲压工序的冲模。按定位方法不同级进模分为挡料块级进模、侧刃级进模、导正销级进模。

①挡料块级进模：属于粗定位，它的特点是结构简单、成本低，一般用于精度要求低的制件，如图3-35所示。

②侧刃级进模：靠侧刃定位，它的特点是侧刃的长度等于步距，其作用是在冲床的每次行程中，沿条料边缘下一块长度等距的料边。由于前后导尺间宽度不同，前宽后窄形成一个凸肩，只有在侧刃切去料边使宽度减小后，条料才能再前进一个步距，以控制送料距离。一般用于冲制厚度小于0.5 mm的薄板或不便使用定位销、导正销定位时的情况，如图3-36所示。

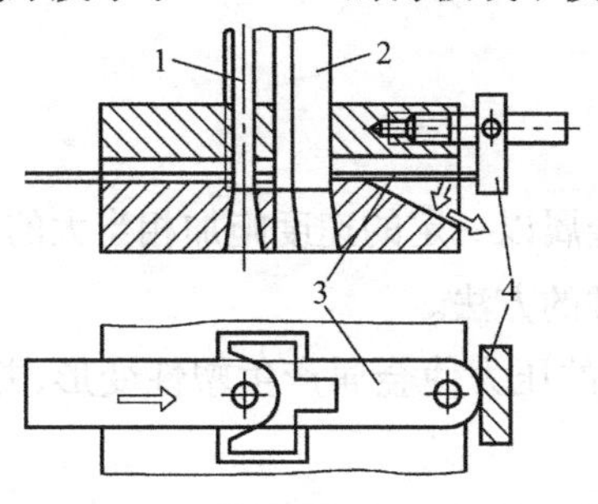

图3-35　挡料块级进模
1—冲头；2—凸模；3—工件；4—挡料块

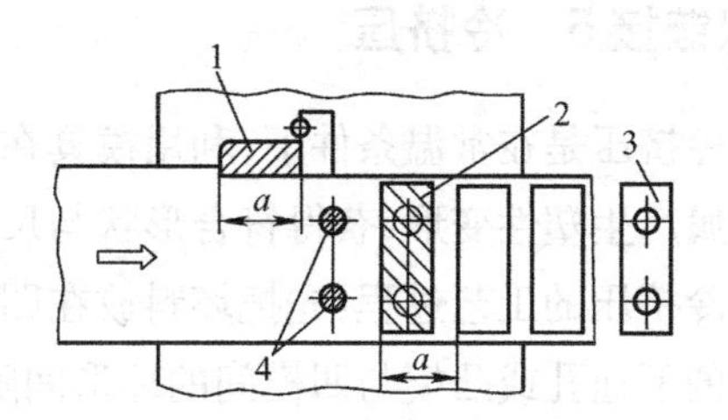

图3-36　侧刃级进模
1—侧刃；2—落料凸模；3—工件；4—冲孔冲头

③导正销级进模：特点是靠导正销精确定位，如图3-37所示。这种模具中的条料先冲孔后再以内孔边缘为落料时的粗定位，然后导正销进入已冲好的孔中，来导正孔与外形的相对位置。一般用于制件精度高、同轴度要求高的场合，如图3-38所示。

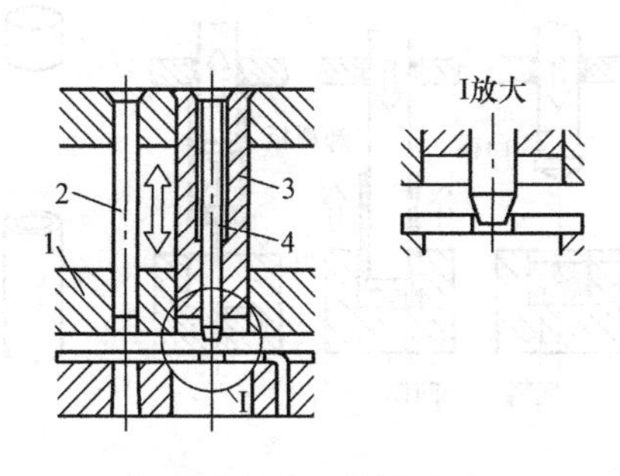

图3-37　导正销级进模1
1—导板；2—冲头；3—凸模；4—导正销

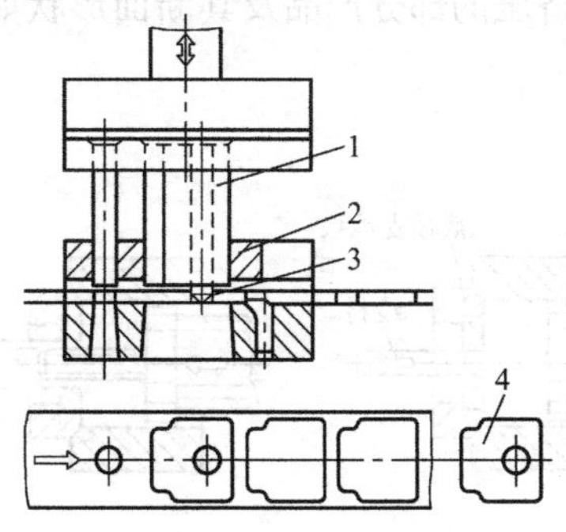

图3-38　导正销级进模2
1—凸模；2—导板；3—导正销；4—工件

(3)复合模

复合模是只有一个工位,并在压力机的一次行程中,同时完成两道或两道以上的冲压工序的冲模。它的特点是具有一个既是落料凸模又是冲孔凹模的凸凹模。一般用于大批量生产、制件精度和同轴度要求高的场合,如图 3-39 所示。图 3-40 所示为滚珠式导向结构的复合模,其冲制精度高于普通导柱导套结构的复合模。

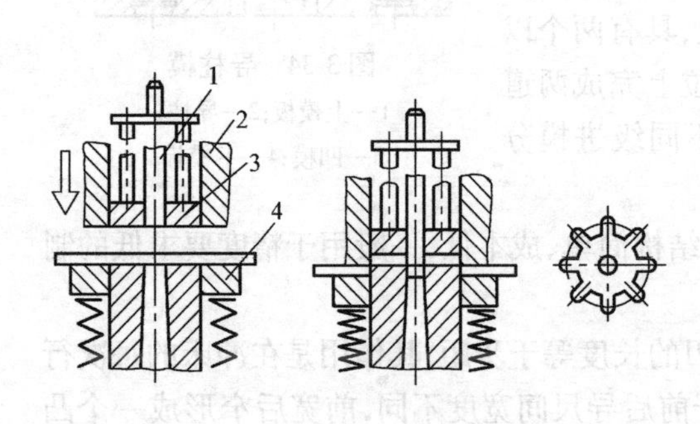


图 3-39　复合模

1—冲头;2—凹模;3—顶出器;4—卸料板

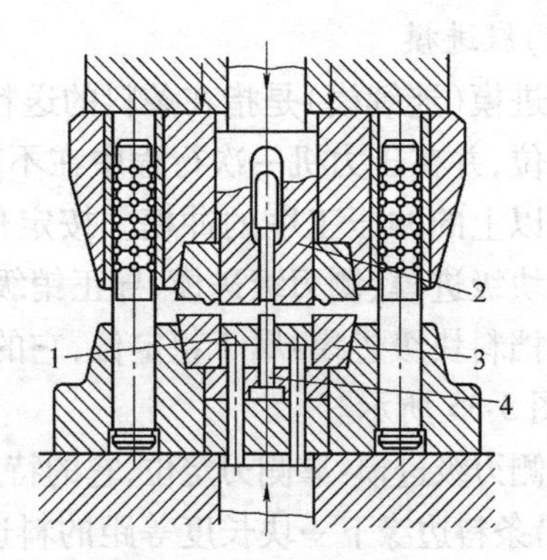


图 3-40　滚珠式导向结构的复合模

1—顶出器;2—凸凹模;3—凹模;4—冲头

## 知识链接 5　冷挤压

冷挤压是在常温条件下,利用模具在压力机上对金属以一定的速度施加相当大的压力,使金属产生塑性变形,获得符合形状与尺寸要求的零件的方法。

冷挤压的工艺过程:先把坯料放在凹模内,借凸模的压力使金属产生塑性变形,并通过凹模的下通孔或凸模与凹模间的环形间隙将制件挤出。

按挤压的金属流动方向,冷挤压可分为正挤压、反挤压和复合挤压三类。

①正挤压:挤压时金属流动方向与凸模运动方向相同。(图 3-41)

②反挤压:挤压时金属流动方向与凸模运动方向相反。(图 3-42)

③复合挤压:挤压时一部分金属的流动方向与凸模运动方向相同,而另一部分金属的流动方向与凸模运动方向相反。(图 3-43)

冷挤压的部分产品及其断面形状如图 3-44 所示。



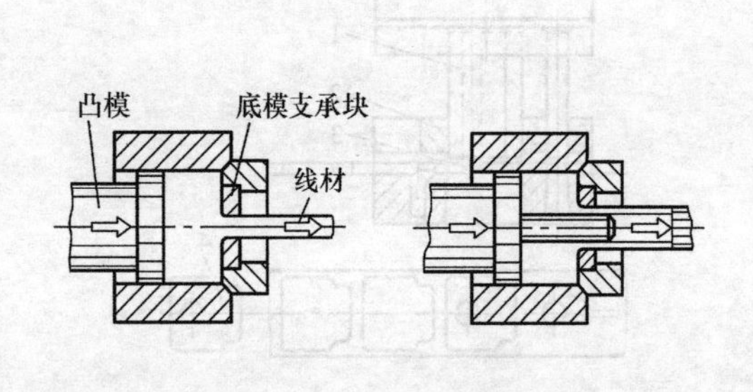


图 3-41　正挤压

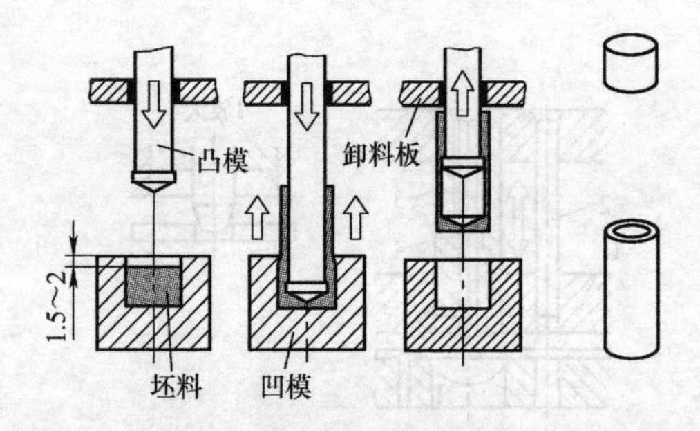


图 3-42　反挤压

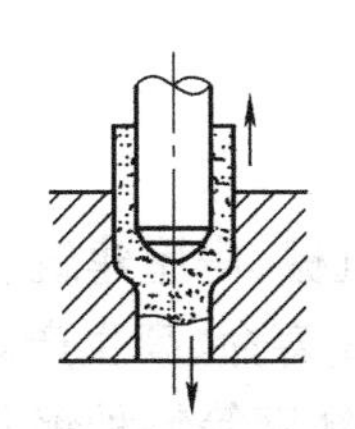

图 3-43　复合挤压

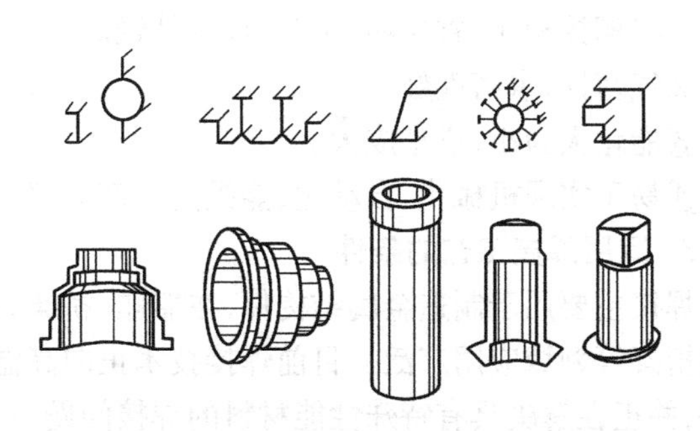
图 3-44　冷挤压的部分产品及其断面形状

## 知识链接 6　冷镦

冷镦是利用模具在常温下对金属棒料镦粗（常为局部镦粗）成形的锻造方法。通常用来制造螺钉、螺栓、铆钉等的头部，可以减少或代替切削加工。锻坯材料可以是铜、铝、碳钢、合金钢、不锈钢和钛合金等，材料利用率可达 80% ~90%。冷镦多在专用的冷镦机上进行，便于实现连续、多工位、自动化生产。在冷镦机上能顺序完成切料、镦头、聚积、成形、倒角、搓丝、缩径和切边等工序。生产效率高，可达 300 件/min 以上，最大冷镦工件的直径为 48 mm。棒料由送料机构自动送进一定长度，切断机构将其切断成坯料，然后由夹钳传送机构依次送至聚积压形和冲孔工位进行冷镦成形。

冷镦的主要优点：

①钢材利用率高，冷镦（挤）是一种少、无切削加工方法；

②通过冷成形加工可以经济地得到不同寻常的截面形状，获得令人满意的强度重量比；

③生产效率高，适于自动化生产，与切削加工相比，冷镦成形效率要高出几十倍以上；

④力学性能好，冷镦（挤）方法加工的零件，由于金属纤维未被切断，因此强度要比切削加工优越得多。

# 任务 3　认识焊接



## 知识链接 1　焊接概述

### 1. 焊接的概念

焊接是指两个或两个以上的零件（同种或异种材料），通过局部加热或加压达到原子间的结合，造成永久性连接的工艺过程。具体措施有以下两种。

①加压：用以破坏结合面上的氧化膜或其他吸附层，并使接触面发生塑性变形，以扩大接触面，在变形足够时，也可直接形成原子间结合，得到牢固接头。

②加热：对连接处进行局部加热，使之达到塑性或熔化状态，激励并加强原子的能量，从而通过扩散、结晶和再结晶的形成与发展，获得牢固接头。

**2. 焊接的特点**

①与铆接相比,省材料、工时,且构件轻。

②气密性、水密性好。

③能化大为小、拼小成大。

④易于实现机械化、自动化,能提高生产效率。

**3. 运用焊接工艺的条件**

焊接主要用于制造金属结构件,在船舶、桥梁、压力容器、起重机械、房屋建筑、电视塔、金属桁架等领域应用广泛。目前焊接技术正向高温、高压、高容量、高寿命、高生产效率方向发展,并正在解决具有特殊性能材料的焊接问题,如超高强度钢、不锈钢等特种钢及有色金属、异种金属及复合材料的焊接等。此外,焊接的自动化程度也有了较大进展,如电子计算机控制机器人焊接和遥控全方位焊接机的焊接等。

**4. 焊接方法的分类**

按焊接过程的不同,焊接可分为熔化焊、压焊和钎焊三大类。

(1)熔化焊

熔化焊是将焊件接头加热至熔化状态,不加压力完成焊接的方法。它包括气焊、电弧焊、电渣焊、激光焊、电子束焊、等离子弧焊、堆焊和铝热焊等。

(2)压焊

压焊是通过对焊件施加压力(加热或不加热)来完成焊接的方法。它包括爆炸焊、冷压焊、摩擦焊、扩散焊、超声波焊、高频焊和电阻焊等。

(3)钎焊

钎焊是采用比母材熔点低的金属材料作钎料,在加热温度高于钎料熔点、低于母材熔点的情况下,利用液态钎料润湿母材,填充接头间隙,并与母材相互扩散实现连接焊件的方法。它包括硬钎焊、软钎焊等。

下面将分别对以上所提到的主要焊接方法进行具体介绍。

## 知识链接2　熔化焊

**1. 气焊**

(1)气焊的概念

气体熔化焊(图3-45)又称乙炔气焊,焊接时通过可燃气体 - 氧气火焰把待焊接零件的焊接点熔化。可燃气体大部分都使用乙炔,这种气体的火焰温度可达约3 200 ℃。可燃气体一般取自气瓶,通过输气软管到达焊枪。为避免使用和维护时混淆可燃气体和非可燃气体,气瓶瓶底标有各种颜色做识别标记,并配装不同的接头。气体熔化焊主要用于小型焊件维修工作。气体熔化焊可以在任何位置上进行。

(2)气焊的设备

气焊所用的主要设备有氧气瓶、减压阀、乙炔发生器(或乙炔瓶)、回火防止器(保险器)和焊炬。

1)氧气瓶

氧气瓶用于储存和运输氧气,容量一般为40 L,最高压力为15 MPa,由合金钢制成。

氧气瓶维护保养规程:

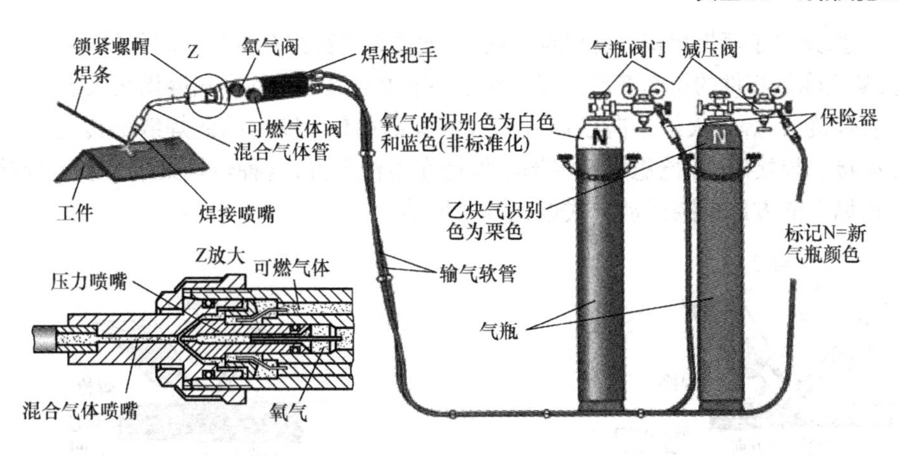


图 3-45　气焊

①氧气瓶必须与油和油脂隔离，因为氧气遇到这些物质将出现爆炸反应；

②必须采取必要的防护措施防止氧气瓶翻倒、碰撞、加热以及冰冻；

③只有在卸下减压阀并安装正确的防护罩后才允许运输氧气瓶。

2）减压阀

焊接时，气瓶内可燃气体的高压必须通过减压阀降至所要求的工作压力。气瓶压力表显示气瓶瓶内压力，工作压力表显示可调的工作压力。（图 3-46）

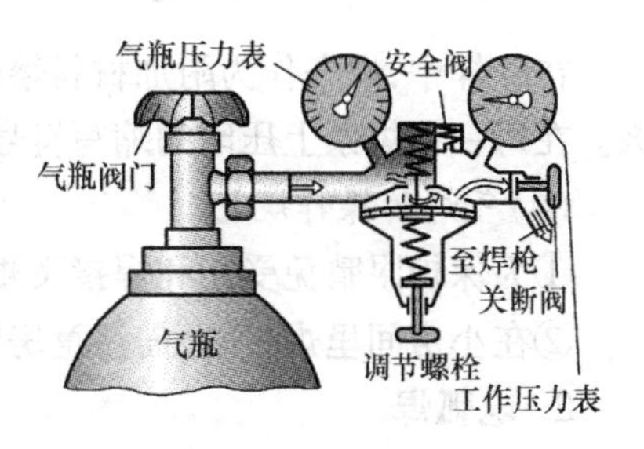


图 3-46　气瓶压力调节

3）乙炔发生器（或乙炔瓶）

氧气的工作压力为 $2.5\times10^5$ Pa，乙炔气的工作压力为 $0.25\sim0.5\times10^5$ Pa。

4）回火防止器（保险器）

气瓶必须由保险器保护（图 3-46）。保险器在气体或火焰回流时可立即中断供气。

5）焊炬

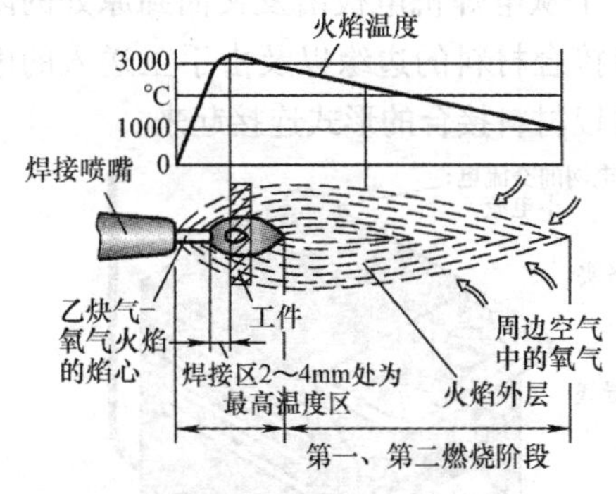


图 3-47　乙炔气－氧气火焰

乙炔气－氧气火焰如图 3-47 所示。焊接火焰的大小由焊枪上的阀门调节。

正常调节火焰时，乙炔气与氧气的比例应为 1:1。这种混合比例的气体燃烧是不完全的（第一燃烧阶段），若要乙炔气完全燃烧，要求氧气体积达到 2.5 倍。燃烧所产生的二氧化碳和氢气在火焰中形成一个还原区。在这个焊接区内，焰心前 2～4 mm 处的最高温度可达 3 200 ℃。达到完全燃烧仍缺少的氧气将从环境空气中抽取（第二燃烧阶段）。

（3）气焊的操作技术

焊枪和焊条在把握姿态相同的条件下，有“向左”（图 3-48）和“向右”（图 3-49）两种焊接方法。

①向左焊接法：焊接火焰指向焊接方向（图 3-48），因此熔池位于最高温度区之外，并可保

持为小型熔池，这对于薄板焊接具有优点。此外，通过火焰驻留对焊接点的预热可达到较高的焊接速度，从而降低零件的扭曲变形。焊条在焰心下方以轻触移动方式熔化滴入熔池。

②向右焊接法：焊接火焰指向已焊接完成的焊缝（图 3-49），因此焊缝的冷却较慢并可改善焊接连接。焊接时，焊枪稳定地将焰心保持在熔池上方，这种热量聚集有利于焊接厚板材。焊条在焰心前方以圆圈运动方式熔化滴入熔池。

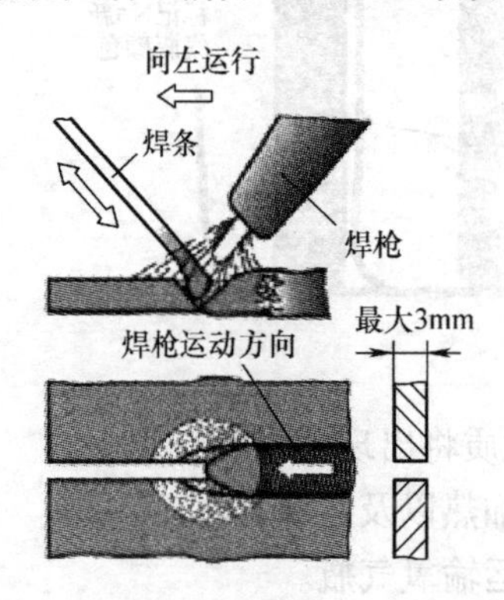

图 3-48 “向左”焊接

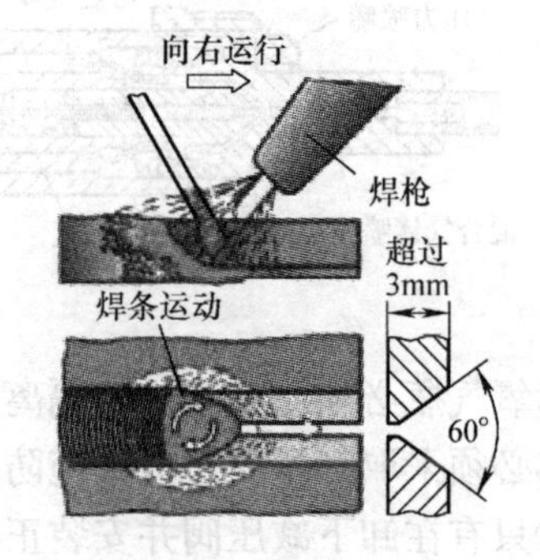

图 3-49 “向右”焊接

在气焊中，焊条作为附加材料熔化后填入焊缝。对于钢的焊接，焊条可分为 OI 级至 OV 级。在每一根焊条上压印的缩写符号表明该焊条所能保证的焊接质量特征。

(4)气焊的操作规范

①为保护眼睛免受光和焊接飞溅物的伤害，焊接时必须佩戴深色玻璃护目镜。

②在小房间里焊接时，需注意房间的通风，且不允许单独使用氧气（火焰危险）。

**2. 电弧焊**

电弧焊是利用焊机与焊件间所产生的电弧热量，来熔化金属（焊条和焊件）进行焊接的。常见的电弧焊方法有手工电弧焊、气体保护焊和埋弧焊。

(1)手工电弧焊

手工电弧焊时，电焊条与工件之间的电弧形成一个从电焊机电极出发又回到原处的闭合电流回路（图 3-50）。电弧的高温在焊接点熔化待接合材料的边缘以及由手工送入的电焊条，熔化物在冷却后形成焊缝。焊缝把待焊接零件以材料接合的形式连接起来。



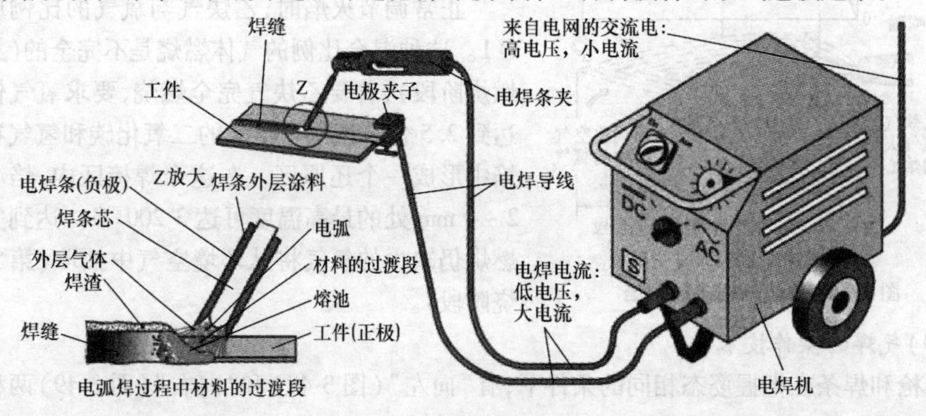

图 3-50 手工电弧焊

1)电焊机

在电焊机中,采用电网电源并且电压为220 V或380 V的交流电,再变换成电焊用的低电压。采用直流电电焊时,交流电必须整流成直流电。

2)电焊条

电焊条由焊条芯和焊条外层涂料组成。其中焊条芯在焊接时形成焊缝;外层涂料在熔化后变成气体,该气体具有稳定电弧、屏蔽液态材料过渡段和熔池免受周边空气干扰的作用。

3)手工电弧焊的特点

手工电弧焊的优点是设备简单,操作灵活方便,能进行全位置焊接,适合焊接多种材料;不足之处是生产效率低,劳动强度大。

4)手工电弧焊操作技术

选择电焊条(类型和直径)时主要考虑的要素有:焊件的材料及厚度和焊接类型(连接焊接还是补焊)。

焊接时,必须通过连续供给电焊条才能保持电焊条熔化的稳定性,并保持电弧长度恒定不变。对电焊条把持稳定并做相应的移动可调整电弧的方向和压力,使流出来的焊渣不向焊接方向流动,从而避免出现夹渣和未熔合等焊接缺陷。如果正在烧熔的电焊条的剩余部分达到退火温度,表明所调节的焊接电流过大。如果电弧难以点火和难以保持,或流动的焊渣阻碍了正常焊缝的形成,表明焊接电流过小。

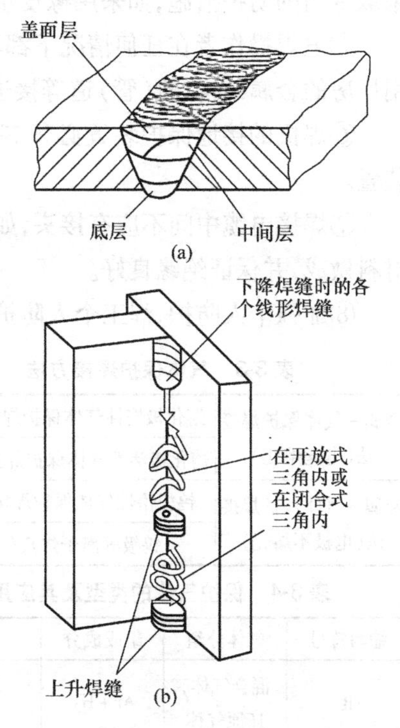

图3-51　多层焊接和上升焊缝焊接

焊缝较厚时应采用多层焊接方式(图3-51(a)),且前次焊接的焊渣必须完全清除,上升焊缝(图3-51(b))需采用特殊的焊条运动进行焊接。

手工电弧焊时,应保持尽可能短的电弧长度。电弧长度应约与电焊条的焊条芯直径相同。

5)手工电弧焊安全操作技术要求

①电焊机的外壳和工作台必须有良好的接地。

②电焊机空载电压应在60~90 V。

③电焊设备应使用带电保险的电源刀闸,并应装在密闭箱内。

④焊机使用前必须仔细检查其一、二次导线绝缘是否完整,接线是否绝缘良好。

⑤当焊接设备与电源网路接通后,人体不应接触带电部分。

⑥在室内或露天现场施焊时,必须在周围设挡光屏,以防弧光伤害其他人员的眼睛。

⑦焊工必须配备合适的滤光板面罩、干燥的帆布工作服、橡胶绝缘手套和清渣防护白光眼镜等安全用具。

⑧焊接绝缘软线不得短于5 m,施焊时软线不得搭在身上,地线不得踩在脚下。

⑨严禁在起吊部件的过程中边吊边焊。

⑩施焊完毕后应及时断开电源刀闸。

8)手工电弧焊防触电措施

①焊接工作前,要先检查焊机设备和工具是否安全可靠。例如:焊机外壳是否接地,焊机各接线点接触是否良好,焊接电缆的绝缘有无破损等。不允许未进行安全检查就开始操作。

②焊工的手和身体不得随便接触二次回路的导电体,不能靠在工作台、焊件上或接触焊钳等带电体。对于焊机空载电压较高的焊接操作以及在潮湿工作地点的操作,还应在操作台附近地面铺设橡胶绝缘垫。

③下列操作应切断电源开关后再进行:转移工作地点,搬动焊机;更换保险丝;焊机发生故障需检修;改变焊机接头;更换焊件而需改装二次回路的布设等。推拉闸刀开关时,必须戴绝缘手套,同时焊工头部要偏斜,以防电弧火花灼伤面部。

④在金属容器内、金属结构上以及其他狭小工作场所焊接时,触电的危险性较大,必须采取专门的防护措施,如采用橡皮垫、戴皮手套、穿绝缘鞋等。

⑤电焊操作者在任何情况下都不得使自身、机器设备的传动部分成为焊接电路,严禁利用厂房的金属结构、轨(管)道等接进线路作为导线使用。

⑥焊机的接地保护装置必须齐全有效,同时焊机必须装设电焊机空载自动断电保护装置。

⑦焊接电缆中间不应有接头,如需用短线接长时,则接头不应超过两个,接头应采用铜材料做成,并保证绝缘良好。

⑧加强个人防护,焊工个人防护用品包括完好的工作服、绝缘手套、鞋套等。

⑨电焊设备的安装、检查和修理必须由电工进行,临时施工点应由电工接通电源。

(2)气体保护焊

气体保护焊中,电弧和熔池都处于保护气体隔绝外界环境的作用下。采用这种保护方法后,可以使用未包裹涂料的焊丝作为填充材料。这种焊接方法可分为采用可熔金属焊条的焊接方法和采用不可熔化极的焊接方法(表3-3)。

保护气体(表3-4)的选择主要根据焊接材料和焊接方法确定,可供选用的保护气体有惰性(不易起反应的)气体(氩气 Ar,氦气 He)、还原性气体(氢气 $H_2$)、氧化气体(二氧化碳 $CO_2$)和混合气体。昂贵的惰性气体主要用于有色金属的焊接,较为便宜的活性气体则用于钢材料的焊接。活性气体指有反应能力的气体,如二氧化碳($CO_2$)和混合气体等。

气体保护焊与其他焊接方法相比,具有

表3-3　气体保护焊接方法

|  |  |
| --- | --- |
| 金属－气体保护焊接法(电丝熔化) | 熔化极惰性气体保护焊接(MIG) |
| | 熔化极活性气体保护焊接(MAG) |
| 金属－气体保护焊接法(电极不熔化) | 钨极惰性气体保护焊接(WIG) |
| | 钨极等离子焊接(WP) |

表3-4　保护气体的类型及其应用

| 缩写符号 | 气体分组 | 组成成分 | 用途 |
| --- | --- | --- | --- |
| R | 混合气体,还原气体 | $Ar+H_2$ | WIG,WP |
| I | 惰性气体,惰性混合气体 | Ar,He,Ar+He | MIG,WIG,WP |
| M1 | 混合气体,弱氧化气体 | $Ar+O_2$,$Ar+CO_2$ | MAG |
| M2 | 混合气体,弱氧化气体 | $Ar+CO_2$,$Ar+O_2$ | MAG |
| M3 | 强氧化气体 | $Ar+CO_2+O_2$ | MAG |
| C | 强氧化气体 | $CO_2+O_2$ | MAG |

以下特点：

①电弧和熔池的可见性好，焊接过程中可根据熔池情况调节焊接参数；

②焊接过程操作方便，没有熔渣或很少有熔渣，焊后基本上不需清渣；

③电弧在保护气流的压缩下热量集中，焊接速度较快，熔池较小，热影响区窄，焊件焊接后变形小；

④有利于焊接过程的机械化和自动化，特别是空间位置的机械化焊接；

⑤可以焊接化学活泼性强和易形成高熔点氧化膜的镁、铝、钛及其合金；

⑥可以焊接薄板；

⑦在室外作业时，需设挡风装置，否则气体保护效果不好；

⑧电弧的光辐射很强；

⑨焊接设备比较复杂，比焊条电弧焊设备价格高。

1）金属－气体保护焊（MIG，MAG）

采用金属－气体保护焊（图3-52）时，直流电电弧在接为正极的电焊丝与工件之间燃烧，作为电弧载体和焊接附加材料的电焊丝从一个焊丝盘放出，配有软管和焊枪的可调控进给装置移动该电焊丝进行焊接。电焊丝的进给速度应根据电焊丝烧熔的速度调控。焊接电流在电弧产生前很短时间内从电流导电嘴传输到电焊丝上。由于电焊丝的横截面面积很小，电焊丝末端的电流密度非常高，足以产生大熔化功率和熔化深度。

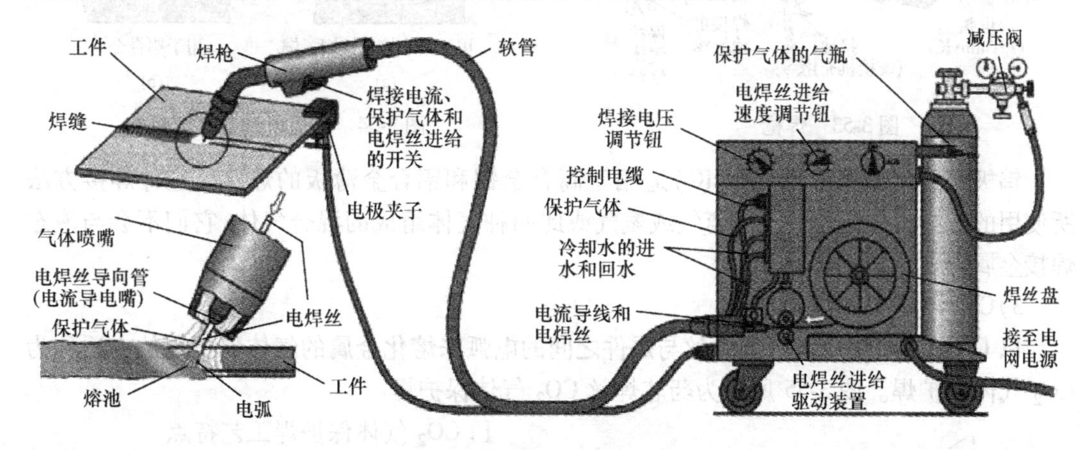


图3-52　金属－气体保护焊

熔化极惰性气体保护焊接（MIG）时，采用氩气或氦气作为惰性（不易起反应的）保护气体。有色金属焊接和高合金钢焊接要求使用这种保护气体。

熔化极活性气体保护焊接（MAG）时，采用活性（有反应能力的）气体作为保护气体，属于这类活性气体的有二氧化碳（$CO_2$）（其焊接方法的名称是MAGG）和由氩气与二氧化碳（$CO_2$）和氧气（$O_2$）组成的混合气体（其焊接方法的名称是MAGM）。这类保护气体可影响电弧中的材料过渡、烧熔深度、焊缝形状和电焊飞溅物的形成。这类价格便宜的保护气体的缺点是能烧损合金元素，降低焊接金属的强度。通过对焊接附加材料的合理选择可以抑制这个缺点。熔化极活性气体保护焊接（MAG）主要用于要求大熔化功率的非合金钢的焊接。

2）钨极惰性气体保护焊接（WIG）

钨极惰性气体保护焊接采用的是一种不熔化的钨电极。作为焊接附加材料的电焊条由手工进给送入电弧，然后在电弧中熔化。这类焊接方法所使用的电焊设备由一个可在直流电焊接与交流电焊接之间转换的电源装置和一个用软管与电源装置连接起来的焊枪组成。软管内装有焊接电流导线、保护气体软管、控制导线、大型焊枪（图 3-53）以及装有冷却水的进水管和回水管。

钨电极作为负极的钨极惰性气体保护直流电焊接（图 3-54（a））主要用于合金钢、有色金属及其合金的焊接。钨电极的端部要磨尖，这样可使电弧燃烧稳定，焊接过程中更易控制移动，熔化区（又称烧熔区）既窄又深。

钨极惰性气体保护交流电焊接（图 3-54（b））主要用于轻金属焊接。在交流电流的正半波区，电子从工件流向钨电极，并在这个过程中撕裂轻金属高熔点的氧化层。到了交流电流的负半波区，电子都流向工件，进而产生可熔化金属的热能。钨电极的高温在电极末端产生一个半球状钨滴。电弧的燃烧是不稳定的，这对精密焊接不利。这种焊接的烧熔区既宽又浅。

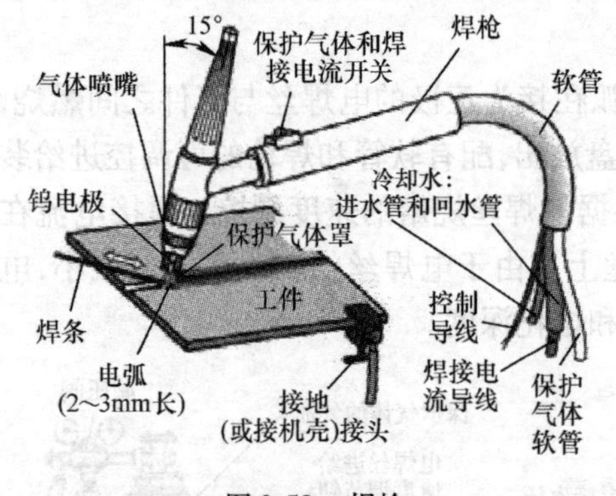


图 3-53　焊枪

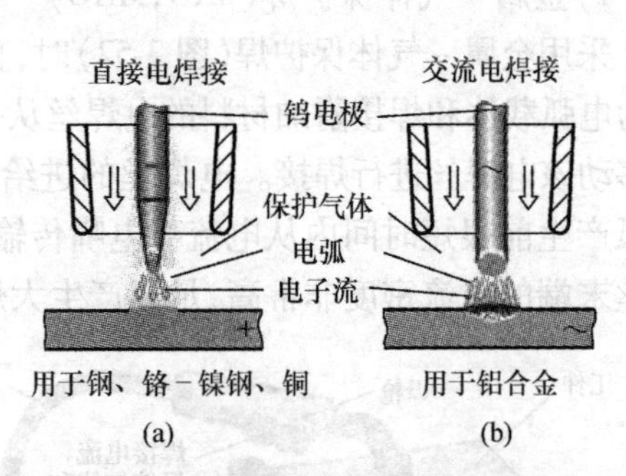


图 3-54　直流电和交流电焊接

钨极惰性气体保护焊接（WIG）适用于高合金钢和铝合金薄板的焊接。这种焊接方法所使用的保护气体是惰性气体氩气或氦气或此两种气体组成的混合气体，它们不会与液态焊接金属形成任何化合物。

3）$CO_2$ 气体保护焊

以 $CO_2$ 作保护气体，依靠焊丝与焊件之间的电弧来熔化金属的气体保护焊的方法称为 $CO_2$ 气体保护焊。图 3-55 所示为药芯焊丝 $CO_2$ 气体保护焊。

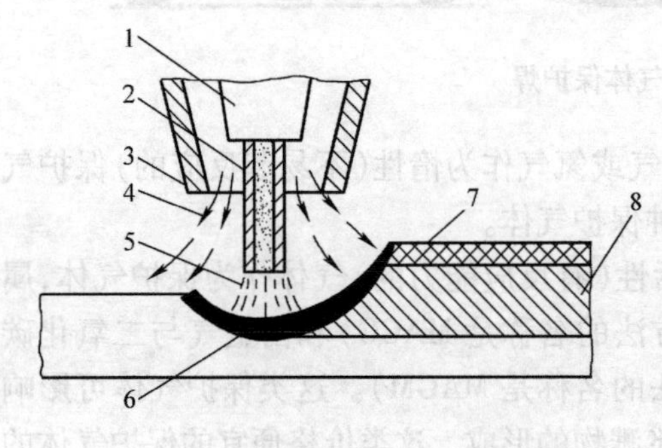


图 3-55　药芯焊丝 $CO_2$ 气体保护焊

1—导电嘴；2—药芯焊丝；3—喷嘴；4—$CO_2$ 气体；5—电弧；6—熔池；7—熔渣；8—焊缝

Ⅰ. $CO_2$ 气体保护焊工艺特点

①焊接成本低。$CO_2$ 气体来源广、价格低，其综合成本大概是手工电弧焊的 1/2。

②生产效率高。$CO_2$ 气体保护焊使用较大的电流密度（200 A/mm$^2$ 左右），比手工电弧焊（10～20 A/mm$^2$ 左右）高得多，因此熔深比手弧焊高 2.2～3.8 倍，对 10 mm 以下的钢板可以不开坡口，对于厚板可以减少坡口加大钝边进行焊接，同时具有焊丝熔化快、不用清理熔渣等特点，效率可比手工电弧焊提高 2.5～4 倍。

③焊后变形小。$CO_2$ 气体保护焊的电弧热量集中，加热面积小，$CO_2$ 气流有冷却作用，

因此焊件焊后变形小,特别是薄板的焊接更为突出。

④抗锈能力强。$CO_2$ 气体保护焊和埋弧焊相比,具有较高的抗锈能力,所以焊前对焊件表面的清洁工作要求不高,可以节省生产中大量的辅助时间。

⑤由于 $CO_2$ 气体本身具有较强的氧化性,因此在焊接过程中会引起合金元素烧损,产生气孔和引起较强的飞溅,特别是飞溅问题。虽然从焊接电源、焊丝材料和焊接工艺上采取了一定的措施,但至今未能完全消除,这是 $CO_2$ 气体保护焊的明显不足之处。

Ⅱ. $CO_2$ 气体保护焊分类

$CO_2$ 气体保护焊按操作方法,可分为自动焊和半自动焊两种。对于较长的直线焊缝和规则的曲线焊缝,可采用自动焊;对于不规则的或较短的焊缝,则采用半自动焊,目前生产上应用最多的是半自动焊。

$CO_2$ 气体保护焊按照焊丝直径还可分为细丝焊和粗丝焊两种。细丝焊采用直径小于 1.6 mm 的焊丝,工艺上比较成熟,适宜于薄板焊接;粗丝焊采用的直径大于或等于 1.6 mm 的焊丝,适用于中厚板的焊接。

Ⅲ. $CO_2$ 气体保护焊应用范围

$CO_2$ 气体保护焊一般用于汽车、船舶、管道、机车车辆、集装箱、矿山及工程机械、电站设备、建筑等金属结构的焊接生产。$CO_2$ 气体保护焊可以焊接碳钢和低合金钢,并可以焊接从薄板到厚板不同的工件。采用细丝、短路过渡的方法可以焊接薄板;采用粗丝、射流过渡的方法可以焊接中厚板。$CO_2$ 气体保护焊可以进行全位置焊接,也可以进行平焊、横焊及其他空间位置的焊接。

4)气体保护焊的操作规范

①气体保护焊接时,焊接点必须防止强烈对流风的影响,以避免保护气体层受到干扰。

②由于气体保护焊接会产生有毒气体,焊接工作场地必须通风良好。

5)气体保护焊的特点

气体保护焊除具有一般手工电弧焊的安全特点以外,还要注意以下几点:

①气体保护焊电流密度大、弧光强、温度高,且在高温电弧和强烈紫外线作用下产生的高浓度有害气体,可高达手工电弧焊的 4 ~ 7 倍,所以要特别注意通风;

②引弧所用的高频振荡器会产生一定强度的电磁辐射,接触该辐射较多的焊工,会产生头昏、疲乏无力、心悸等症状;

③氩弧焊使用的钨极材料中的钍、铈等稀有金属带有放射性,尤其在修磨电极时形成放射性粉尘,接触较多容易造成各种焊工疾病。

(3)埋弧焊

埋弧焊(含埋弧堆焊及电渣堆焊等)是一种电弧在焊剂层下燃烧进行焊接的方法。它可以分为自动埋弧焊和半自动埋弧焊两种。引燃电弧、送丝、电弧沿焊接方向移动及焊接收尾等过程完全由机械来完成的称为自动埋弧焊;若电弧的移动是靠手工来完成,而焊丝的送进是自动的,则称为半自动埋弧焊。

1)埋弧焊的主要优点

Ⅰ. 生产效率高

一方面焊丝导电长度缩短,电流和电流密度提高,因此电弧的熔深和焊丝熔敷效率都大大提高(一般不开坡口单面一次熔深可达20 mm)。另一方面由于焊剂和熔渣的隔热作用,电弧基本没有热辐射散失，飞溅也少，虽然用于熔化焊剂的热量损耗有所增大，但总的热效率仍然大大增加。

Ⅱ. 焊缝质量高

熔渣隔绝空气的保护效果好，焊接参数可以通过自动调节保持稳定，对焊工技术水平要求不高，焊缝成分稳定，力学性能比较好。

Ⅲ. 劳动条件好

除了减轻手工焊操作的劳动强度外，它没有弧光辐射，这是埋弧焊的独特优点。

2）埋弧焊的应用范围

埋弧焊目前主要用于焊接各种钢板结构。可焊接的钢种包括碳素结构钢、不锈钢、耐热钢及其复合钢材等。埋弧焊在造船、锅炉、化工容器、桥梁、起重机械及冶金机械制造业中应用最为广泛。此外，用埋弧焊堆焊耐磨耐蚀合金或焊接镍基合金、铜合金也是较理想的。

3）埋弧焊的焊接过程

各种埋弧焊的焊接过程如图 3-56 所示。电弧引燃后，焊丝盘中的光焊丝（一般 $d=2\sim6$ mm）由机头上的滚轮带动，通过导电嘴不断送入电弧区；电弧则随着焊接小车的前进而匀速地向前移动；焊剂（相当于焊条药皮，透明颗粒状）从漏斗中流出撒在焊缝表面；电弧在焊剂层下的光焊丝和焊件之间燃烧，电弧的热量将焊丝、焊件边缘以及部分焊剂熔化，形成熔池和熔渣；最后得到受焊剂和渣壳保护的焊缝。大部分未熔化的焊剂可回收再用。

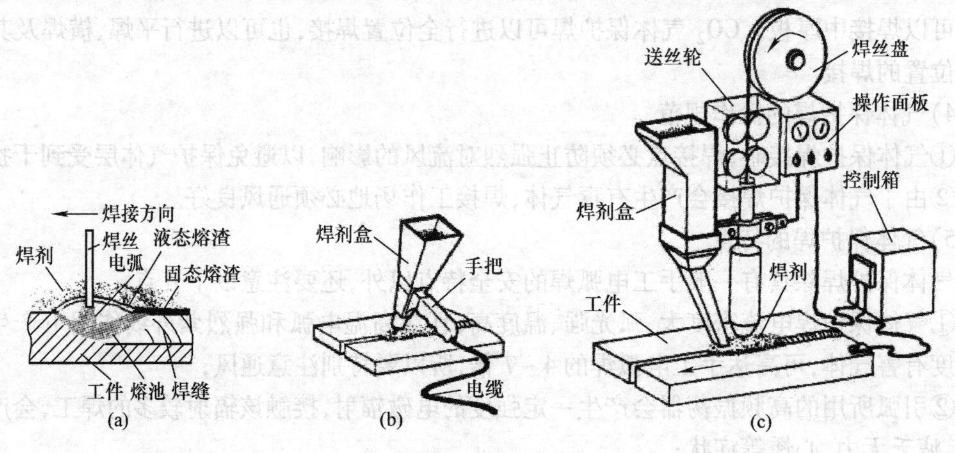


图 3-56　各种埋弧焊的焊接过程



## 知识链接 3　压焊

### 1. 电阻焊

电阻焊是将被焊工件压紧于两电极之间并施以电流，利用电流流经工件接触面及邻近区域产生的电阻热效应将其加热到熔化或塑性状态，使之形成金属结合的一种方法。电阻焊方法主要有点焊、缝焊、对焊三种。

（1）点焊

点焊（图 3-57）是将焊件装配成搭接接头，并压紧在两柱状电极之间，利用电阻热熔化母材金属，形成焊点的电阻焊方法。点焊主要用于薄板焊接。点焊的工艺过程：

①预压，保证工件接触良好；

②通电,在焊接处形成熔核及塑性环;

③断电锻压,使熔核在压力继续作用下冷却结晶,形成组织致密、无缩孔、无裂纹的焊点。

(2)缝焊

缝焊(图3-58)的过程与点焊相似,只是以旋转的圆盘状滚轮电极代替柱状电极,将焊件装配成搭接或对接接头,并置于两滚轮之间,滚轮加压焊件并转动,连续或断续送电,形成一条连续焊缝的电阻焊方法。缝焊主要用于焊接焊缝较为规则、要求密封的结构,板厚一般在3 mm以下。

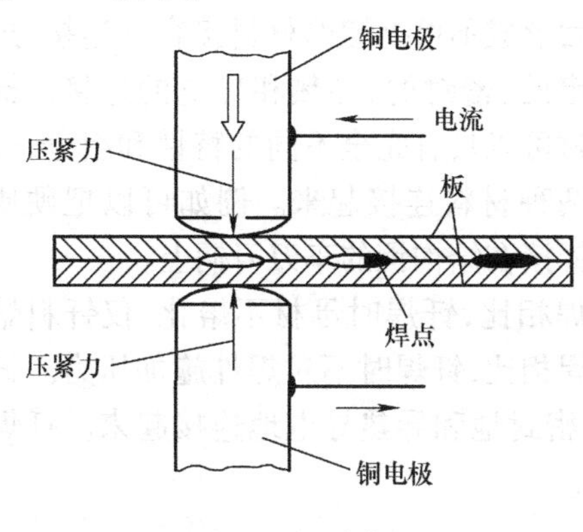


图3-57　点焊

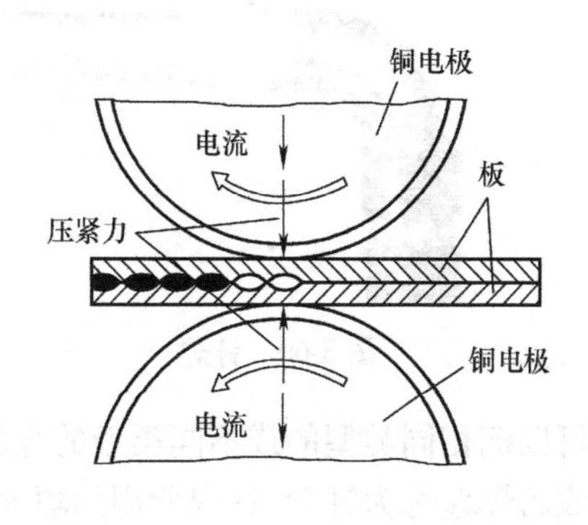


图3-58　缝焊

(3)对焊

对焊是使焊件沿整个接触面焊合的电阻焊方法。对焊包括电阻对焊和闪光对焊。

1)电阻对焊

电阻对焊是将焊件装配成对接接头,使其端面紧密接触,利用电阻热加热至塑性状态,然后断电并迅速施加顶锻力完成焊接的方法。

电阻对焊主要用于截面简单、直径或边长小于20 mm和强度要求不太高的焊件。

2)闪光对焊

闪光对焊是将焊件装配成对接接头,接通电源,使其端面逐渐靠近达到局部接触,利用电阻热加热这些接触点,在大电流作用下产生闪光,使端面金属熔化,直至端部在一定深度范围内达到预定温度时,断电并迅速施加顶锻力完成焊接的方法。

闪光对焊的接头质量比电阻对焊好,焊缝力学性能与母材相当,而且焊前不需要清理接头的预焊表面。闪光对焊常用于重要焊件的焊接,可焊接同种金属,也可焊接异种金属;可焊接0.01 mm的金属丝,也可焊接20 000 $mm^2$ 截面积的金属棒和型材。

**2. 摩擦焊**

摩擦焊(图3-59)是利用焊件表面相互摩擦所产生的热量,使端面达到热塑性状态,然后迅速顶锻完成焊接的一种压焊方法。摩擦焊具有以下特点:

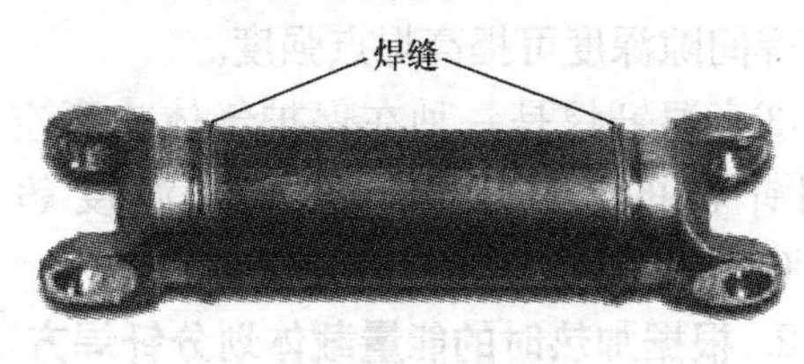


图3-59　摩擦焊

①由于摩擦,焊件接触表面的氧化膜和杂质被清除,使焊接接头组织致密,不产生气孔和夹渣等缺陷;

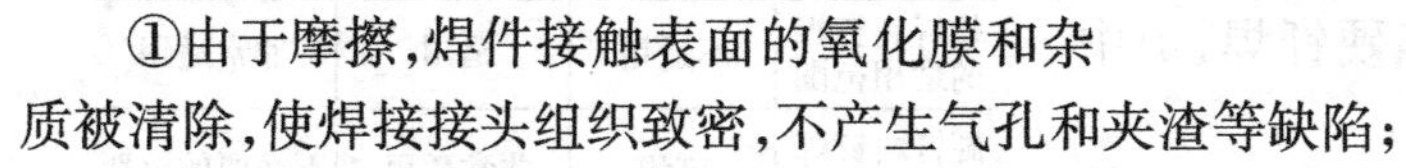

②既可焊同种金属,又适合于异种金属的焊接;

③生产效率高。

## 知识链接4　钎焊

钎焊(图3-60)是一种利用熔点比母材(被钎焊材料)熔点低的填充金属(称为钎料或焊料),在低于母材熔点、高于钎料熔点的温度下,利用液态钎料在母材表面润湿、铺展和在母材间隙中填缝,与母材相互熔解与扩散,而实现零件间的连接的焊接方法。

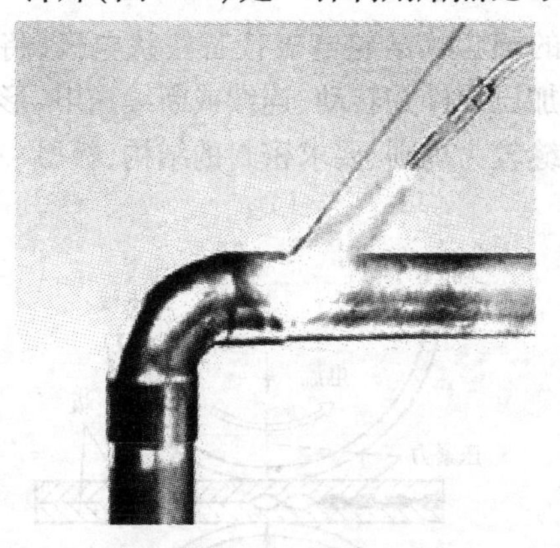

图3-60　钎焊

钎焊后形成不可拆卸的材料接合型连接,这是一种固定的、密封的、导热和导电的连接。被钎接的母材可以具有完全不同的特性和组分,通过钎接把两种材料连接起来。例如可以把硬质合金刀片钎接在结构钢的车刀刀柄上。

与熔焊相比,钎焊时母材不熔化,仅钎料熔化。与压焊相比,钎焊时不对焊件施加压力。钎焊可以把相同类型的或不同类型的金属材料固定地、密封地和导热导电地连接起来。钎焊形成的焊缝称为钎缝,钎焊所用的填充金属称为钎料。

### 1. 根据工作温度划分钎焊方法

根据工作温度划分钎焊方法见表3-5,焊点类型、焊点强度、钎焊间隙深度见表3-6。

表3-5　钎焊方法和工作温度

| 软钎料钎焊 | 硬钎料钎焊 | 高温钎焊 |
|---|---|---|
| 低于450 ℃使用钎剂 | 超过450 ℃使用钎剂,在保护气体或真空中进行 | 超过900 ℃,在保护气体或真空中进行 |

①软钎料钎焊的工作温度低于450 ℃。钎接连接要求密封或导电导热并对承载能力没有很高要求时,或待钎接零件材料属热敏感型时,一般采用软钎料钎焊。通过连接形状的造型还可以提高软钎料钎焊焊点的承载能力。

②硬钎料钎焊的工作温度超过450 ℃。硬钎焊连接可用作对焊结构,硬钎料钎焊时加大钎焊间隙深度可提高焊点强度。

③高温钎焊是一种在保护气体或真空中使用钎料的钎焊方法,其工作温度超过900 ℃。

表3-6　焊点类型、焊点强度、钎焊间隙深度

| 焊点类型 | 钎焊间隙深度小 | 加大钎焊间隙深度 | 用辅助方法提高强度 |
|---|---|---|---|
| 板材直焊缝 | 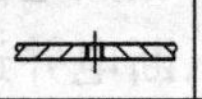 | 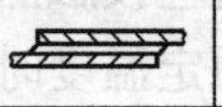 |  |
| 板材T形焊缝 | 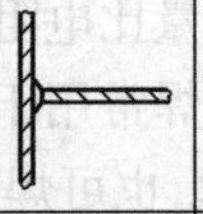 | 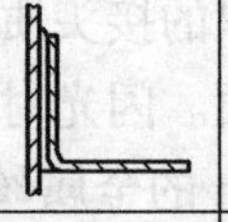 | 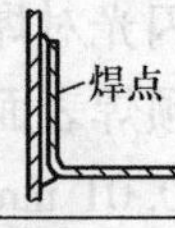 焊点 |
| 圆形零件与板材 | 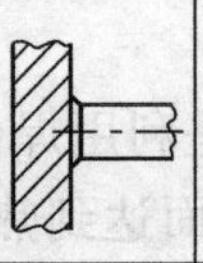 | 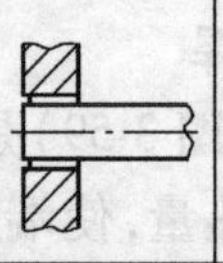 | 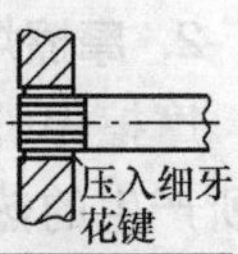 压入细牙花键 |
| 管的连接 | 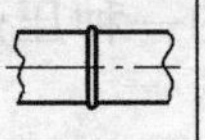 | 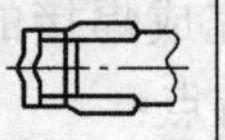 | 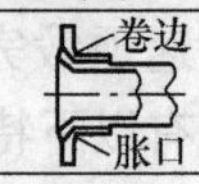 卷边<br>胀口 |
| 软钎料钎焊的适用范围 | 不适用 | 适用 | 非常适用 |
| 硬钎料钎焊的适用范围 | 可能 | 非常适用 | 不必要的浪费 |

### 2. 根据加热时的能量载体划分钎焊方法

①气体钎焊:包括气体火焰硬钎焊、炉中硬钎焊。

②固体钎焊:包括烙铁钎焊、金属块钎焊。

③液体钎焊:包括浸渍钎焊、浸液钎焊。

④射线钎焊:包括激光射线钎焊。

⑤电流钎焊:包括电阻加热钎焊、电感加热钎焊。

气体火焰硬钎焊(图3-61)时用气体火焰加热待钎接的零件,当焊点温度达到工作温度后才供给钎料。如果插入的是钎料成形件,加热的热能必须通过工件传导给钎料,否则将导致钎料温度过高。

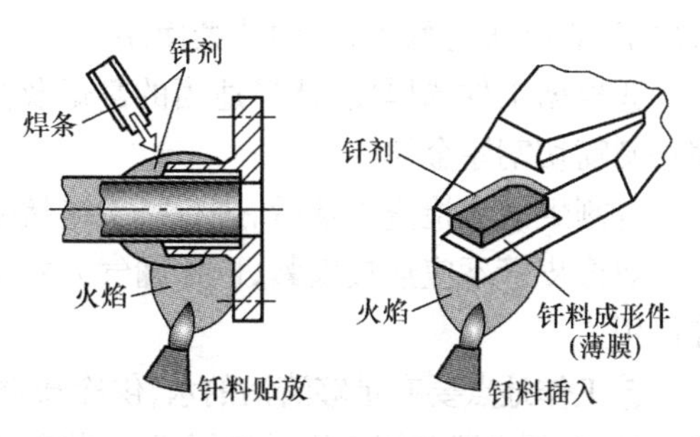

图3-61　气体火焰硬钎焊

烙铁钎焊时用烙铁加热工件焊点处。烙铁钎焊只适用于软钎料钎焊,烙铁可采用电或气体加热。可调温的钎焊烙铁特别适用于有长时间工作停顿的钎接或热敏感零件的钎接。钎焊烙铁的尖端由铜或铜合金制成,加热后的烙铁尖在钎接开始前必须清除表面的氧化皮,然后通过钎接添加物(如松香)均匀涂上焊锡。

## 知识链接5　气割

### 1. 气割的实质

气割是利用可燃气体燃烧时放出的热量将金属预热到燃点,使其在纯氧气流中燃烧,并利用高压氧气流将燃烧的氧化熔渣从切口中吹掉,从而达到分离金属的目的。

(1)气割的设备

气割设备与气焊设备基本相同,只是气割时用割炬(或称气割枪)代替焊炬。割炬是氧-乙炔火焰进行气割的主要工具。火焰中心喷嘴喷射切割氧气流对金属进行切割。割炬按预热火焰中氧气和乙炔的混合方式不同分为射吸式和等压式两种,其中以射吸式割炬的使用最为普遍。割炬按其用途又分为普通割炬、重型割炬以及焊割两用炬等。射吸式割炬的构造如图3-62所示。

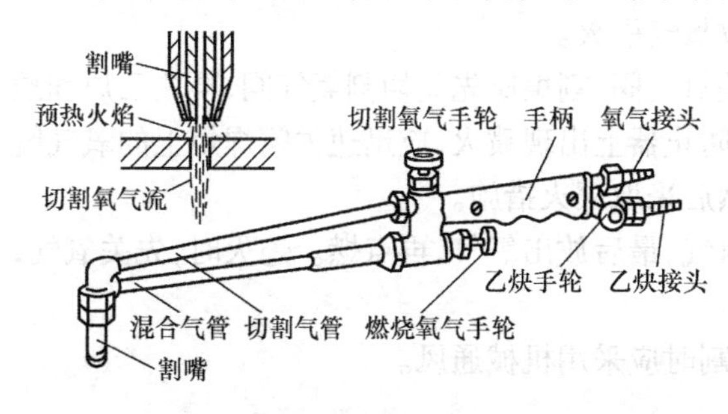

图3-62　射吸式割炬构造

(2)气割特点及应用范围

气割具有灵活方便、适应性强、设备简单、操作容易、生产效率高等优点,但对于金属材料的适用范围有一定限制。目前,气割主要用于切割各种碳钢和普通低合金钢,对于熔点低于燃点的铸铁、熔点与燃点接近的高碳钢不易气割,不锈钢、铜、铝等材料也难以切割。

气割特别适用于切割厚件、外形复杂件以及各种位置和不同形状的零件,如钢板下料、铸钢件的浇冒口和机器拆卸时的切割。

### 2. 气割操作工艺

(1)割炬操作

①使用前通透割嘴时须用铜丝或竹签,禁止用铁丝。

②使用前检查割炬的射吸能力。办法是:先接上氧气管,打开乙炔阀和氧气阀(此时乙炔管与割炬应脱开),用手指轻轻接触割炬上乙炔进气口处,如有吸力,说明射吸能力良好。接插乙炔管时,应先检查乙炔气流正常后方能接上。若没有吸力,甚至氧气从乙炔接头处倒流出来,必须进行修理,否则严禁使用。

③根据工件的厚度,选择适当的割炬及割嘴,避免使用大割嘴割炬切割较厚的金属,应用小割嘴切割厚金属。

④割炬射吸检查正常后,进行接头连接时必须与氧气橡皮管连接牢固,而乙炔进气接头与乙炔橡皮管不应连接太紧,以不漏气并容易接插为宜。对于老化和回火时烧损的皮管不准使用。

⑤工作地点要有足够清洁的水,供冷却割嘴用。当割炬由于强烈加热而发出"噼啪"的炸鸣声时,必须立即关闭乙炔供气阀门,并将割炬放入水中进行冷却。此时最好不关氧气阀。

⑥短时间休息时,必须把割炬的阀门闭紧,不准将割炬放在地上。较长时间休息或离开工作地点时,必须熄灭割炬,关闭气瓶球形阀,除去减压器的压力,放出管中余气,并停止供水,然后收拾软管和工具。

(2)割炬点燃操作规程

①点火前,急速开启割炬阀门,用氧气吹风,以检查喷嘴的出口,但不要对准脸部试"风",无"风"时不得使用。

②对于射吸式割炬,点火时应先微微开启割炬上的乙炔阀,然后送到灯芯或火柴上点燃,当冒黑烟时,立即打开氧气手轮调节火焰。若发现割炬不正常,点火并送氧后一旦发生回火,必须立即关闭氧气,防止回火爆炸或点火时发生鸣爆现象。

③使用乙炔切割机时,应先放乙炔气,再放氧气引火。

④使用氢气切割机时,应先放氢气,后放氧气引火。

⑤熄灭火焰时,焊炬应先关乙炔阀,再关氧气阀;割炬应先关切割氧气阀,再关乙炔和预热氧气阀门。当回火发生后,若胶管或回火防止器上出现喷火,应迅速关闭焊炬上的氧气阀和乙炔阀,再关上一级氧气阀和乙炔阀门,然后采取灭火措施。

⑥氧氢并用时,先放出乙炔气,再放出氢气,最后放出氧气,再点燃。熄灭时,先关氧气,后关氢气,最后关乙炔气。

⑦气割场地必须通风良好,在容器内气割时应采用机械通风。

## 知识链接6　焊接新技术简介



### 1. 等离子弧焊与切割

(1)等离子弧焊的概念

一般焊接电弧为自由电弧,电弧区只有部分气体被电离,温度不够集中。当自由电弧压缩成高能量密度的电弧,弧柱气体被充分电离,成为只含有正离子和负离子的状态时,即出现物质的第四态——等离子体。等离子弧具有高温(15000 ~ 30000 K)、高能量密度(480 kW/cm$^2$)和等离子流高速运动(最大可数倍于声速)等优点。

等离子弧焊(图3-63)有如下三种压缩效应。

1)机械压缩效应

在等离子枪中,当高频振荡引弧以后,气体电离形成的电弧通过焊嘴细小喷孔,受到喷嘴内壁的机械压缩。

2）热压缩效应

由于喷嘴内冷却水的作用，靠近喷嘴内壁处的气体温度和电离度急剧降低，迫使电弧电流只能从弧柱中心通过，使弧柱中心电流密度急剧增加，电弧截面进一步减小，这是对电弧的第二次压缩。

3）电磁收缩效应

因为弧柱电流密度大大提高而伴生的电磁收缩力使电弧得到第三次压缩。三次压缩效应使等离子弧直径仅有 3 mm 左右，而能量密度、温度及气流速度大为提高。

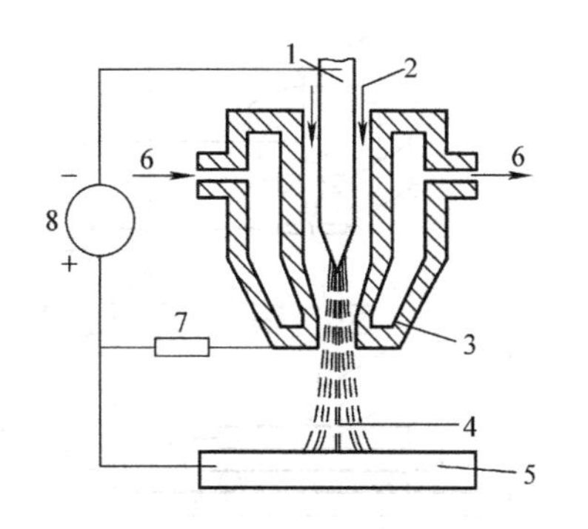


图 3-63　等离子弧焊

1—钨极；2—离子气；3—喷嘴；4—等离子弧；5—焊件；6—冷却水；7—电阻；8—直流电源

（2）等离子弧焊的特点

①能量密度大，温度梯度大，热影响区小，可焊接热敏感性强的材料或制造双金属件。

②电弧稳定性好，焊接速度高，可用穿透式焊接使焊缝一次双面成形，表面美观，生产效率高。

③气流喷速高，机械冲刷力大，可用于焊接大厚度工件或切割大厚度不锈钢、铝、铜、镁等合金。

④电弧电离充分，电流下限在 0.1 A 以下仍能稳定工作，适合于用微束等离子弧（0.2 ~ 30 A）焊接超薄板（0.01 ~ 2 mm），如膜盒、热电偶等。

**2. 真空电子束焊**

真空电子束焊（图 3-64）是利用定向高速运动的电子束流撞击工件使动能转化为热能而使工件熔化，形成焊缝的焊接方法。真空电子束焊的特点：

①在真空中进行焊接，焊缝纯净、光洁，呈镜面，无氧化等缺陷；

②电子束能量密度高达 108 W/cm$^2$，能把焊件金属迅速加热到很高温度，因而能熔化任何难熔金属与合金，熔深大，焊速高，热影响区极小，因此对接头性能影响小，接头基本无变形。

**3. 激光焊**

激光焊（图 3-65）是以聚焦的激光束作为能源轰击焊件所产生的热量进行焊接的方法。激光焊的特点：

①激光焊能量密度大，作用时间短，热影响区和变形小，可在大气中焊接，而不需气体保护或真空环境；

②激光束可用反光镜改变方向，焊接过程中不用电极去接触焊件，因而可以焊接一般电焊工艺难以焊到的部位；

③激光可对绝缘材料直接焊接，焊接异种金属材料比较容易，甚至能把金属与非金属焊在一起；

④功率较小，焊接厚度受一定限制。

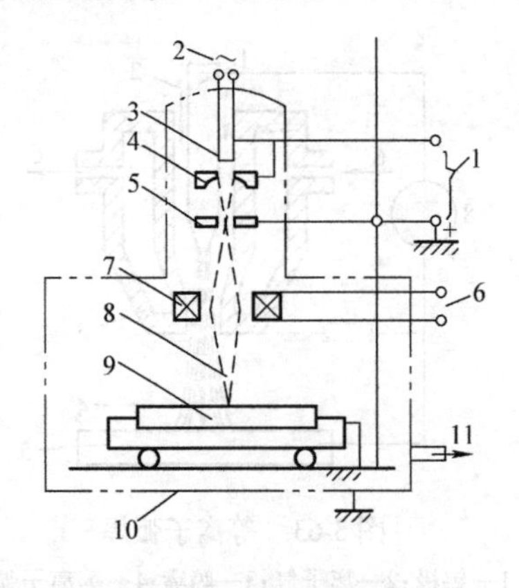


图 3-64　真空电子束焊

1—直流高压电源;2—交流电源;3—灯丝;4—阴极;
5—阳极;6—直流电源;7—聚焦装置;8—电子束;
9—焊件;10—真空室;11—排气装置

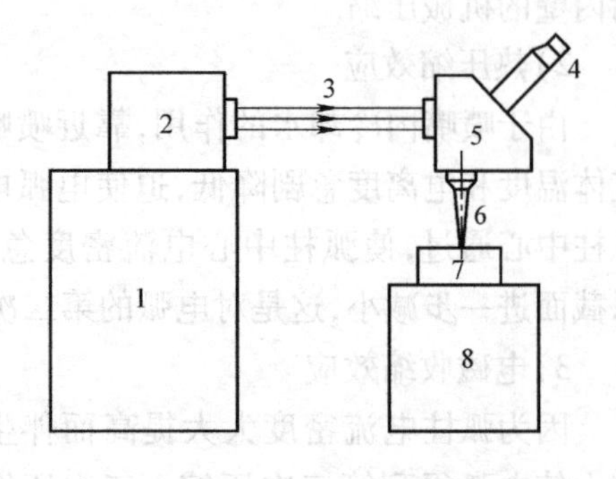


图 3-65　激光焊

1—电源;2—激光器;3—激光束;
4—观察器;5—聚焦系统;6—聚焦光束;
7—焊件;8—工作台

### 4. 超声波焊

超声波焊接是利用高频振动波传递到两个需焊接的金属表面,在加压的情况下,使两个金属表面相互摩擦而形成分子层之间的熔合的焊接方法。

*(1)超声波焊的优点*

①焊接材料不熔融,不削弱其金属力学性能。

②对焊接金属表面要求低,氧化表面或电镀表面均可焊接。

③焊接时间短,不需任何助焊剂、气体、焊料。

④焊接无火花,环保安全。

⑤快速、节能、熔合强度高、导电性好、无火花、接近冷态加工。

⑥可进行塑料焊接。

*(2)超声波焊的缺点*

焊接的金属件不能太厚(一般小于或等于 5 mm)、焊点不能太大、需要加压。

## 知识链接 7　焊接方法的选择及焊件缺陷与检验

### 1. 焊接方法的选择

一般主要根据焊接零件的应用范围以及需焊接的材料来选择适用的焊接方法,具体情况见表 3-7。

表 3-7　焊接方法的选择

| 焊接方法 | 缩写符号 | 识别代号 | 主要应用范围 | 可焊接材料 |
|---|---|---|---|---|
| 电弧焊 | E | 111 | 一般结构钢,建筑工地 | 所有的钢 |
| 熔化极惰性气体保护焊 | MIG | 131 | 厚的和特别薄的结构件 | 合金钢、有色金属 |
| 熔化极活性气体保护焊 | MAG | 135 | 一般结构钢,高熔点钢 | 钢 |
| 钨极惰性气体保护焊 | WIG | 141 | 较薄板材、航空和航天工业 | 所有的金属 |
| 等离子焊 | WP | 15 | 厚横截面、薄焊缝 | 钢,轻金属 |

续表

| 焊接方法 | 缩写符号 | 识别代号 | 主要应用范围 | 可焊接材料 |
| --- | --- | --- | --- | --- |
| 气体熔化焊 | G | 311 | 管道、安装现场、维修工作 | 非合金钢 |
| 激光射束焊 |  | 751 | 精密零件 | 所有的金属 |
| 点焊 | RP | 21 | 板材,汽车车身制造 | 钢、轻金属 |
| 摩擦焊 | FR | 42 | 旋转对称零件 | 金属、塑料 |

## 2. 焊件缺陷

与其他连接相比,焊接作为固定连接具有连接可靠、密封、操作简单、易于实现机械化等优点,但是不能完全代替其他方法,由于焊接接头处于局部不均匀的加热和冷却状态,导致焊件产生内应力引起变形和一些其他缺陷,最终引起多种事故的发生。

(1)焊件变形

焊件变形的基本形式有5种,如图3-66所示。

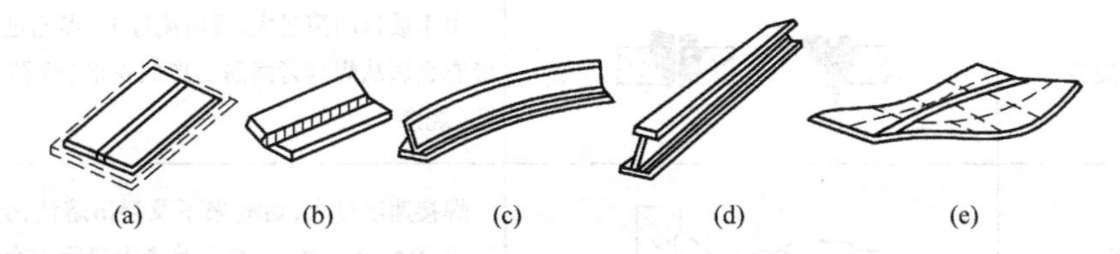


图3-66 焊件变形

(a)收缩变形;(b)角变形;(c)弯曲弯形;(d)扭曲变形;(e)波浪变形

①收缩变形:由于焊缝的纵向(沿焊缝方向)和横向(垂直于焊缝方向)收缩,引起焊缝的纵向收缩和横向收缩,如图3-66(a)所示。

②角变形:V形坡口对接焊,由于焊缝截面形状上下不对称,造成焊缝上下横向收缩量不均匀而引起角变形,如图3-66(b)所示。

③弯曲变形:焊T形梁时,因焊缝布置不对称,焊缝多的一面收缩量大,引起弯曲变形,如图3-66(c)所示。

④扭曲变形:工字梁焊接时,由于焊接顺序和焊接方向不合理引起扭曲变形,又称螺旋形变形,如图3-66(d)所示。

⑤波浪变形:这种变形容易发生在薄板焊接中,由于焊件收缩时薄板局部引起较大的压应力而失去稳定,焊后使构件呈波浪形,如图3-66(e)所示。

(2)预防焊件变形的工艺措施

①反变形法:通过试验或计算,预先确定焊后可能发生变形的大小和方向,将工件安装在相反方向的位置上,或预先使焊接工件向相反方向变形,以抵消焊后焊件所发生的变形。

②加余量法:根据经验在工件下料尺寸上加一定余量,通常为0.1%~0.2%,以弥补焊后的收缩变形。

③刚性固定法:当焊件刚性较小时,可采用刚性固定法,以减小焊件变形,但易产生较大的焊接应力。

④合理安排焊接顺序法:焊接顺序应尽量保证焊缝冷却后的收缩能自由进行,不受周边

冷金属的阻碍。否则在焊缝密集交叉处，易产生裂纹。长焊缝可采用逐步退焊法、跳焊法、分中逐步退焊法和分中对称焊法等。

⑤强制冷却法：强行带走焊缝处热量，以减少焊性变形。

⑥预热缓冷法：焊前预热，焊后缓冷，通过减少温差，以减少焊件变形。

### 3. 其他焊件缺陷

焊件缺陷的存在将直接影响产品结构的安全使用。焊缝质量的好坏是影响使用可靠性的根本原因。在焊缝形成过程中，如果选材不妥、工艺操作不当，也会使焊件产生一些除变形外的其他缺陷，见表3-8。

表3-8 其他焊件缺陷

| 缺陷名称 | 缺陷特征 | 产生原因 |
|---|---|---|
| 咬边 |  | 焊缝边缘与母材交界处被电弧熔化后，没有得到液态金属的补充而形成的凹坑 |
| 焊漏与烧穿 | 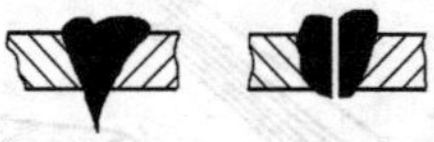 | 由于坡口间隙过大，或电流过大、焊速过小，焊接时液态金属从焊缝背面漏出形成疙瘩（焊漏）或形成穿孔（烧穿） |
| 夹渣 | 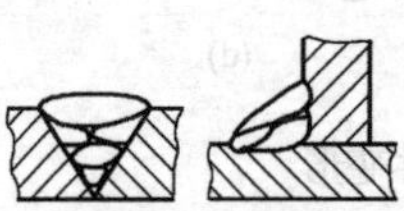 | 焊接速度过大，熔渣来不及浮出熔池，会在焊缝中形成夹渣；多层焊时，各层熔渣未清除干净，也容易形成夹渣 |
| 未焊透 | 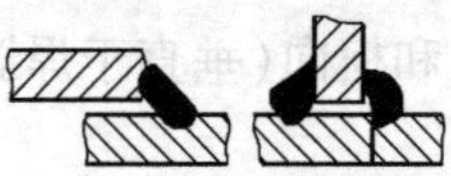 | 焊接速度过大、焊接电流过小或接头间隙过窄，造成接头根部未完全焊透。未焊透会减少焊缝金属的承载面积，并易形成应力集中，引起开裂 |
| 气孔 |  | 熔池凝固时，熔池中的气体未能逸出，会在焊缝中形成气孔。焊件表面不干净，焊条潮湿，焊接速度过大，焊接材料中碳、硅含量较高，易产生气孔 |
| 裂纹 | 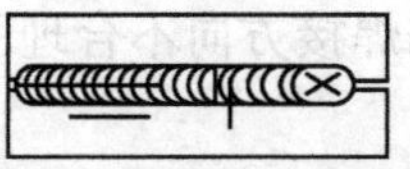 | 热裂纹是因为焊缝金属中含有较多的硫，冷裂纹是因为焊缝中含有较多的磷和氢 |



### 4. 焊接连接的检验

焊接连接的质量不仅取决于所使用的焊接设备和材料，还取决于焊工的专业技能和可靠程度。钢结构制造业、管道制造业、机床制造业、核工业、交通制造业和航空航天工业等行业，都对焊接质量提出很高要求，常常必须通过特殊检验手段进行检验。

无损检验主要有颜色渗入法、磁粉法、超声波检验法和X光检验法。

如果必须验证机械强度数值或鉴定焊缝构成，则需要进行损伤性焊缝检验（图3-67）。属于损伤性检验的还有通过弯曲折断焊接样品，从断裂组织中辨认出未熔合缺陷或焊渣夹杂物（图3-68）。

对于必须进行验收的焊接结构件，只允许由考核合格的焊工实施焊接。

图 3-67　损伤性焊缝检验

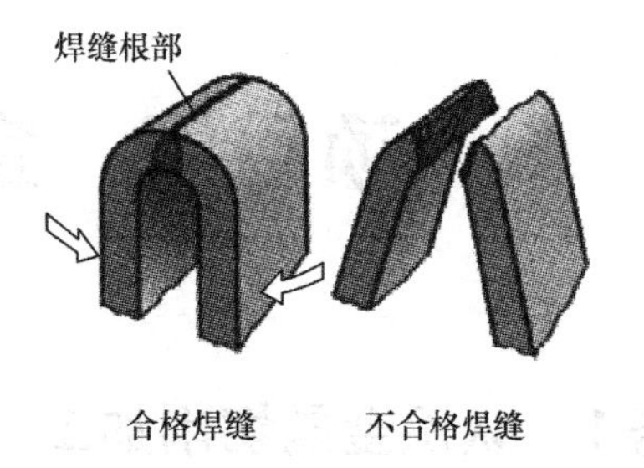

图 3-68　弯曲折断焊接样品检验

## 本项目复习题

①简述砂型铸造和特种铸造的特点及各自应用范围。
②铸造成形的浇注系统由哪几部分组成,其功能是什么?
③铸造成形件有哪些常见质量缺陷?
④简述锻造工艺的种类,各自的优缺点和适用范围。
⑤简述其他塑性变形加工方法的种类、特点和适用范围。
⑥板料加工技术过程中冲裁凸、凹模和拉深凸、凹模有何不同。
⑦手工电弧焊用焊条的选用原则是什么?
⑧焊接应力产生的根本原因是什么?减少和消除焊接应力的措施有哪些?
⑨焊接用焊条药皮由哪几部分组成,其作用是什么?
⑩简述碱性焊条和酸性焊条的性能和用途。
⑪焊件的常见质量缺陷有哪些?有哪些质量检测方法?
⑫简述焊接新技术的种类,各自的优缺点和适用范围。

# 项目四　金属切削基础知识

## 任务1　认识金属切削加工

### 知识链接1　金属切削加工基本概念

**1. 切削概述**

切削加工是用切削工具从毛坯上切去多余的部分，获得几何形状、尺寸和表面结构等方面符合图纸要求的零件的过程。

切削加工分为机械加工和钳工两部分。

①机械加工(简称机工)：指利用机械对各种工件进行加工的方法，通常是通过工人操作机床进行的。机械加工又可分为两类：一类是利用刀具进行加工，另一类是用磨料进行加工，如图4-1所示。

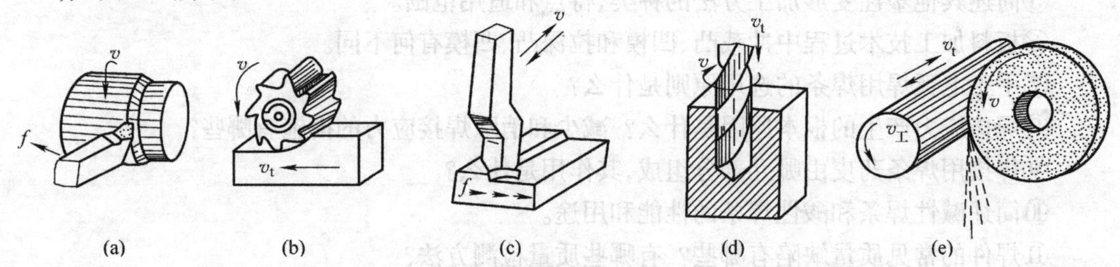


图4-1　各种切削加工的方法

(a)车削；(b)铣削；(c)刨削；(d)钻削；(e)磨削

②钳工：一般是由工人手持工具进行的切削加工，其工作内容主要包括划线、錾削、锯削、锉削、刮削、钻孔和铰孔、攻螺纹和套螺纹等，机械装配和修理一般也属钳工范围。

**2. 表面成型原理及方法**

(1)工件表面成形原理

机械零件的表面形状千变万化，但大都是由几种常见的表面组合而成的。这些表面包括平面、圆柱面、圆锥面、球面、螺旋面、圆环面以及成形曲面等，如图4-2所示。由这些表面组成各种类型的零件，如图4-3所示。

(2)常见的工件表面成形方法

切削加工中，工件表面是由工件与刀具之间的相对运动和刀具切削刃的形状共同实现的。相同的表面，切削刃不同，工件和刀具之间的相对运动也不相同，这是形成各种加工方法的基础。常见工件表面的成形方法有轨迹法、成形法、展成法等，如图4-4所示。

①轨迹法：指刀具切削刃与工件表面之间为近似点接触，通过刀具与工件之间的相对运动，由刀具刀尖的运动轨迹来实现表面的成形。

②成形法：指刀具切削刃与工件表面之间为线接触，切削刃的形状与成形工件表面的一条发生线完全相同，工件表面的另一条发生线则由刀具与工件的相对运动来实现。

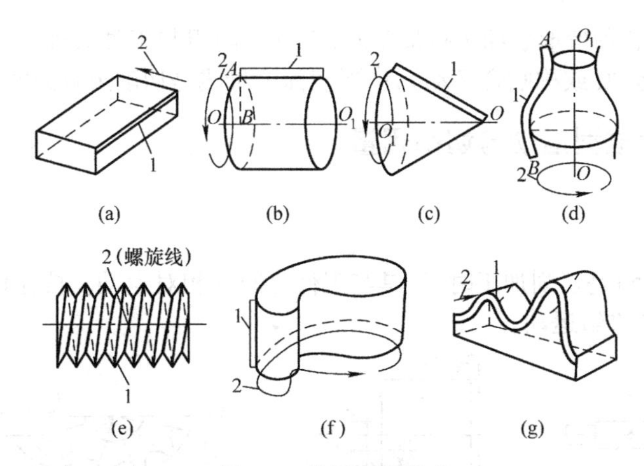


图 4-2　常见表面类型

(a)平面;(b)圆柱面;(c)圆锥面;(d)回转曲面;(e)螺旋面;(f)封闭曲面;(g)敞开曲面

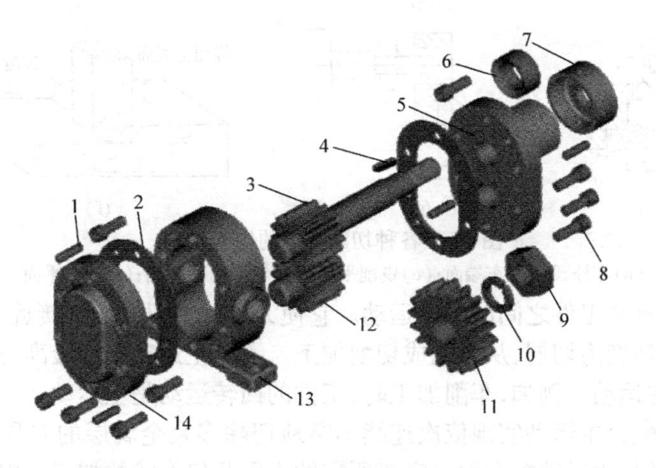


图 4-3　常见零件类型

1—销;2—垫片;3—传动齿轮轴;4—键;5—右端盖;6—轴套;7—压紧螺母;

8—螺钉;9—螺母;10—垫圈;11—传动齿轮;12—齿轮轴;13—泵体;14—左端盖

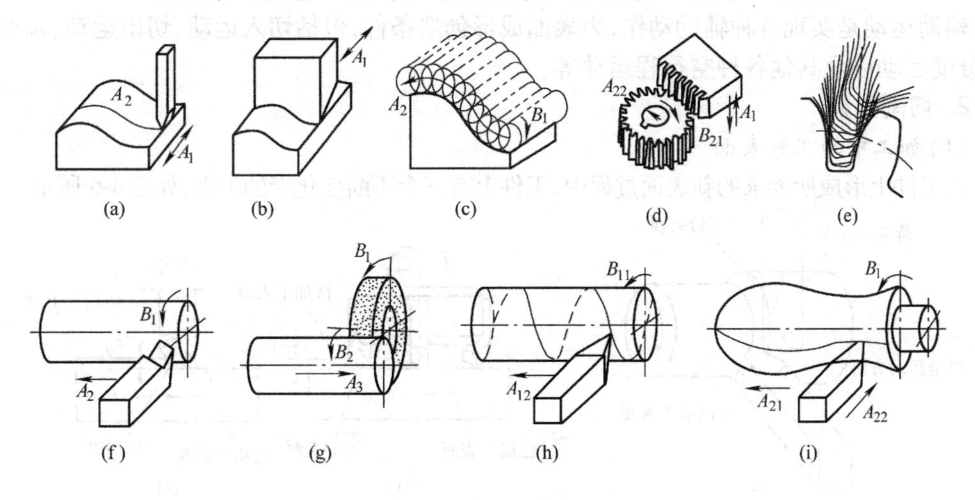


图 4-4　常见成形方法

(a)轨迹法;(b)成形法;(c),(d),(e)展成法;(f)、(g)、(h)、(i)轨迹法

③展成法：指对各种齿形表面进行加工时，刀具切削刃与工件表面之间为线接触，刀具与工件之间作展成运动（或称啮合运动），齿形表面的母线是切削刃各瞬时位置的包络线。

## 知识链接2　表面成型运动与切削用量

### 1. 表面成形运动

（1）切削运动

切削运动（图4-5）是切削加工时，刀具与工件之间的相对运动。按作用情况不同，切削运动可分为主运动和进给运动。

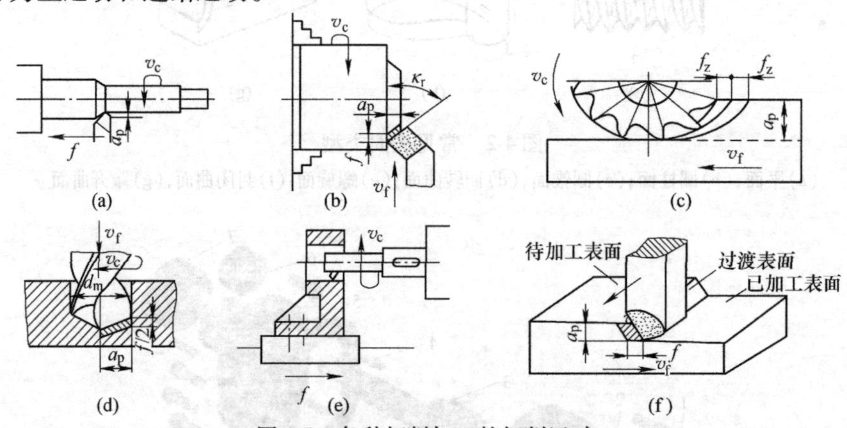


图4-5　各种切削加工的切削运动

（a）车外圆；（b）车端面；（c）铣削平面；（d）钻孔；（e）镗孔；（f）刨削平面

①主运动：刀具与工件之间的相对运动。它使刀具的前刀面能够接近工件，切除工件上的被切削层，使之转变为切屑，从而完成切削加工。一般主运动速度最高、消耗功率最大，因此通常只有一个主运动。例如，车削加工时，工件的回转运动是主运动。

②进给运动：配合主运动实现依次连续不断地切除多余金属层的刀具与工件之间的相对运动。进给运动与主运动配合即可完成所需的表面几何形状的加工。根据工件表面形状成形的需要，进给运动可以是多个，也可以是一个；可以是连续的，也可以是间歇的。

（2）辅助运动

辅助运动是实现各种辅助动作，为表面成形创造条件，包括切入运动、切出运动、调整运动、分度运动以及其他各种空行程运动等。

### 2. 切削要素

（1）加工中的工件表面



在工件上形成所要求的新表面过程中，工件上有三个不断变化着的表面，如图4-6所示。

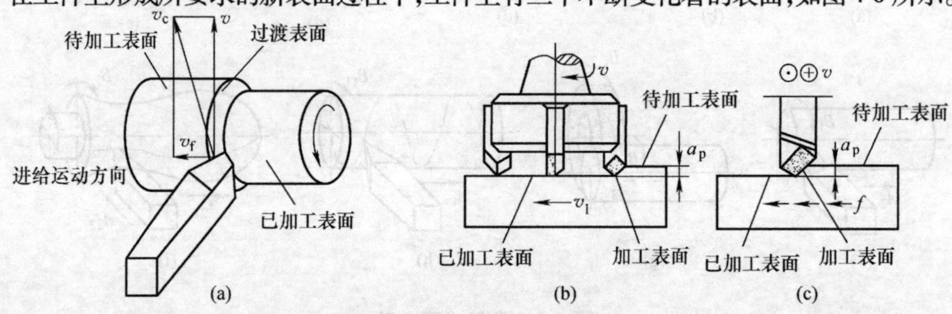


图4-6　切削时工件上的表面

（a）三个表面；（b）铣削时三个表面；（c）刨削时三个表面

①已加工表面:工件上经刀具切削后产生的表面。

②待加工表面:工件上有待切除的表面。

③过渡表面:工件上由切削刃形成的那部分表面。

(2)切削用量三要素

切削用量三要素是指切削速度、进给量和背吃刀量的总称,如图 4-7 所示。

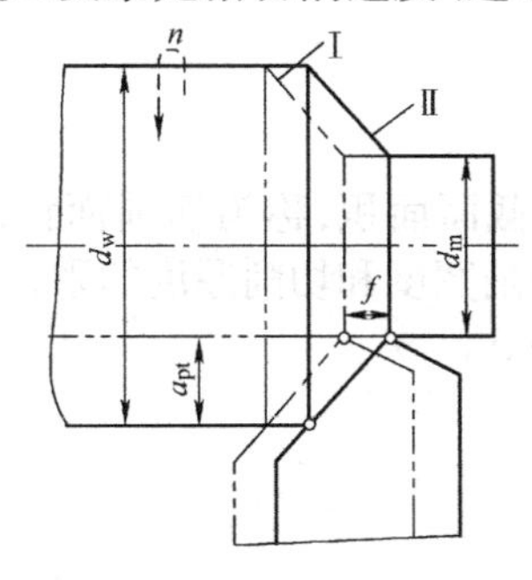


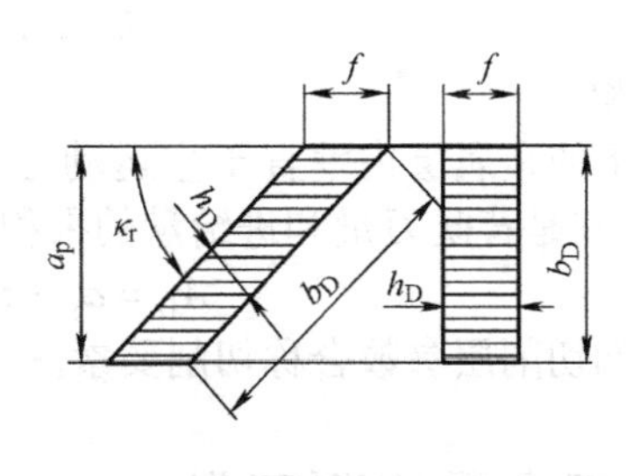


图 4-7 切削用量和切削层参数

1)切削速度($v_c$)

切削速度是指切削加工时,刀刃上选定点在工件的主运动方向上相对于工件的瞬时速度,单位是 m/s(m/min)。

大多数切削加工的主运动采用回转运动,其切削速度

$$v_c = \pi dn/1\ 000$$

式中:$d$ ——工件或刀具上某一点的回转直径(mm);

$n$ ——工件或刀具的转速(r/s 或 r/min)。

由于切削刃上各点相对于工件的旋转半径不同,因而刀刃上各点的切削速度也不同,在计算时应取最大的切削速度。

2)进给量($f$)

进给量是工件或刀具每回转一周时两者沿进给运动方向的相对位移,单位是 mm/r。进给速度($v_f$)是单位时间内的进给量,单位是 mm/s(mm/min)。

车削时进给速度

$$v_f = n \cdot f$$

3)背吃刀量($a_p$)

背吃刀量为工件上已加工表面和待加工表面间的垂直距离,单位为 mm。

外圆柱表面车削的背吃刀量

$$a_p = (d_w - d_m)/2$$

式中:$d_w$ ——待加工表面直径(mm);

$d_m$ ——已加工表面直径(mm)。

(3)切削层参数

切削层是指工件上正被切削刃切削的一层材料,即两个相邻加工表面之间的那层材料。仍以外圆车削为例,切削层就是工件每转一周,切削刃所切下的那层材料。

切削层参数一般在垂直于切削速度的平面内观察和度量,它包括切削厚度、切削宽度和切削面积,如图 4-7 所示。

1)切削厚度

垂直于加工表面度量的切削层尺寸,称为切削厚度,以 $h_D$ 表示。它是刀具或工件每移

动一个进给量 $f$，刀具主切削刃相邻两个位置间的垂直距离。在外圆车削时切削厚度

$$h_D = f \cdot \sin \kappa_r$$

式中：$\kappa_r$——车刀主切削刃与工件轴线之间的夹角。

2）切削宽度

沿加工表面度量的切削层尺寸，称为切削宽度，以 $b_D$ 表示。它是刀具主切削刃与工件实际接触的长度。在外圆车削时切削宽度

$$b_D = a_p / \sin \kappa_r$$

3）切削面积

工件被切下的金属层在垂直于主运动方向上的截面面积，称为切削面积，以 $A_D$ 表示。对于车削来说，它是背吃刀量和进给量的乘积或是切削宽度和切削厚度的乘积，即

$$A_D = a_p \cdot f = b_D \cdot h_D$$

切削用量和切削层参数合称切削要素。

## 任务2　认识金属切削刀具

### 知识链接1　刀具性能与刀具材料

#### 1. 刀具应具备的基本性能

刀具切削部分在强烈摩擦、高压、高温下工作，应具备以下的基本性能。

①高硬度和高耐磨性：常温硬度应在 60 HRC 以上，能抵抗切削过程中的磨损，维持一定的切削时间。

②足够的强度和韧性：用来承受切削力、冲击和振动。

③较高的耐热性（又称为红硬性或热硬性）：即在高温下仍能保持较高硬度的性能。

④较好的工艺性和经济性：以便于制造各种刀具。

#### 2. 常用刀具材料

目前切削加工常用的刀具材料有碳素工具钢、合金工具钢、高速钢、硬质合金等。碳素工具钢和合金工具钢因耐热性较差，仅用于手工刀具及切削速度较低的刀具。生产实际中用得最多的材料是高速钢和硬质合金。

（1）高速钢

高速钢是在碳素工具钢中加入了较多的钨、钼、铬、钒等合金元素所构成的高合金工具钢。其强度和冲击韧性较好，具有一定的硬度和耐磨性，刃磨后切削刃锋利，耐热性在 600～700 ℃。按照用途的不同，高速钢可分为通用型高速钢和高性能高速钢。在工厂中，高速钢亦被称为“风钢”或“锋钢”，磨光的高速钢亦被称为“白钢”。我国最常用的高速钢牌号有 W18Cr4V、W6Mo5Cr4V2、9W18Cr4V、W6Mo5Cr4V3 等。

（2）硬质合金

硬质合金是用高硬度、高熔点的金属碳化物的粉末和金属黏结剂在高压下成形后，在高温下烧结而成的粉末冶金材料。其硬度、耐磨性、耐热性都很高，许用切削速度远远超过高速钢，加工效率高，能切削诸如淬火钢一类的硬材料，因而被广泛用作刀具材料。国际标准（ISO）将切削用硬质合金分为 P、K、M 三类。

P 类相当于我国原钨钛钴类，主要成分为 WC + TiC + Co，代号为 YT。YT 类硬质合金适用于加工塑性材料，如钢料等。加工该类材料时，摩擦严重，切削温度高。YT 类硬质合金具有较高的硬度和耐磨性，尤其具有高的耐热性，在高速切削钢料时，刀具磨损小，刀具耐用度高；低速切削时，因韧性差、易崩刃，不如 YG 类硬质合金好。

K类相当于我国原钨钴类，主要成分为WC + Co，代号为YG。YG类硬质合金主要用于加工铸铁、有色金属及非金属材料。切削上述材料时，呈崩碎切屑，切削热、切削力集中在刀尖附近，冲击力大。由于YG类硬质合金抗弯强度、冲击韧度好，故可减少崩刃。它又具有较好的导热性，切削热传出快，可降低刀尖温度。但它的耐热性差，不宜采用较高的切削速度。YG类硬质合金韧性和可磨削性好，可磨出较锐利的切削刃。

M类相当于我国原钨钛钽钴类通用合金，主要成分为WC + TiC + TaC(NbC) + Co，代号为YW。YW类硬质合金综合性能较好，除可加工铸铁、有色金属和钢料外，主要用于加工耐热钢、高锰钢、不锈钢等难加工材料。

**3. 其他新型刀具材料简介**

(1)陶瓷

陶瓷主要有两大类，即氧化铝($Al_2O_3$)基陶瓷和氮化硅($Si_3N_4$)基陶瓷。陶瓷刀具有很高的硬度(HRA91～95)和耐磨性、耐热性，在1 200 ℃时仍保持HRA80；化学稳定性好，与钢不易亲和，抗黏结、抗扩散能力较强；具有较低的摩擦系数；加工表面的质量较好；但抗弯强度低、韧度差、抗冲击性能差。主要用于高速精加工和半精加工冷硬铸铁、淬硬钢等。

(2)金刚石

金刚石分天然和人造两种，都是碳的同素异形体。天然金刚石由于价格昂贵用得很少。人造金刚石是在高温高压下由石墨转化而成的，其硬度接近于10 000 HV，故可用于高速精加工有色金属及合金、非金属硬脆材料。它不适合加工铁族材料，因为高温时极易氧化、碳化，与铁发生化学反应，刀具极易损坏。目前主要用作磨具和磨料。

(3)立方氮化硼

立方氮化硼CBN是由六方氮化硼在合成金刚石的相同条件下加入催化剂转变而成的。其硬度高达8 000～9 000 HV，耐磨性好，耐热性好(高达1 400 ℃)。主要用于对高温合金、冷硬铸铁进行半精加工和精加工。

## 知识链接2　刀具角度

**1. 刀具的组成**

切削刀具的种类很多，形状多种多样(图4-8)，但其结构有共性。外圆车刀是最基本、最典型的刀具，由刀杆和刀头组成。刀杆是刀具上的夹持部分，刀头则是形成刀具的切削部分。刀具切削部分的结构(图4-9)要素定义如下。

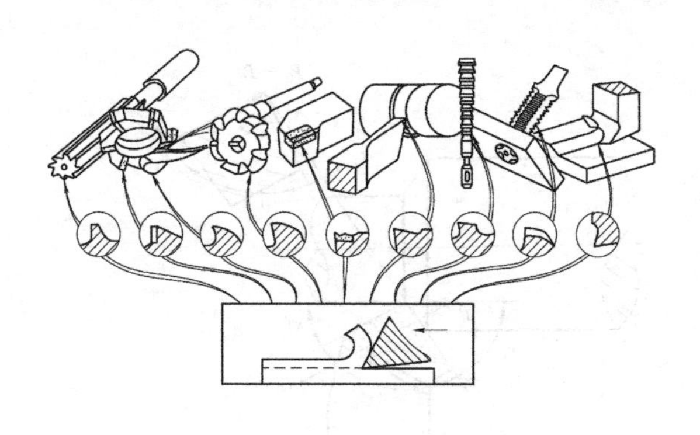

图4-8　各种刀具切削部分形状

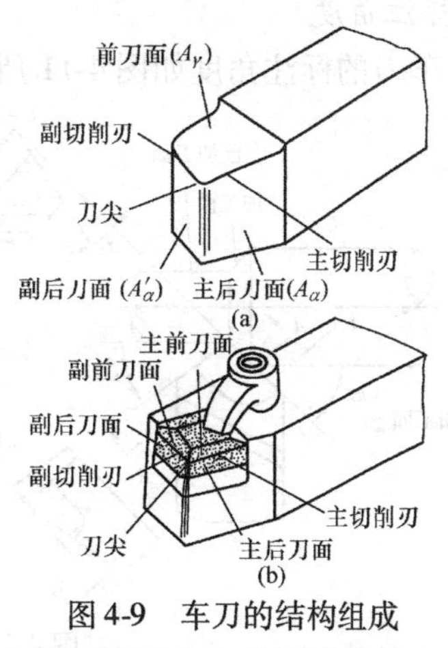


图4-9　车刀的结构组成

(a)整体式车刀；(b)机夹式车刀

①前刀面:切削时直接作用于被切削金属层且切屑沿其排出的刀面。

②后刀面:同工件上的过渡表面相互作用和相对着的刀面。与过渡表面相对的刀面是主后刀面,与工件上已加工表面相对的刀面是副后刀面。

③切削刃:前刀面上直接进行切削的边锋,有主切削刃和副切削刃之分。

④刀尖:可以是主、副切削刃的实际交点,也可以是主、副两条切削刃连接起来的一小段过渡刃,它可以是圆弧,也可以是直线。

**2. 刀具角度**

在设计和制造刀具时图样上标注的角度和刃磨刀具时测量的角度统称为刀具的标注角度。下面仅以外圆车刀的标注角度为例作介绍。

(1)正交平面参考系

车刀的各个刀面在空间是倾斜相交的,为了确定上述刀面和切削刃的空间位置,首先要建立起由三个辅助平面组成的坐标参考系并以它为基准,用角度值来反映刀面和切削刃的空间位置。

正交平面参考系的三个坐标平面为基面、切削平面和正交平面,如图 4-10 所示。

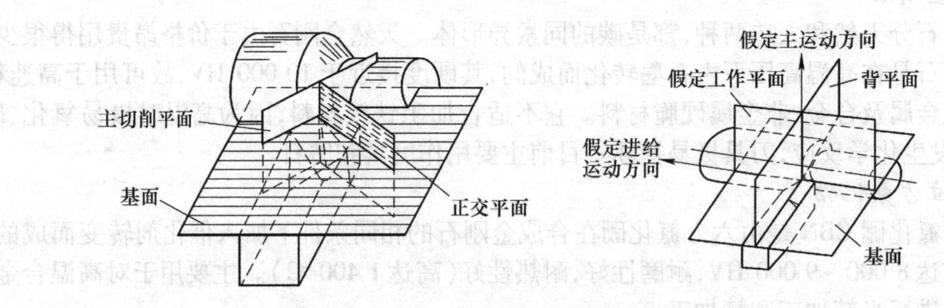


图 4-10 正交平面参考系刀具的辅助平面

①基面:通过主切削刃上一点,垂直于假定主运动方向的平面。

②切削平面:通过主切削刃上一点,也与该点所在的过渡表面相切并垂直于基面的平面。

③正交平面:通过主切削刃上一点,同时垂直于基面和切削平面的平面。

这三个辅助平面互相垂直。

(2)标注角度

外圆车刀的标注角度如图 4-11 所示。

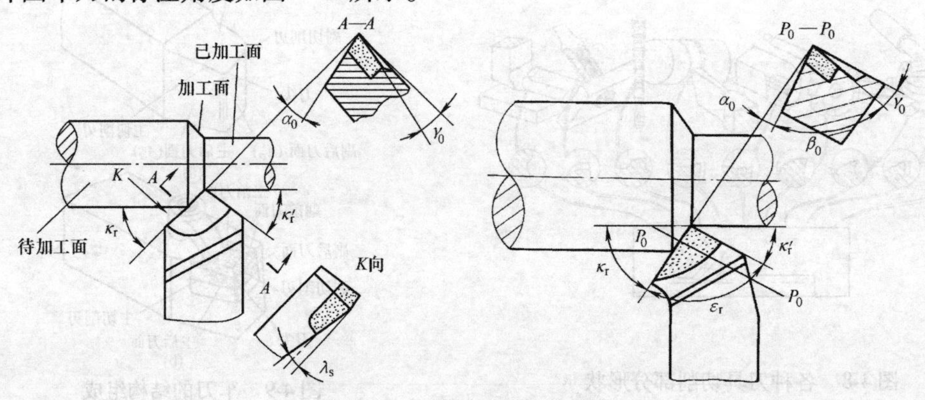


图 4-11 外圆车刀的标注角度

①前角 $\gamma_0$：在正交平面中，前刀面与基面的夹角。

②后角 $\alpha_0$：在正交平面中，主后刀面与切削平面的夹角。

③主偏角 $\kappa_r$：在基面上，主切削刃的投影与进给方向的夹角。

④副偏角 $\kappa_r'$：在基面上，副切削刃的投影与进给反方向的夹角。

⑤刃倾角 $\lambda_s$：在切削平面中，主切削刃与基面的夹角。

(3)标注角度的功用与选择

1)前角

前角 $\gamma_0$ 对切削的难易程度有很大影响。增大前角能使刀刃变得锋利，使切削更为轻快，并减小切削力和切削热。但前角过大，刀刃和刀尖的强度下降，刀具导热体积减小，影响刀具使用寿命。前角的大小对表面结构、排屑和断屑等也有一定影响。因此前角的选用应在刀具强度许可条件下，尽可能选用大的值。工件材料的强度、硬度低，前角应选得大些，反之小些；刀具材料韧性好，如高速钢，前角可选得大些，反之应选得小些；精加工时，前角可选得大些，粗加工时前角应选得小些。

2)后角

后角 $\alpha_0$ 的主要功用是减小后刀面与工件间的摩擦和后刀面的磨损，其大小对刀具耐用度和加工表面质量都有很大影响。后角同时又影响刀具的强度。后角的选用原则是：粗加工以确保刀具强度为主，可选取 4°～6°；精加工以加工表面质量为主，可选取 8°～12°。一般，切削厚度越大，刀具后角越小；工件材料越软、塑性越大，后角越大；工艺系统刚性较差时，应适当减小后角。

3)主偏角

主偏角 $\kappa_r$ 的大小影响切削条件(切削宽度和切削厚度的比例)和刀具寿命。在工艺系统刚性很好时，减小主偏角可提高刀具耐用度，所以主偏角宜取小值；在工件刚性较差时，为避免工件的变形和振动，应选用较大的主偏角。

4)副偏角

副偏角 $\kappa_r'$ 的大小影响加工表面结构和刀具强度。其作用是可减小副切削刃和副后刀面与工件已加工表面之间的摩擦，防止切削振动。因此副偏角的大小主要根据表面结构的要求选取。通常在不产生摩擦和振动条件下，应选取较小的副偏角。

5)刃倾角

刃倾角 $\lambda_s$ 主要影响刀头的强度和切屑流动的方向，有正负之分，刀尖位于切削刃的最高点时定为“+”，反之为负“-”。刃倾角 $\lambda_s$ 的选用主要根据刀具强度、切屑流向(图4-12)和加工条件而定。粗加工时，为提高刀具强度，刃倾角取负值，切屑流向已加工表面；精加工时，为不使切屑划伤已加工表面，刃倾角常取正值或零，切屑流向待加工表面。

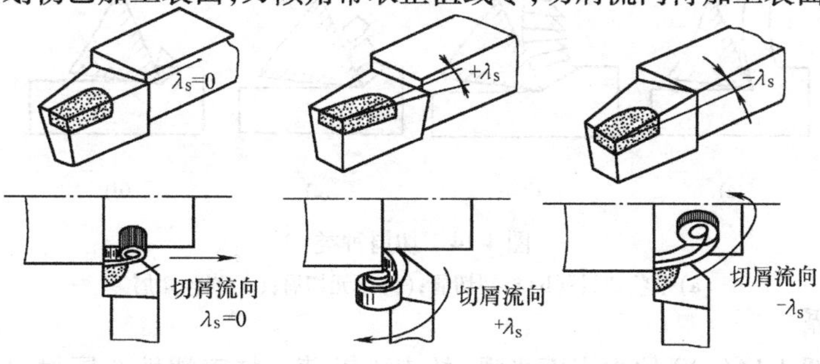


图4-12　刃倾角对切屑流向的影响

在实际切削加工时，由于车刀装夹位置和进给运动的影响，确定刀具角度坐标平面的位置将发生变化，使得刀具实际切削时的角度值与其标注角度值不同，这里就不再赘述。

# 任务3　认识金属切削过程中的物理现象

## 知识链接1　切削变形与切屑

### 1. 切削变形

金属的切削过程与金属的挤压过程很相似。金属材料受到刀具的作用以后，开始产生弹性变形；随着刀具继续切入，金属内部的应力、应变继续加大，当达到材料的屈服点时，开始产生塑性变形，并使金属晶格产生滑移；刀具再继续前进，应力进而达到材料的断裂强度，便会产生挤裂。

大量的试验和理论分析证明，塑性金属切削过程中切屑的形成过程就是切削层金属的变形过程。切削层的金属变形大致划分为三个变形区，如图4-13所示。

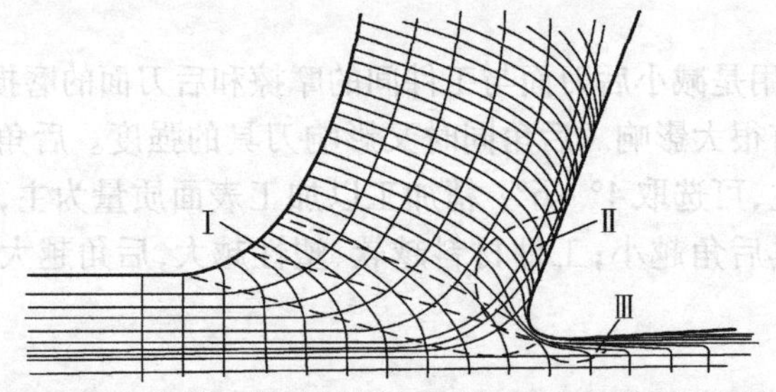


图4-13　金属切削过程中的流线与三个变形区示意图

①第Ⅰ变形区（基本变形区）。

②第Ⅱ变形区（摩擦变形区）：经过第Ⅰ变形区后，形成的切屑要沿前刀面方向排出，还必须克服刀具前刀面对切屑挤压而产生的摩擦力，此时将产生挤压摩擦变形。应该指出，第Ⅰ变形区与第Ⅱ变形区是相互关联的。前刀面上的摩擦力大时，切屑排出不顺，挤压变形加剧，以致第Ⅰ变形区的剪切滑移变形增大。

③第Ⅲ变形区（已加工表面变形区）：已加工表面受到切削刃钝圆部分和后刀面的挤压摩擦，造成纤维化和加工硬化。

### 2. 切屑的类型及其分类

由于工件材料不同，切削过程中的变形程度也就不同，因而产生的切屑种类也多种多样，如图4-14所示。

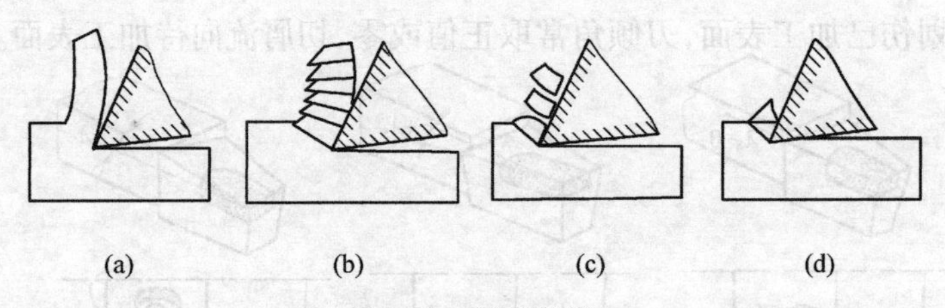


图4-14　切屑种类

(a)带状切屑；(b)挤裂切屑；(c)单元切屑；(d)崩碎切屑

(1)带状切屑

带状切屑（图4-14(a)）的内表面光滑，外表面毛茸。加工塑性金属材料（如碳素钢、合金钢、铜和铝合金)，当切削厚度较小、切削速度较高、刀具前角较大时，一般常得到这类切屑。它的切削过程平稳，切削力波动较小，已加工表面的质量较好。

(2)挤裂切屑

挤裂切屑(图4-14(b))与带状切屑不同之处在于外表面呈锯齿形、内表面有时有裂纹。这种切屑大多在切削速度较低、切削厚度较大、刀具前角较小时产生。

(3)单元切屑

如果在挤裂切屑的剪切面上，裂纹扩展到整个面上，则整个单元被切离，成为梯形的单元切屑(图4-14(c))。用很低的速度切削钢时可得到这类切屑。

以上三种切屑只有在加工塑性材料时才可能得到。其中，带状切屑的切削过程最平稳，单元切屑的切削力波动最大。在生产中最常见的是带状切屑，有时得到挤裂切屑，单元切屑则很少见。

(4)崩碎切屑

崩碎切屑(图4-14(d))是脆性材料(如铸铁、黄铜等)的切屑。这种切屑的形状是不规则的，加工表面凸凹不平。由于它的切削过程很不平稳，容易破坏刀具，也有损于机床，已加工表面又粗糙，因此在生产中应力求避免。从切削过程来看，这种切屑在破裂前变形很小，与塑性材料的切屑形成机理不同。

以上是四种典型的切屑，但加工现场获得的切屑形状是多种多样的，如图4-15所示。认识各类切屑形成的规律，就可以主动控制切屑的形成，使其向着有利于生产的方向转化。如在加工塑性金属材料时，在挤裂切屑状态下，增大切削速度和刀具前角，减小切屑厚度，则切屑会向带状切屑转变，使切削过程平稳，已加工表面结构参数值减小；反之，减小切削速度和刀具前角，增大切屑厚度，则切屑会向单元切屑转变。在加工脆性材料时，切屑与刀具前刀面的接触长度短，切削力集中于刀刃附近，易造成崩刃，且切削振动大，影响加工质量。可采取提高切削速度、减小切屑厚度和增大刀具前角的方法，使切屑向针状屑、片状屑转变，以减小切削振动。

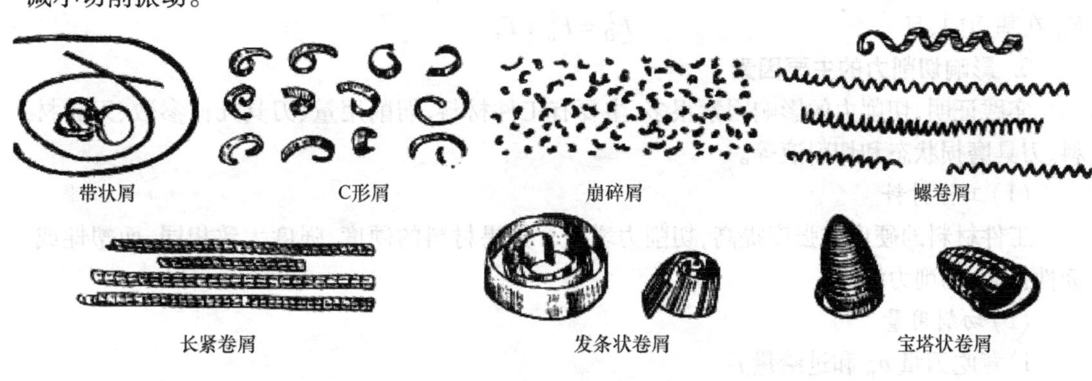


图4-15　实际切屑的各种形状

## 知识链接2　切削力与切削功率

### 1. 切削力的来源

如图4-16(a)所示，金属切削时，刀具与工件之间的相互作用称为切削力。切削力来源于两个方面：克服被加工材料对弹性变形、塑性变形的抗力；克服切屑对前刀面的摩擦力和刀具后刀面对过渡表面与已加工表面之间的摩擦力。

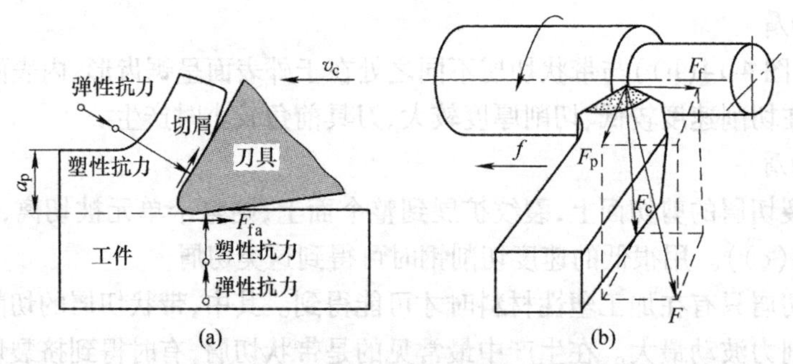


图 4-16　切削力的来源及合成和分解

(a)切削力的来源；(b)切削力的合成和分解

**2. 切削力的分解**

为了实际应用，切削力 $F$ 可分解为相互垂直的 $F_c$、$F_p$ 和 $F_f$ 三个分力，如图 4-16(b)所示。在车削时：

①主切削力 $F_c$(或切向力)，垂直于基面且与切削主运动速度方向一致，$F_c$ 是计算车刀强度、设计机床零件、确定机床功率所必需的；

②进给抗力 $F_f$(轴向力或走刀力)，是处于基面内，并与工件轴线平行、与走刀方向相反的力，$F_f$ 是设计进给(走刀)机构、计算车刀进给功率所必需的；

③背向力 $F_p$(径向力或吃刀力)，是处于基面内，并与工件轴线垂直的力，$F_p$ 用来确定与工件加工精度有关的工件挠度，计算机床零件和车刀强度，并与工件在切削过程中产生的振动有关。

由图 4-16(b)可知：

$$F^2 = F_c^2 + F_p^2 + F_f^2 \qquad F_p = F_D \cos \kappa_r \qquad F_f = F_D \sin \kappa_r$$

$F_D$ 在基面内，且

$$F_D^2 = F_p^2 + F_f^2$$

**3. 影响切削力的主要因素**

实践证明，切削力的影响因素很多，主要有工件材料、切削用量、刀具几何参数、刀具材料、刀具磨损状态和切削液等。

(1)工件材料

工件材料的硬度或强度提高，切削力增大。如果材料的硬度、强度大致相同，而塑性或韧性提高，切削力增大。

(2)切削用量

1)背吃刀量 $a_p$ 和进给量 $f$

背吃刀量 $a_p$ 和进给量 $f$ 增大，切削层面积增大，变形抗力和摩擦力增大，切削力增大。由于背吃刀量对切削力的影响比进给量对切削力的影响大，所以在实践中，当需切除一定量的金属层时，为了提高生产效率，采用大进给切削比大切深切削既省力又省功率。

2)切削速度 $v_c$

加工塑性金属时，切削速度 $v_c$ 对切削力的影响规律如同对切削变形影响一样，它们都是通过积屑瘤与摩擦的作用造成的(以车削 45 钢为例，见图 4-17)。切削脆性金属时，因为变形和摩擦均较小，故切削速度改变时切削力变化不大。

3）刀具几何角度

刀具角度中，对切削力影响较大的是前角和主偏角。

前角增大，变形减小，切削力减小。

主偏角对背向力和进给力的影响较为明显。当主偏角增大时，进给力增大，而背向力则会减小，这对防止工件弯曲变形是有利的。

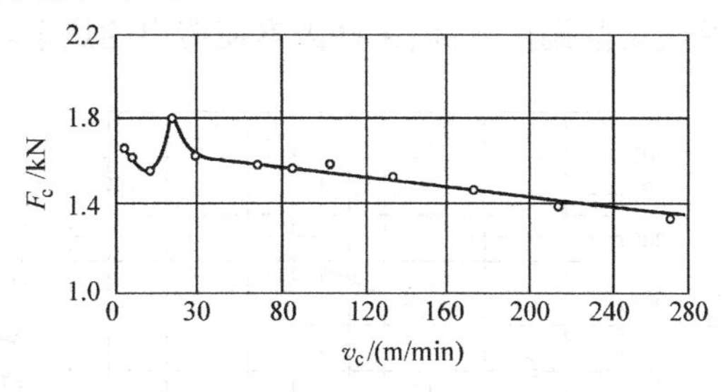


图 4-17　切削速度对切削力的影响

（4）切削液

合理使用切削液，可以减小材料的变形和摩擦，使切削力减小。

**4. 切削功率**

（1）单位切削力

单位切削力 $p$ 是指切除单位切削层面积所产生的主切削力。单位切削力可查阅相关手册得到，利用单位切削力来计算主切削力 $F_c$ 较为直观。

（2）切削功率 $P_m$

消耗在切削过程中的功率，称为切削功率，以 $P_m$（国标为 $P_o$）表示。切削功率为主切削力 $F_c$ 和进给抗力 $F_f$ 所消耗的功率之和，因为背向力 $F_p$ 方向没有位移，所以不消耗功率。

## 知识链接 3　切削热与切削液

切削热与切削温度是切削过程中产生的又一重要物理现象。切削时做的功，可转化为等量的热。切削热除少量散失到周围介质中，其余均传入刀具、切屑和工件中，并使它们温度升高，引起工件变形，加速刀具磨损。因此，研究切削热与切削温度具有重要的实用意义。

**1. 切削热的产生和传导**

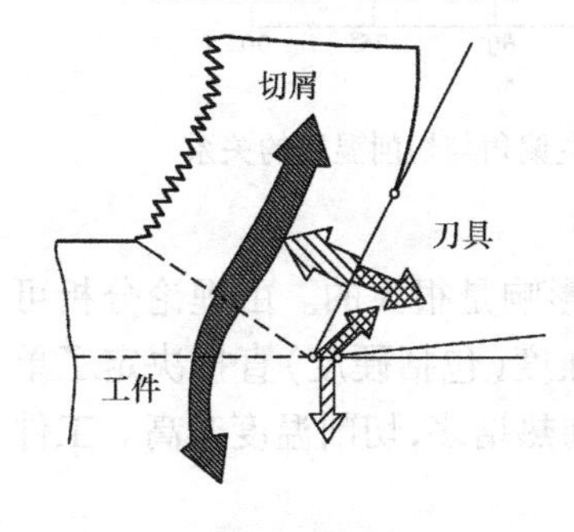


图 4-18　切削热的产生和传导

切削热是由切削功转变而来的，如图 4-18 所示，其中包括剪切区变形功形成的热、切屑与前刀面摩擦功形成的热、已加工表面与后刀面摩擦功形成的热。因此，切削时共有三个发热区域，即剪切面、切屑与前刀面接触区、已加工表面与后刀面接触区。切削热的来源就是切屑变形功和前、后刀面的摩擦功。

切削塑性金属时，切削热主要由剪切区变形热和前刀面摩擦热形成；切削脆性金属时，与后刀面摩擦热占的比例较多。

**2. 切削温度对工件、刀具和切削过程的影响**

切削温度是指切削区域的平均温度。切削温度高是刀具磨损的主要原因，它将限制生产效率的提高；切削温度还会使加工精度降低，使已加工表面产生残余应力以及其他缺陷。

**3. 影响切削温度的主要因素**

根据理论分析和大量的试验研究可知，切削温度主要受切削用量、刀具几何参数、工件材料、刀具磨损和切削液的影响。分析各因素对切削温度的影响，主要应从这些因素对单位时间内产生的热量和传出的热量的影响入手。如果产生的热量大于传出的热量，则这些因素将使切削温度升高；某些因素使传出的热量增大，则这些因素将使切削温度降低。

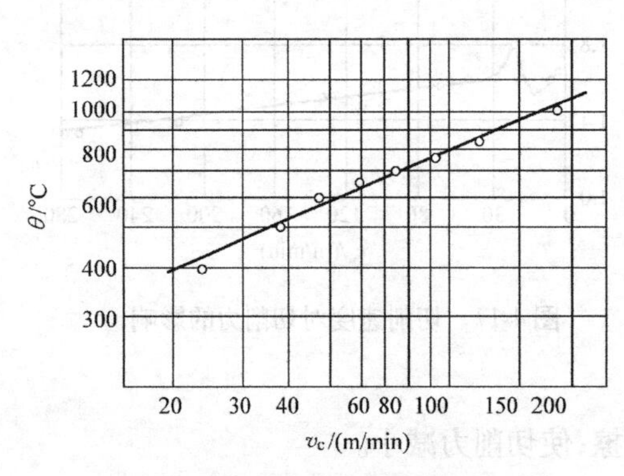


图 4-19 切削速度对切削温度的影响

(1) 切削用量

通过测温试验可以找出切削用量对切削温度的影响规律。切削速度对切削温度影响最大，随切削速度的提高，切削温度迅速上升，如图 4-19 所示；进给量对切削温度影响次之；背吃刀量 $a_p$ 变化时，散热面积和产生的热量亦相应变化，故 $a_p$ 对切削温度的影响很小。

(2) 刀具几何参数

切削温度随前角 $\gamma_0$ 的增大而降低。这是因为前角增大时，单位切削力下降，使产生的切削热减少，如图 4-20 所示。但前角大于 18°后，对切削温度的影响减小，这是因为楔角变小而使散热面积减小的缘故。

主偏角 $\kappa_r$ 减小时，使切削宽度 $b_D$ 增大，切削厚度 $h_D$ 减小，因此切削变形和摩擦增大，切削温度升高。但当切削宽度 $b_D$ 增大后，散热条件改善。由于散热起主要作用，故随着主偏角 $\kappa_r$ 减小，切削温度下降，如图 4-21 所示。

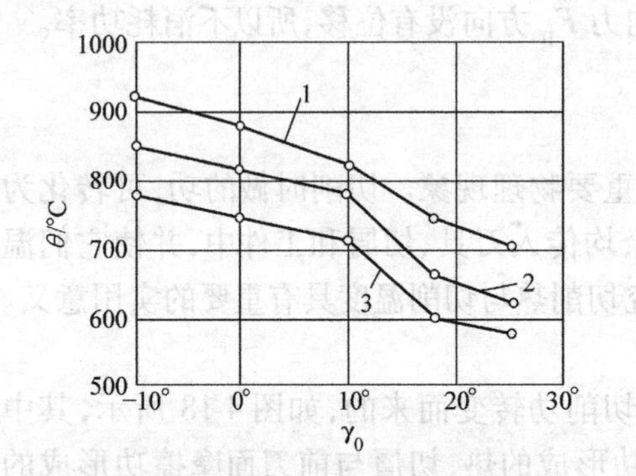


图 4-20 前角与切削温度的关系

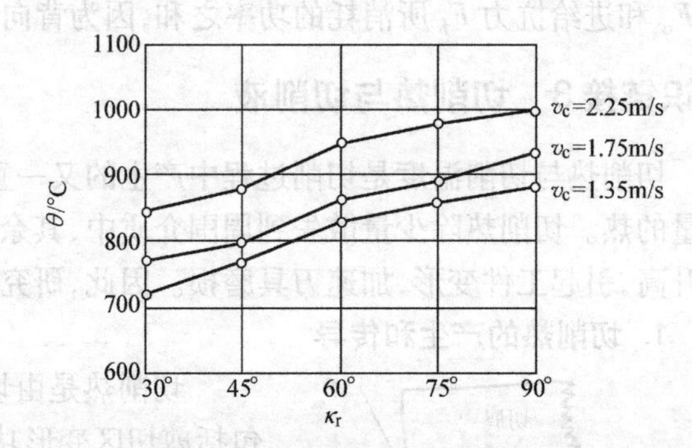


图 4-21 主偏角与切削温度的关系

(3) 工件材料

工件材料的强度（包括硬度）和导热系数对切削温度的影响是很大的。由理论分析可知，单位切削力是影响切削温度的重要因素，而工件材料的强度（包括硬度）直接决定了单位切削力，所以工件材料强度（包括硬度）增大时，产生的切削热增多，切削温度升高。工件材料的导热系数直接影响切削热的导出。

(4) 刀具磨损

在后刀面的磨损值达到一定数值后，对切削温度的影响增大；切削速度愈高，影响就愈显著。合金钢的强度大，导热系数小，所以切削合金钢时刀具磨损对切削温度的影响，就比切削碳素钢时大。

(5) 切削液

切削液对切削温度的影响，与切削液的导热性能、比热、流量、浇注方式以及本身的温度有很大的关系。从导热性能来看，油类切削液不如乳化液，乳化液不如水基切削液。

4. 切削液

(1)切削液的作用

①冷却作用:传导切削热,并使切削热对流和汽化,从而降低切削区温度。

②润滑作用:切削液渗透到刀具与切屑、工件表面之间形成润滑膜,具有物理吸附和化学吸附作用。

③清洗和防锈作用:冲走细屑或磨粒;在切削液中添加防锈剂,可起防锈作用。

(2)常用切削液及其选用

①水溶液:以水为主要成分并加入防锈添加剂的切削液,主要起冷却作用。

②切削油:主要是矿物油,少数采用动植物油或矿物油与动植物油混合的复合油,主要起润滑作用。

③乳化液:由水和油混合而成的液体。生产中的乳化液是由乳化剂(蓖麻油、油酸或松脂)加水配置而成。浓度低的乳化液含水多,主要起冷却作用,适于粗加工;浓度高的乳化液含水少,主要起润滑作用,适于精加工。

## 知识链接4　已加工表面质量

已加工表面质量包括表面结构和表层材质变化(加工硬化、残余应力等)两方面内容。表面质量对零件的耐磨性、耐腐蚀性和疲劳强度等性能及使用寿命有很大的影响,对在高速、重载或高温条件下工作的零件影响尤其显著。

1. 表面结构

零件表面上一些微小峰谷的高低程度称为表面结构,也称为微观不平度,通常以轮廓算术平均偏差 $Ra$ 表示。它是衡量零件加工质量的主要标志之一。

影响已加工表面的表面结构的因素有如下几种。

(1)残留面积

切削加工时,工件被切削层中总有一小部分材料未被切除而残留在已加工表面上,使表面粗糙。如车削外圆时,工件转一周,车刀沿进给方向移动 $f$,由图 4-22 可知,在工件被切削层截面上尚有 $\triangle ABC$ 部分未被切除,残留在已加工表面上。通常称 $\triangle ABC$ 部分的面积为残留面积。如图 4-22 所示,它的高度直接影响表面结构参数值的大小。

由此可见,减小进给量,减小刀具主偏角、副偏角,或增大刀尖圆弧半径,都会使残留部分高度减小,从而减小表面结构参数值。但是切削加工后的实际轮廓,与上述纯几何因素所形成的轮廓相比,往往有很大差距,只是在高速切削塑性材料时才比较接近。这是因为在切削过程中存在不稳定因素,会影响表面结构。

(2)积屑瘤

在切削速度不高而又能形成连续性切屑的情况下,加工一般钢料或其他塑性材料时,因为切屑的底层滞留,常在前刀面切削处黏结着一块呈三角形截面的硬块——积屑瘤,如图 4-23 所示。积屑瘤的硬度很高,通常是工件材料的 2 ~ 3 倍;在相对稳定时,能够代替刀刃进行切削,在粗加工时对刀具有保护作用。但是积屑瘤的轮廓很不规则,伸出刀刃的长度又不一致,会将已加工表面划出沟痕;部分脱落的积屑瘤碎片还会粘在已加工表面上,形成鳞片状毛刺。这些都会使表面结构参数值增大,不利于精加工。

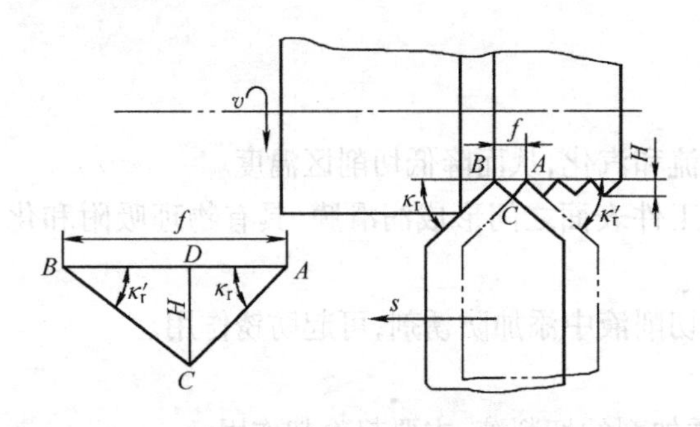


图 4-22　切削时的残留面积

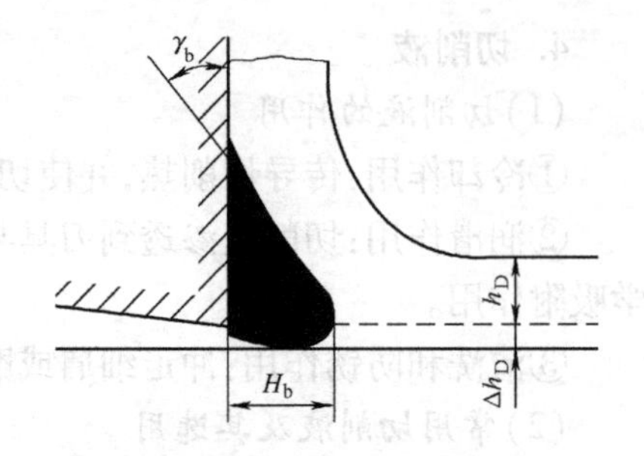


图 4-23　切削时的积屑瘤

(3)鳞刺

鳞刺就是在已加工表面上出现的鳞片状毛刺。在较低及中等切削速度下,用高速钢、硬质合金刀具切削低碳钢、中碳钢、铬钢、不锈钢、铝合金等塑性材料时,在已加工表面上往往会出现鳞刺,这在刀具钝化后更为严重。鳞刺的出现使已加工表面的表面结构参数值增大。

(4)振动波纹

振动造成了刀具和工件间的附加相对位移,会使已加工表面出现周期性的纵横向波纹。产生振动的主要原因有机床、工件、夹具和刀具系统的刚性不足以及切削力不稳定(切削时断时续,余量不均匀)等。

此外,还有一些其他原因,如刀具的边界磨损,将已加工表面划出沟痕,排屑不良而擦伤已加工表面等,都会增大表面结构参数值。

**2. 表层材质变化**

(1)加工硬化

在切削过程中,刀刃并非绝对锋利,工件表层材料会受到刀刃和后刀面的挤压和摩擦而产生塑性变形,其硬度显著提高,这种现象称为加工硬化。已加工表面除了上述因塑性变形而强化外,还受到切削温度的影响。切削温度低于 $A_{c1}$ 点时将使金属弱化,更高的温度将引起相变。因此,已加工表面的硬度就是这种强化、弱化和相变作用的综合结果。在切削加工时,塑性变形一般起主要作用,已加工表面出现硬化;硬化层深度为 0.02～0.03 mm,表层硬度为工件材料的 1.2～2.0 倍。但在磨削加工时,温度起主要作用,若温度过高引起淬硬表面退火,已加工表面则出现软化。

(2)残余应力

表层加工硬化的同时,常伴随着残余应力和微观裂纹。表层残余应力产生的原因是多方面的,有切削力和塑性变形引起的,有切削热引起的,还有相变引起的,三者综合决定残余应力的性质、大小和分布。可能在外表层产生拉应力,内表层产生压应力,也可能与上述相反。切削力和残余应力还会使已加工表面出现微观裂纹。

加工硬化和残余应力降低了零件的疲劳强度、抗腐蚀能力和耐高温持久性,还会使加工好的零件逐渐变形,不能继续保持高精度。

**3. 影响表面结构的因素和减小表面结构参数值的途径**

从前面分析可知,要减小表面结构值,必须减小残留面积,消除积屑瘤和鳞刺,消除切削过程中的振动等。具体可从以下几方面着手。

(1)工件材料

材料的塑性和金相组织对其表面结构影响最大。材料的塑性越大,积屑瘤和鳞刺越易产生；材料的韧性越大，加工时隆起越大，表面结构值越大。对于低碳钢、低碳合金钢可进行正火或调质，以提高硬度、降低塑性。有时也可用强度相近的易切钢（含有硫、铅等元素）代替，以获得较小的表面结构值。灰铸铁切削时，切屑是崩碎的，石墨易从表面脱落而形成凹坑。所以在相同的条件下，灰铸铁的加工表面结构值比钢件要大一些，石墨颗粒小的，表面结构值可减小一些。

(2)切削用量

1)切削速度

试验证明，在低速、中速切削塑性材料时，容易产生积屑瘤和鳞刺，提高切削速度可以使积屑瘤减小直至消失，当切削速度超过积屑瘤消失临界值时，表面结构值急剧减小，并稳定在一定值上。因此在精加工时宜采用高速切削。切削脆性材料时，由于不产生积屑瘤，切削速度对表面结构没有明显的影响。

2)进给量

进给量小，可以减小残留面积，减小切削变形，抑制积屑瘤和鳞刺的产生，故能减小加工表面结构值。但进给量不宜过小，若进给量小于表面加工硬化层深度，将不易产生切屑，并加剧刀具磨损，反而使表面质量恶化。

(3)切削刀具

1)前角

增大前角能使切削刃锋利，减小切削变形，从而抑制积屑瘤和鳞刺的产生；对于塑性大的材料，采用大前角刀具是减小表面结构值的有效措施。例如用花键拉刀拉削 1Cr18Ni9Ti 不锈钢工件，前角从 10°～15°增至 22°时，表面结构值可从 10 μm 减小至 1.25～2.5 μm。

2)主偏角、副偏角和刀尖圆弧半径

采用较大的刀尖圆弧半径或较小的主偏角，可使残留面积高度降低，从而减小表面结构值。但这样会增大切削变形，当工艺系统刚性不足时，反而会引起振动，恶化表面质量。因此可用较小的刀尖圆弧半径、较大的主偏角，将重点放在减小副偏角上，并磨出过渡刃和修光刃，以减小表面结构值。

3)刀具材料

刀具材料不同时，与工件材料的亲和力不同，从而产生积屑瘤的难易不同。当切削碳素钢时，在其他条件相同的情况下，用高速钢刀具加工的工件，表面结构值最大；而按硬质合金、陶瓷和碳化钛硬质合金刀具的顺序，工件的表面结构值将顺次减小。

(4)切削液

在低速精加工时，润滑性好，润滑膜能耐较高温度和较高压力的高效切削液，这样可以减小刀具与工件之间的摩擦和黏结，抑制积屑瘤的产生，以减小表面结构值。

## 知识链接5 切削加工性

学习了金属切削过程基本规律的应用以后，就要学会运用规律指导生产实践。一般主要从控制切屑、改善材料的切削加工性、合理选择切削液、合理选择刀具几何参数和合理选择切削用量等五个方面，来达到保证加工质量、降低生产成本和提高生产效率的目的。

### 1. 工件材料切削加工性

工件材料的切削加工性是指工件材料被切削成合格零件的难易程度。

**2. 评定工件材料切削加工性的主要指标**

(1)刀具耐用度指标

切削普通金属材料,用刀具耐用度达到60 min时允许的切削速度$v_{c60}$的高低来评定材料的加工性。切削难加工金属材料,用刀具耐用度达到20 min时允许的切削速度$v_{c20}$的高低来评定材料的加工性。同样条件下,$v_{c60}$或$v_{c20}$越大,切削加工性越好。

相对加工性$K_r = v_{c60}/(v_{c60})j$,其中以45钢的$v_{c60}$为基准,记为$(v_{c60})j$。相对加工性数值越大,其切削加工性越好。

(2)表面结构指标

表面结构值越小,切削加工性越好。

(3)其他指标

有时还用切屑形状是否容易控制、切削温度高低和切削力大小(或消耗功率多少)来评定材料加工性的好坏。

其中,粗加工时用刀具耐用度指标、切削力指标,精加工时用加工表面结构指标,自动生产线加工时常用切屑形状指标。

此外,材料加工的难易程度主要决定于材料的物理、力学性能,其中包括材料的硬度HB、抗拉强度$\sigma_b$、延伸率$\delta$、冲击值$\alpha_k$和导热系数$k$,故通常还可按它们数值的大小来划分加工性等级。

**3. 改善工件材料切削加工性的措施**

(1)调整化学成分

在不影响工件材料性能的条件下,适当调整化学成分,以改善其加工性。如在钢中加入少量的硫、硒、铅、钙、磷等,虽略降低钢的强度,但同时也降低钢的塑性,对加工性有利。

(2)材料加工前进行合适的热处理

低碳钢通过正火处理后,细化晶粒、硬度提高、塑性降低,有利于减小刀具的黏结磨损、减小积屑瘤、改善工件表面结构;高碳钢球化退火后,硬度下降,可减小刀具磨损;不锈钢以调质到HRC28为宜,硬度过低,塑性大,工件表面质量差,硬度高则刀具易磨损;白口铸铁可在950~1 000 ℃时长时间退火而成可锻铸铁,切削就较容易。

(3)选加工性好的材料状态

低碳钢经冷拉后,塑性大为下降,加工性好;锻造的坯件余量不均,且有硬皮,加工性很差,改为热轧后加工性得以改善。



(4)其他

采用合适的刀具材料,选择合理的刀具几何参数,合理地制订切削用量与选用切削液等,也可以改善材料的切削加工性。

## 知识链接6 刀具失效与刀具寿命

**1. 刀具失效的形式**

刀具失效的形式有正常磨损和非正常磨损两类。

(1)正常磨损

1)前刀面磨损(月牙洼磨损)

前刀面磨损常发生于加工塑性金属时,切削速度较高和切削厚度较大的情况下,切屑在刀具的前刀面上磨出个月牙形凹坑(图4-24),习惯上称为月牙洼。在磨损过程中,初始磨损点与刀刃之间有一条小窄边,随着切削时间的延长,磨损点扩大形成月牙洼,并逐渐向切削刃方向扩展使切削刃强度随之削弱,最后导致崩刃。月牙洼处即切削温度最高的点。

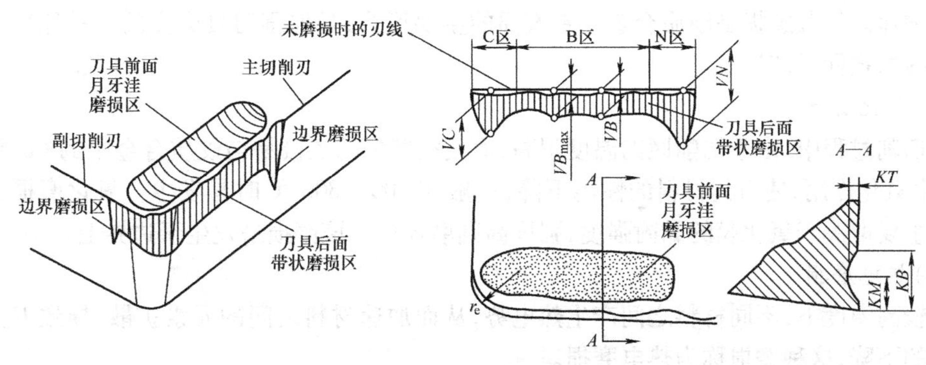


图4-24　刀具的磨损

2)后刀面磨损

切削过程中,刀具后刀面与已加工表面之间存在着强烈的摩擦,在后刀面上毗邻切削刃的地方磨出了沟痕(图4-24),这种磨损形式称之为后刀面磨损。在切削脆性及塑性材料、较低速度及较小切削厚度时,均会发生后刀面磨损。一般以后刀面的磨损量作为衡量刀具磨损的主要参数。

(2)非正常磨损

在生产中,常会出现刀具突然崩刃、卷刃或刀片碎裂的现象,称之为非正常磨损。其原因很复杂,主要有:刀具材料的韧性太差或硬度太低;刀具的几何参数不合理,使刃部强度过低或受力过大;切削用量选得过大,造成切削力过大,切削温度过高;刀片在焊接或刃磨时,因骤冷骤热产生过大的热应力,使刀片出现微裂纹;操作不当或加工情况异常,使刀刃受到突然的冲击或热应力而导致崩刃。

**2. 刀具的磨损原因**

刀具的磨损过程和机理非常复杂,通常是机械、化学和热效应综合作用的结果。

(1)磨料磨损

磨料磨损是由于工件材料中有比基体硬得多的硬质点,在刀具表面刻出沟痕而形成的,这种磨损存在于任何切削速度的切削加工中。但对于低速切削的刀具(如拉刀、板牙等)而言,磨料磨损是磨损的主要因素。这种磨损不但发生在前刀面上,后刀面上也会发生。一般是软刀具材料(高速钢、YG类高钴刀具)的主要磨损形式。

(2)黏附磨损

黏附是冷焊和熔焊的总称。在摩擦副的实际接触面上,在极大的法向压力下产生塑性变形而发生黏附——冷焊;在切削高温区,材料软化而处于易变形状态,由于原子的热运动作用,原子克服它们之间的位能壁垒,使两种金属互融的可能性增大,而发生黏附——熔焊。在切削过程中,两摩擦面由于有相对运动,黏结点将产生撕裂,被对方带走,即造成黏附磨损。这种磨损主要发生在中等切削速度范围内。黏附层的形成是随着切削时间的递增而变化的,到一定程度就发生黏附、撕裂,再黏附、再撕裂的周期循环。其撕裂的部位是从切屑向刀具材料方向发展。当刀刃上发生大面积的撕裂时,刀具就会突然失去切削能力。影响刀具黏附磨损的主要因素除了化学反应外,接触区的温度和应力对刀具的磨损起着决定性作用，这种磨损是任何刀具材料都会发生的磨损形式。

(3)扩散磨损

在高温下，刀具材料与工件材料的成分互相扩散，造成刀具材料性能的下降，导致刀具的磨损加速。扩散磨损是硬质合金刀具磨损的主要形式，是加剧刀具磨损的一种原因。它常与黏附磨损同时产生。

(4)氧化磨损

在切削过程中，由于切削区的温度很高，而使空气中的氧极易与硬质合金中的Co、WC、TiC产生氧化作用，使刀具材料的性能下降，一般在700～800 ℃时易发生。氧化磨损的磨损速度主要取决于氧化膜的黏附强度，强度高则磨损慢。该磨损易发生于边界上。

(5)热电磨损

在较高温度下，不同材料之间产生热电势，从而加速材料之间的元素扩散，导致刀具材料性能的下降，这种磨损称为热电磨损。

(6)热裂磨损

热裂磨损是在有周期性热应力情况下，因疲劳而产生的一种磨损，一般易发生于高温切削条件下的脆性刀具材料及其边界上。

(7)塑性变形

塑性变形一般发生于800 ℃以上。在高温作用下，刀具材料表层产生塑性流动，使切削刃和刀尖产生变形失效。

### 3. 刀具磨损过程及磨钝标准

(1)刀具的磨损过程

由试验可知，后刀面的平均磨损量 *VB* 随切削时间的增大而增大，其磨损曲线如图4-25所示。刀具的磨损过程一般可分为三个阶段。

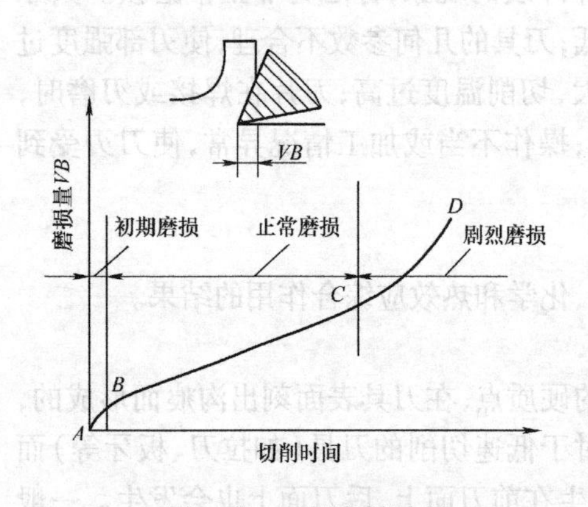


图4-25　刀具磨损过程

1)初期磨损

初期磨损的磨损过程较快、时间短。因为一把新刃磨的刀具表面尖峰突出，在与切屑相互摩擦过程中，压强不均匀，峰点的压强很大，造成尖峰很快被磨损，使压强趋于均衡，磨损速度减慢。

2)正常磨损

刀具表面经前期的磨损，峰点基本被磨平，表面的压强趋于均衡，刀具的磨损量 *VB* 随时间的延长而均匀地增加。该阶段的磨损曲线基本上是线性的，其斜率代表磨损强度，是比较刀具性能的一个重要指标。

3)剧烈磨损

经正常磨损段后，刀刃已变钝，切削力、切削温度急剧升高，磨损原因发生了质变，刀具表层疲劳，性能下降，磨损量 *VB* 剧增，刀具很快失效。

(2)刀具的磨钝标准

刀具磨损量的大小直接影响切削力、切削热、切削温度及工件的加工质量。所以，在不同的加工条件都对刀具的磨损量值做了相应的规定(可从相关手册中查得)。一般为了测量的方便，都以后刀面磨损量大小来制定磨钝标准。通常说的磨钝标准是指后刀面磨损带

中间平均磨损量 $VB$ 允许达到的最大值，以符号 $VB$ 表示。

#### 4. 刀具的耐用度

一把新刀（或重新刃磨过的刀具）从开始切削至磨损量达到磨钝标准为止所经历的实际切削时间，称为刀具的耐用度，又称为刀具寿命，用 $T$ 表示，单位为 min。

刀具耐用度可以作为衡量材料的可加工性的标准、衡量刀具材料切削性能的标准、衡量刀具几何参数合理性的标准。

#### 5. 影响刀具耐用度的因素

（1）切削用量

切削用量对刀具耐用度的影响规律如同对切削温度的影响。切削速度 $v_c$、背吃刀量 $a_p$、进给量 $f$ 增大，使切削温度提高、刀具耐用度下降。对刀具耐用度的影响，$v_c$ 最大、$f$ 其次、$a_p$ 最小。

根据刀具耐用度合理数值计算的切削速度称为刀具耐用度允许的切削速度，简称刀具耐用度允许切速，用 $v_T$ 表示，可作为衡量材料切削加工的指标。一定刀具耐用度下允许的切削速度越高，则材料切削加工性越好。

显然低成本允许的切削速度低于高生产效率允许的切削速度。

（2）工件材料

工件材料硬度或强度提高，使切削温度提高、刀具磨损加大、刀具耐用度下降；工件材料的延伸率越大或导热系数越小，切削温度升高，刀具耐用度下降。

（3）刀具几何角度

前角对刀具耐用度的影响呈“驼峰形”；主偏角 $\kappa_r$ 减小时，使切削宽度 $b_D$ 增大，散热条件改善，故切削温度下降，刀具耐用度提高。

（4）刀具材料

刀具材料的高温硬度越高、越耐磨，刀具耐用度越高。

## 任务 4　认识金属切削机床

切削机床是用刀具对机械零件进行切削加工的机器，是加工机械产品的主要设备。切削机床的品种和规格繁多，为了便于区别、使用和管理，需要对机床加以分类，并编制型号。

### 知识链接 1　机床的分类

机床的分类方法很多，主要是按加工性质和所用刀具进行分类。根据我国制定的机床型号编制方法，目前将机床分为 12 大类：车床、钻床、镗床、磨床、齿轮加工机床、螺纹加工机床、铣床、刨插床、拉床、特种加工机床、锯床及其他机床。在每一类机床中，又按工艺范围、布局形式和结构性能等不同分为若干组，每一组又细分为若干系。

#### 1. 车床

车床是制造业中使用最广泛的一类机床。车床是以主轴带动工件旋转作为主运动，刀架带动刀具移动作为进给运动来完成工件和刀具之间的相对运动的一类机床。车床主要用来加工各种回转表面，如内外圆柱、圆锥表面、成形回转表面和回转体的端面等。

根据车床主轴回转中心线的状态将车床分为卧式车床（图 4-26）与立式车床（图 4-27）两大类。也可根据用途与结构的不同进行分类。

图 4-26　卧式车床

图 4-27　立式车床

**2. 钻床**

钻床是用于孔加工的机床。常用的钻床有台式钻床、立式钻床(图 4-28)和摇臂钻床(图 4-29)等。台式钻床适宜加工小型零件上直径 $D\leqslant 13$ mm 的孔,立式钻床适宜加工中小型零件上直径 $D\leqslant 50$ mm 的孔,摇臂钻床适宜加工大型零件上直径 $D\leqslant 100$ mm 的孔。

图 4-28　立式钻床

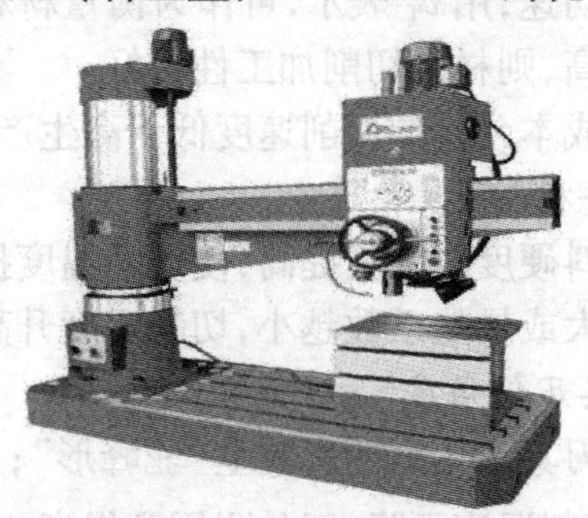

图 4-29　摇臂钻床

钻床的特点是加工过程中工件不动,而让刀具移动,将刀具中心对正待加工的孔中心,并使刀具转动(主运动)、刀具移动(进给运动)来加工孔。

**3. 镗床**

镗床(图 4-30)主要完成精度高、孔径大或孔系的加工,此外还可铣平面、铣沟槽、钻孔、扩孔、铰孔和车端面、车外圆、车内外环形槽及车螺纹等。

镗刀安装在主轴或平旋盘上;工件固定在工作台上,可以随工作台作纵向或横向运动。通常镗刀的旋转是主运动,镗刀或工件的移动是进给运动。

**4. 刨床和插床**

刨床主要加工平面、沟槽和成形面,主运动为直线运动,因此为直线运动机床。牛头刨床(图 4-31)适于刨削长度不超过 1 000 mm 的中小型工件,主运动为刀具随滑枕作往复直线运动,进给运动为工件随工作台作水平横向间歇运动。龙门刨床主要加工大型工件或同时加工多个工件,其主运动是工件随着工作台作直线往复运动,进给运动是刀架带着刨刀作横向或垂直的间歇运动。

插床(图 4-32)实际上是一个立式刨床,在结构上和牛头刨床属于同一类。插床主要加工工件内部表面,如方孔、长方孔、各种多边形孔和键槽等。由于生产效率低,插床只适合单件小批生产。插床上通常主运动为插刀随滑枕作垂直方向的往复直线运动,进给运动为工件在纵向、横向以及圆周方向的间歇运动。

图 4-30　镗床

图 4-31　牛头刨床

**5. 拉床**

拉床(图 4-33)是利用拉刀加工内外成形表面的机床。拉刀的直线运动为主运动,由拉床上的液压装置驱动;进给运动依靠拉刀的结构来实现。拉床加工运动平稳无冲击振动,拉削速度可无级调节,拉力通过液压控制。拉床结构比较简单,但拉刀比较昂贵,并且一把拉刀一把只能加工一种尺寸的表面。

图 4-32　插床

图 4-33　拉床

**6. 铣床**

铣床(图 4-34)是利用铣刀在工件上加工各种表面的机床。铣床加工范围与刨床相近,但比刨床加工范围广,生产效率也较高。通常铣刀旋转为主运动,工件或铣刀的移动为进给运动。常见的铣床有卧式铣床、立式铣床和龙门铣床。

**7. 磨床**

磨床(图 4-35)是用磨具或磨料加工工件各种表面的精密加工机床,使用砂轮的机床称为磨床,使用油石、研磨料的机床称为精磨机床。通常磨具旋转为主运动。常见的普通磨床有外圆磨床、内圆磨床和平面磨床。

图 4-34　铣床

图 4-35　磨床

**8. 齿轮加工机床**

齿轮加工机床专门用于齿轮的加工。

**9. 螺纹加工机床**

螺纹加工机床专门用于螺纹的加工。

**10. 特种加工机床**

特种加工机床是实现各种特种加工的机床。

**11. 锯床**

锯床用于下料和切断。

**12. 其他机床**

除上述基本分类方法外，机床还可以根据其他特征进行分类。随着机床的发展，其分类方法也将不断发展。现代机床正向数控化方向发展，数控机床的功能日趋多样化，工序更加集中。一台数控机床集中了越来越多的传统机床的功能。例如数控车床在卧式车床功能的基础上，又集中了转塔车床、仿形车床、自动车床等多种车床的功能。可见机床数控化引起了机床传统分类方法的变化，这种变化主要表现在机床品种不是越来越细化，而是趋向综合。

## 知识链接2　机床型号的编制方法

机床型号就是赋予每种机床的代号，用于简明地表达该机床的类型、主要规格及有关特性等。我国机床型号是由大写汉语拼音字母和阿拉伯数字组成的。我国从1957年开始规定机床型号的编制方法，随着机床工业的发展，至今已变动了六次。现行规定是按1994年颁布的GB/T 15375—1994《金属切削机床型号编制方法》执行，适用于各类通用及专用金属切削机床、自动化生产线，不包括组合机床、特种加工机床。

**1. 通用机床型号**

(1)型号的表示方法

型号由基本部分和辅助部分组成，中间用“/”隔开，读作“之”，前者需统一管理，后者纳入型号与否由企业自定。型号构成如下：

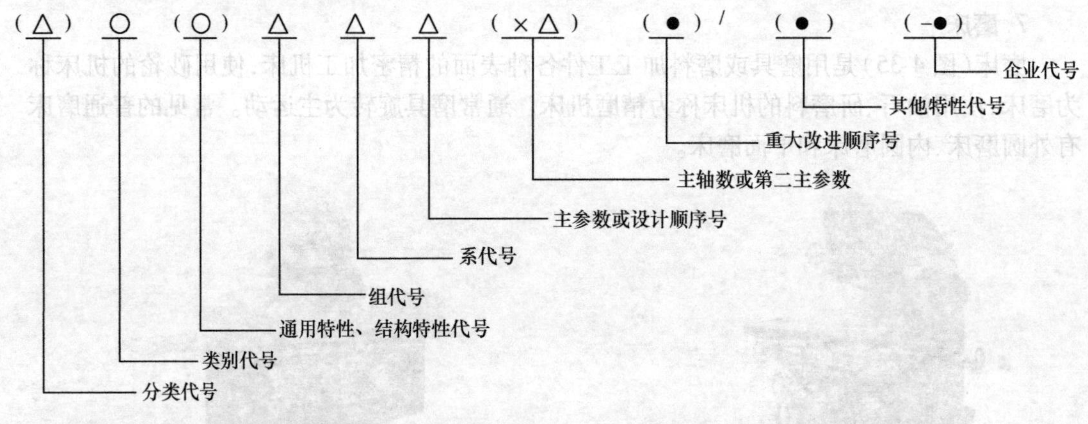


注：①有“()”的代号或数字，当无内容时则不表示，若有内容则不带括号；

②有“○”符号者，为大写的汉语拼音字母；

③有“△”符号者，为阿拉伯数字；

④有“ • ”符号者，为大写的汉语拼音字母或阿拉伯数字或两者兼有。

(2)机床类代号

前文已经介绍过机床可分为12类，机床的类代号用大写的汉语拼音字母表示。必要时，每类可分为若干分类。分类代号在类代号之前，作为型号的首位，并用阿拉伯数字表示。第一分类代号前的“1”省略，第“2”、“3”分类代号则应予以表示。

机床的类代号按其对应的汉字字意读音。例如：铣床类代号“X”，读作“铣”。机床的类别和分类代号见表4-1。

**表4-1 机床的类别和分类代号**

| 类别 | 车床 | 钻床 | 镗床 | 磨床 | | | 齿轮加工机床 | 螺纹加工机床 | 铣床 | 特种加工机床 | 刨插床 | 拉床 | 锯床 | 其他机床 |
|---|---|---|---|---|---|---|---|---|---|---|---|---|---|---|
| 代号 | C | Z | T | M | 2M | 3M | Y | S | X | D | B | L | G | Q |
| 读音 | 车 | 钻 | 镗 | 磨 | 二磨 | 三磨 | 牙 | 丝 | 铣 | 电 | 刨 | 拉 | 割 | 其 |

(3)通用特性代号和结构特性代号

这两种特性代号用大写的汉语拼音字母表示，位于类代号之后。

①通用特性代号：有统一的固定含义，在各类机床的型号中表示的意义相同。机床通用特性代号见表4-2。

**表4-2 机床通用特性代号**

| 通用特性 | 高精度 | 精密 | 自动 | 半自动 | 数控 | 加工中心(自动换刀) | 仿形 | 轻型 | 加重型 | 简式或经济型 | 柔性加工单元 | 数显 | 高速 |
|---|---|---|---|---|---|---|---|---|---|---|---|---|---|
| 代号 | G | M | Z | B | K | H | F | Q | C | J | R | X | S |
| 读音 | 高 | 密 | 自 | 半 | 控 | 换 | 仿 | 轻 | 重 | 简 | 柔 | 显 | 速 |

②结构特性代号：对主参数值相同，而结构、性能不同的机床，在型号中加结构特性代号予以区分。根据各类机床的具体情况，对某些结构特性代号可以赋予一定含义。但结构特性代号与通用特性代号不同，它在型号中没有统一的含义，只在同类机床中起区分机床结构、性能的作用。当型号中有通用特性代号时，结构特性代号应排在通用特性代号之后。

③机床组、系的划分原则：将每类机床划分为十个组，每个组又划分为十个系(系列)。在同一类机床中，主要布局或使用范围基本相同的机床，即为同一组。在同一组机床中，主参数相同、主要结构及布局形式相同的机床，即为同一系。

④机床组、系的代号：机床的组用一位阿拉伯数字表示，位于类代号或通用特性代号、结构特性代号之后；机床的系用一位阿拉伯数字表示，位于组代号之后。

(4)主参数的表示方法

机床型号中主参数用折算值表示，位于系代号之后。当折算值大于1时，则取整数前面不加“0”；当折算值小于1时，则取小数点后第一位数，并在前面加“0”。

机床的统一名称和组、系划分以及型号中主参数的表示方法，见GB/T 15375—1994标准中的“金属切削机床统一名称和类、组、系划分表”。

(5)通用机床的设计顺序号

某些通用机床，当无法用一个主参数表示时，则在型号中用设计顺序号表示。设计顺序号由1起始，当设计顺序号小于10时，由01开始编号。

(6)主轴数和第二主参数的表示方法

对于多轴车床、多轴钻床、排式钻床等机床，其主轴数应以实际数值列入型号，置于主参数之后，用“×”分开，读作“乘”。单轴，可省略，不予表示。

第二主参数(多轴机床的主轴数除外)，一般不予表示，如有特殊情况，需在型号中表示，应按一定手续审批。在型号中表示的第二主参数，一般以折算成两位数为宜，最多不超过三位数。以长度、深度值等表示的，其折算系数为1/100；以直径、宽度值等表示的，其折算系数为1/10；以厚度、最大模数值等表示的，其折算系数为1。当折算值大于1时，则取整数；当折算值小于1时，则取小数点后第一位数，并在前面加“0”。

(7)机床的重大改进顺序号

当机床的结构、性能有更高的要求，并需按新产品重新设计、试制和鉴定时，按改进的先后顺序选用A,B,C…字母(但“I、O”两个字母不得选用)表示，加在型号基本部分的尾部，以区别原机床型号。

重大改进设计不同于完全的新设计，它是在原有机床的基础上进行改进设计，因此重大改进后的产品与原型号的产品是一种取代关系。

凡属局部的小改进或增减某些附件、测量装置及改变装夹工件的方法等，因对原机床的结构、性能没有作重大的改变，故不属于重大改进，其型号不变。

(8)其他特性代号及其表示方法

其他特性代号置于辅助部分之首，其中同一型号机床的变型代号应放在其他特性代号之首。其他特性代号主要用以反映各类机床的性能，如：对于数控机床，可用来反映不同的控制系统等；对于加工中心，可用以反映控制系统、自动交换主轴头、自动交换工作台等；对于柔性加工单元，可用以反映自动交换主轴箱；对于一机多能机床，可用以补充表示某些功能；对于一般机床，可以反映同一型号机床的变型等。

其他特性代号，可用字母(“I、O”两个字母除外)表示，当单个字母不够用时，可将两个字母组合起来使用，如AB,AC,AD…，或BA,CA,DA…；也可用阿拉伯数字表示；还可用阿拉伯数字和汉语拼音字母组合表示。用汉语拼音字母读音，如有需要也可用相对应的汉字字意读音。

(9)企业代号及其表示方法

企业代号包括机床生产厂及机床研究单位代号。企业代号置于辅助部分之尾，用“-”分开，读作“至”。若在辅助部分中仅有企业代号，则不加“-”。



通用机床型号示例，C6132的含义如下：C——车床类；6——普通车床组；1——普通车床型；32——最大加工直径的1/10，即320 mm。

(2)专用机床型号

1)型号的表示方法

专用机床的型号一般由设计单位代号和设计顺序号组成。型号构成如下：

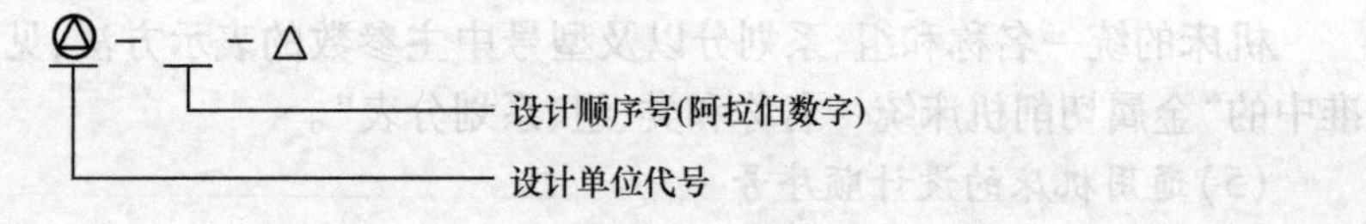

2)设计单位代号

设计单位代号包括机床生产厂和机床研究单位代号(位于型号之首),见 GB/T 15375—1994 标准。

3)设计顺序号

设计顺序号按该单位的设计顺序号排列,由 001 起始,位于设计单位代号之后,并用“ - ”隔开,读作“至”。

## 本项目复习题

①什么是切削运动？切削加工过程由哪些运动组成？各个运动的作用如何？

②什么是切削用量的三要素？各自的定义是什么？

③什么是切削层？如何定义切削层的几何参数？

④刀具材料的选择对金属材料的切削加工性能有何影响？刀具材料应具备哪些性能？

⑤常用的刀具材料共分为几类？试举出常用的牌号并简述其在加工生产中如何应用。

⑥硬质合金有何特点？简述硬质合金的分类以及各自的性能特征。实际操作中该如何选用？

⑦刀具切削部分的结构要素是什么？各自的定义是什么？

⑧试述进给运动是如何影响工作角度的,简述刀尖安装的高低对工作角度又有何影响。

⑨切屑共分为几大类？各有什么特点？

⑩简述切屑的形成机理,试述三个切削变形区各有什么特点以及它们之间的关联。

⑪什么是积屑瘤？积屑瘤是怎样形成的？积屑瘤对切削加工有什么样的影响？控制积屑瘤的主要措施有哪些？

⑫刀具的磨损形式有几种？简述刀具的磨损过程。

⑬什么是刀具的磨钝标准？试述刀具磨损的原因分为几类以及各有什么特点。如何提高刀具抗磨损的能力？

⑭什么是刀具的耐用度？简述切削用量与耐用度之间的关系。

# 项目五　典型机床加工

## 任务1　车削

### 知识链接1　车削加工概述

车削加工是利用工件的旋转运动和刀具相对于工件的移动来加工工件的一种切削加工方法。它的应用最为广泛,车削加工能完成图5-1所示的各种工作。车削加工的尺寸精度可以达到IT13 ~ IT6公差等级,表面结构值可低至 $Ra0.8 \sim 50$ μm。

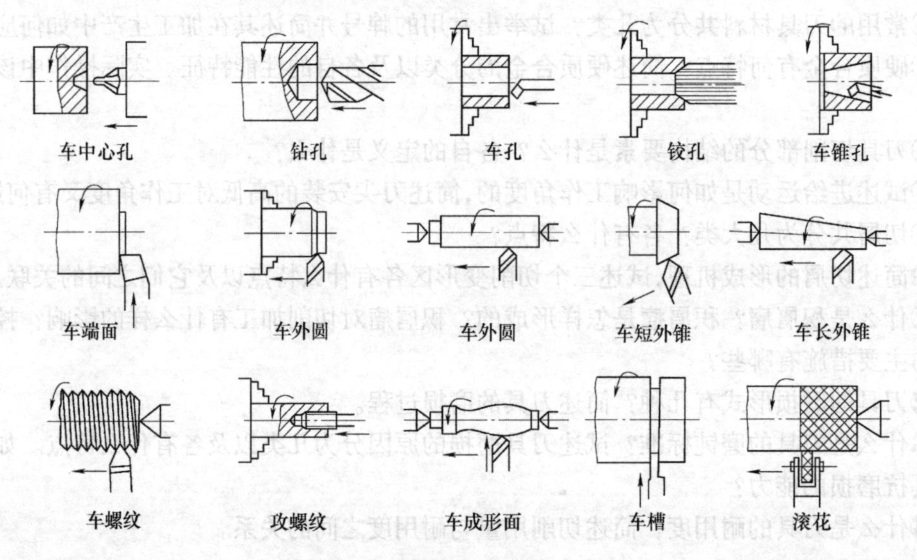


图5-1　车削加工的基本内容

**1. 车床种类**

(1)转塔车床

转塔车床的外形如图5-2所示。它有一个可绕垂直轴线转位的转塔刀架,刀架一般为六角形,在六个面上可各安装一把或一组刀具。

转塔刀架只能作纵向进给运动,用于车削内、外圆柱面,钻、扩、车、铰孔,攻螺纹和套螺纹等。横刀架的结构与普通车床的刀架相似,可作纵横向进给运动,主要用于车削大直径的外圆柱面、成形面、端面和沟槽等。

(2)卧式车床

卧式车床(图5-3)主轴水平布置,作旋转主运动,刀架沿床身作纵向运动,可车削各种旋转体和内外螺纹等,是使用范围较广的车床。

1)变速箱

变速箱用来改变主轴的转速,主要由传动轴和变速齿轮组成。通过操纵变速箱和主轴

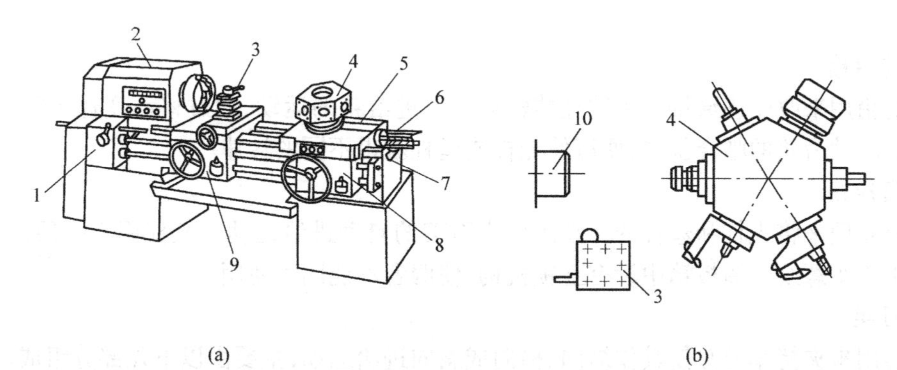


图 5-2　转塔车床

(a)转塔车床外形图;(b)转塔刀架和横刀架局部图

1—进给箱;2—主轴箱;3—横刀架;4—转塔刀架;5—纵向刀具溜板;6—定程装置;7—床身;8—转塔刀架溜板箱;9—横刀架溜板箱;10—工件

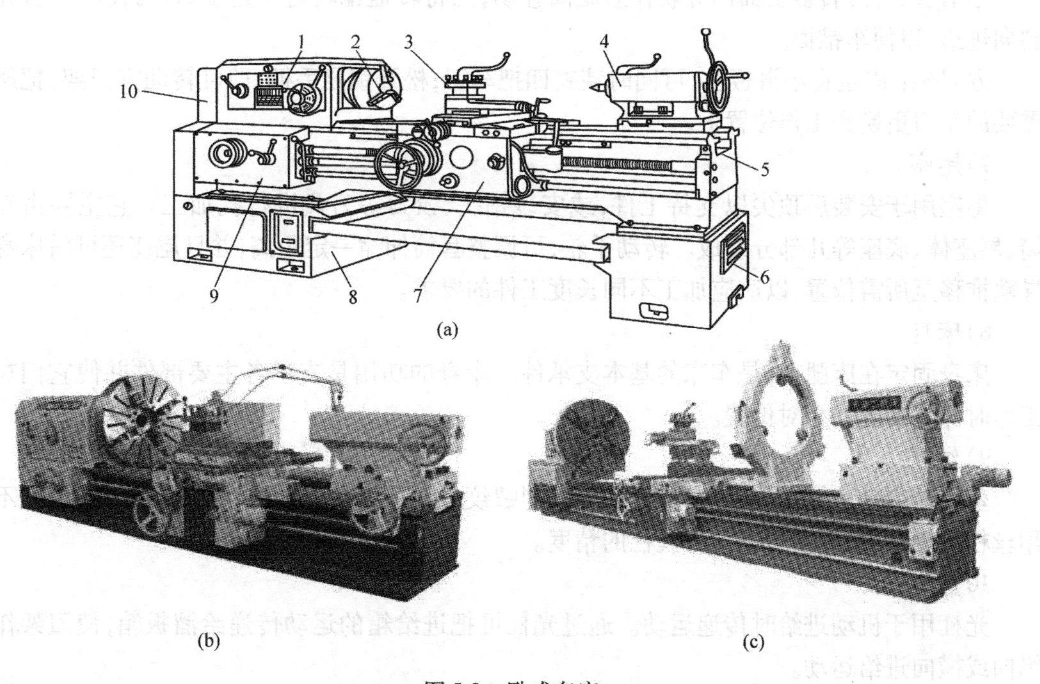


图 5-3　卧式车床

(a)卧式车床结构图;(b)卧式车床形式一;(c)卧式车床形式二

1—主轴变速箱;2—卡盘;3—刀架;4—尾座;5—床身;6,8—床腿;7—溜板箱;9—进给箱;10—挂轮箱

箱外面的变速手柄改变齿轮或离合器的位置,可使主轴获得 12 种不同的速度。主轴的反转是通过电动机的反转来实现的。

2)主轴箱

主轴箱用来支承主轴,并使其作各种速度的旋转运动。主轴是空心的,便于穿过长的工件。在主轴的前端可以利用锥孔安装顶尖,也可利用主轴前端圆锥面安装卡盘和拨盘,以便装夹工件。

3)挂轮箱

挂轮箱用来搭配不同齿数的齿轮,以获得不同的进给量,主要用于车削不同种类的螺纹。

4)进给箱

进给箱用来改变进给量。主轴经挂轮箱传入进给箱的运动,通过移动变速手柄来改变进给箱中滑动齿轮的啮合位置,便可使光杠或丝杠获得不同的转速。

5)溜板箱

溜板箱用来将光杠和丝杠的转动改变为刀架的自动进给运动。光杠用于一般的车削,丝杠只用于车螺纹。溜板箱中设有互锁机构,使两者不能同时使用。

6)刀架

刀架用来夹持车刀并使其作纵向、横向或斜向进给运动,主要由以下几部分组成。

床鞍:与溜板箱连接,可沿床身导轨作纵向移动,其上面有横向导轨。

中滑板:可沿床鞍上的导轨作横向移动。

转盘:与中滑板用螺钉紧固,松开螺钉便可在水平面内扳转任意角度。

小滑板:可沿转盘上面的导轨作短距离移动,当将转盘偏转若干角度后,可使小滑板作斜向进给,以便车锥面。

方刀架:固定在小滑板上,可同时装夹四把车刀;松开锁紧手柄,即可转动方刀架,把所需要的车刀更换到工作位置上。

7)尾座

尾座用于安装后顶尖以支持工件,或安装钻头、铰刀等刀具进行孔加工。它主要由套筒、尾座体、底座等几部分组成。转动手轮,可调整套筒伸缩一定距离,并且尾座还可沿床身导轨推移至所需位置,以适应加工不同长度工件的要求。

8)床身

床身固定在床腿上,是车床的基本支承件。床身的功用是支承各主要部件并使它们在工作时保持准确的相对位置。

9)丝杠

丝杠能带动大拖板作纵向移动,用来车削螺纹。丝杠是车床中主要精密件之一,一般不用丝杠自动进给,以便长期保持丝杠的精度。

10)光杠

光杠用于机动进给时传递运动。通过光杠可把进给箱的运动传递给溜板箱,使刀架作纵向或横向进给运动。



11)操纵杆

操纵杆是车床的控制机构,在操纵杆左端和拖板箱右侧各装有一个手柄,操作工人可以很方便地操纵手柄以控制车床主轴正转、反转或停车。

(3)立式车床

立式车床用于加工径向尺寸大、轴向尺寸相对较小,且形状比较复杂的大型和重型零件,如各种机架、体壳类零件。立式车床的主轴垂直布置,并有一个直径很大的圆形工作台,以供装夹工件用,工作台台面处于水平位置,所以装夹和校正工件比较方便,尤其是大型工件。常用的立式车床有如图 5-4 所示的单柱和双柱两种,前者用于加工直径小于1 600 mm的工件,后者用于加工直径较大的工件。最大的立式车床的加工直径可以超过2 500 mm。

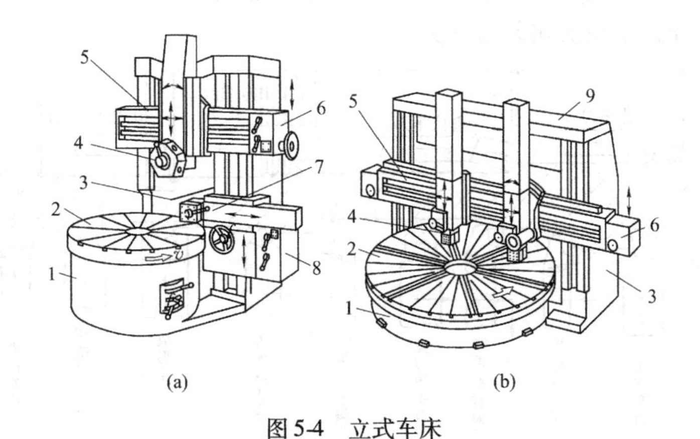


图 5-4　立式车床

(a)单柱;(b)双柱

1—底座;2—工作台;3—立柱;4—垂直刀架;5—横梁;6—垂直刀架进给箱;
7—侧刀架;8—侧刀架进给箱;9—顶梁

(4)落地车床

落地车床(图 5-5)的床身比普通车床的床身短,甚至完全取消了床身,主轴及刀架滑座直接安装在地基或落地平板上,工件夹持在花盘上。加工特大零件的落地车床,在花盘下方有地坑,以便加大可加工的工件直径。

图 5-5　落地车床

(5)数控车床

数控车床(图 5-6)是一种新型的自动化车床。其数控装置几乎全部取代了通用机床在加工时的人工控制,如加工顺序、改变切削用量、主轴变速、选择刀具、开停切削液、停机等。它适宜加工形状复杂的回转体零件,也适宜在单件、小批量、成批大量生产中车削各种回转体表面。

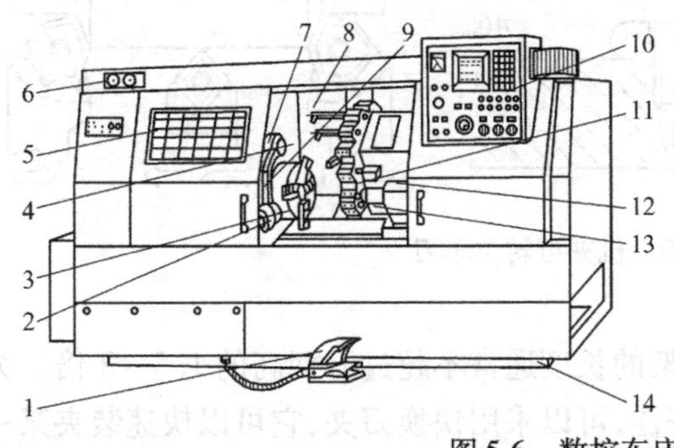

图 5-6　数控车床

1—脚踏开关;2—对刀仪;3—主轴卡盘;4 —主轴箱;5—机床防护门;6—压力表;7—对刀仪防护罩;
8—导轨防护罩;9—对刀仪转臂;10—操作面板;11—回转刀架;12—尾座;13—滑板;14—床身

**2. 车刀**

(1)车刀的种类和用途

车刀按用途可以分为外圆车刀、内孔车刀、端面车刀、螺纹车刀、车槽刀和切断刀等,如

图5-7所示；按结构又可以分为整体车刀(图5-8(a))、焊接车刀(图5-8(b))、机夹重磨硬质合金车刀(图5-8(c))和机夹可转位车刀。

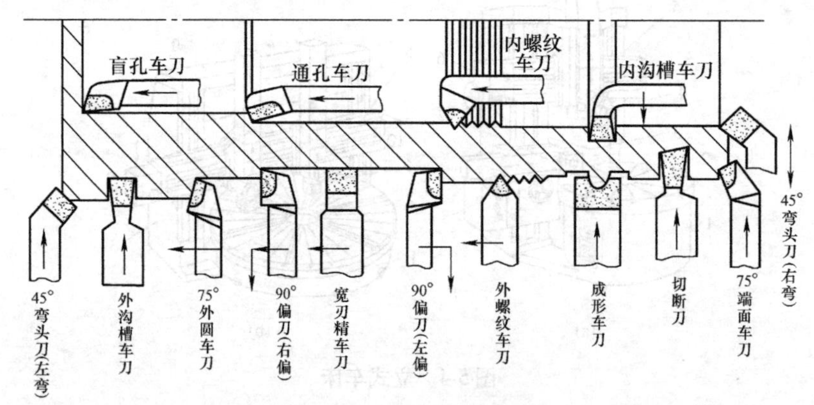


图5-7　常用车刀及用途

1)机夹重磨硬质合金车刀

机夹重磨硬质合金车刀的刀片和刀杆是用机械方法固定在一起的，因而可以避免因焊接而引起的刀片硬度下降、产生裂纹等缺陷，所以可以延长刀具的寿命，而且刀杆可以重复使用。由于刀片可磨次数增加，利用率高，可以实现集中刃磨，可提高刀片的刃磨质量和效率。

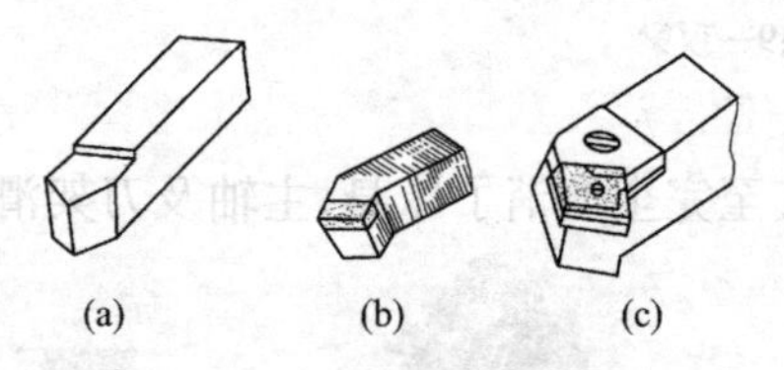


图5-8　车刀按结构分类

2)机夹可转位车刀

机夹可转位车刀(图5-9)除具备机夹重磨车刀所具备的优点外，还具有不需重磨以及具有先进合理的几何参数和断屑范围大、通用性好、断屑槽形式合理等优点，并可节省大量的磨刀、换刀和对刀的辅助时间、这种刀具特别适用于要求工作稳定、刀具位置准确的自动机床、自动化生产线和加工中心。

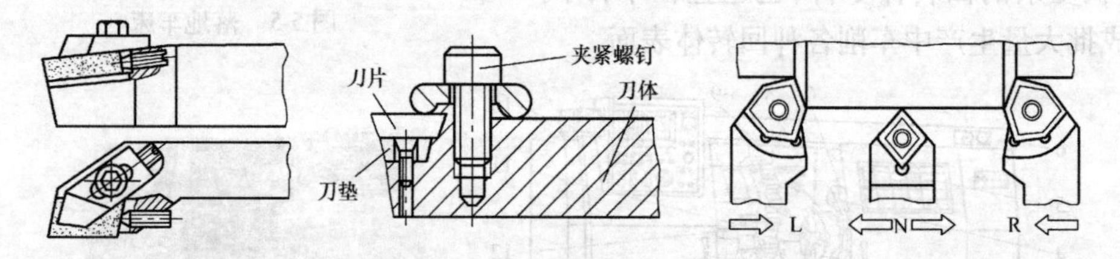


图5-9　机夹可转位车刀

(2)车刀的安装方法

车刀安装在刀架上后，车刀伸出刀架的长度通常不超过刀柄高的1.5~2倍。为了快速换刀，以缩短辅助时间、提高加工的经济性，可以采用快换刀夹，它可以快速装夹某一工步所需的刀具。

**3. 车削夹具**

在车床上主要加工回转体表面，装夹工件时应使被加工表面的回转中心与车床的回转中心同轴，而且必须将工件夹紧，以承受切削力和保证切削时的安全。由于工件的形状、大小和加工要求不同，所选用的安装方法及所选用的夹具也不相同。

(1)三爪自定心卡盘

三爪自定心卡盘是车床上应用最为广泛的夹具,其构造和工作原理如图5-10所示。用卡盘扳手带动小圆锥齿轮旋转,小圆锥齿轮带动与其相啮合的大圆锥齿轮转动,大圆锥齿轮背面的平面螺纹带动三个卡爪同时朝向中心或背离中心移动。三爪自定心卡盘用于装夹截面形状为圆形、正三角形、正六边形的工件。若换上三个反爪(有的卡盘可以将卡爪反装),可以用来装夹直径较大的工件。

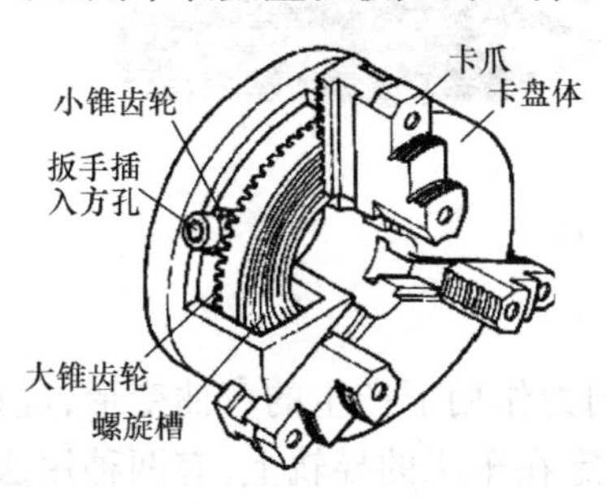

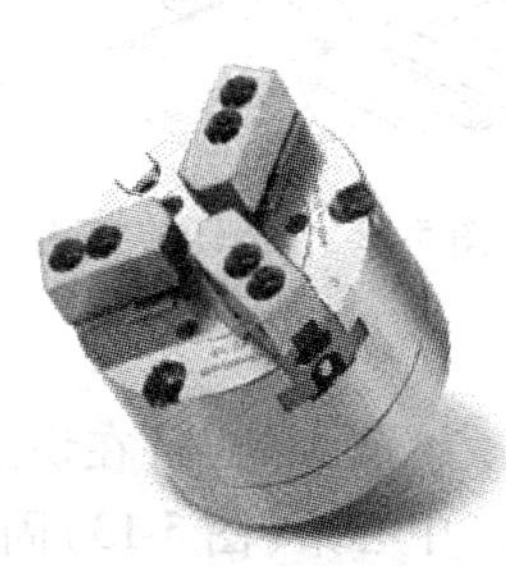

图5-10　三爪卡盘

(2)四爪单动卡盘

四爪单动卡盘(图5-11)的四个卡爪能独立移动,用来装夹长径比 $L/D<4$,截面形状为正方形、长方形、椭圆形或其他形状不规则的零件。由于其夹紧力较三爪卡盘大,所以也用来装夹较重的圆形工件。

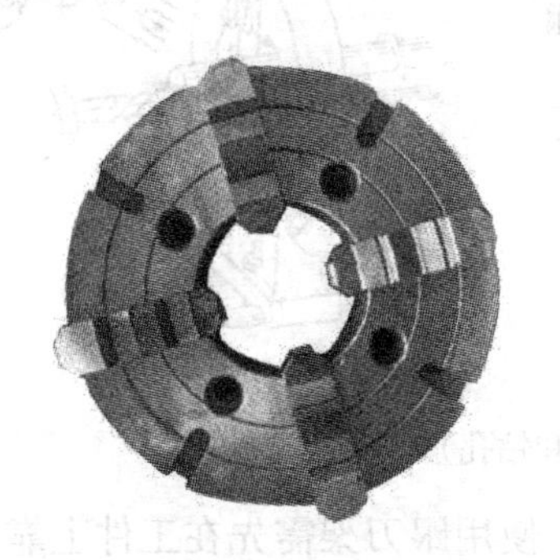
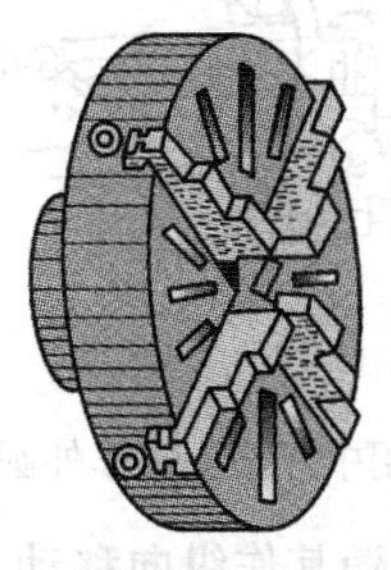
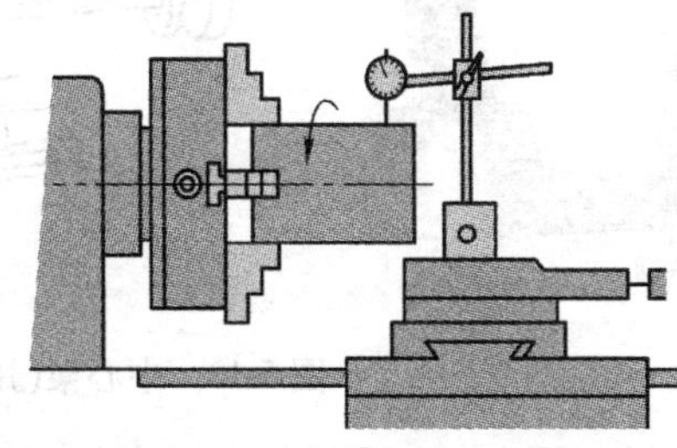

图5-11　四爪单动卡盘

(3)双顶尖安装工件

用双顶尖安装较长($4<L/D<20$)的轴类工件可以用拨盘、卡箍和顶尖装夹,如图5-12所示。顶尖有两种,即固定顶尖和回转顶尖,其形状见图5-12。前顶尖装在主轴锥孔内,并和主轴一起旋转。旋转的主轴通过拨盘带动装在轴上的鸡心夹头而使工件旋转,所以采用固定顶尖。后顶尖装在尾座套筒内,如果采用固定顶尖,它和工件中心孔之间必然产生摩擦而发热,严重时可将顶尖烧毁,所以常采用回转顶尖。但是由于回转顶尖的定位精度较低,一般用于轴的粗加工和半精加工。所以当轴的精度要求较高时,后顶尖也要采用固定顶尖,此时宜选取较低的转速。

用顶尖安装工件时,必须在工件的两端面上钻中心孔;安装工件前要在垂直、水平两个平面内校正前、后两顶尖同轴度,否则车削出的工件将出现锥度。

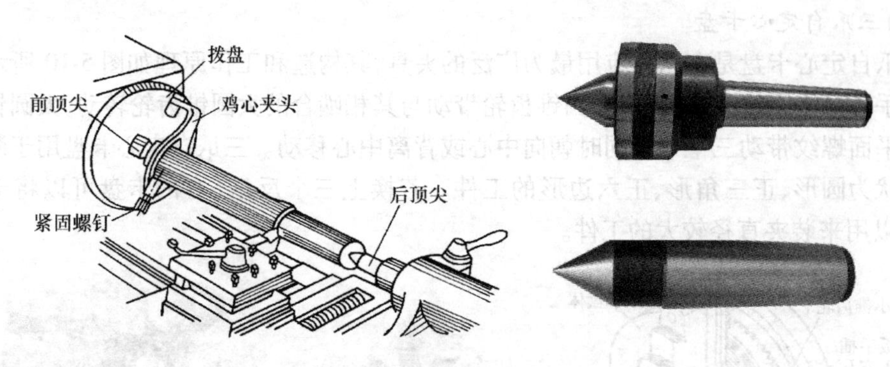


图 5-12 用双顶尖安装工件

(4) 中心架与跟刀架

当工件的长径比 $L/D>20$ 时,为了减少工件在切削力作用下产生的弯曲变形,应该增加辅助支承——中心架或跟刀架。中心架(图 5-13)固定在车床的导轨上,有两种用法:一是利用中心架车外圆,工件右端车削完毕后调头车另一端;二是加工细长轴一端的外面、端面和内孔,此时可利用三爪自定心卡盘夹持轴的左端,用中心架支承轴的右端。不论是哪种方法,在安装中心架的部位均需车出一小段光滑的表面。

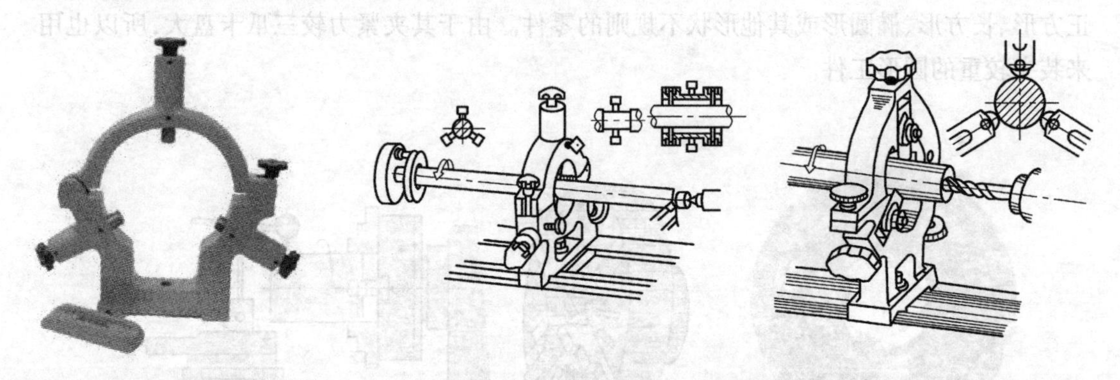

图 5-13 中心架(用中心架支撑车外圆和钻孔)

跟刀架(图 5-14)固定在溜板箱上,并随其作纵向移动。使用跟刀架需先在工件上靠近后顶尖一端车光一段外圆,并以此调节跟刀架支承。很显然,跟刀架仅能用于车削细长的光轴和长丝杠。



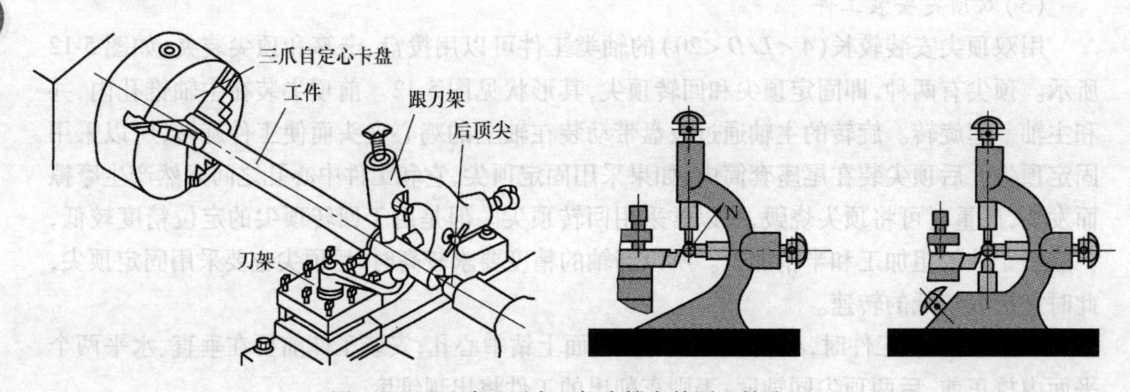


图 5-14 跟刀架(用中心架支撑车外圆和钻孔)

(5)心轴与弹簧夹头

当盘、套类零件的内孔和外圆的同轴度,或外圆、内孔的中心线与端面的垂直度,或端跳动的精度要求较高,又不能在一次装夹中达到加工要求时,可以用经过精加工的孔在心轴上定位,将心轴安装在前、后顶尖之间来精加工外圆或(和)端面,如图5-15(a)所示。冷拔料的装夹则可用弹簧夹头,如图5-15(b)所示。

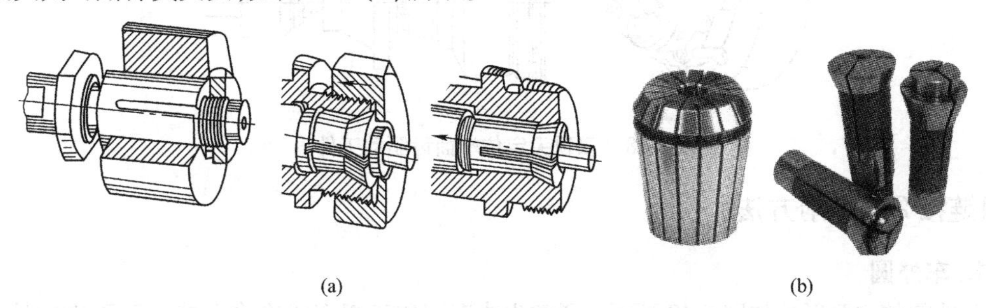

图5-15　可胀心轴和弹簧夹头

(a)可胀心轴;(b)弹簧夹头

(6)在花盘上装夹工件

当工件被加工部位的回转轴线要求与基准面垂直时,可以基准面在花盘上定位进行加工,如图5-16(a)所示。当被加工表面的回转轴线要求与基准面相互平行,并且外形复杂时,可以工件的基准面定位,将工件安装在花盘的角铁上加工,如图5-16(b)所示。在花盘角铁上加工工件应特别注意安全,由于工件的形状不规则,如不小心,将会引起工伤事故。此外,在花盘角铁上加工工件,转速不宜太高,否则因离心力的影响,螺旋夹紧装置容易松动,造成工件飞出伤人。这种装夹工件的方法应设置平衡装置,以减少振动。

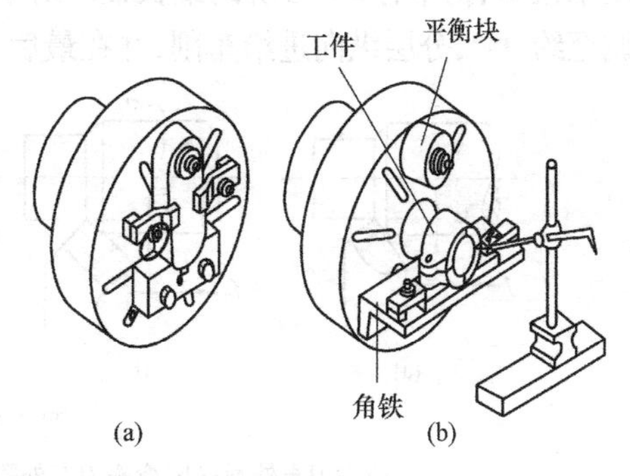


图5-16　在花盘上装夹工件

(a)垂直;(b)平行

(7)双顶尖定位、离心卡爪夹紧

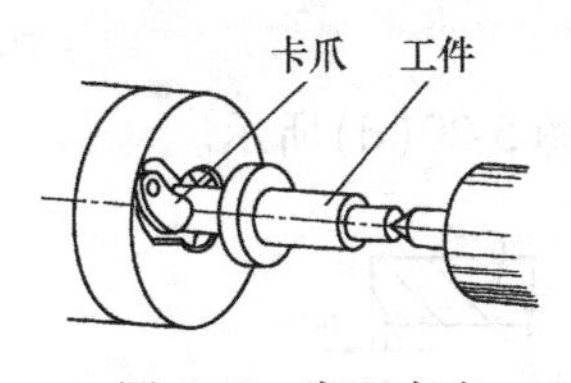


图5-17　离心卡盘

加工一定批量的轴类工件时,可以用双顶尖定位、离心卡盘(图5-17)夹紧。当主轴带动离心卡盘旋转时,装于其上的卡爪由于离心力的作用绕轴销旋转而将工件夹紧。卡爪的端部制有齿,目的是平衡切削力,将工件夹得更紧。停止主轴旋转,离心力随之消失,夹紧力也不复存在,这时可以拆卸工件。随工件直径的改变,卡爪的长度也应作相应的变化。

(8)双顶尖定位

用端面齿驱动工件,盘类工件需要用双顶尖定位时可采用图5-18所示的装夹方法。带端面齿的可伸缩顶尖(顶尖受压缩弹簧的作用)安装于车床主轴圆锥孔内,当转动尾座手柄使尾座顶尖向主轴方向移动时,主轴顶尖因受轴向力的作用而后缩,当转至一定位置时,工件的左端面与端面齿接触。如继续使尾座顶尖左移,则端面齿必嵌入工件中,此时如果车削,即可平衡切削力。为施加一个适当的轴向力,以产生一个恰当的嵌入力来平衡切削力,可在尾座处安装一个测力计。很显然，在工件端面上将留下嵌痕，因此这种方法仅适用于粗加工和半精加工。

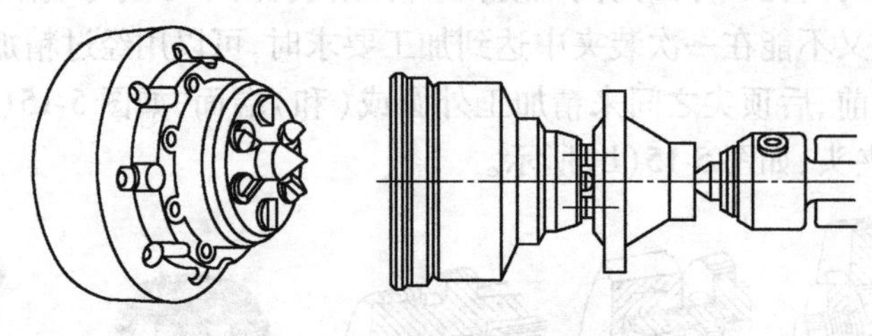

图 5-18　双顶尖定位端面齿驱动工件

## 知识链接 2　车削方法

### 1. 车外圆

车外圆的主要形式如图 5-19 所示。通常尖头车刀用于粗车没有台阶或台阶不大的外圆；45°弯头车刀用于粗车外圆和有 45°台阶的外圆，也可用来车端面和倒角；主偏角为 90°的偏刀常用来粗车、精车有 90°台阶的细长轴。对于加工余量大于 5 mm 的 90°台阶轴，将车刀的主偏角调至约 95°，分层纵向进给车削，并在最后一次纵向进给后，车刀横向退出，车出 90°台阶。

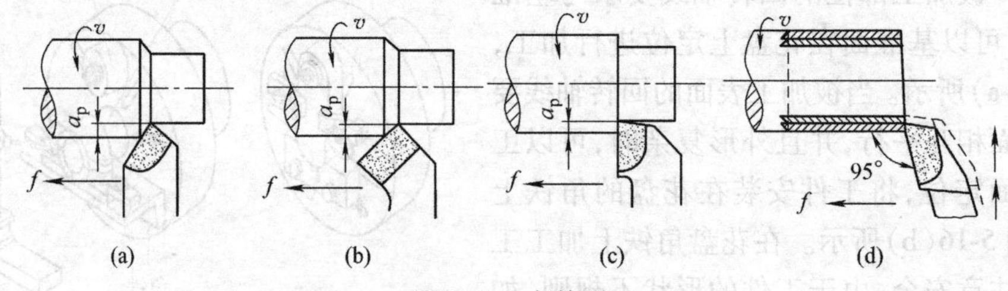


图 5-19　车外圆

(a)尖刀车外圆；(b)弯头刀车外圆；(c)90°偏刀车外圆；(d)95°偏刀车外圆

### 2. 车端面

常用的端面车刀和车端面的方法如图 5-20 所示。车端面时，应注意以下几点：

①刀尖应与工件的轴心线等高，以免车出的端面在中心处留有凸台崩坏切削刃；

②车端面时宜选用弯头车刀，因为弯头车刀是逐渐将端面切除的，不像偏刀最后是在突然之间将端面切除的，容易损坏刀尖；

③为了降低工件的表面结构值，可由工件中心向外面车削，如图 5-20(d)所示。



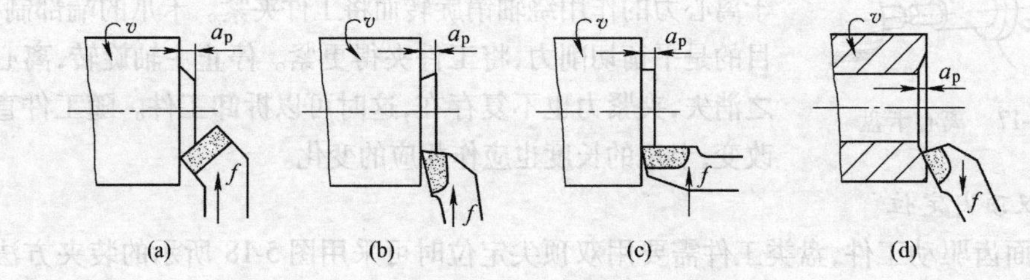


图 5-20　车端面

(a)弯头刀车端面；(b)右偏刀车端面(由外向中心)；(c)左偏刀车端面；(d)右偏刀车端面(由中心向外)

④车削直径较大的端面时，若出现了凸肚或凹心，往往是由于车刀或方刀架没有锁紧，床

鞍移动所致，为实现准确的横向进给，应将床鞍锁紧在床面上，此时可用小刀架调整背吃刀量。

(1)车端面直槽

端面沟槽通常有三种形式，即直槽、T形槽和燕尾槽。车端面沟槽的关键技能是要制出相应合适的端面沟槽车刀。车端面直槽时，通过切槽刀刀尖盘的副后刀面，必须根据端面槽圆弧的曲率半径的大小制成圆弧，并有3°~5°的后角，车刀的其他部分与一般的车槽刀相同，如图5-21所示。

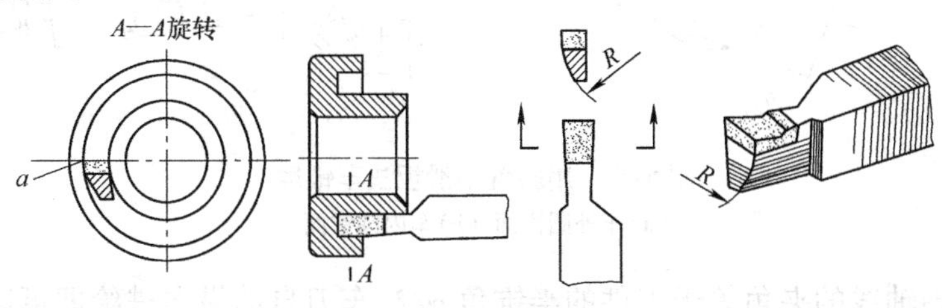


图5-21　车端面直槽

(2)车端面T形槽

车端面T形槽需用三种车刀分三个工步才能完成，如图5-22所示。首先用端面车槽刀车直槽，然后用弯头右车槽刀车外侧沟槽，最后用弯头左车槽刀车内侧沟槽。弯头车槽刀主切削刃的宽度 $a$ 应等于槽的轴向宽度，径向尺寸 $L$ 应小于槽的径向宽度 $b$。为避免车刀侧面与工件相碰，应将其侧面磨成相应的圆弧形。

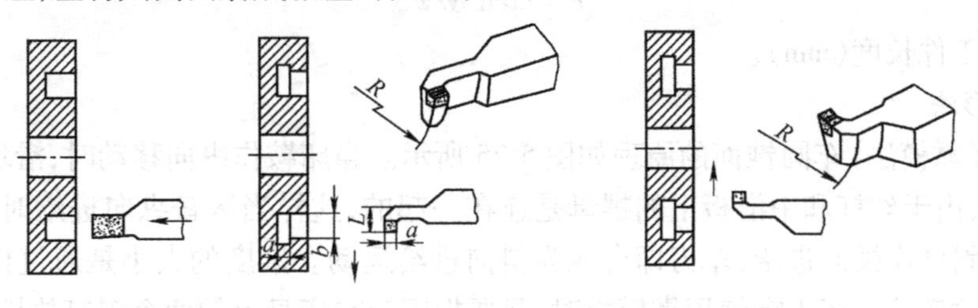


图5-22　车端面T形槽

### 3. 车锥度

锥面配合紧密，拆装方便，多次拆装后仍能保持精确的对中性，因此广泛应用于要求定位准确和经常拆卸的场合。例如车床主轴内孔与固定顶尖的配合，锥柄麻花钻的柄与钻套的配合。锥面有内、外之分，被锥面包容的面叫外锥面，包容锥面的面叫内锥面。锥度的车削方法如下。

(1)斜置小滑板法

将小滑板按照工件的要求转动半锥角 $\alpha/2$，使车刀的运动轨迹与要车削的圆锥体的素线平行。图5-23(a)所示是用斜置小滑板法车削外圆锥面，图5-23(b)所示是用斜置小滑板法车削内圆锥面。

用斜置小滑板法车锥面，调整简单，不需增添任何附加装置，可以车削各种锥角的内、外锥面，但锥度长度受到小滑板行程的限制，并且必须直接用手转动小滑板，劳动强度较大，加工质量主要受操作者水平的影响。

(2)偏移尾座法

将工件安装在前后顶尖之间，把尾座沿横向向前或向后偏移一定距离 $e$，使工件的回转

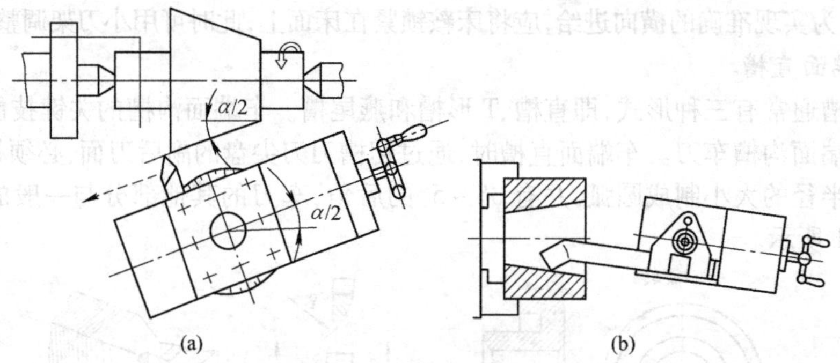

图 5-23　用斜置小滑板法车锥度

(a) 车外圆锥面;(b) 车内圆锥面

轴线与车床主轴轴线的夹角等于工件的半锥角 $\alpha/2$,车刀自动纵向进给即可以车出所需的锥面,如图 5-24 所示。

这种方法的特点是能加工较长工件上的锥面,能自动进给。但是,当加工一批零件时,应使工件的总长以及中心孔的深度保持一致,否则在相同的偏移量下将车出不同锥度的工件,并且不能车削锥孔,且半锥角 $\alpha/2<8°$。此方法一般用于单件或成批生产中。尾座偏移量 $e$ 的计算公式如下:

$$e=L\tan\alpha/2$$

式中:$L$——工件长度(mm)。

(3) 仿形法

仿形法(靠模法)车圆锥面的原理如图 5-25 所示。当床鞍作纵向移动时,滑块沿着靠板的斜面滑动,由于丝杠和中滑板上的螺母是连在一起的,这样当床鞍纵向进给时,中滑板就沿着靠板的斜度作横向进给,车刀即合成为斜向进给运动。锥度的大小是通过松开螺钉调整靠模板而改变的。当不需使用靠模板时,只要把固定在床身上的两个螺钉放松,床鞍即带动整个附件一起移动,使靠模板失去作用。

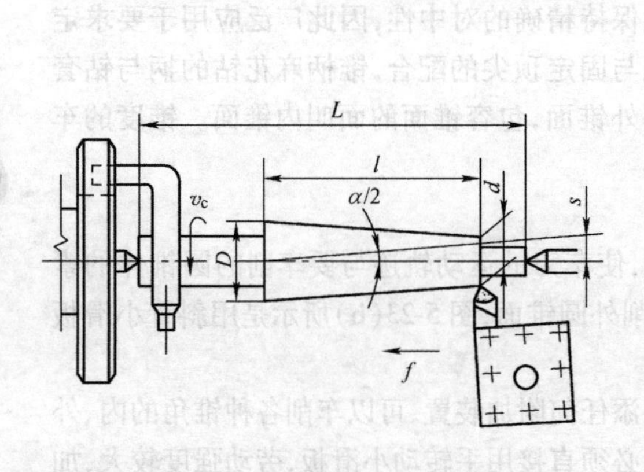

图 5-24　用偏移尾座法车外锥面

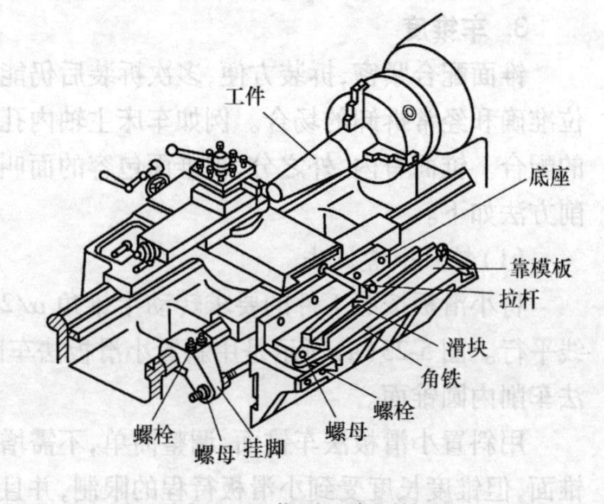

图 5-25　仿形法车圆锥面

仿形法的特点是可以加工内、外锥面,可以纵向自动进给,但锥面的半锥角 $\alpha/2<12°$,适宜在大批量生产中加工较长的锥面。

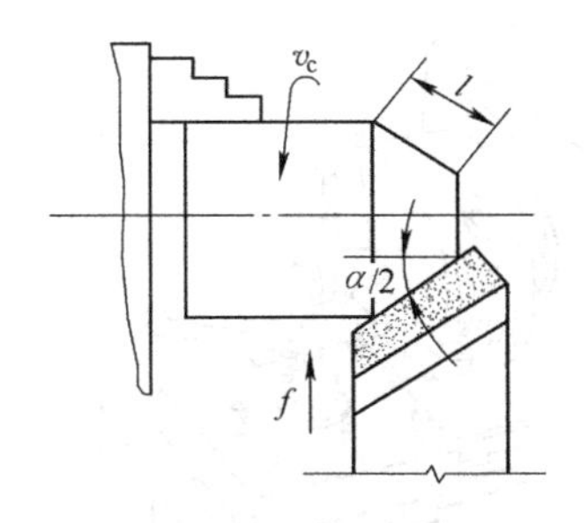

图 5-26 宽刃刀法车削圆锥面

(4)宽刃刀法

用宽刃刀法车锥面时,主切削刃与工件轴线间的夹角应等于锥面的半锥角 $\alpha/2$,如图 5-26 所示。

宽刃刀车锥面实质上属于成形法,要求切削刃必须平直,工艺系统要有较好的刚性,否则容易引起振动。此法适宜于车削较短的锥面,广泛应用于大批量生产中。如果孔径较大,并且内锥面车刀有较好的刚性,也可以用宽刃刀车削内锥面。

现将各种车锥度方法的原理、应用范围、计算公式等小结于表 5-1 中。

表 5-1 车锥度方法小结

| 名称 | 斜置小滑板法 | 偏移尾座法 | 仿形法(靠模法) | 宽刃刀法 |
| --- | --- | --- | --- | --- |
| 简明原理 | 将小滑板按照工件的要求转动 $\alpha/2$,使车刀的运动轨迹与工件母线平行 | 使工件的回转轴线与车床主轴轴线的夹角为 $\alpha/2$ | 使靠模板斜面与主轴轴线夹角为 $\alpha/2$,滑块沿斜面移动 | 主切削刃与工件轴线的夹角为 $\alpha/2$ |
| 使用范围 | 各种锥角 | $\alpha/2 < 8°$ | $\alpha/2 < 12°$ | 各种锥角 |
| 进给方法 | 手动进给 | 自动进给 | 自动进给 | 手动进给 |
| 是否要附加装置 | 不要 | 不要 | 要 | 不要 |
| 调节尺寸 | $\alpha/2$ | $e$ | $\alpha/2$ | $\alpha/2$ |
| 计算公式 | $\tan\alpha/2 = \frac{D-d}{2L}$ | $e = L\tan\alpha/2$ | $\tan\alpha/2 = \frac{D-d}{2L}$ | — |

### 4. 车成形面

有一些机器零件的表面是素线围绕轴线旋转形成的,例如球面、手柄曲面,这些表面称为成形面。车削成形面主要有以下三种方法。

(1)双手控制法

所谓双手控制法,就是用右手握小滑板手柄,左手握中滑板手柄,通过双手的合成运动,车出所要求的成形面,如图 5-27 所示。用这种方法车削成形面时一般使用圆头车刀,加工中需要经过多次测量和车削。由于手动进给不均匀,在工件的形状基本正确后还要用锉刀仔细修整、用细锉刀修光,最后用砂布抛光。成形面的形状一般用样板检验,如图 5-28 所示。此法用于单件、小批生产。

图 5-27 双手控制法车成形面

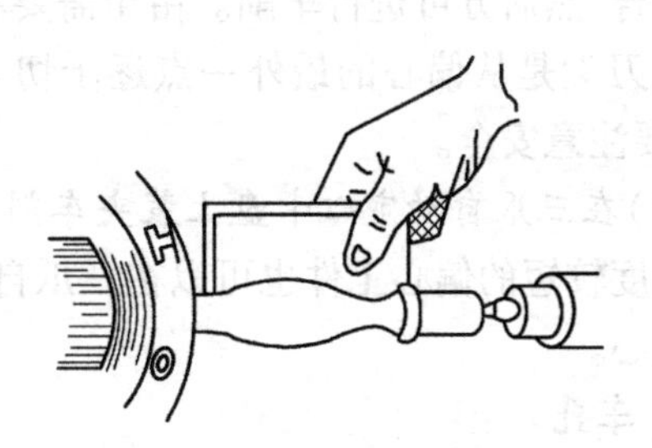
图 5-28 用样板检验成形面

(2)成形刀法

成形刀法是利用切削刃的形状与成形面母线形状相吻合的成形刀进行车削,如图5-29所示。车削时,车刀只作横向进给运动,由于切削刃与工件接触长度较长,容易引起振动,因此应采用较小的进给量、较低的切削速度,并要使用足够的切削液,同时要求机床要有足够的刚性。

成形刀法操作简单、生产效率高,但刀具刃磨、制造比较困难,仅适宜于在成批生产中加工轴向尺寸较小的成形面。

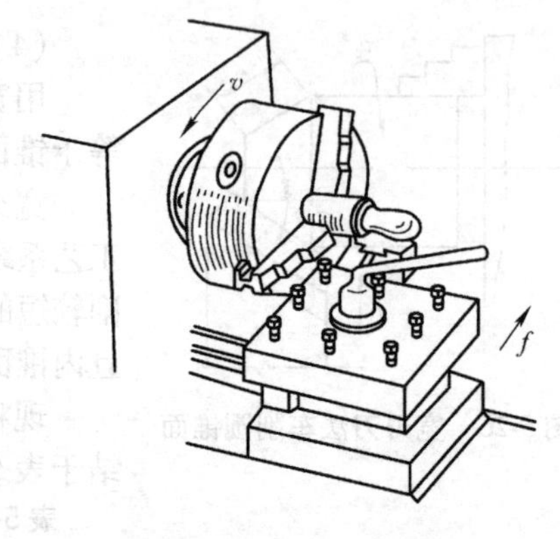

图5-29 成形刀法车成形面

(3)靠模法

在车床上用靠模法车成形面的原理与用靠模法车锥面的原理相同,只是将锥度靠板换成带有曲面槽的靠模,并将滑块改为滚柱。

靠模法的特点是生产效率高,可以自动进给,能获得较高的尺寸精度和较小的表面结构值($Ra1.6 \sim 3.2\ \mu m$),适宜于大批量生产中车削轴向尺寸较长、曲率较小的成形面。

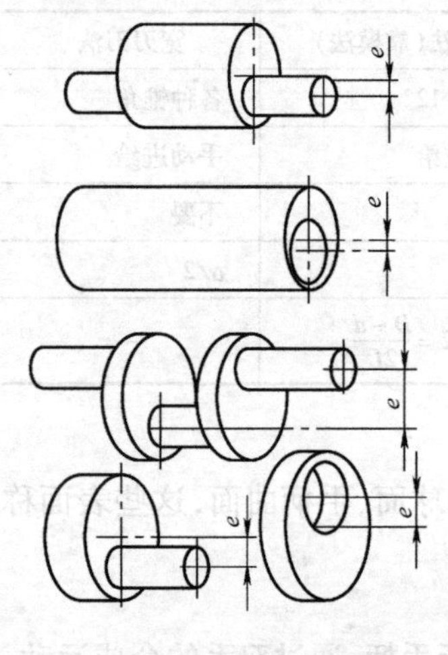

图5-30 偏心工件

**5. 车偏心工件**

在机械传动中有一些图5-30所示的工件,它能把回转运动转变成从动件的往复直线移动,或者把往复直线移动转变成偏心工件的回转运动。这种外圆和外圆或内孔和外圆的轴线平行而不重合的零件叫偏心工件。外圆与外圆偏心的零件叫偏心轴,内孔与外圆偏心的零件叫偏心套,两轴线之间的距离叫偏心距。偏心工件的车削方法有以下三种。

(1)用两顶尖定位车削

凡是能在两端面钻中心孔,有鸡心夹头的装夹位置,都应该用这种车偏心工件的方法。这种方法和一般车外圆没有多大区别,不同的是将顶尖顶在偏心部分中心线上的两个中心孔内进行车削。它的优点是定位精度高,不需花费时间去找正偏心,因而生产效率高。

(2)在四爪单动卡盘上装夹车削

当工件长度较短、数量较少、不能在两顶尖上装夹时,可装夹在四爪单动卡盘上车偏心工件。用这种方法车偏心工件,必须按已划好的偏心和侧母线找正,使偏心轴线与车床主轴轴线重合,然后方可进行车削。由于需要花费一定的时间找正工件,所以生产效率较低。由于车刀刀尖是从偏心的最外一点逐步切入工件,开始时是断续车削,所以切削速度不能太大,并要注意安全。

(3)在三爪自动定心卡盘上装夹车削

长度较短的偏心工件也可以在三爪自动定心卡盘上加一块垫片来车削,使工件产生所需的偏心。

**6. 车孔**

对工件上已经铸出、锻出和钻出的孔作进一步加工,以提高其加工精度和降低表面结构值的方法叫车孔。车孔分粗车、半精车和精车，精车孔能达到的尺寸精度为 IT8 ~ IT7 公差等级，表面结构值达到 $Ra0.8 \sim 1.6\ \mu m$。

（1）车孔刀

内孔车刀有两种，即通孔车刀和不通孔车刀，如图 5-31 所示。

1）通孔车刀

通孔车刀（图 5-31（a））的主偏角一般为 60° ~ 75°，副偏角一般为 15° ~ 30°。为防止后刀面与孔壁之间的摩擦，又不使后角太大，一般磨成双重后角。

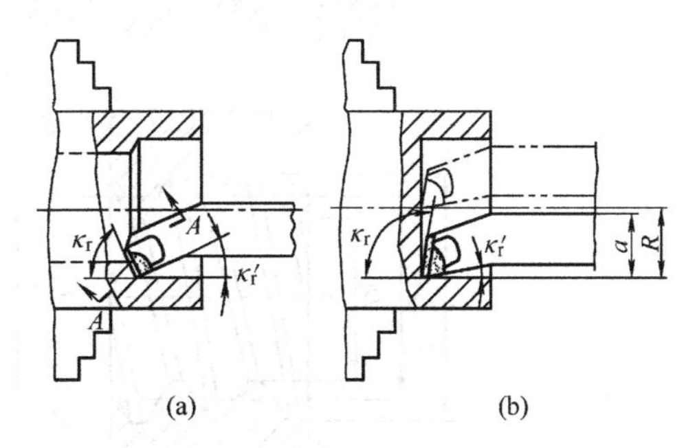


图 5-31　车孔刀

（a）通孔车刀；（b）不通孔车刀

2）不通孔车刀

不通孔车刀一般用来车削不通孔或台阶孔。它的主偏角大于 90°，刀尖位于刀杆的最前端，刀尖距刀杆最外面的距离 $a$ 要小于内孔半径 $R$，如图 5-31（b）所示。

（2）车孔的关键技能

车孔最易出现的质量问题：一是容易出现“喇叭口”，二是内孔表面容易被切屑拉毛。解决前一个问题的关键是增强刀杆的刚性；解决后一个问题的关键是控制切屑的流向，使切屑顺利从孔内排出。

①增加刀杆刚性的措施：一是尽量增加刀杆的截面积，尤其是增加截面高度方向的尺寸；二是安装车刀时，使刀杆的悬伸长度尽可能短，只要稍大于孔深即可。

②控制切屑流向：精车通孔时，常采用前排屑，刃倾角应取正值，使切屑流向待加工表面，从孔口前端排出，如图 5-32（a）所示，这是最理想的排屑方式；精车不通孔时，如仍然采用前排屑，切屑势必滞留在孔内，而把已加工表面损伤，因此一般采用后排屑，如图 5-32（b）所示。

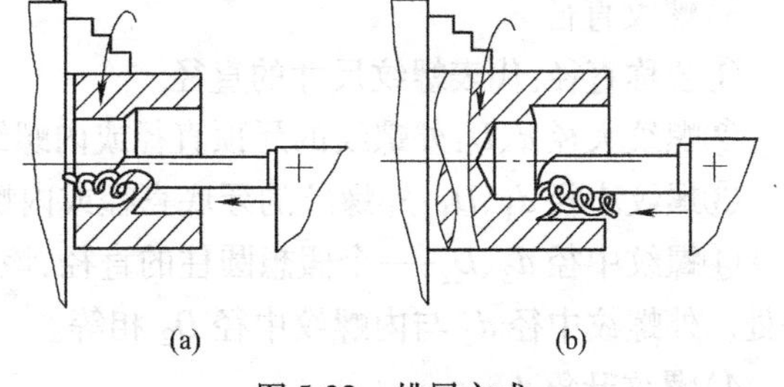


图 5-32　排屑方式

（a）前排屑；（b）后排屑

**7. 车螺纹**

带螺纹的零件广泛应用于各种产品中，用车削的方法加工螺纹是常用的螺纹加工方法之一，车削蜗杆则是蜗杆的主要加工方法。

（1）螺旋线的形成

在车削螺纹时，工件旋转，车刀沿工件轴线移动，刀尖在工件上的运动轨迹即为螺旋线。

（2）螺纹术语

1）螺纹牙型、牙型角和牙型高度

①螺纹牙型：通过螺纹轴线的剖面上的螺纹轮廓形状。螺纹的牙型有三角形、梯形和锯齿形等，如图 5-33（a）所示。

②牙型角 $\alpha$：在螺纹牙型上，相邻两牙侧之间的夹角，如图 5-33（b）所示。

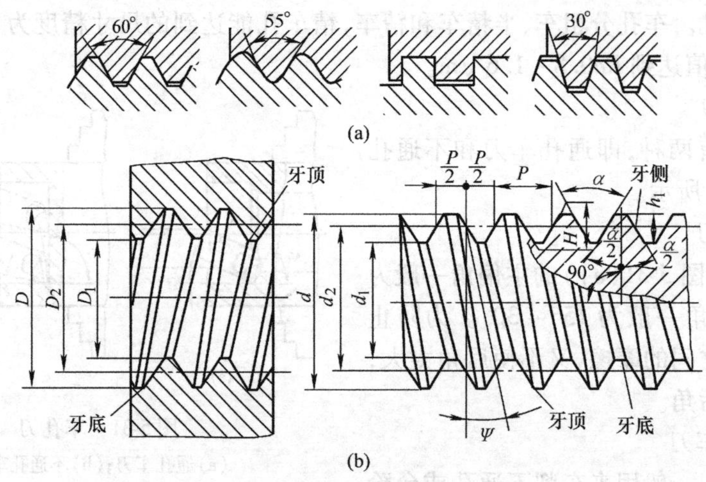


图 5-33　螺纹的牙型及各部分名称

(a)螺纹牙型;(b)螺纹各部分名称

③牙型高度 $h_1$:在螺纹牙型上,从牙顶到牙底在垂直于螺纹轴线方向上的距离,如图 5-33(b)所示。

2)导程 $P_h$ 和螺距 $P$

①导程 $P_h$:同一条螺旋线上相邻两牙在中径线上对应两点间的轴向距离。

②螺距 $P$:相邻两牙在中径线上对应两点间的轴向距离。

导程和螺距的关系为 $P_h = nP$($n$ 为线数)。

3)螺纹直径

①公称直径:代表螺纹尺寸的直径。

②螺纹大径 $d$、$D$:外螺纹的牙顶直径或内螺纹的牙底直径。

③螺纹小径 $d_1$、$D_1$:外螺纹的牙底直径或内螺纹的牙顶直径。

④螺纹中径 $d_2$、$D_2$:一个假想圆柱的直径,该圆柱的母线通过牙型上沟槽和突起宽度相等处。外螺纹中径 $d_2$ 与内螺纹中径 $D_2$ 相等。

4)螺纹升角 $\psi$

在中径圆柱上,螺旋线的切线与垂直于螺纹轴线的平面之间的夹角叫螺纹升角,如图 5-33(b)所示。螺纹升角可用下式计算:

$$\tan\psi = \frac{P_h}{\pi d_2}$$

5)螺纹旋向

螺纹的旋向有左旋和右旋。区别方法之一是:内、外螺纹顺时针方向旋入时为右旋,逆时针方向旋入时为左旋。

(3)车三角形螺纹

1)螺纹车刀

为了获得正确的牙型,车刀切削部分的几何形状必须正确,使其与被切螺纹轴向截面的牙槽形状一致;其次要正确安装车刀,使车刀尖与螺纹轴线等高,并且刀尖角的平分线垂直于螺纹轴线。

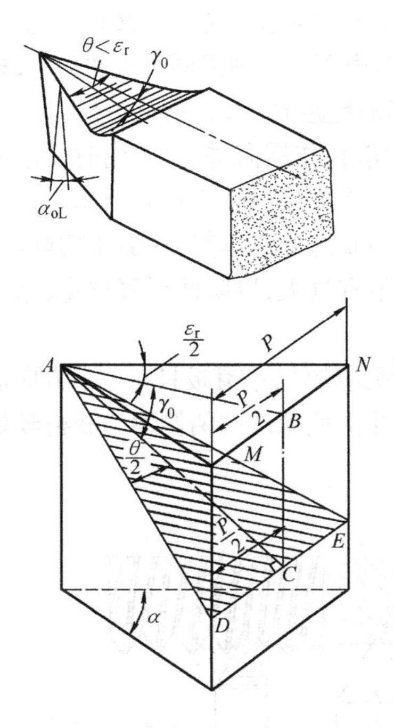


图 5-34 螺纹车刀的纵向前角

刃磨车刀时,必须使两侧切削刃的夹角等于螺纹的牙型角 $\alpha$,前角 $\gamma_0=0°$。若 $\gamma_0>0°$,正确的牙型只反映在 *ADE* 截面内,而通过轴线的 *AMN* 截面内的牙型并不正确,如图 5-34 所示。应当指出,当 $\gamma_0=0°$时切削条件较差,所以通常先用具有正前角的车刀粗车,再用 $\gamma_0=0°$的车刀精车。对于精度要求不高的三角形螺纹,可以采用具有较小正前角的车刀一次车削完成。

常用螺纹车刀的材料有两种,即高速钢和硬质合金。高速钢螺纹车刀车出螺纹的表面结构值小,但因其耐热性差,只适用于低速车螺纹;硬质合金车刀硬度高、耐热性好,适用于高速车削螺纹。

2)圆杆和内孔直径的计算

车外螺纹时,由于金属受到螺纹车刀的挤压,直径增大,所以圆杆的直径应比其大径稍小一些,一般小 0.2～0.4 mm;车内螺纹时,由于金属同样也受到螺纹车刀的挤压,直径缩小,所以内孔直径比螺纹的小径应稍大些,一般可采用以下公式计算:

车削塑性金属时 $D_1=D-P$

车削脆性金属时 $D_1=D-1.05P$

式中:$D_1$——钻孔直径(mm)。

3)乱牙及其预防

车削螺纹时,一般都要分几次进给才能完成。当一次进给完成后,下一次进给时刀尖偏离了前一次进给时车出的螺旋槽,即螺纹被车乱了,把这种螺纹车乱的现象叫乱牙,如图 5-35 所示。

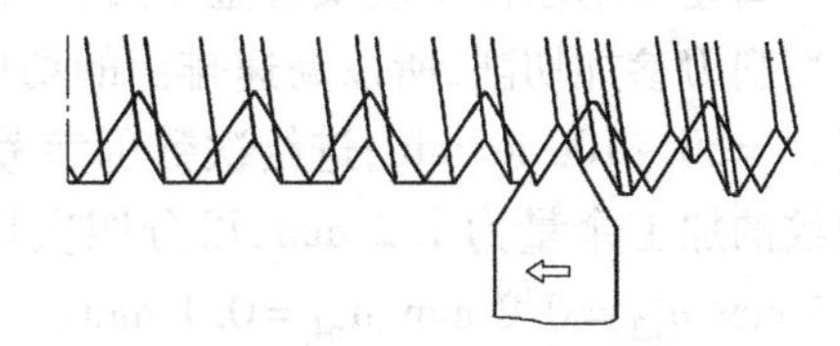

图 5-35 乱牙

①产生乱牙的原因:车床丝杠的螺距不是被加工工件螺距的整数倍。车螺纹时,工件和丝杠都在旋转,当开合螺母提起之后,至少要等丝杠转过一转,才能重新合上。当丝杠转过一转时,工件转过了整数转,车刀就能进入前一次车出的螺旋槽内,即不会产生乱牙;当丝杠转过一转后,工件没有转过整数转,就会产生乱牙。即 $P_{丝}/P=$整数($P_{丝}$ 为丝杠螺距,$P$ 为工件螺距),不会产生乱牙;$P_{丝}/P\neq$整数,会产生乱牙。

②预防乱牙的方法:对于在车削时会产生乱牙的螺纹,可以采用开倒顺车的方法预防。所谓开倒顺车,即在一次进给结束时,不提起开合螺母,而是开倒车(即使主轴反转),使车刀退回至车螺纹的起始位置,再开顺车进行下一次车削,这样循环往复,直至把螺纹车至所要求尺寸。

4)三角形螺纹的车削方法

可以采用低速车削和高速车削两种方法车削三角形螺纹。

低速车削法用高速钢车刀,并用粗、精车刀分别对螺纹进行粗、精加工。低速车削螺纹一般有以下三种进给方法。

①直进法:车螺纹时,在每次往复行程后,只利用中滑板作横向进给(图5-36(a))直至车出所需螺纹。直进法车螺纹可以得到比较正确的牙型,但由于两切削刃同时参加切削,螺纹表面不易车得光洁,且容易产生扎刀现象,因此只适宜车削螺距 $P<1.5$ mm 的螺纹。

②左、右切削法:车螺纹时,在每次往复行程后,除用中滑板作横向进给外,同时使小滑板依次向左、右作微量进给,这样重复若干次,直至车出所需螺纹,如图5-36(b)所示。这种方法车螺纹是单面切削,所以不易扎刀。如采用 $v_c<5$ m/min 的低速车削,并加注切削液,可以获得较好的表面结构。但应注意车刀的左、右进给量不宜过大,以防使牙底过宽,精车时一般小于0.05 mm。

③斜进法:粗车螺纹时,在每次往复行程后,除用中滑板进给外,小滑板只向一个方向进给,如图5-36(c)所示。但在精车时必须采用左、右切削法才能使螺纹的两侧面均获得较好的表面结构。

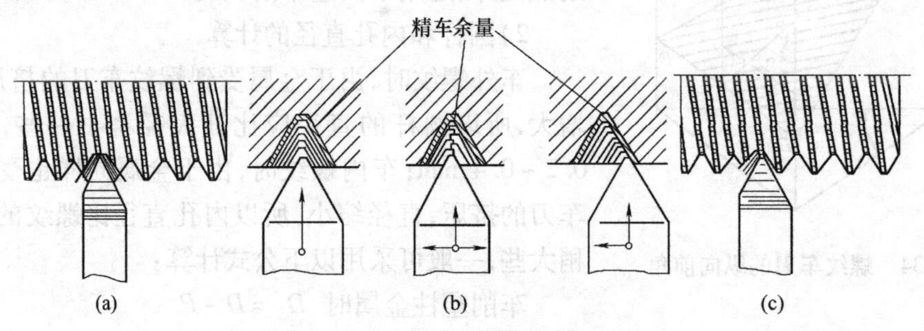


图5-36 低速车削三角形螺纹方法

(a)直进法;(b)左、右切削法;(c)斜进法

高速车削法使用硬质合金车刀,且只能用直进法进给。如果采用左右进给法,因仅有一个切削刃参加切削,所以高速排出的切屑会把另一侧拉毛。高速车削法车螺纹,选取切削速度 $v_c=50\sim100$ m/min;进给次数可参考表5-2选取;背吃刀量要由大逐步变小,例如设某种螺纹的加工余量为1.2 mm,可分四次切除,其背吃刀量的分配情况为 $a_{p1}=0.5$ mm、$a_{p2}=0.4$ mm、$a_{p3}=0.2$ mm、$a_{p4}=0.1$ mm。

**表5-2 高速车削三角形螺纹的进给次数(45钢)**

| 螺距/mm | | 1.5~2 | 3 | 4 | 5 | 6 |
|---|---|---|---|---|---|---|
| 进给次数 | 粗车 | 2~3 | 3~4 | 4~5 | 5~6 | 6~7 |
| | 精车 | 1 | 2 | 2 | 2 | 2 |



5)多线螺纹的车削

多线螺纹在结构上有两个特点:在轴向剖面内,各条螺旋线相隔的距离等于螺距;在横向剖面内,各条螺旋线与横向剖面的交点相隔360°/$n$($n$为线数),如图5-37所示。

车多线螺纹时,每一条螺旋线的车削方法与车单线螺纹完全相同,只是不按螺距 $P$ 而是按导程 $P_h$ 调整交换齿轮和进给箱手柄的位置。关键问题是在第一条螺纹车毕之后,如何准确地改变车刀与工件的相对位置,车出以后各条螺纹,即如何进行准确的分线。

多线螺纹的分线方法很多,现介绍常用的两种。

①移动小滑板法:即在车完第一条螺纹后,使车刀沿轴向移动一个螺距再车第二条螺纹。使用这种方法必须先校正小滑板导轨,使之与工件轴线方向相平行,否则要影响分线的

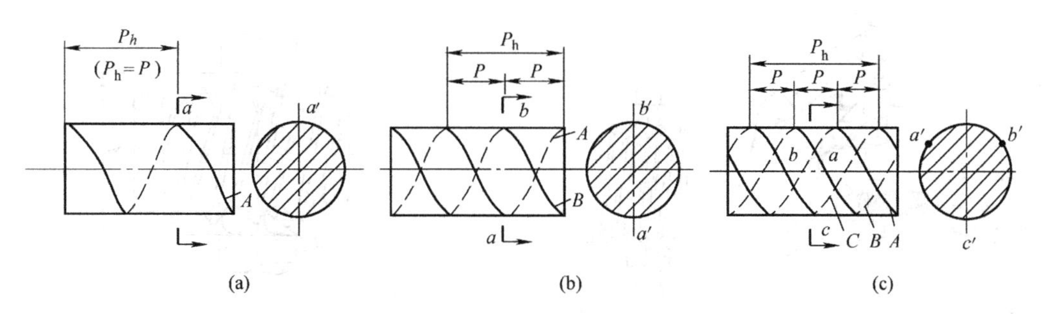


图 5-37　单线螺纹与多线螺纹

(a)单线螺纹;(b)双线螺纹;(c)三线螺纹

准确性。若多线螺纹的螺距精度要求不高,可以直接利用小滑板手柄刻度盘控制移动量;若螺距精度要求高,可利用百分表控制小滑板的移动量,如图 5-38 所示。

②旋转工件法:由于多线螺纹在横向剖面内各条螺旋线与横向剖面的交点相差 360°/$n$,因此在车完一条螺旋线后,使工件相对主轴转过 360°/$n$,车出下一条螺旋线即可。

6)三角形螺纹的检验

三角形螺纹的检验是指对其中径、顶径和螺距的检验。检验方法可分为单项检验法和综合检验法两种。

Ⅰ. 单项检验法

螺纹的顶径(外螺纹的大径和内螺纹的小径)用游标卡尺测量;螺距用螺距规或钢直尺测量,如图 5-39 所示;中径可用螺纹千分尺或三针测量法检验。

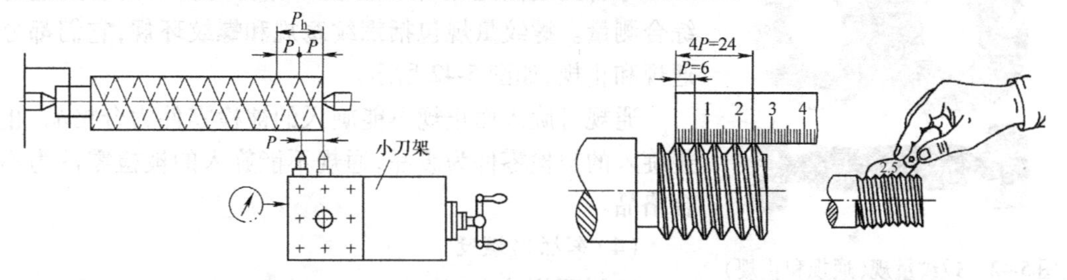


图 5-38　用移动小滑板法分线　　　图 5-39　螺距的测量

①螺纹千分尺:螺纹千分尺的刻线原理和读数方法与普通千分尺相同,所不同的是螺纹千分尺附有两套(60°和 55°)适用于不同牙型角和不同螺距的测量头。测量时,可以根据不同需要选择测量头,然后将它们分别插入到千分尺的轴杆和砧座孔内,但在更换测量头之后,必须调整砧座的位置,使千分尺对准零位。测量时,与螺纹牙型角相同的上、下两测头,正好卡在螺纹的牙侧上,从图 5-40 可以看出,$ABCD$ 是一个平行四边形,因此测得的尺寸 $AD$ 即为中径的实际尺寸。

②三针测量:测量时,把三根圆柱形量针置于螺纹两侧相应的螺旋槽内,用千分尺测出两边量针最上和最下素线之间的距离 $M$,如图 5-41 所示。根据 $M$ 值可以计算出螺纹中径的实际尺寸。三角形螺纹中径的计算公式见表 5-3。

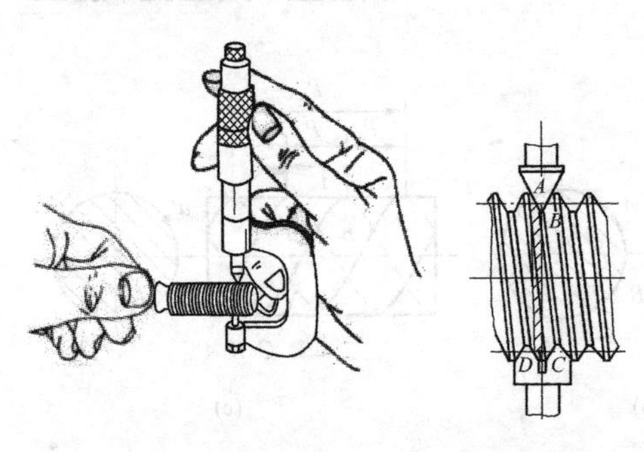


图5-40　螺纹千分尺及其测量原理

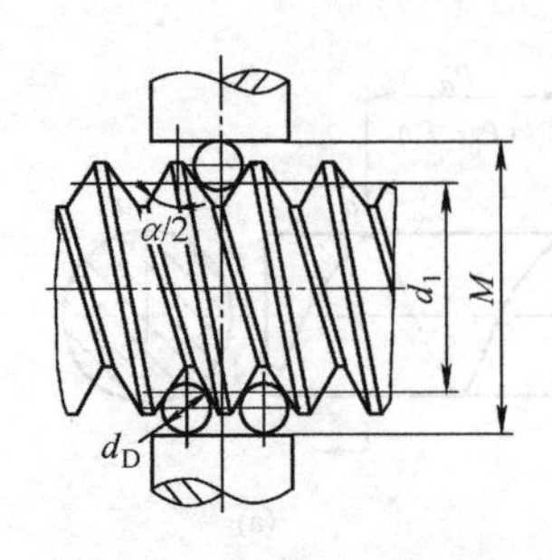


图5-41　三针测量螺纹中径

**表5-3　三针测量螺纹的计算公式**

| 螺纹牙型角 | M值计算公式 | 量针直径 $d_D$ | | |
|---|---|---|---|---|
| | | 最大值 | 最佳值 | 最小值 |
| 60°(普通螺纹) | $M=d_1+3d_D-0.866P$ | $1.01P$ | $0.577P$ | $0.505P$ |
| 55°(英制螺纹) | $M=d_1+3.166d_D-0.961P$ | $0.0894P-0.029$ | $0.564P$ | $0.481P-0.016$ |
| 30°(梯形螺纹) | $M=d_1+4.864d_D-1.866P$ | $0.656P$ | $0.518P$ | $0.486P$ |

测量所用的量针是量具厂专门制造的,也可以用三根直径相等的优质钢丝或新直柄钻头的柄代替。

Ⅱ. 综合测量法

图5-42　螺纹量规(通规和止规)

综合测量法是用螺纹量规对螺纹的各主要参数进行综合测量。螺纹量规包括螺纹塞规和螺纹环规,它们都分通规和止规,如图5-42所示。

通规可旋入而止规不能旋入的被检零件为合格品,止规旋入的被检零件为废品,通规不能旋入的被检零件为不合格品。

(4)车梯形螺纹

1)梯形螺纹车刀

若梯形螺纹的加工精度要求较好,表面结构要求也较高,宜选用高速钢梯形螺纹车刀,但生产效率较低;车削一般精度的梯形螺纹时,为了提高生产效率,则可选用硬质合金车刀进行高速车削。



由于梯形螺纹的导程较大,螺纹升角也较大。大螺旋升角对车刀的工作角度有很大影响,因此不论是高速钢梯形螺纹车刀,还是硬质合金梯形螺纹车刀,进给方向的后角要磨至(3°~5°)$-\psi$,背离进给方向的后角则要磨至(3°~5°)$+\psi$,这样在车削时,两侧后角的大小才较为合适,如图5-43(a)所示。

①高速钢梯形螺纹车刀:为便于车削和车出具有正确牙型的梯形螺纹,一般先用高速钢梯形螺纹粗车刀进行粗车,然后再用高速钢梯形螺纹精车刀进行精车。图5-43(a)所示为梯形螺纹粗车刀的形状。为改善切削条件,磨10°~15°的前角;为便于左右切削并留出精车余量,刀头宽应小于槽底宽度 $W$。为车出准确的牙型,高速钢螺纹精车刀的前角要等于0°,两侧刃之间的夹角要等于螺纹的牙型角;为保证两侧切削刃切削顺利,切削刃都磨有前

角为 10° ~ 20° 的卷屑槽，如图 5-43 (b) 所示。

②硬质合金梯形螺纹车刀：图 5-44 (a) 所示为硬质合金梯形螺纹车刀的几何形状。用这种车刀高速车削时，由于三个刃同时参加切削，切削力较大，容易引起振动，并且切屑呈带状流出，给安全带来不利。因此，可在前刀面上磨出如图 5-44 (b) 所示的两个左右对称的 *R*7 圆弧，使纵向前角增大，切削顺利，并使切屑呈球状沿前刀面流出。

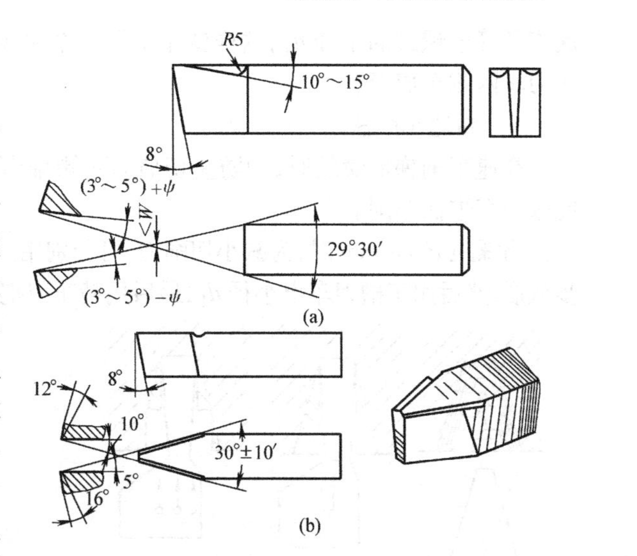


图 5-43　高速钢梯形螺纹车刀

(a) 粗车刀；(b) 带卷屑槽

2) 梯形螺纹的车削方法

当梯形螺纹的加工精度要求较高且在单件生产和修配工作中，常用高速钢螺纹车刀低速车削梯形螺纹；一般情况下及生产批量较大时，则用硬质合金车刀高速车削梯形螺纹。

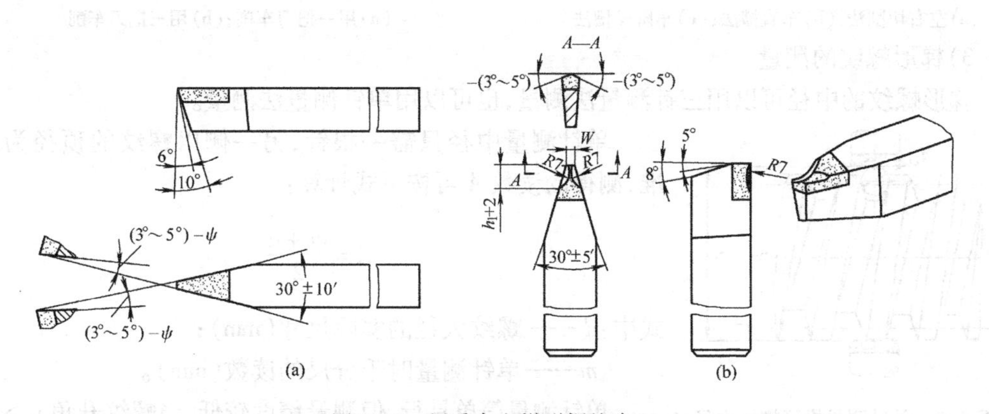


图 5-44　硬质合金梯形螺纹车刀

(a) 普通型；(b) 两侧带对称圆弧卷屑槽

Ⅰ. 低速切削法

低速车削螺距 $P<4$ mm 的梯形螺纹时，用一把梯形螺纹车刀，以少量进给车削成形。车削螺距 $P>4$ mm 的梯形螺纹时可以采用下列进给方法。

①左右切削法：当车削 4 mm $<P<$ 8 mm 的梯形螺纹时，为防止因三个切削刃同时参加切削而产生振动和扎刀，可以采用图 5-45(a) 所示的左右切削法。

②车直槽法：用左右切削法切削时，在每次横向进给的同时，都必须使车刀向左或向右作微量进给，多有不便。因此粗车时可先用刀头宽度等于螺纹槽底宽度 *W* 的车槽刀车出直槽，使槽底直径等于螺纹的小径 $d_1$，如图 5-45(b) 所示，然后用梯形螺纹车刀车两侧至成形。

③车阶梯槽法：粗车螺距 $P>8$mm 的梯形螺纹时，可以先用刀头宽度小于 $P/2$ 的车槽刀用车直槽法车至接近螺纹中径处，再用刀头宽度等于牙槽底宽的车槽刀车出螺旋直槽，槽

底直径等于螺纹的小径 $d_1$，这样就车出了一个阶梯槽，如图 5-45(c) 所示，然后用梯形螺纹车刀车两侧至成形。

Ⅱ. 高速车削法

高速车削梯形螺纹时，为防止切屑向两侧排出拉毛螺纹牙侧，不宜采用左右切削法，只能采用直进法车削。

当螺距 $P>8$ mm 时，为减小切削力，可分别用三把车刀依次车削：先用粗车刀将其粗车初步成形，然后用车槽刀车出小径 $d_1$，最后用精车刀把螺纹车至要求尺寸，如图 5-46 所示。

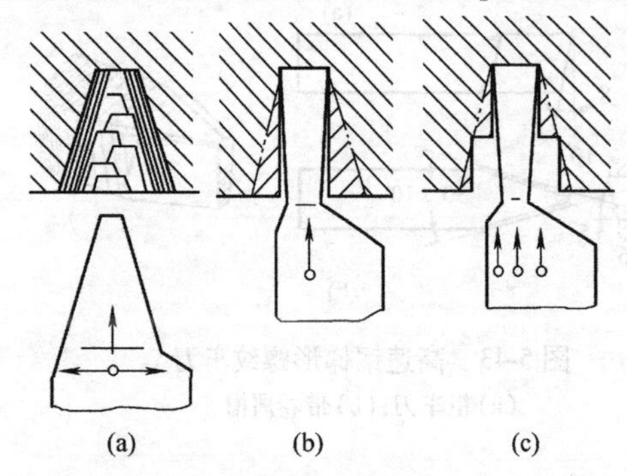


图 5-45　低速车削梯形螺纹时的进刀方法

(a) 左右切削法；(b) 车直槽法；(c) 车阶梯槽法

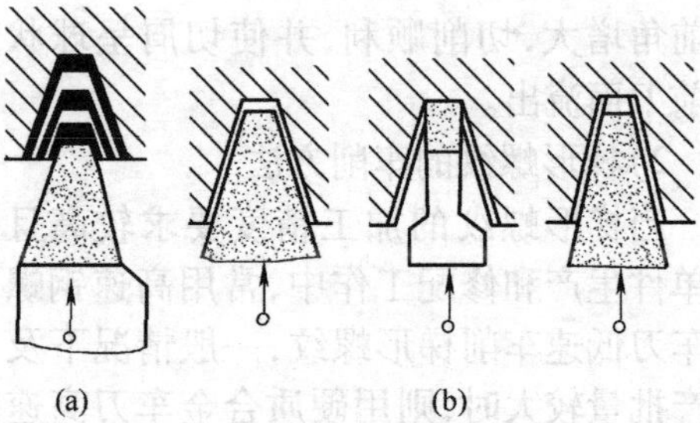

图 5-46　高速车削梯形螺纹方法

(a) 用一把刀车削；(b) 用三把刀车削

3) 梯形螺纹的测量

梯形螺纹的中径可以用三针测量法测量，也可以用单针测量法测量。

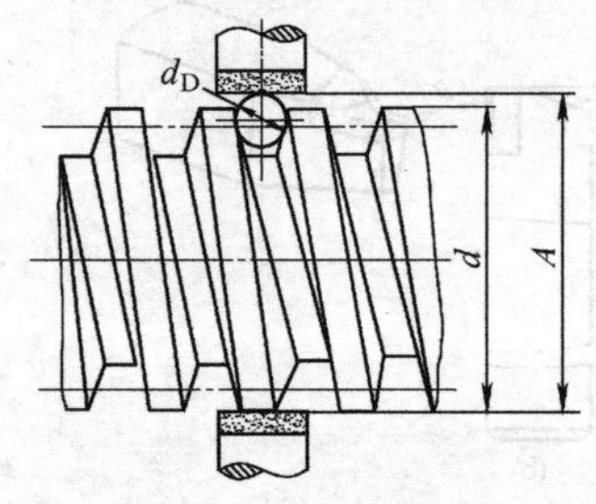


图 5-47　单针测量梯形螺纹中径

单针测量中径只需一根针，另一侧以螺纹的顶径为基准，测得的读数 $A$ 可按下式计算：

$$A=\frac{m+d}{2}$$

式中：$d$ ——螺纹大径的实际尺寸(mm)；

$m$——单针测量时千分尺的读数(mm)。

单针测量简单易行，但测量精度较低，当螺纹升角 $\psi>4°$ 时会产生较大的测量误差，测量方法如图 5-47 所示。

(5) 其他车削方法

其他车削方法还有切断、切槽、滚花及一些复杂件的加工，切断、切槽，如图 5-48 和图 5-49所示。

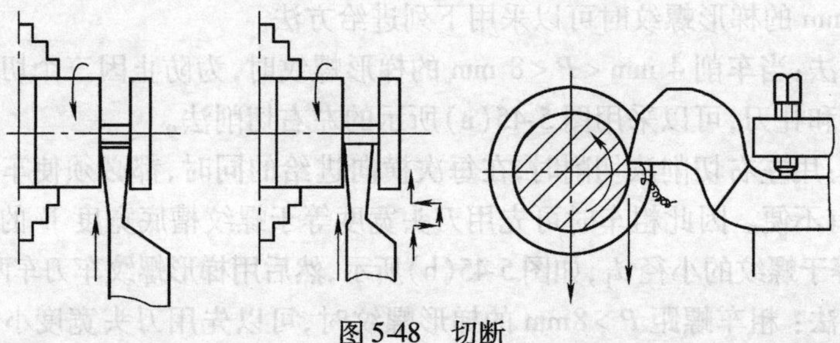

图 5-48　切断

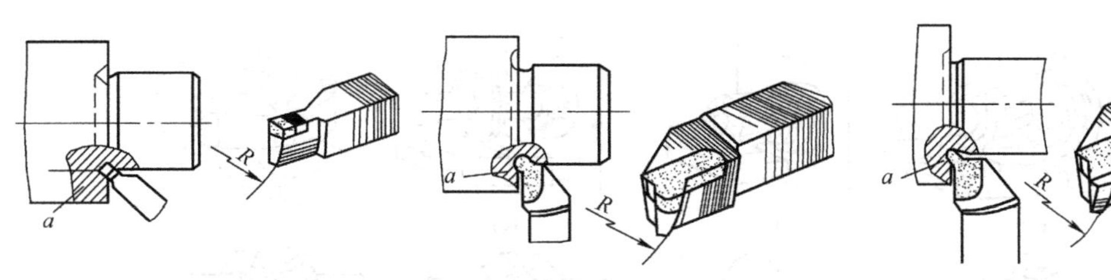
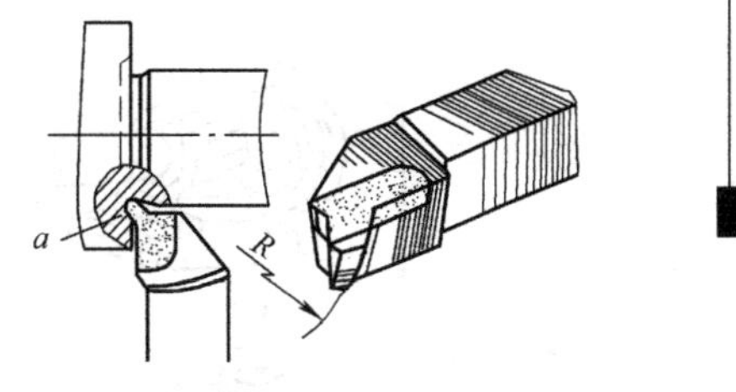

图 5-49　车沟槽

## 本节复习题

①车工能够完成的基本加工是什么?
②车削细长轴时如何使用中心架或跟刀架?
③车端面直槽时应注意什么?
④车削锥度的方法有哪几种?各有何特点?
⑤如何检验锥度和圆锥尺寸?
⑥车削偏心零件的方法有哪几种?各有何特点?
⑦车削螺纹的方法有哪几种?各有何特点?如何避免乱牙?
⑧车削多线螺纹时如何分线?
⑨螺纹的测量方法有哪几种?

# 任务 2　铣削

## 知识链接 1　铣削加工概述

### 1. 铣削加工基本内容

机械零件一般都是由毛坯通过各种不同方法的加工而达到所需形状和尺寸的。铣削加工是最常用的切削加工方法之一。

所谓铣削,就是以铣刀旋转作为主运动,工件或铣刀作进给运动的切削加工方法。铣削过程中的进给运动可以是直线运动,也可以是曲线运动,因此铣削的加工范围比较广,生产效率和加工精度也较高。

铣削是加工平面的主要方法之一。在铣床上使用不同的铣刀可以加工平面(水平面、垂直平面、斜面)、台阶、沟槽(直角沟槽、V 形槽、T 形槽、燕尾槽等)、特形面和切断材料等。此外,使用分度装置可加工需周向等分的花键、齿轮和螺旋槽等。在铣床上还可以进行钻孔、铰孔和铣孔等工作。

铣床加工基本内容如图 5-50 所示。

### 2. 铣削加工的特点

①在金属切削加工中,铣削的应用仅次于车削。铣削的主运动是铣刀的回转运动,切削速度较高,除加工狭长的平面外,其生产效率均高于刨削。

②铣刀种类多,铣床的功能强,因此铣削的适应性好,能完成多种表面的加工。

③铣刀为多刃刀具,铣削时各刀齿轮流承担切削,冷却条件好,刀具使用寿命长。

④铣削时,铣刀各刀齿的切削是断续的,铣削过程中同时参与切削的刀齿数是变化的,

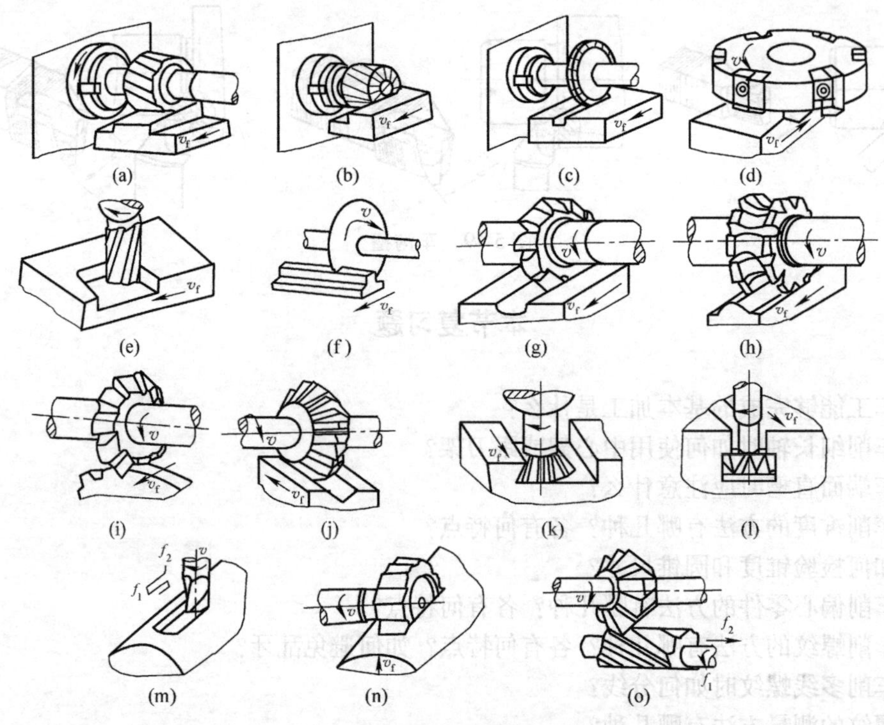

图 5-50　铣床的加工内容

(a)圆柱铣刀铣平面;(b)面铣刀铣阶台;(c)三面刃铣刀铣直角槽;(d)硬质合金端铣刀铣平面;(e)立铣刀铣型腔;(f)锯片铣刀切断;(g)圆弧铣刀铣凹圆弧;(h)圆弧铣刀铣凸圆弧;(i)齿轮铣刀铣齿轮;(j)角度铣刀铣 V 形槽;(k)燕尾铣刀铣燕尾槽;(l)梯形槽铣刀铣梯形槽;(m)键槽铣刀铣键槽;(n)半圆键铣刀铣半圆键槽;(o)双角度铣刀铣刀具

切屑厚度也是变化的,因此切削力是变化的,存在冲击。

⑤铣削的加工精度为 IT9 ~IT7,表面结构值为 $Ra$1.6 ~12.5 μm。

### 3. 平面铣削的基本方式

(1)周边铣削与端面铣削

①周边铣削

周边铣削(图 5-51(a))又称圆周铣削,简称周铣,是指用铣刀的圆周切削刃进行的铣削。铣削平面是利用分布在圆周面上的切削刃铣出平面的,铣削平面平行于铣刀旋转轴线。

用周铣法加工而成的平面,其平面度和表面结构主要取决于铣刀的圆柱度、铣刀强度和铣刀刃口的刃磨质量。

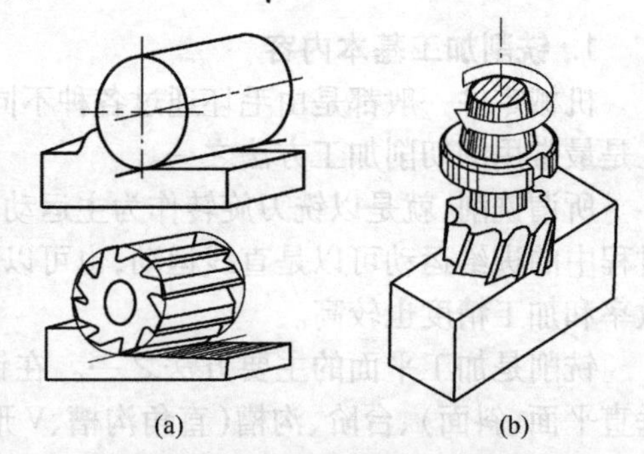

图 5-51　周边铣削与端面铣削

(a)周边铣削;(b) 端面铣削

②端面铣削

端面铣削(图 5-51(b))简称端铣,是指用铣刀端面上的切削刃进行的铣削。铣削平面是利用铣刀端面上的刀尖(或端面修光切削刃)来形成平面的,铣削平面垂直于铣刀旋转轴线。

用端铣法加工而成的平面,其平面度和表面结构主要取决于铣床主轴的轴线与进给方向的垂直度和铣刀刀尖部分的刃磨质量。

③周边铣削与端面铣削的比较

周边铣削与端面铣削各具特点，表5-4从多个方面对两者进行了比较分析。

表5-4　周边铣削与端面铣削的比较

| 比较内容 | 端面铣削 | 周边铣削 |
| --- | --- | --- |
| 铣削层深度 | 由于受切削刃长度的限制，不能很深，一般在20 mm以内 | 铣削层深度可很大，必要时可超过20 mm |
| 铣削层宽度 | 面铣刀的直径可做得很大，故铣削层宽度可很宽，目前有直径大于600 mm的面铣刀 | 由于圆柱铣刀的长度不太长（最长为160 mm），故铣削层宽度一般小于160 mm |
| 进给量 | 端铣时同时参加切削的刀齿数多，故进给量较大 | 周铣时同时参加切削的刀齿数少，刀轴刚性差，故进给量较小 |
| 铣削速度 | 端铣时刀轴短、刚性好、铣削平稳，故铣削速度较高，尤其适用于高速铣削 | 由于刚性差，故铣削速度较低 |
| 平面度 | 主要决定于铣床主轴与进给方向的垂直度，铣出的平面只可能凹，不可能凸（在整个铣刀通过时），适宜于加工大平面 | 主要决定于铣刀的圆柱度，可能产生凹，也可能产生凸，对大平面还产生接刀痕 |
| 表面结构 | 在每齿进给量相同的条件下，铣出的表面结构值要比周铣时大。但在适当减小副偏角和主偏角以及采用修光刀刃时，则表面结构值会显著减小<br>端铣时表面结构值一般比 *Ra*1.6 μm 大；但采用修光切削刃或高速切削等措施后，则可使表面结构值显著减小，甚至可小于 *Ra*0.8 μm | 要减小表面结构值，只能减小每齿进给量和每转进给量，但这样会降低生产效率；增大铣刀直径虽也能减小表面结构值，但增大铣刀直径会受到一定的限度；表面结构值一般在 *Ra*1.6 μm 左右 |

（2）顺铣和逆铣

1）周边铣削时的顺铣和逆铣

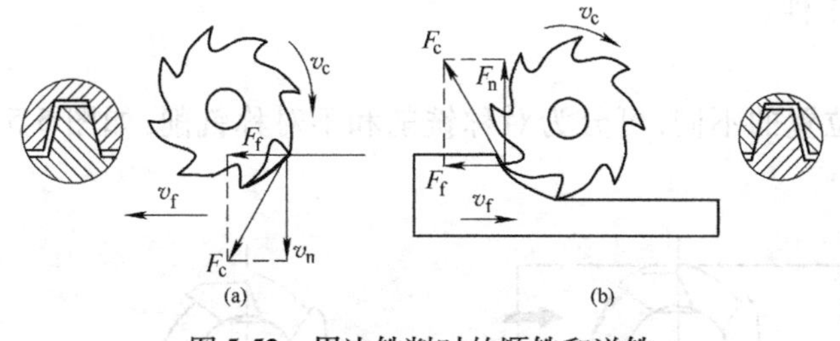


图5-52　周边铣削时的顺铣和逆铣

（a）顺铣；（b）逆铣

Ⅰ．顺铣

如图5-52（a）所示，铣削时，铣刀每一刀齿与工件相切处的切削速度方向与工件进给方向相同，这种铣削方式称为顺铣。

Ⅱ．逆铣

如图5-52（b）所示，铣削时，铣刀每一刀齿与工件相切处的切削速度方向与工件进给方向相反，这种铣削方式称为逆铣。

Ⅲ．周边顺铣与逆铣的特点

周边顺铣与逆铣的特点见表5-5。

表 5-5 周边顺铣与逆铣的特点

| | 周边顺铣 | 周边逆铣 |
| --- | --- | --- |
| 优点 | ①铣刀对工件的作用力 $F_c$ 对工件起压紧作用，对铣削工作有利，而且垂直铣削力的变化较小，故产生的振动也较小，因此铣削时较平稳（图 4.3.3(a)）<br>②铣刀刀刃切入工件时的切屑厚度最大，并逐渐减小到零，刀刃切入容易，且在刀刃切到工件已加工表面时，刀齿后面对工件已加工表面的挤压、摩擦小，所以刀刃磨损慢，加工出的工件表面质量较高<br>③消耗在进给运动方面的功率较小 | ①当工件是有硬皮和杂质的毛坯件时，对铣刀刀刃损坏的影响较小<br>②铣削力 $F_c$ 在进给方向的分力 $F_f$ 与工件进给方向相反，铣削中不会拉动工作台 |
| 缺点 | ①当工件是有硬皮和杂质的毛坯件时，铣刀刀刃容易磨损及损坏<br>②铣削力 $F_c$ 在进给方向的分力 $F_f$ 与工件进给方向相同，会拉动铣床工作台。当工作台进给丝杠与螺母的间隙及轴承的轴向间隙较大时，工作台会产生间隙性的蹿动，使每齿进给量突然增大，从而导致铣刀刀齿折断、铣刀刀杆弯曲、工件和夹具产生位移，使工件、夹具甚至机床遭到损坏（这一缺点严重地影响了顺铣这一铣削方式在圆周铣中的使用） | ①铣削力 $F_c$ 在垂直方向的分力 $F_n$ 始终向上（图 4.3.3(b)），有把工件从夹具中拉起来的趋势，所以对加工薄而长的和不易夹紧的工件极为不利<br>②切入工件时，铣刀刀齿后面对工件已加工表面的挤压、摩擦严重，刀齿磨损加快，铣刀耐用度降低，且工件加工表面产生硬化层，降低工件表面的加工质量<br>③消耗在进给运动方面的功率较大 |

综合上述比较，在铣床上进行周边铣削时，一般都采用逆铣方式，只有在下列情况下才选用顺铣：

①工作台丝杠、螺母传动副有间隙调整机构，并将轴向间隙调整到足够小（0.03～0.05 mm之内）；

②在水平方向的分力 $F_f$ 小于工作台与导轨之间的摩擦力；

③铣削不易夹紧和薄而细长的工件。

2）端面铣削时的顺铣与逆铣

端铣时，根据铣刀和工件相对位置的不同，可分为对称铣削和不对称铣削，如图 5-53 所示。

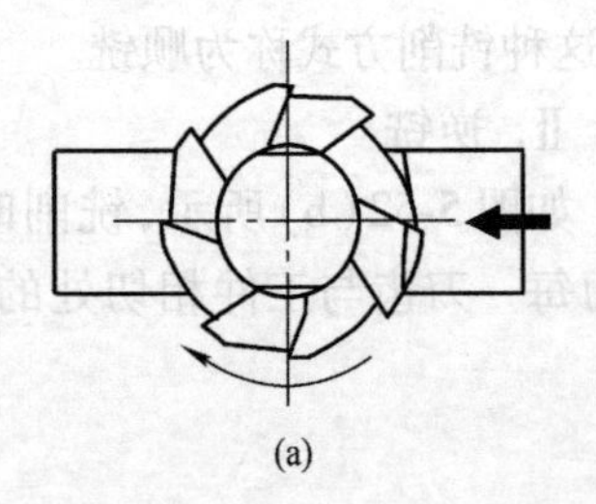
(a)

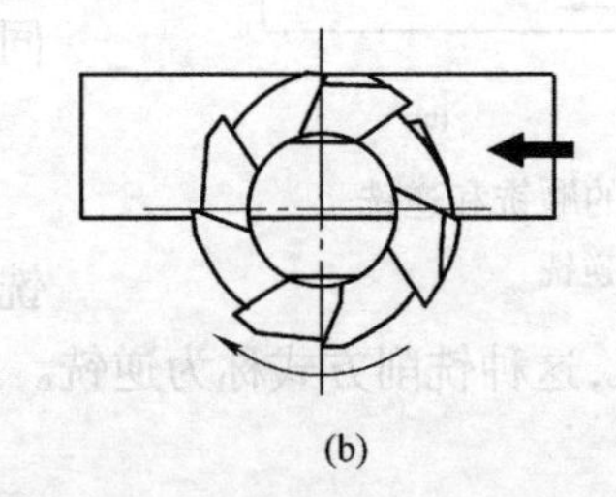
(b)

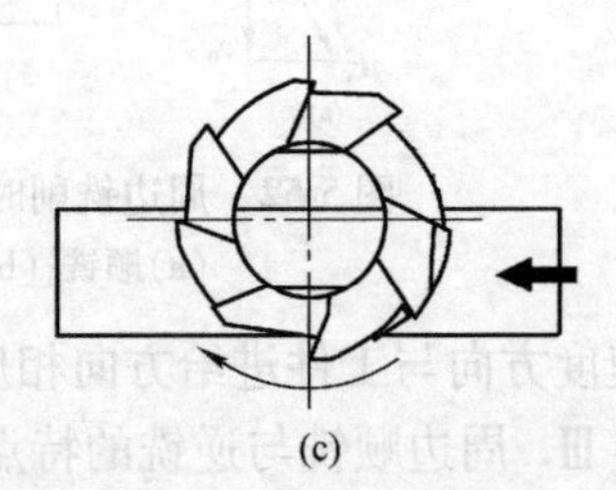
(c)

图 5-53 对称端铣与不对称端铣

(a) 对称端铣；(b) 不对称端铣（逆铣）；(c) 不对称端铣（顺铣）

Ⅰ. 对称端铣

如图 5-53(a) 所示，用面铣刀铣削平面时，铣刀处于工件铣削层宽度中间位置的铣削方式，称为对称端铣。若用纵向工作台进给作对称铣削，工件铣削层宽度在铣刀轴线的两边各占一半，左半部分为进刀部分是逆铣，右半部分为出刀部分是顺铣。从而使作用在工件上的纵向分力在工件中分线两边大小相等、方向相反，所以工作台在进给方向上不会产生突然拉动现象。但是，这时作用在工作台横向进给方向上的分力较大，会使工作台沿横向产生突然拉动。因此，铣削前必须紧固工作台横向。由于上述原因，用面铣刀进行对称铣削时，只适用于加工短而宽或较厚的工件，不宜铣削狭长或较薄的工件。

Ⅱ. 不对称端铣

用面铣刀铣削平面时当铣刀轴线偏置于铣削弧长的对称位置称为不对称端铣。端铣时，当进刀部分大于出刀部分时，称为逆铣，如图 5-53(b)所示；反之称为顺铣，如图 5-53(c)所示。顺铣时，同样有可能拉动工作台，造成严重后果，故一般不采用；端铣时，垂直铣削力的大小和方向与铣削方式无关。另外用端铣法作逆铣时，齿开始切入时的切屑厚度较薄，切削刃受到的冲击较小，并且切削刃开始切入时无滑动阶段，故可提高铣刀的寿命；用端铣法作顺铣时，切屑在切离工件时较薄，所以切屑容易去掉，切削刃切入时切屑较厚，不致在冷硬层中挤刮，尤其对容易产生冷硬现象的材料，如不锈钢，则更为明显。

**4. 铣削用量**

在铣削过程中所选用的切削用量称为铣削用量。铣削用量的要素包括铣削速度 $v_c$、吃刀量 $a$、进给量 $f$。铣削用量的选择对提高铣削的加工精度、改善加工表面质量和提高生产效率有着密切的关系。

(1)铣削速度

铣削时铣刀切削刃上选定点在主运动中的线速度称为铣削速度，通常以切削刃上离铣刀轴线距离最大的点在 1 min 内所经过的路程表示，单位是 m/min。

铣削速度与铣刀直径、铣刀转速有关，其计算公式为

$$v_c = \pi dn/1\,000$$

式中：$v_c$——铣削速度(m/min)；

$d$——铣刀直径(mm)；

$n$——铣刀(或铣床主轴)转速(r/min)。

在实际工作中，应先选好合适的铣削速度，然后根据铣刀直径计算出转速。

(2)吃刀量 $a_p$

吃刀量是两平面之间的距离。该两平面都垂直于所选定的测量方向，并分别通过作用在切削刃上两个使上述两平面间的距离为最大的点。吃刀量又分为背吃刀量 $a_p$ 和侧吃刀量 $a_e$。在实际生产中吃刀量往往是对工件而言的。

①背吃刀量 $a_p$ 是指沿铣刀轴线测量的刀具切入工件的深度，单位为 mm。

②侧吃刀量 $a_e$ 是指垂直于铣刀轴线测量的工件被切削部分的尺寸，单位为 mm。

(3)进给量

刀具在进给运动方向上相对工件的位移量，可用刀具或工件每转或每行程的位移量来表述和度量。进给量的表示方法有以下三种。

1）每齿进给量 $f_z$

多齿刀具每转或每行程中每齿相对工件在进给运动方向上的位移量称为每齿进给量，用符号 $f_z$ 表示，单位为 mm/z(毫米/齿)。

2）每转进给量 $f_r$

铣刀每转一周,工件相对铣刀所移动的距离称为每转进给量,用符号 $f_r$ 表示,单位为 mm/r(毫米/转)。

3) 进给速度 $v_f$

在一分钟内,工件相对铣刀所移动的距离称为进给速度(又称每分钟进给量),用符号 $v_f$ 表示,单位为 mm/min(毫米/分钟)。进给速度是调整机床进给量的依据。

以上三种进给量之间的关系如下:

$$v_f = f_r n = f_z z n$$

式中:$n$——铣刀(或铣床主轴)转速(r/min);

$z$——铣刀齿数。

铣削时,根据加工性质先确定每齿进给量,然后根据所选铣刀的齿数 $z$ 和铣刀的转速 $n$ 计算进给速度 $v_f$,并以此对铣床进给量进行调整。(铣床铭牌上的进给量用进给速度表示)

## 知识链接2　铣床

### 1. 常用铣床种类及型号举例

由于铣床的工作范围非常广,铣床的类型也很多,常用的铣床可分为三大基本类型,即升降台铣床、床身铣床和专用铣床。根据国家标准 GB/T 15375—1994《金属切削机床型号编制与分类》分组规定,铣床的种类见表 5-6。

表 5-6　铣床的分组类别

| | 组代号 | 分组名称 |
|---|---|---|
| 机床类别:铣床类(X) | 0 | 仪表铣床 |
| | 1 | 悬臂及滑枕铣床 |
| | 2 | 龙门铣床 |
| | 3 | 平面铣床 |
| | 4 | 仿形铣床 |
| | 5 | 立式升降台铣床 |
| | 6 | 卧式升降台铣床 |
| | 7 | 床身式铣床 |
| | 8 | 工具铣床 |
| | 9 | 其他铣床 |

常用铣床种类及型号举例如下。

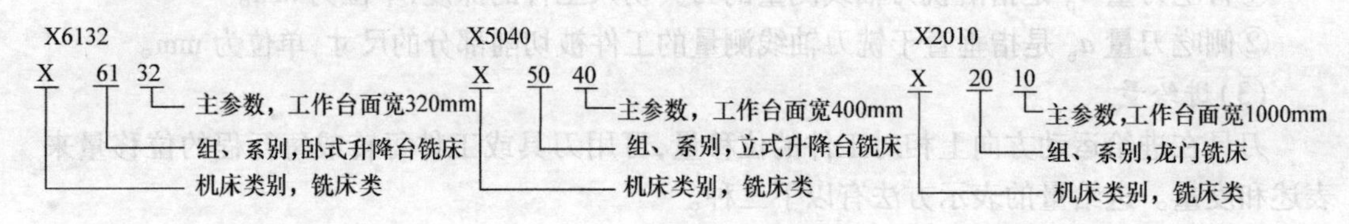

图 5-54　X6132 型万能升降台铣床

1—主轴变速机构;2—床身;3—横梁;4—主轴;5—挂架;6—工作台;7—横向溜板;8—升降台;9—进给变速机构;10—底座

**2. X6132 型万能升降台铣床简介**

(1)铣床外形

铣床外形如图 5-54 所示。

(2)主要部件及其功用

①主轴变速机构:安装在床身内,其功用是将主电动机的额定转速通过齿轮变速,变换成 18 种不同的转速,传递给主轴,以适应铣削的需要。

②床身:机床的主体,用来安装和连接机床其他部件。床身正面有垂直导轨,可引导升降台上、下移动。床身顶部有燕尾形水平导轨,用以安装横梁并按需要引导横梁水平移动。床身内部装有主轴和主轴变速机构。

③横梁:可沿床身顶部燕尾形导轨移动,并可按需要调节其伸出床身的长度,横梁上可安装挂架。

④主轴:一前端带锥孔的空心轴,锥孔的锥度为 7∶24,用来安装铣刀刀杆和铣刀。主电动机输出的回转运动,经主轴变速机构驱动主轴连同铣刀一起回转,实现主运动。

⑤挂架:安装在横梁上,用以支承刀杆的外端,增强刀杆的刚性。

⑥工作台:用以安装需用的铣床夹具和工件,铣削时带动工件实现纵向进给运动。

⑦横向溜板:铣削时用来带动工作台实现横向进给运动。在横向溜板与工作台之间设有回转盘,可使工作台在水平面内作 ±45°范围内的偏转。

⑧升降台:用来支承横向溜板和工作台,带动工作台上、下移动,调整工作台在垂直方向的位置或实现垂直进给运动。升降台内部装有进给电动机和进给变速机构。

⑨进给变速机构:用来调整和变换工作台的进给速度,以适应铣削的需要。

⑩底座:用来支持床身,承受铣床全部重量,盛储切削液。

(3)性能及结构特点

X6132 型万能升降台铣床功率大,转速高,变速范围宽,刚性好,操作方便、灵活,通用性强。它可以安装万能立铣头,使铣刀偏转任意角度,完成立式铣床的工作。该铣床加工范围广,能加工中小型平面、特形表面、各种沟槽、齿轮、螺旋槽和小型箱体工件上的孔等。

X6132 型万能升降台铣床在其结构上还具有下列特点:

①机床工作台的机动进给操纵手柄操纵时所指示的方向,就是工作台进给运动的方向,操作时不易产生错误;

②机床的前面和左侧各有一组按钮和手柄的复式操纵装置,便于操作者在不同位置上进行操作;

③机床采用速度预选机构来变换主轴转速和工作台的进给速度,使操作简便、明确;

④机床工作台的纵向传动丝杠上,有双螺母间隙调整机构,既可进行逆铣又能进行顺铣;

⑤机床工作台可以在水平面内作 ±45°范围内的偏转,因而可进行各种螺旋槽的铣削;

⑥机床采用转速控制继电器(或电磁离合器)进行制动,能使主轴迅速停止回转;

⑦机床工作台有快速进给运动装置,采用按钮操纵,方便省时。

(4)铣床的运动

X6132 型铣床的运动如图 5-55 所示。

①主运动——主轴(铣刀)的回转运动:主电动机的回转运动,经主轴变速机构传递到主轴,使主轴回转。主轴转速共 18 级,转速范围为 30 ~ 1 500 r/min。

②进给运动——工作台(工件)的纵向、横向和垂直方向的移动:进给电动机的回转运动,经进给变速机构分别传递给三个进给方向的进给丝杠,获得工作台的纵向运动、横向溜板的横向运动和升降台的垂直方向运动。进给速度共 18 级,纵向、横向进给速度范围为12 ~ 960 mm/min,垂直方向进给速度范围为 4 ~ 320 mm/min,并可实现快速移动。

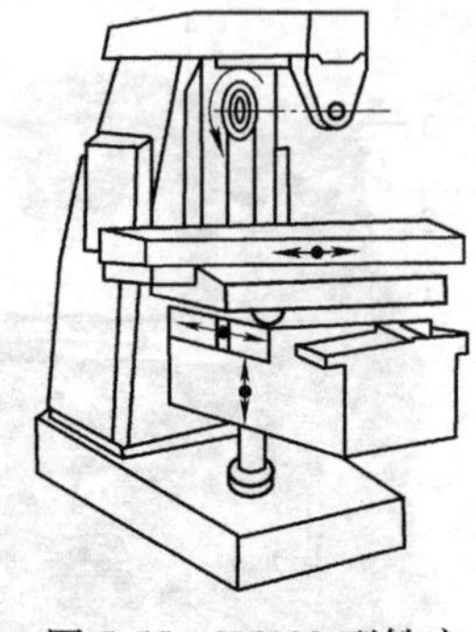

图 5-55 X6132 型铣床运动示意图

### 3. 其他常用铣床简介

(1)X5032 型立式升降台铣床

X5032 型铣床的外形如图图 5-56 所示。立式铣床的主要特征是铣床主轴轴线与工作台台面垂直。因主轴呈竖立位置,所以称作立式铣床。铣削时,铣刀安装在与主轴相连接的刀轴上,绕主轴作旋转运动,被切削工件装夹在工作台上,对铣刀作相对运动,从而完成切削过程。

立式铣床加工范围很广,通常在立式铣床上可以应用面铣刀、立铣刀、成形铣刀等铣削各种沟槽、表面;另外,利用机床附件,如回转工作台、分度头,还可以加工圆弧、曲线外形、齿轮、螺旋槽、离合器等较复杂的零件;当生产批量较大时,在立式铣床上采用硬质合金刀具进行高速铣削,可以大大提高生产效率。

立式铣床与卧式铣床相比,在操作方面还具有观察清楚、检查调整方便等特点。

立式铣床按其立铣头的结构不同,又可分为两种:

①立铣头与机床床身成一整体,这种立式铣床刚性比较好,但加工范围比较小;

②立铣头与机床床身之间有一回转盘,盘上有刻度线,主轴随立铣头可扳转一定角度,以适应铣削各种角度面、椭圆孔等工件,由于该种铣床立铣头可回转,所以目前在生产中应用广泛。

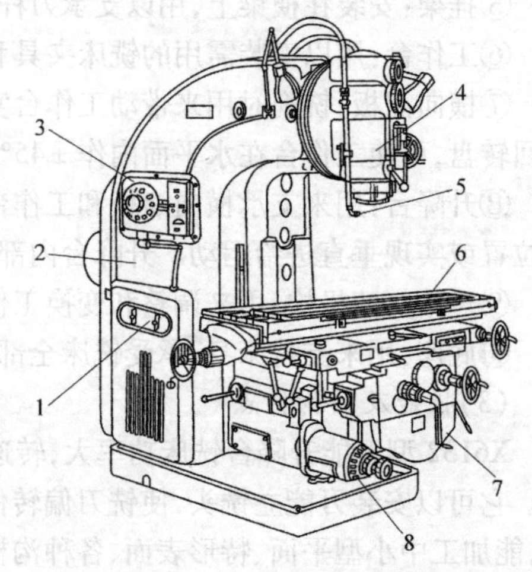


图 5-56 X5032 型立式升降台铣床

1—机床电气部分;2—床身部分;3—变速操纵部分;4—主轴及传动部分;5—冷却部分;6—工作台部分;7—升降台部分;8—进给变速部分

(2)X8126 型万能工具铣床

X8126 型铣床的外形如图 5-57 所示。该铣床的加工范围很广,具有水平主轴和垂直主轴,所以能完成卧式铣床与立式铣床的铣削工作内容。此外,它还具有万能角度工作台、圆工作台、水平工作台以及分度机构等装置,再加上平口钳和分度头等常用附件,因此用途广泛,特别适合于加工各种夹具、刀具、工具、模具和小型复杂工件。该铣床具有下列特点：

①其垂直主轴能在平行于纵向的垂直平面内的±45°范围内偏转任意所需角度；

②在垂直台面上可安装水平工作台，工作台可实现纵向和垂直方向的进给运动，而横向进给运动由主轴体完成；

③安装、使用圆工作台后，机床可实现圆周进给运动和在水平面内作简单的圆周等分，可加工圆弧轮廓面等曲面；

④安装、使用万能角度工作台，可使工作台在空间绕纵向、横向、垂直三个方向相互垂直的坐标轴回转角度，以适应各种倾斜面和复杂工件的加工；

⑤机床不能用挂轮法加工等速螺旋槽和螺旋面。

图 5-57　X8126 型万能工具铣床

(3) X2010C 型龙门铣床

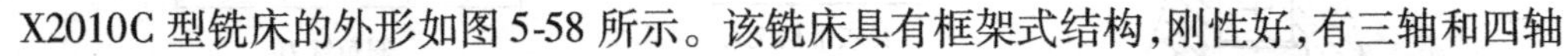

X2010C 型铣床的外形如图 5-58 所示。该铣床具有框架式结构，刚性好，有三轴和四轴两种布局形式。图 5-58 所示的四轴龙门铣床，带有两个垂直主轴箱(三轴结构只有一个垂直主轴箱)和两个水平主轴箱，能安装 4 把(或 3 把)铣刀同时进行铣削。垂直主轴能在±30°范围内按需偏转，水平主轴的偏转范围为－15°～30°，以满足不同铣削要求。横向和垂直方向的进给运动由主轴箱和主轴或横梁完成，工作台只能作纵向进给运动。机床工作台直接安放在床身上，载重量大，可加工重型工件。由于机床刚性好，适宜进行高速铣削和强力铣削。

图 5-58　X2010C 型四轴龙门铣床

## 知识链接 3　铣刀

### 1. 常用铣刀种类

铣刀的种类很多，其分类方法也有很多，现介绍几种通常的分类方法和常用的铣刀种类。

(1) 按铣刀切削部分的材料分类

1) 高速钢铣刀

这类铣刀有整体的和镶齿的两种，一般形状较复杂的铣刀都是整体高速钢铣刀。

2) 硬质合金铣刀

这类铣刀大都不是整体的，一般是将硬质合金刀片以焊接或机械夹固的方式镶装在铣刀刀体上，如硬质合金立铣刀、可转位面铣刀等。

(2) 按铣刀的结构分类

1) 整体铣刀

整体铣刀是指铣刀的切削部分、装夹部分及刀体成一整体。这类铣刀可用高速钢整料制成;也可用高速钢制造切削部分,用结构钢制造刀体部分,然后焊接成一整体。直径不大的立铣刀、三面刃铣刀、锯片铣刀都采用这种结构。

2)镶齿铣刀

镶齿铣刀的刀体是结构钢,刀齿是高速钢,刀体和刀齿利用尖齿形槽镶嵌在一起。直径较大的三面刃铣刀和套式面铣刀,一般都采用这种结构。

3)可转位铣刀

这类铣刀是用机械夹固的方式把硬质合金刀片或其他材料的刀具安装在刀体上,保持了刀片的原有性能。切削刃磨损后,可将刀片转过一个位置继续使用。这种刀具节省材料和刃磨时间,提高了生产效率,近些年来发展很快,如图 5-59 所示。

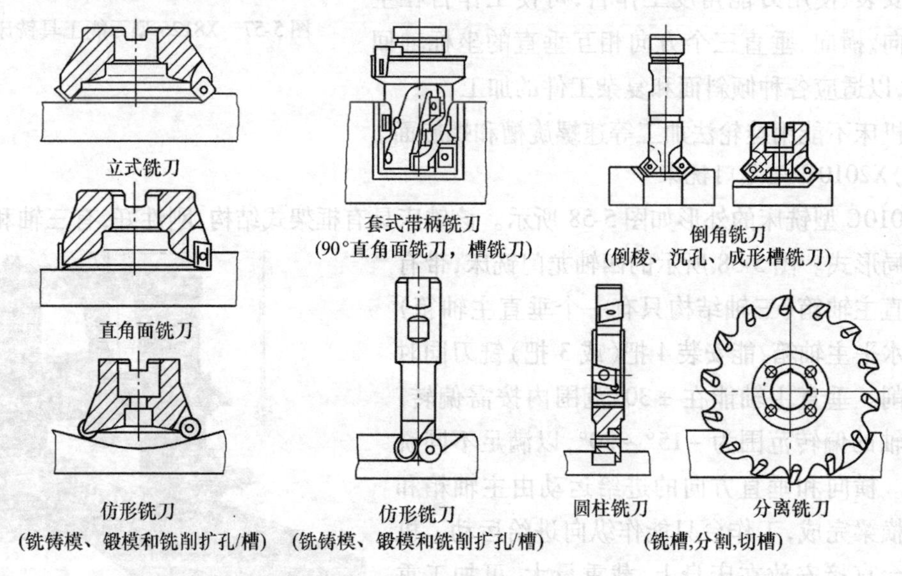


图 5-59　可转位铣刀

(3)按铣刀刀齿的构造分类

1)尖齿铣刀

尖齿铣刀的刀齿截面上,齿背是由直线或折线组成,如图 5-60(a)所示。这类铣刀齿刃锋利、刃磨方便、制造比较容易,生产中常用的三面刃铣刀、圆柱铣刀等都是尖齿铣刀。

2)铲齿铣刀

铲齿铣刀的刀齿截面上,齿背是阿基米德螺旋线,如图 5-60(b)所示,齿背必须在铲齿机床上铲出。这类铣刀刃磨后,只要前角不变,齿形也不变。成形铣刀为了保证刃磨后齿形不变,一般采用铲齿结构。

(4)按铣刀的形状和用途分类

为了适应各种不同的铣削内容,设计和制造了各种不同形状的铣刀,它们的形状与用途有密切的联系。现将一般铣削加工的常用铣刀按形状和用途作一分类介绍,见表 5-7。

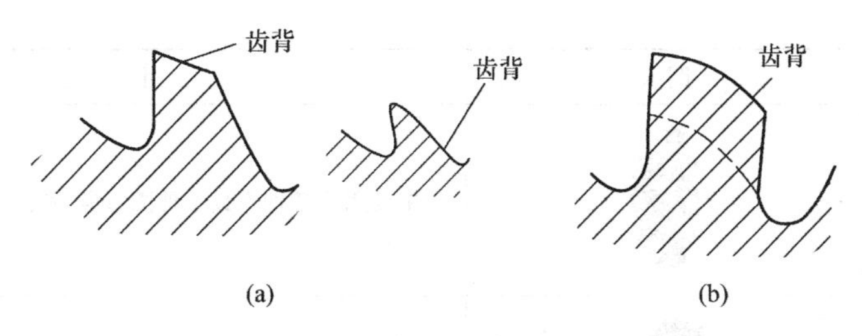


图 5-60　铣刀刀齿的构造

(a)尖齿铣刀刀齿截面;(b)铲齿铣刀刀齿截面

**表 5-7　铣刀的种类和用途**

| 名称 | 图示 | 用　途 |
| --- | --- | --- |
| 立铣刀 | | 用于铣削沟槽、螺旋槽及工件上各种形状的孔,铣削台阶平面、侧面,铣削各种盘形凸轮与圆柱凸轮;按照靠模铣削内、外曲面 |
| 键槽铣刀 | | 用于铣削键槽 |
| 半圆键槽铣刀 | | 用于铣削半圆键槽 |
| 燕尾槽铣刀 | | 用于铣削燕尾槽 |
| T 形槽铣刀 | | 用于铣削 T 形槽 |
| 三面刃铣刀 | | 分直齿与错齿、整体式与镶齿式,用于铣削各种槽、台阶平面、工件的侧面及其凸台平面 |
| 锯片铣刀 | | 用于铣削各种槽以及板料、棒料和各种型材的切断 |
| 单角度铣刀 | | 用于各种刀具的外圆齿槽与端面齿槽的开齿,铣削各种锯齿形齿离合器与棘轮的齿形 |
| 对称双角度铣刀 | | 用于铣削各种 V 形槽和尖齿、梯形齿离合器的齿形 |

续表

| 名称 | 图示 | 用途 |
| --- | --- | --- |
| 不对称双角度铣刀 |   | 主要用于各种刀具上外圆直齿、斜齿和螺旋齿槽的开齿 |
| 凹半圆铣刀 |   | 用于铣削凸半圆成形面 |
| 凸半圆铣刀 | 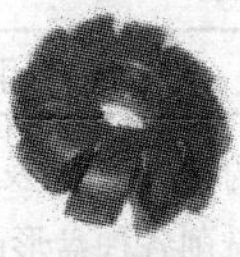  | 用于铣削半圆槽和凹半圆成形面 |
| 模数齿轮铣刀 |   | 用于铣削渐开线齿形的齿轮 |

(5)按铣刀的安装方式分类

1)带孔铣刀

采用孔安装的铣刀称为带孔铣刀,如三面刃铣刀、圆柱铣刀等。

2)带柄铣刀

采用柄部安装的带柄铣刀有锥柄和直柄两种形式,如较小直径的立铣刀和键槽铣刀是直柄铣刀,较大直径的立铣刀和键槽铣刀是锥柄铣刀。

## 知识链接4　铣床夹具及装夹方法

### 1. 铣床夹具

根据应用范围夹具可分为通用夹具、专用夹具。铣床所用的通用夹具主要有机用平口虎钳、回转工作台、万能分度头等,它们一般无须调整或稍加调整就可以用于装夹不同的工件。专用夹具是专为某一工件的某一工序而设计的,使用时既方便又准确,且生产效率高。

(1)平口钳

平口钳是铣床上常用的装夹工件的附件,有非回转式和回转式两种,其外形如图5-61所示,其规格见表5-8。两种平口钳的结构基本相同,只是回转式平口钳的底座设有转盘,钳体可绕转盘轴线在360°范围内任意扳转,使用方便,适应性强。铣削长方体工件的平面、台阶面、斜面和轴类工件上的键槽时,都可以用平口钳来装夹工件。

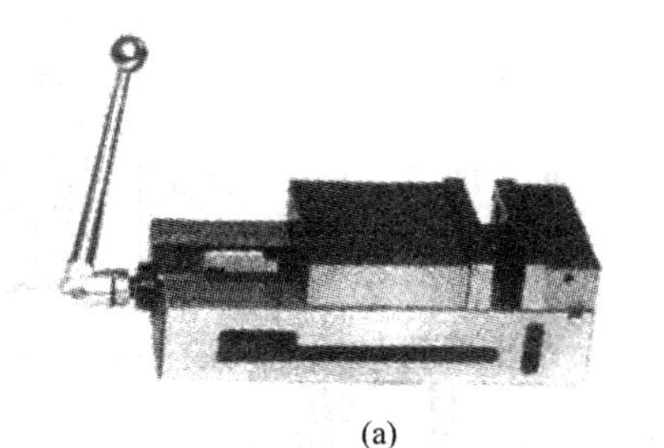

(a)　　　(b)

图 5-61　平口钳

(a)非回转式;(b)回转式

**表 5-8　常用平口钳规格**

| 参数 | 规格 | | | | | | | |
|---|---|---|---|---|---|---|---|---|
| | 60 | 80 | 100 | 125 | 136 | 160 | 200 | 250 |
| 钳口宽度 $B$/mm | 60 | 80 | 100 | 125 | 136 | 160 | 200 | 250 |
| 钳口最大张开度 $A$/mm | 50 | 60 | 80 | 100 | 110 | 125 | 160 | 200 |
| 钳口高度 $h$/mm | 30 | 34 | 38 | 44 | 36 | 50(44) | 60(56) | 56(60) |
| 定位键宽度 $b$/mm | 10 | 10 | 14 | 14 | 12 | 18(14) | 18 | 18 |
| 回转角度/(°) | 360 | | | | | | | |

注:规格 60、80 的平口钳为精密机用平口钳,适用于工具磨床、平面磨床和坐标镗床等。

在用机用平口钳装夹不同形状的工件时,可设计几种特殊钳口(图 5-62),只要更换不同形式的钳口,即可装夹各种形状的工件,以扩大机用平口钳的使用范围。

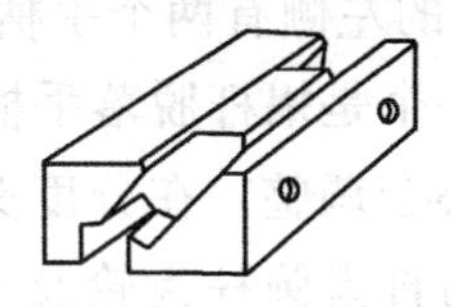
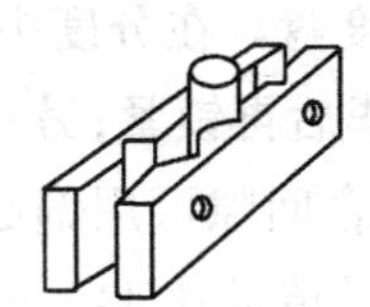
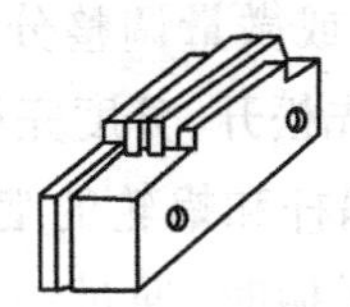
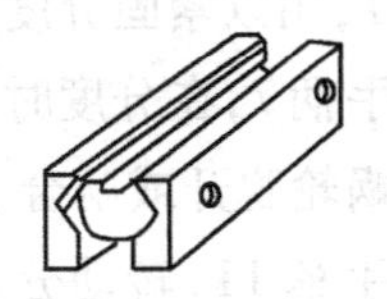

图 5-62　特殊钳口

(2)分度头

图 5-63　万能分度头

分度头是铣床的精密附件之一,许多机械零件(如四方、六角、花键轴、齿轮等)在铣削时,需要利用分度头进行圆周分度,才能铣出等分的角度面和齿槽。在铣床上使用的分度头有万能分度头(图 5-63)、半万能分度头和等分分度头。目前常用的万能分度头型号有 F11100、F11125、F11160 等。

1)万能分度头的外形结构与传动系统

F11125 型万能分度头在铣床上较常使用,其主要结构和传动系统如图 5-64 所示。

分度头主轴 9 是空心的,两端均为莫氏 4 号内锥孔,前端锥孔用于安装顶尖或锥柄心轴,后端锥孔用于安装交换齿轮心轴,作为差动分度、直线移距及加工小导程螺旋面时安装交换齿轮之用。主轴的前端外部有一段定位锥体,用于三爪自定心卡盘连接盘的安装定位。

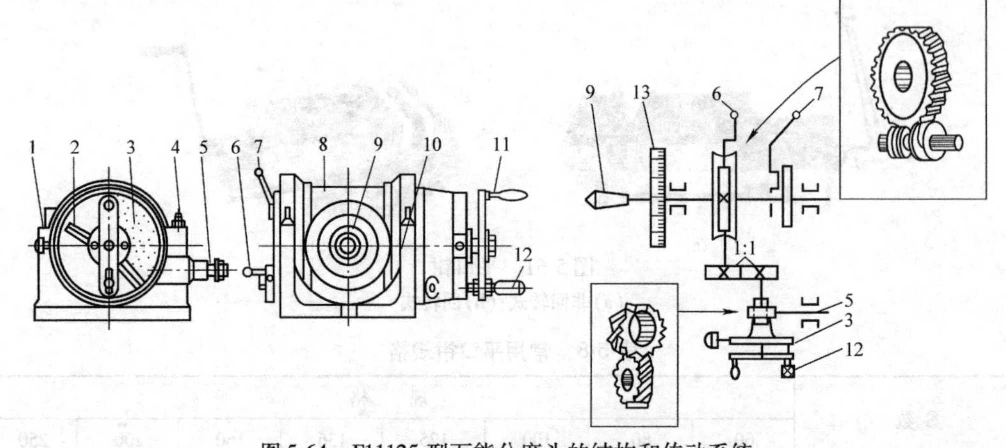


图 5-64　F11125 型万能分度头的结构和传动系统

1—分度盘紧固螺钉;2—分度叉;3—分度盘;4—螺母;5—交换齿轮轴;6—蜗杆脱落手柄;7—主轴锁紧手柄;8—回转体;9—主轴;10—基座;11—分度手柄;12—分度定位销;13—刻度盘

装有分度蜗轮的主轴安装在回转体 8 内,可随回转体在分度头基座 10 的环形导轨内转动。因此,主轴除安装成水平位置外,还可在 -6° ~ +90°范围内任意倾斜,调整角度前应松开基座上部靠主轴后端的两个螺母 4,调整之后再予以紧固。主轴的前端固定着刻度盘 13,可与主轴一起转动。刻度盘上有 0° ~360°的刻度,可作分度之用。

分度盘(又称孔盘)3 上有数圈在圆周上均布的定位孔,在分度盘的左侧有一分度盘紧固螺钉 1,用以紧固分度盘,或微量调整分度盘。在分度头的左侧有两个手柄:一个是主轴锁紧手柄 7,在分度时应先松开,分度完毕后再锁紧;另一个是蜗杆脱落手柄 6,它可使蜗杆和蜗轮脱开或啮合。蜗杆和蜗轮的啮合间隙可用偏心套调整。在分度头右侧有一个分度手柄 11,转动分度手柄时,通过一对传动比 1∶1 的直齿圆柱齿轮及一对传动比为 1∶40 的蜗杆副使主轴旋转。此外,分度盘右侧还有一根安装交换齿轮用的交换齿轮轴 5,它通过一对速比为 1∶1 的交错轴斜齿轮副与空套在分度手柄轴上的分度盘相联系。

分度头基座 10 下面的槽里装有两块定位键,可与铣床工作台面的 T 形槽、直槽相配合,以便在安装分度头时,使主轴轴线准确地平行于工作台的纵向进给方向。

2)万能分度头的主要功用

①能够将工件作任意的圆周等分,或通过交换齿轮作直线移距分度。所谓直线移距分度,就是通过分度头的分度,带动工作台纵向等距离地移动,用以加工直线等距的工件,如齿条等。

②能在 -6° ~ +90°范围内,将工件轴线装夹成水平、垂直或倾斜的位置。图 5-65 所示为铣削锥齿轮时工件的安装。

③能通过交换齿轮,使工件随分度头主轴旋转和工作台直线进给,实现等速螺旋运动,用以铣削螺旋面和等速凸轮的型面。图 5-66 所示为分度头用于螺旋槽铣削。

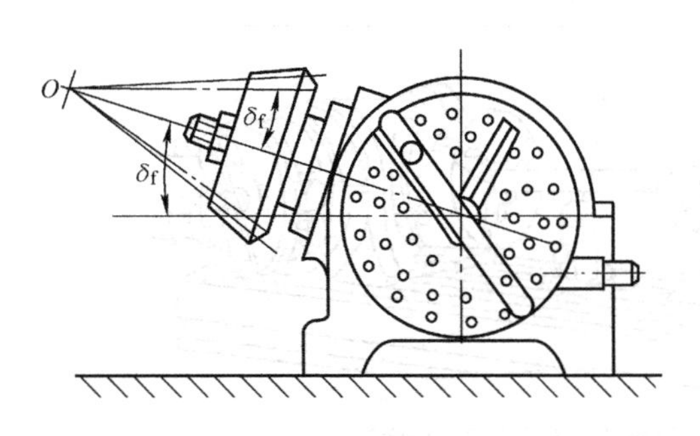


图 5-65　铣削锥齿轮时工件的安装

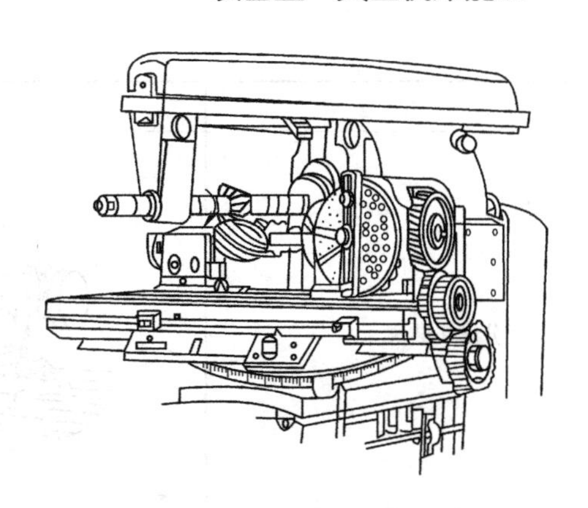

图 5-66　分度头用于螺旋槽铣削

(3)回转工作台

回转工作台简称转台,其主要功用是铣削圆弧曲线外形、平面螺旋槽和分度。回转工作台有机动回转工作台、手动回转工作台、立卧回转工作台、可倾回转工作台和万能回转工作台等多种类型。常用回转工作台的型号有 T12160、T12200、T12250、T12320、T12400、T12500 等。回转工作台的主要参数包括工作台面直径、工作台锥孔锥度、传动比、蜗杆副模数等。

## 2. 工件的装夹方法

工件的一般装夹方法见表 5-9。

表 5-9　工件的一般装夹方法

| 方　法 | 图　示 |
| --- | --- |
| 用平口钳装夹 | 1—平行垫铁;2—工件;3—钳体导轨面 |
| 用压板、螺栓将工件直接装夹在铣床工作台上 | 1—工件;2—压板;3—T 形螺栓;4—螺母;<br>5—垫圈;6—台阶垫铁;7—工作台面 |

续表

| 方 法 | 图 示 |
| --- | --- |
| 用分度头装夹 | 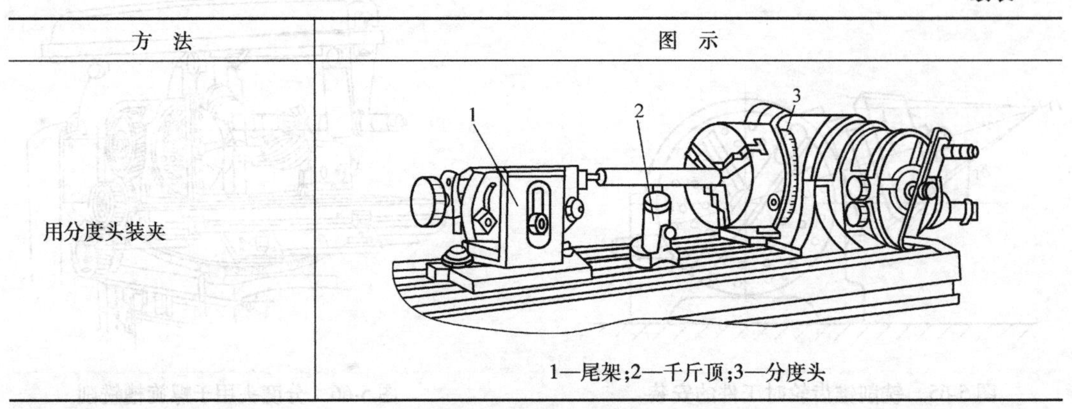<br><br>1—尾架;2—千斤顶;3—分度头 |

## 知识链接5　铣削方法

铣削加工的内容很多,下面介绍几种最基本的加工方法。

### 1. 平面铣削

用铣削方法加工工件的平面称为铣平面。平面是构成机器零件的基本表面之一。铣平面是铣床加工的基本工作内容。铣平面包括单一平面的铣削和连接面(相对于基准面有位置要求的平面,如垂直面、平行面和斜面)的铣削。

(1)铣平面工作要点

1)确定铣削方法,选择铣刀

①在卧式铣床上用圆柱形铣刀圆周铣平面时,圆柱形铣刀的长度应大于工件加工面的宽度。铣刀的直径,粗铣时按工件切削层深度大小而定,切削层深度大,铣刀的直径也相应选得大些;精铣时一般取较大的铣刀直径,这样铣刀杆直径相应较大,刚性好,铣削时平稳,工件表面质量较好。铣刀的齿数,粗铣时选用粗齿铣刀,精铣时选用细齿铣刀。

②用端铣刀铣平面时,端铣刀的直径应大于工件加工面的宽度,一般为它的1.2~1.5倍。

2)装夹工件

铣削中、小型工件的平面时,一般采用平口钳装夹;铣削形状、尺寸较大或不便于用平口钳装夹的工件时,可采用压板装夹。

3)确定铣削用量

①圆周铣削时的背吃刀量、端铣时的铣削宽度:一般等于工件加工面的宽度。

②圆周铣削时的铣削宽度、端铣时的背吃刀量:粗铣时,若加工余量不多,则采用一次切除,即等于余量层深度;精铣时,一般为0.5~1.0 mm。

③每齿进给量:一般取0.02~0.3 mm/z,粗铣时选大值,精铣时取较小的进给量。

④铣削速度:在用高速钢铣刀铣削时,一般取16~35 m/min,粗铣时取较小值,精铣时取较大值;用硬质合金端铣刀进行高速铣削时,一般取80~120 m/min。

(2)平口钳的安装与校正

①安装平口钳时,应擦净平口钳座底面和铣床工作台台面。一般情况下,平口钳在工作台面上的位置,应处在工作台长度方向的中心偏左、宽度方向居中,以方便操作。钳口方向根据工件长度确定,对于长的工件,在卧式铣床上固定钳口面应与铣床主轴轴线垂直(图5-

67(a)),在立式铣床上则应与进给方向平行;对于短的工件,在卧式铣床上固定钳口面应与铣床主轴轴线平行(图5-67(b)),在立式铣床上则应与进给方向垂直。粗铣和半精铣时,应使铣削力指向固定钳口。

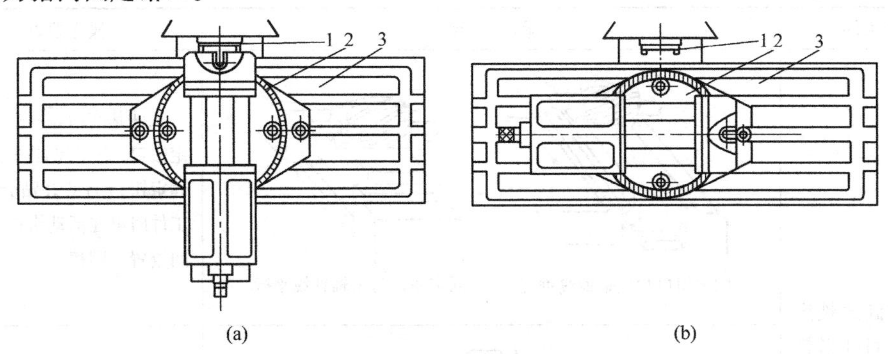


图5-67　平口钳的安装位置

(a)固定钳口与铣床主轴轴线垂直;(b)固定钳口与铣床主轴轴线平行

1—铣床主轴;2—平口钳;3—工作台

②当钳口与铣床主轴轴线要求有较高的垂直度或平行度时,应对固定钳口进行校正,校正的方法如图5-68至图5-70所示。

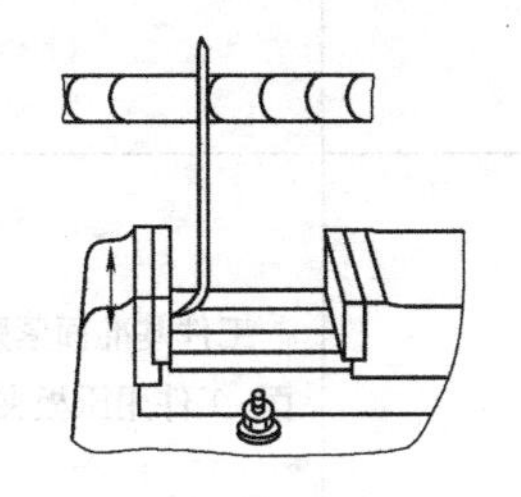

图5-68　用划针校正固定钳口与铣床主轴轴线垂直

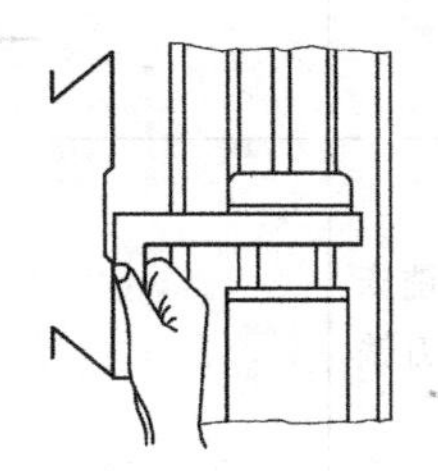

图5-69　用90°角尺校正固定钳口与铣床主轴轴线平行

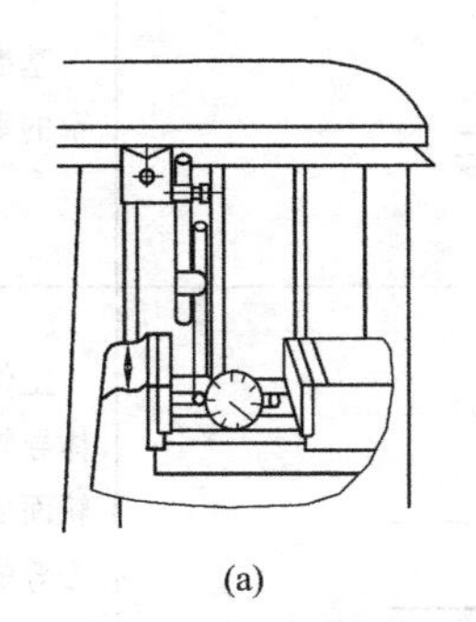

(a)

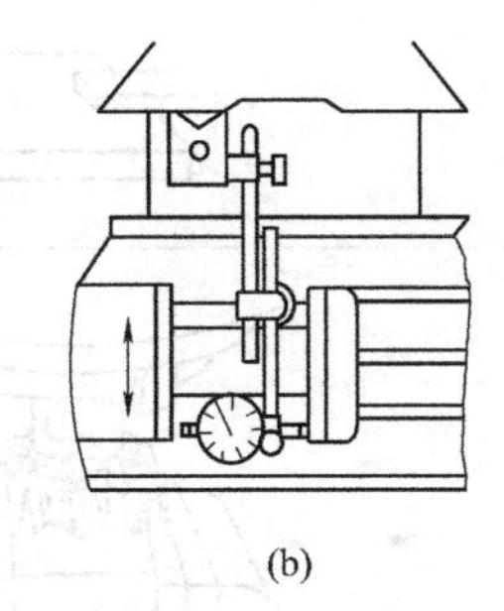

(b)

图5-70　用百分表校正固定钳口

(a)固定钳口与主轴轴线垂直;(b)固定钳口与主轴轴线平行

### 2. 铣削垂直面和平行面

垂直面是指与基准面垂直的平面,平行面是指与基准面平行的平面。加工垂直面、平行面除了与加工单一平面一样需要保证平面度和表面结构要求外,还需要保证相对于基准面的位置精度以及与基准面间的尺寸精度要求。铣削垂直面、平行面前,应先加工基准面。而保证垂直面、平行面加工精度的关键，是工件的正确定位和装夹。铣削垂直面和平行面的要点见表5-10。

**表5-10　铣削垂直面和平行面的要点**

| 操作条件 | | 图　示 | 操作要点 |
|---|---|---|---|
| 铣削垂直面 | 在卧式铣床上用圆柱形铣刀铣削垂直面 | 固定钳口与主轴轴线垂直　固定钳口与主轴轴线平行 | 工件基准面靠向平口钳固定钳口，为了保证基准面与固定钳口的良好贴合，夹紧工件时可在活动钳口与工件间放置一圆棒 |
| | | | 当工件较大，不能用平口钳定位夹紧时，可使用角铁装夹工件，保证基准面垂直于工作台台面 |
| | 在卧式铣床上用端铣刀铣削垂直面 | | 工件基准面紧贴工作台台面，工件用压板夹紧 |
| | 在立式铣床上用立铣刀铣削垂直面 | | 基准面宽而长、加工面较窄的垂直面时采用 |
| 铣削平行面 | 在立式铣床上用端铣刀铣削平行面（平口钳装夹工件） | | 工件基准面靠向平口钳钳体导轨面，基准面与钳体导轨面之间垫一块或两块厚度相等的平行垫块（以便于抽动平行垫铁检查基准面是否与钳体导轨面平行） |

续表

| 操作条件 | | 图　示 | 操作要点 |
|---|---|---|---|
| 铣削平行面 | 在立式铣床上用压板装夹铣平行面 | 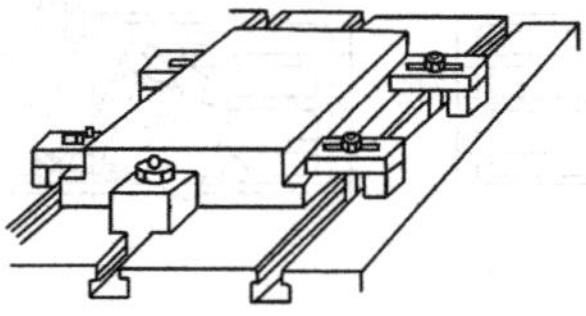 | 当工件有台阶时，可直接用压板将工件装夹在立式铣床工作台台面上，使基准面与工作台台面贴合，用端铣刀铣平行面 |
| | 在卧式铣床上用端铣刀铣削平行面 | 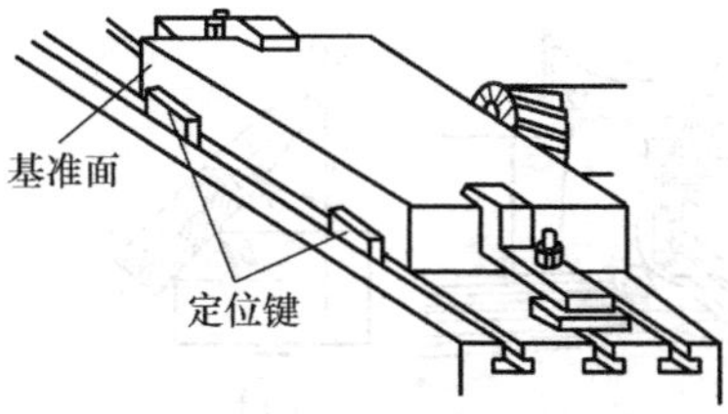 基准面<br>定位键 | 当工件没有台阶时，可在卧式铣床上用端铣刀铣平行面，工件装夹时可使用定位键定位，使基准面与纵向进给方向平行 |

### 3. 铣削斜面

铣削斜面，工件、铣床、刀具之间的关系必须满足两个条件：一是工件的斜面应平行于铣削时铣床工作台的进给方向；二是工件的斜面应与铣刀的切削位置相吻合，即用圆周刃铣刀铣削时斜面与铣刀的外圆柱面相切，用端面刃铣刀铣削时斜面与铣刀刀刃端面相重合。

铣床上铣削斜面的方法有工件倾斜铣削斜面、铣刀倾斜铣削斜面和用角度铣刀铣削斜面三种，见表5-11。

**表5-11　铣床上铣削斜面的方法**

| 方法 | | 图　示 | 说　明 |
|---|---|---|---|
| 工件倾斜铣削斜面 | 按划线校正装夹工件 | 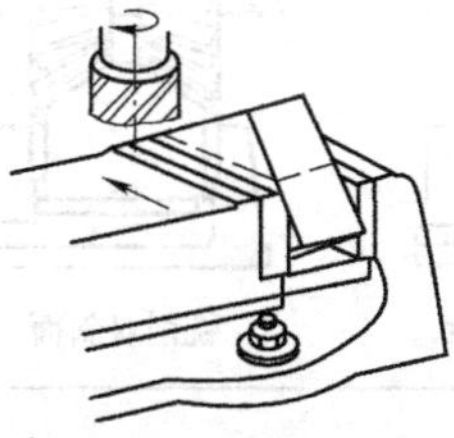 | 常用于单件生产中 |
| | 用倾斜垫铁定位工件 | 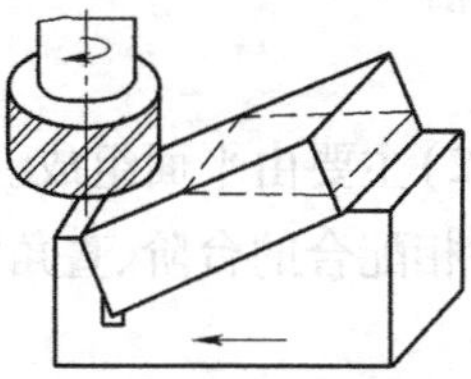 | 用于成批生产中。用平口钳装夹铣斜面，倾斜垫铁的宽度应小于工件的宽度 |
| | 用靠铁装夹工件 | 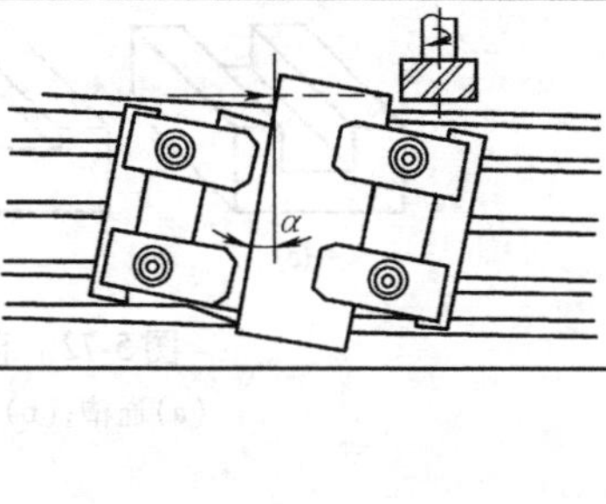 $\alpha$ | 用于外形尺寸较大的工件。将工件的一个侧面靠向靠铁的基准面，用压板夹紧，用端铣刀铣出斜面 |

续表

| 方法 | 图示 | 说明 |
| --- | --- | --- |
| 工件倾斜铣削斜面：调转钳体角度 | 斜面与横向进给方向平行；斜面与纵向进给方向平行 | 工件用平口钳装夹，然后将平口钳钳体调转所需角度后，用立铣刀或端铣刀铣出斜面 |
| 铣刀倾斜铣削斜面 | 工件基准面与工作台台面平行，$\alpha=90°-\beta$<br>工件基准面与工作台台面平行，$\alpha=\beta$ | 在立铣头主轴可偏转角度的立式铣床、装有立铣头的卧式铣床、万能工具铣床上，均可将立铣刀、端铣刀按要求偏转一定角度，进行斜面铣削 |
| 用角度铣刀铣削斜面 | 铣削单斜面；铣削双斜面 | 斜面的倾斜角度由角度铣刀保证。受铣刀刀刃宽度的限制，用角度铣刀铣削斜面只适用于宽度较窄的斜面 |

#### 4. 铣削台阶、直角沟槽和特形沟槽

(1)台阶、直角沟槽的技术要求

台阶(图5-71)、直角沟槽(图5-72)主要由平面组成。这些平面应具有较好的平面度和较小的表面结构值。对于与其他零件相配合的台阶、直角沟槽的两侧平面，还必须满足下列技术要求：

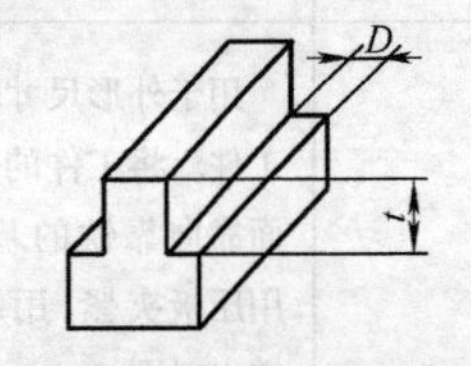


图5-71　带台阶的零件——台阶式键

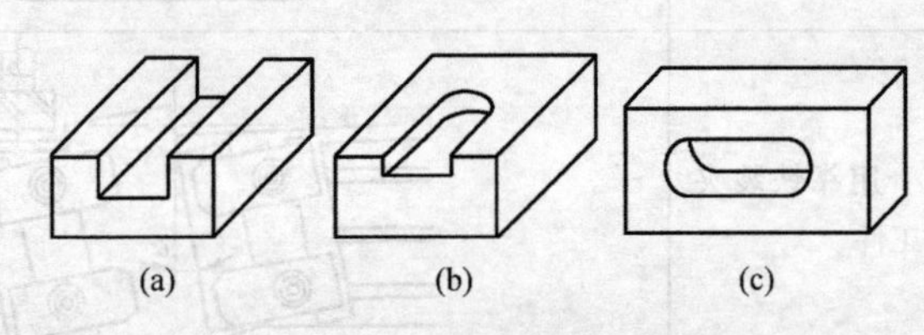


图5-72　直角沟槽的种类

(a)通槽;(b)半通槽;(c)封闭槽

①较高的尺寸精度(根据配合精度要求确定);

②较高的位置精度(如平行度、垂直度、对称度和倾斜度等)。

(2)铣台阶

零件上的台阶,根据其结构尺寸大小不同,采用不同的加工方法。

①铣削宽度不太宽(一般 $B<25$ mm)的台阶,一般都采用三面刃铣刀加工,并尽可能选用错齿三面刃铣刀。

②宽度较宽而深度较浅的台阶,常使用端铣刀在立式铣床上加工。由于端铣刀刀杆刚度大,铣削时切屑厚度变化小,切削平稳,加工表面质量好,生产效率高。

③深度较深的台阶或多级台阶,常用立铣刀在立式铣床上加工。铣削时,立铣刀的圆周刀刃起主要切削作用,端面刀刃起修光作用。

铣台阶的要点见表5-12。

**表5-12 铣台阶的要点**

| 方法 | | 图示 | 说明 |
|---|---|---|---|
| 用三面刃铣刀铣台阶 | 用一把三面刃铣刀 | 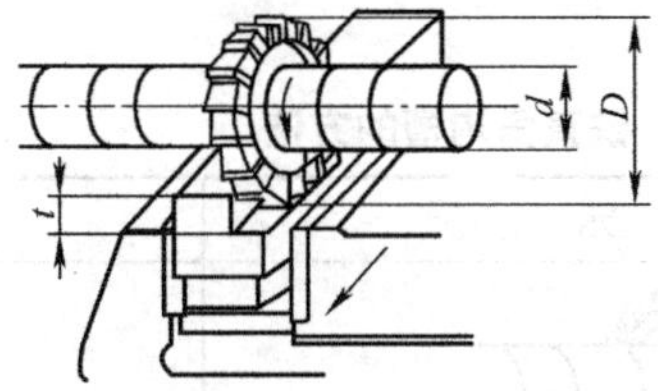 | 三面刃铣刀宽度 $L$ 和直径 $D$ 应满足:$L>B$;$D>d+2t$ |
| | | 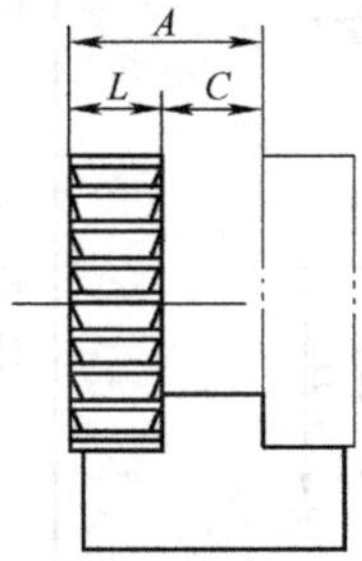 | 铣完一侧的台阶后,退出工件,再将工作台横向移动一个距离 $A$,然后铣另一侧台阶,其中 $A=L+C$ |
| | 用两把三面刃铣刀组合 | 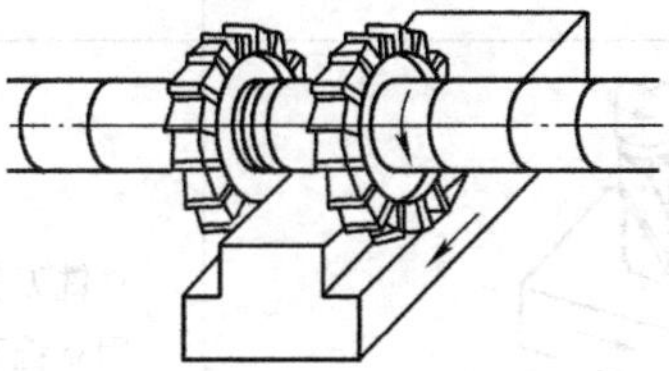 | 两把三面刃铣刀必须规格一致、直径相同,两铣刀内侧刀刃间距离应等于台阶凸台的宽度尺寸。装刀时应将两铣刀在周向错开半个齿,以减小铣削中的振动 |
| 用端铣刀铣台阶 | | 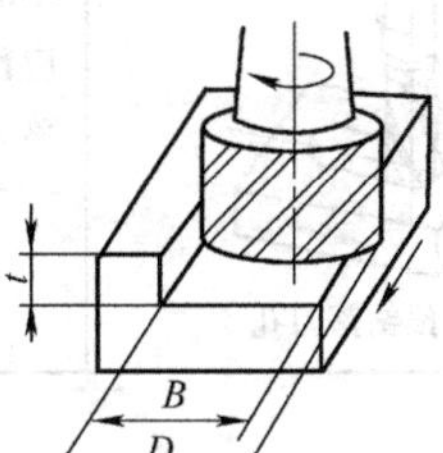 | 宽度较宽而深度较浅的台阶,常使用端铣刀在立式铣床上加工。由于端铣刀刀杆刚度大,铣削时切屑厚度变化小,切削平稳,加工表面质量好,生产效率高。端铣刀的直径 $D$ 应大于台阶宽度 $B$,一般按 $D=(1.4\sim1.6)B$ 选取 |

续表

| 方法 | 图示 | 说明 |
| --- | --- | --- |
| 用立铣刀铣台阶 | 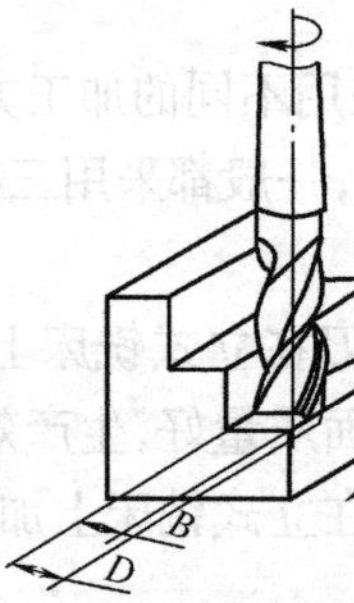 B D | 深度较深的台阶或多级台阶，常用立铣刀在立式铣床上加工。铣削时，立铣刀的圆周刀刃起主要切削作用，端面刀刃起修光作用<br>由于立铣刀刚度差，悬伸较长，受径向铣削抗力容易产生偏让而影响加工质量，所以铣削时应选用较小的铣削用量。在条件许可的情况下，应尽量选用直径较大的立铣刀 |

(3)铣直角沟槽

直角沟槽的形式如图5-73所示。直角通槽主要用三面刃铣刀铣削，也可以用立铣刀、盘形槽铣刀、合成铣刀铣削；半通槽和封闭槽都采用立铣刀或键槽铣刀铣削。具体方法见表5-13。

表5-13　铣直角沟槽的方法

| 方　法 | 图　示 | 说　明 |
| --- | --- | --- |
| 用三面刃铣刀铣直角通槽 | 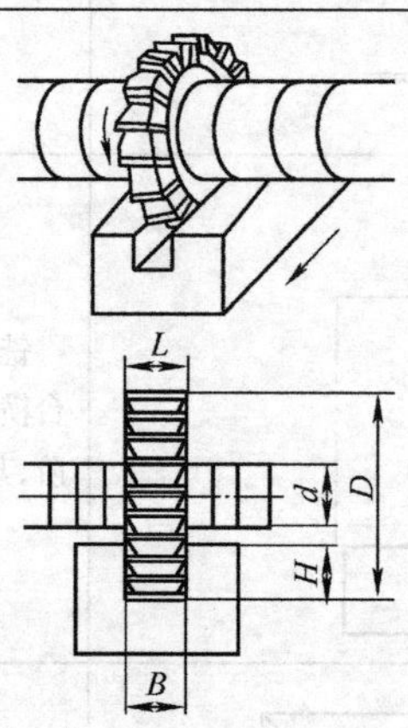 L d D H B | 三面刃铣刀的宽度 $L$ 应等于或小于直角通槽的槽宽 $B$，即 $L \leqslant B$。三面刃铣刀的直径 $D$，根据公式 $D > d + 2H$ 计算，并按较小的直径选取 |
| 用立铣刀铣半通槽和封闭槽 | 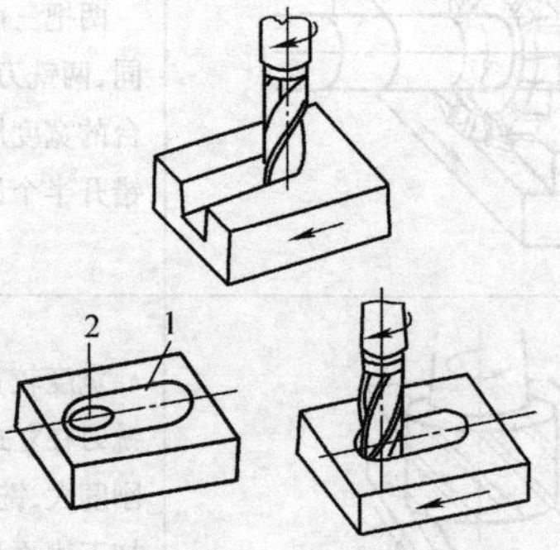 2 1<br>1—封闭槽加工线；2—预钻落刀孔 | 立铣刀直径应等于或小于槽的宽度<br>用立铣刀铣封闭槽时，由于立铣刀不能轴向进给切削工件，因此铣削前应预钻一个直径略小于立铣刀直径的落刀孔 |

续表

| 方　　法 | 图　　示 | 说　　明 |
| --- | --- | --- |
| 用键槽铣刀铣半通槽和封闭槽 | 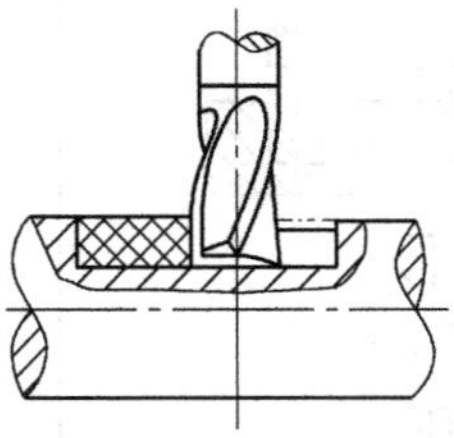  | 键槽铣刀的尺寸精度较高,常用来铣精度要求较高、深度较浅的半通槽和不穿通的封闭槽。由于其端面刀刃在轴向进给时能切削工件,因此用键槽铣刀铣穿通的封闭槽,不需要预钻落刀孔 |

(4)铣特形沟槽

铣特形沟槽的具体方法见表5-14。

**表5-14　铣特形沟槽的方法**

| 方法 | | 图　　示 | 说　　明 | |
| --- | --- | --- | --- | --- |
| V形槽铣削 | 倾斜立铣头用立铣刀或端铣刀铣V形槽 |   | 适用于槽角大于或等于90°、尺寸较大的V形槽铣削 | V形槽的槽角(两侧面的夹角)有60°、90°、120°等几种,以槽角为90°的V形槽最为常用 |
| | 倾斜工件铣V形槽 | 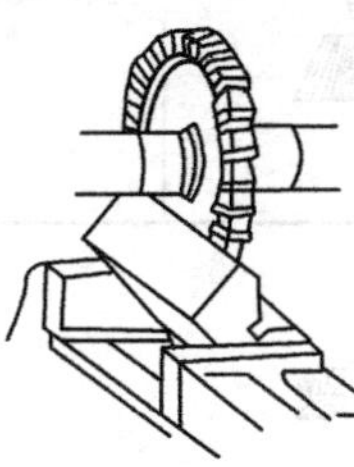  | 适用于槽角大于90°、精度要求不高的V形槽铣削,使用三面刃铣刀。槽角等于90°,且尺寸不大的V形槽可利用三面刃铣刀的圆周刃和端面刃一次校正装夹后铣出 | |
| | 用角度等于槽角的对称双角铣刀铣V形槽 | 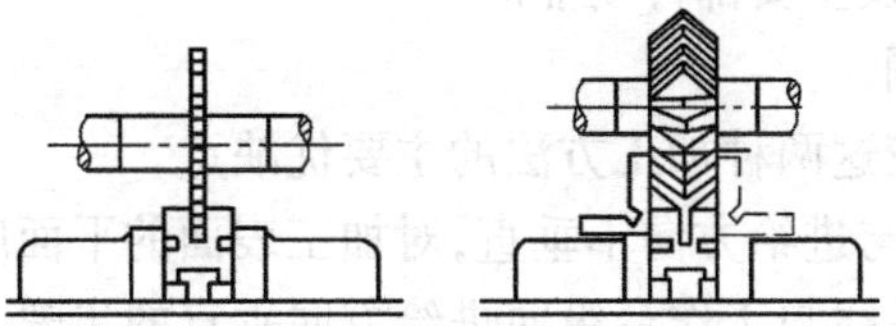  | 适用于槽角小于或等于90°的V形槽铣削 | |

续表

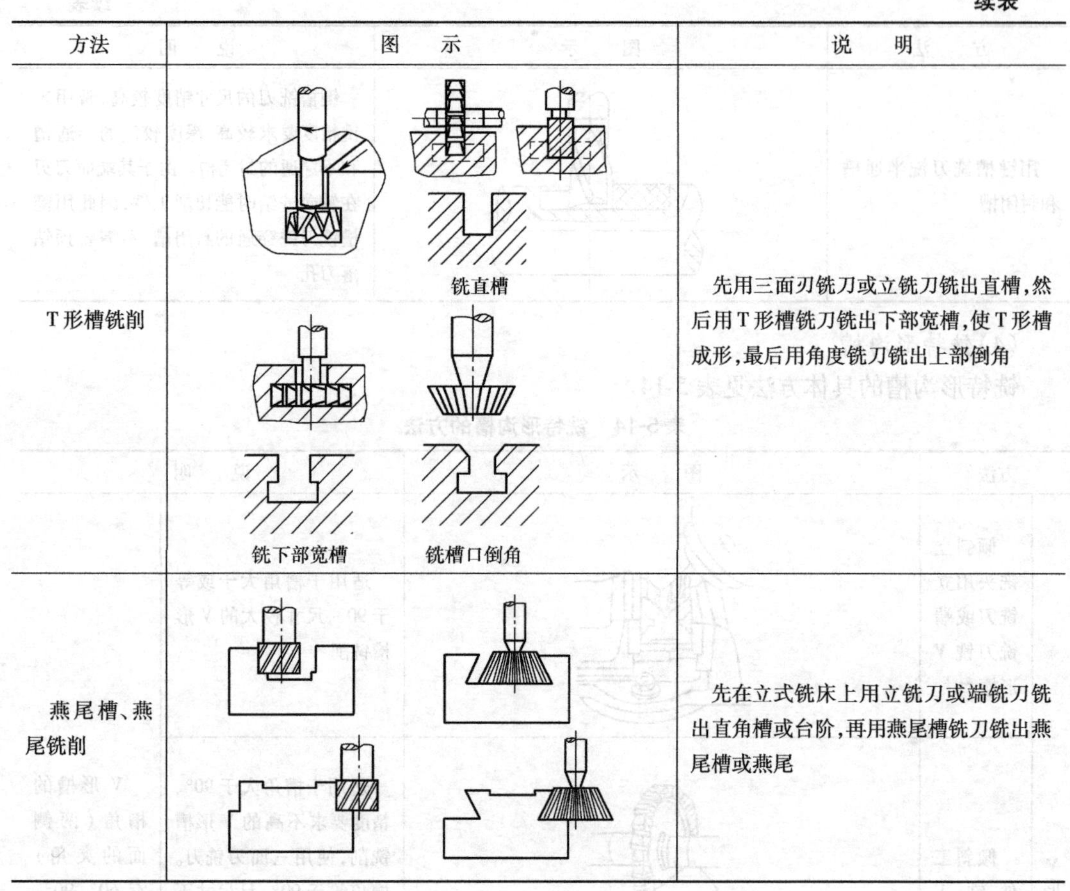

| 方法 | 图示 | 说明 |
| --- | --- | --- |
| T形槽铣削 | 铣直槽<br>铣下部宽槽　铣槽口倒角 | 先用三面刃铣刀或立铣刀铣出直槽，然后用T形槽铣刀铣出下部宽槽，使T形槽成形，最后用角度铣刀铣出上部倒角 |
| 燕尾槽、燕尾铣削 | | 先在立式铣床上用立铣刀或端铣刀铣出直角槽或台阶，再用燕尾槽铣刀铣出燕尾槽或燕尾 |

## 本节复习题

①简述铣削工艺的特点和加工范围。
②简述铣床种类、常见铣床结构及主要部件功能。
③简述铣刀种类及各自适用范围。
④何谓周铣？何谓端铣？试比较这两种加工方法的主要优缺点。
⑤端铣平面时，若铣床主轴轴线与进给方向不垂直，对加工表面的平面度有何影响？
⑥简述校正卧式万能铣床主轴轴线与工作台纵向进给方向垂直的步骤。
⑦何谓顺铣和逆铣？比较周铣时顺铣和逆铣的优缺点。
⑧铣削时有顺铣和逆铣两种方法，目前通常采用哪一种方法？为什么？
⑨何谓对称铣削和不对称铣削？不对称铣削时，如何区别顺铣和逆铣？
⑩试分析不对称端铣时顺铣和逆铣的特点，并指出通常应采用何种铣削形式？为什么？
⑪铣削平面时，造成平面度误差大和表面结构较差的原因有哪些？
⑫铣削垂直面时，造成垂直度误差的主要原因有哪些？可采取哪些有效措施防止？
⑬铣削平行面时，造成平行度误差的主要原因有哪些？可采取哪些有效措施防止？

# 任务3　刨削、插削和拉削

## 知识链接1　刨削

在刨床上用刨刀对工件进行切削加工,称为刨削加工。在刨床上可以加工平面(水平面、垂直面、斜面等)、沟槽(直槽、T形槽、V形槽和燕尾槽等)及某些成形面,如图5-73所示。

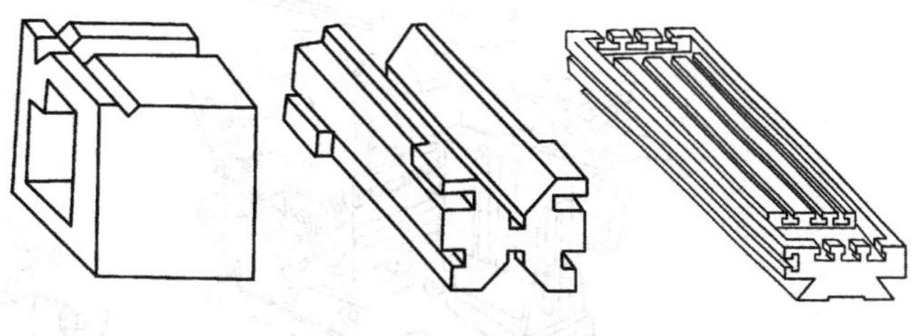

图5-73　刨削加工应用举例

刨床加工时,刨刀作往复直线运动,切入切出时有较大的振动和冲击,限制了切削速度,刨刀多为单刃刀具进行切削而且返回时为空行程,生产效率较低。但刨刀结构简单、刃磨方便、设备简单、加工调整灵活,故应用范围较广。一般加工精度可达IT9～IT7,表面结构值为*Ra*1.6～6.3 μm。

刨床类机床有牛头刨床、龙门刨床和插床(立式牛头刨床)等。

### 1. 牛头刨床

牛头刨床是刨床类机床中应用较广泛的一种,适用于刨削长度不超过1 000 mm的中、小型零件。

(1)牛头刨床的型号

图5-74(a)所示为B6065牛头刨床外观图。

B6065型号的含义如下:

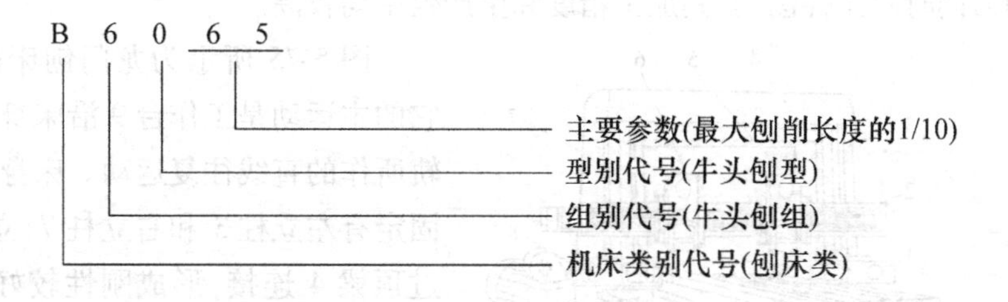


(2)主要组成部分的名称和作用

1)床身

床身是一个箱形铸铁件,用来支承刨床各部件。其顶面有燕尾形导轨,供滑枕作往复运动用;侧面有垂直导轨,供横梁带动工作台升降用。床身内部有传动机构和摆杆机构。

2)滑枕

滑枕是长条形空心铸件,其下部有燕尾形导轨,与床身上面的燕尾导轨相配合,带动刨刀作往复直线运动,滑枕前部装有刀架,内部装有丝杠,转动丝杠可调整滑枕前后位置。

3)刀架

刀架通过转盘固定在滑枕的前端面上,用以夹持刨刀,如图5-74(b)所示。摇动刀架手柄，滑板便可沿转盘上的导轨带动刨刀上下移动。松开转盘上的螺母，滑板可在垂直面上转动一定角度，使刀架斜向进给。滑板上还装有可偏转的刀夹，刨刀就装在刀夹上。返回行程时，抬刀板可绕 $A$ 轴向前上方抬起，刨刀离开工件表面，以减少与工件的摩擦。

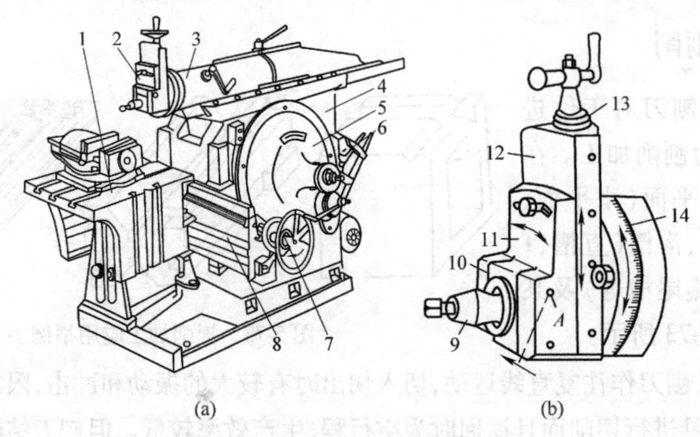


图 5-74 B6065 牛头刨床

(a)刨床外观；(b)刀架

1—工作台；2—刀架；3—滑枕；4—床身；5—摆杆机构；6—变速机构；7—进刀机构；8—横梁；9—刀夹；10—抬刀板；11—刀座；12—滑板；13—刻度盘；14—转盘

4)工作台

工作台是用来安装工件的。其通过横梁与床身导轨相连，可沿横梁作水平方向移动，并可随横梁作上下位置的调整。

2. 龙门刨床

龙门刨床主要用来刨削大型工件，特别适合于刨削各种水平面、垂直面以及由各种平面组合的导轨面，如加工中小零件，可以在工作台上一次安装多个工件。另外，龙门刨床还可以用几把刨刀同时对工件刨削，其加工精度和生产效率均较高。

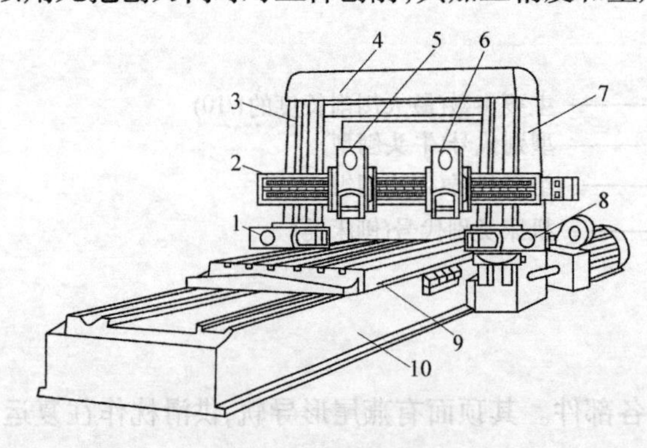


图 5-75 龙门刨床

1—左侧刀架；2—横梁；3—左立柱；4—顶梁；5,6—垂直刀架；7—右立柱；8—右侧刀架；9—工作台；10—床身

图 5-75 所示为龙门刨床的外形图。它的主运动是工作台 9 沿床身 10 水平导轨所作的直线往复运动。床身 10 的两侧固定有左立柱 3 和右立柱 7，立柱顶部通过顶梁 4 连接，形成刚性较好的龙门框架。横梁 2 上装有两个垂直刀架 5 和 6，可分别作横向或垂向的进给运动和快速移动。横梁可沿左右立柱的导轨作垂直升降，以调整垂直刀架位置，适应不同高度工件的加工需要。加工时横梁由夹紧机构夹持在两个立柱上。左右两个立柱上分别装有左侧刀架 1 和右侧刀架 8，可分别沿垂直方向作自动工作进给和快速移动。各刀架的自动进给运动是在工作台完成一次往复直线运动后，由刀架沿水平或垂直方向移动一定距离，使刀具能逐次刨削出所需的表面。

### 3. 刨刀

(1)刨刀的结构特点

刨刀的结构和几何角度与车刀相似，但由于刨刀工作行程开始时，刨刀切入工件受到较大的冲击力，因此刨刀刀杆的截面一般为车刀的1.25～1.5倍。

切削量大的刨刀常做成弯头，如图5-76(a)所示。弯头刨刀受到较大切削力时，刀杆所产生的弯曲变形可绕$O$点向后上方弹起抬离工件，可以避免损坏刀尖或啃伤工件。图5-76(b)所示为直头刨刀。

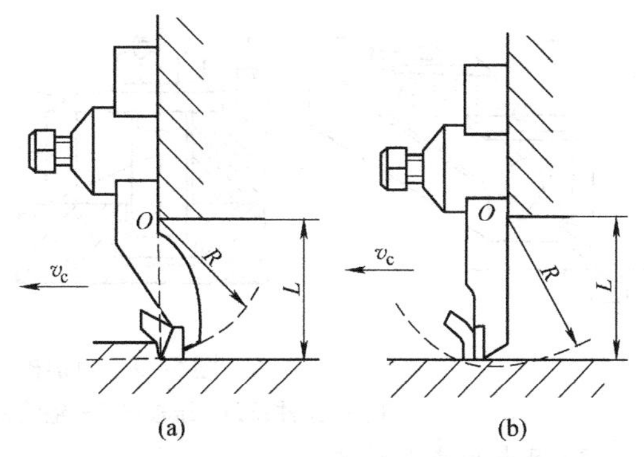


图5-76　弯头刨刀和直头刨刀

(a)弯头刨刀；(b)直头刨刀

(2)刨刀的种类和用途

刨刀的种类很多，按其加工形式和用途可分为平面刨刀、偏刀、切刀、角度刨刀和成形刀等，其形状和应用如图5-77所示。

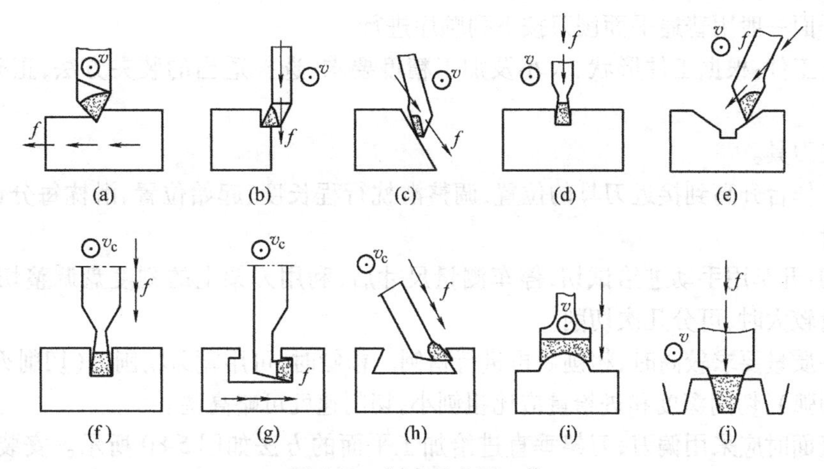


图5-77　刨床的主要工作

(a)刨水平面；(b)刨垂直面；(c)刨斜面；(d)刨直角；(e)刨V形槽；(f)刨直角槽；(g)刨T形槽；(h)刨燕尾槽；(i)成形刀刨成形面；(j)成形刀刨齿条

### 4. 刨削的基本装夹方法

在刨床上安装工件，一般有下列几种方法。

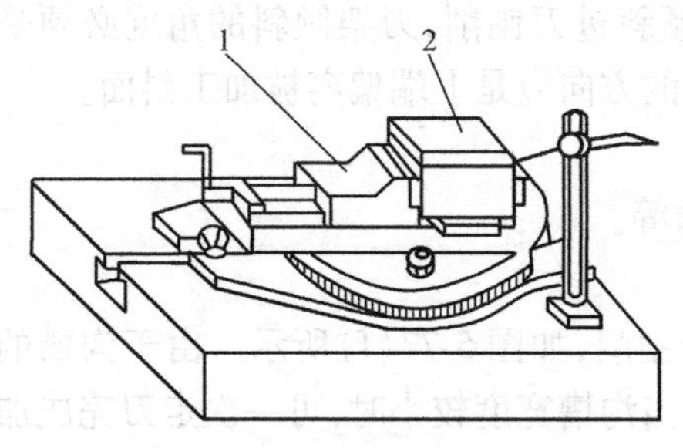


图5-78　用平口钳装夹工件

1—平口钳；2—工件

(1)用平口钳装夹

对于形状简单、尺寸较小的工件可用平口钳装夹，如图5-78所示。装夹时可按划出的加工线找正，也可以根据工件的形状、零件的批量及精度要求等用其他工具找正。

(2)用压板、螺栓装夹

对于大型工件或者用平口钳难以装夹的工件，可将工件直接固定在工作台上，用压板、螺栓装夹，如图5-79所示。

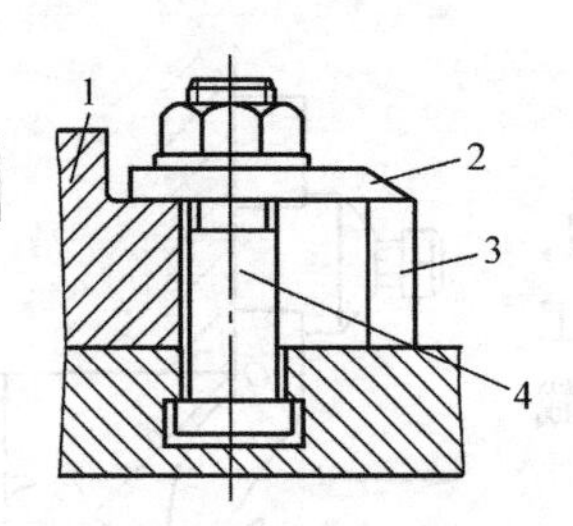


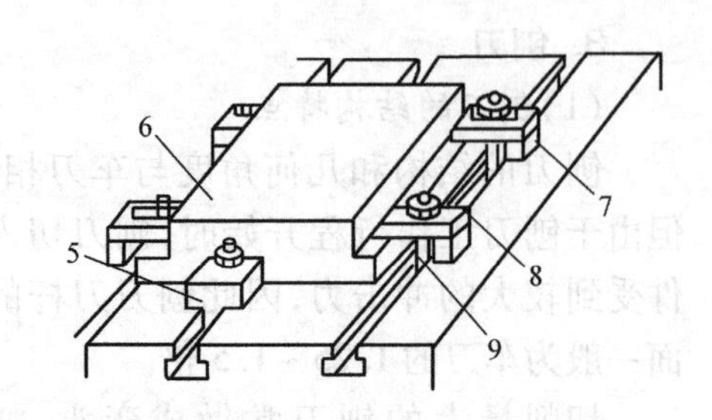


图 5-79　用螺栓、压板装夹工件

1,6—工件;2,8—压板;3,7—垫铁;4—压紧螺栓;5—挡块;9—螺栓

(3)用专用夹具装夹

在成批大量生产时,可根据工件的形状、加工精度要求等设计专用夹具。用专用夹具装夹工件既保证工件加工精度又装夹迅速。

**5. 典型表面的刨削**

(1)刨平面

刨平面包括刨水平面、垂直面和斜面等。

刨水平面一般用普通平面刨刀按下列顺序进行。

①装夹工件:根据工件形状、大小及加工精度要求,选择适当的装夹方法,正确地安装工件。

②装夹刀具。

③把工作台升高到接近刀具的位置,调整滑枕行程长度、起始位置、滑枕每分钟往复次数及进给量。

④试切:开车用手动进给试切,停车测量尺寸后,利用刀架上的刻度盘调整切削深度。如工件余量较大时,可分几次切削。

当工件质量要求较高时,粗刨后再进行精刨。精刨时,可用宽刃精刨刀(切削刃为 $R6\sim15$ mm 的圆弧),切削深度和进给量应比粗刨小,切削速度可略高些。

刨垂直面时应采用偏刀,刀架垂直进给加工平面的方法如图 5-80 所示。安装工件时,保证待加工的垂直面与工作台垂直,并与切削方向平行。刀架转盘位置应对准零线,刀座偏转一定角度,以保证滑板能准确地沿垂直方向移动,并使刨刀返回行程时,可自由地离开工件表面,以减少刨刀磨损和避免划伤已加工表面。

刨斜面可分为刨内斜面和刨外斜面两种类型,如图 5-81 所示。其基本刨削方法是倾斜刀架法,把刀架和刀座分别倾斜一定角度,从上到下倾斜进刀刨削,刀架倾斜的角度必须是工件待加工斜面与机床纵向铅垂面的夹角;刀座倾斜的方向应是上端偏离被加工斜面。

(2)刨沟槽

刨沟槽包括刨直角沟槽、T 形槽、V 形槽和燕尾槽等。

1)刨直角沟槽

刨直角沟槽用切刀,一般以垂直进给的方法进行刨削,如图 5-77(f)所示。由于沟槽的宽度和加工精度要求不同,应采用不同的加工方法。当沟槽宽度较小时,可一次走刀完成加工;当沟槽宽度较大时,可采用两次或多次走刀完成。当加工精度要求较高时,要留有加工余量,粗刨后再进行精刨。

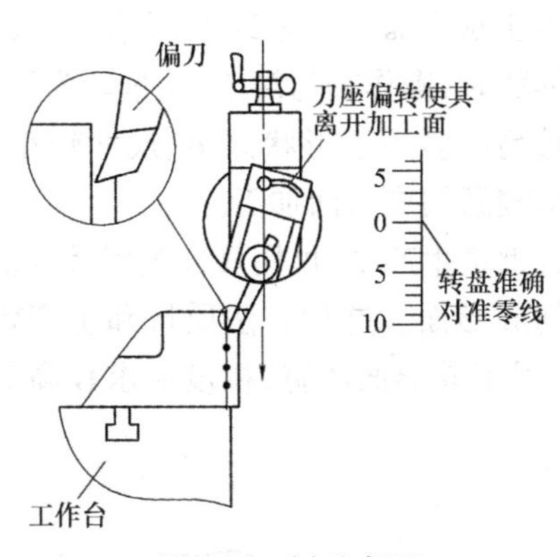


图 5-80　刨垂直面

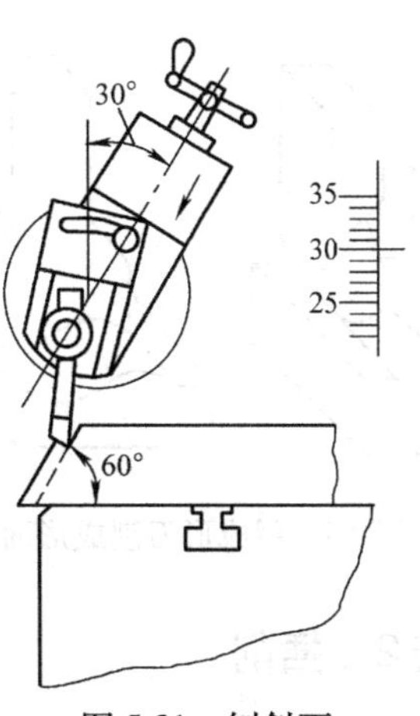


图 5-81　刨斜面

2) 刨 T 形槽

刨 T 形槽时，先用切刀沿垂直进给方向刨出直角槽，再用左、右两把弯刀分别加工两侧凹槽，最后倒角，具体加工步骤如图 5-82 所示。

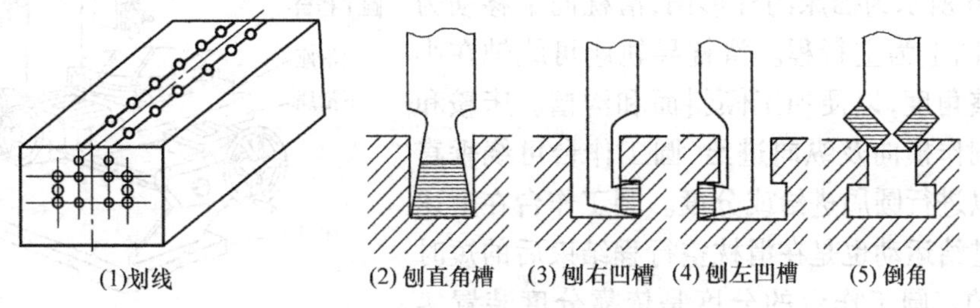


图 5-82　刨 T 形槽的步骤

3) 刨 V 形槽和燕尾槽

V 形槽和燕尾槽的斜面刨削方法同刨斜面，如图 5-83 所示。

燕尾槽的刨削步骤：燕尾槽划线→刨顶面→刨直角槽→刨左斜面→刨右斜面→倒角和切槽。

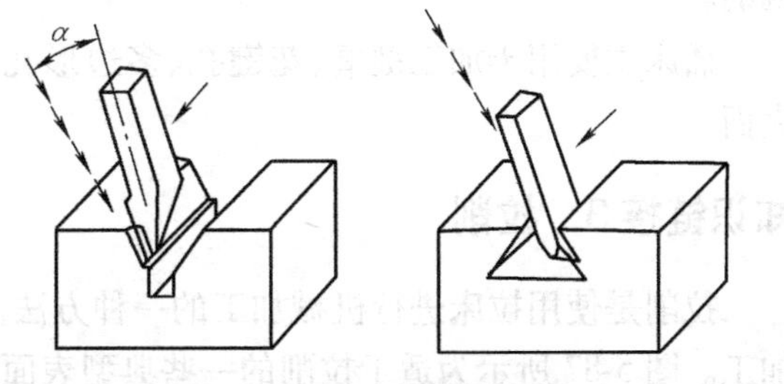


图 5-83　刨 V 形槽和燕尾槽

(3) 刨成形面

刨削成形面的方法主要有以下几种。

①在单件生产中，可用划线法加工，如图 5-84 所示。按工件端面上划的加工线，自动控制横向进给，刨去余量较大的部分，再横向自动进给，垂直手动进给完成成形面粗加工，最后进行精加工。划线法用手控制走刀比较困难，要求工人有较高的操作水平，加工质量不高。

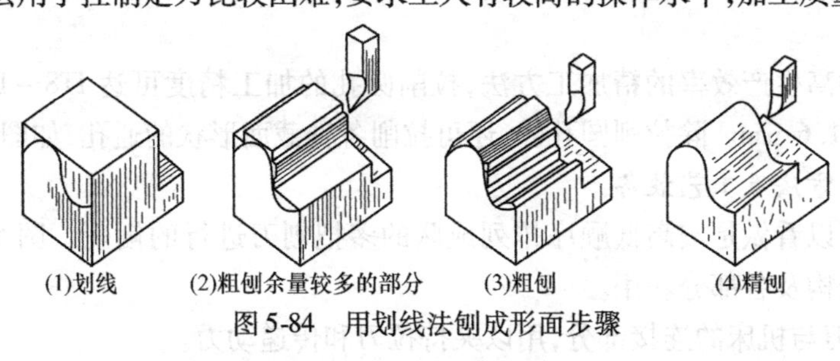


图 5-84　用划线法刨成形面步骤

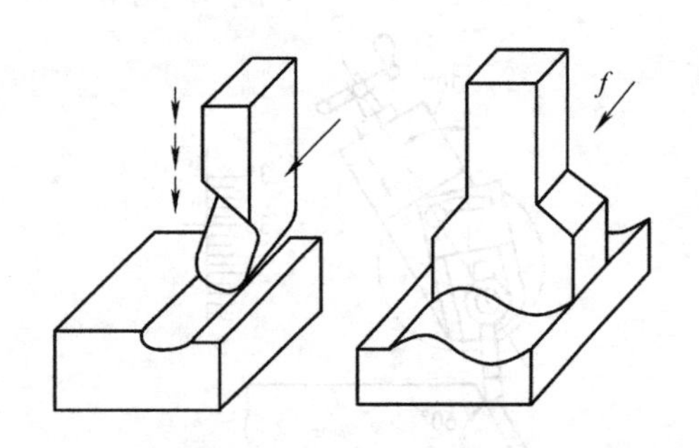

图 5-85　用成形刀刨成形面

②在成批生产中,用切削刃形状与成形面相符的刨刀加工成形面,如图 5-85 所示。用成形刀加工成形面时,操作较为简单,质量较为稳定,生产效率较高。多用于形状简单、尺寸较小、加工精度要求较高的成形面加工。

③在大批量生产中,可用靠模装置及其他附加装置刨削成形面。这种方法质量和生产效率较高,主要用于成形面较宽、精度要求较高的成形面加工。

## 知识链接 2　插削

插床实质上是一种立式刨床,其结构原理与牛头刨床相同,只是在结构形式上略有区别。它的主运动是滑枕带动插刀沿垂直方向所作的直线往复运动。图 5-86 所示为插床的外形图,滑枕向下移动为工作行程,向上为空行程。滑枕导轨座可绕轴在小范围内调整角度,以便加工倾斜面和沟槽。床鞍和溜板可分别作横向及纵向进给,圆工作台可绕垂直轴线回转以进行圆周进给或分度。圆工作台在上述各方向的进给运动也是在滑枕空行程结束后的短时间内进行的。圆工作台的分度是依靠分度装置实现的。

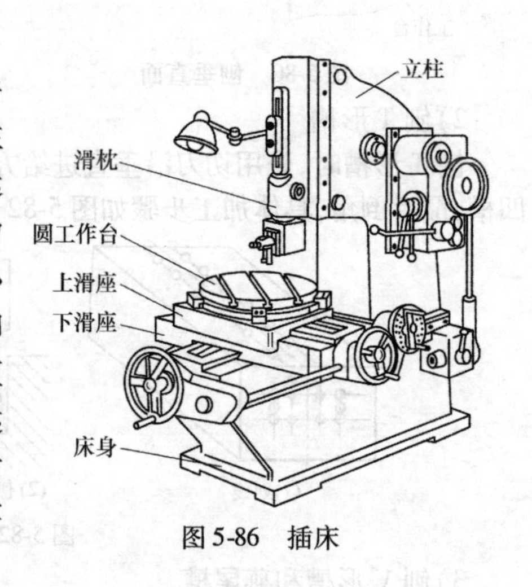

图 5-86　插床

插床主要用于加工键槽、花键孔、多边形孔之类的内表面,有时也用于加工成形内、外表面。

## 知识链接 3　拉削

拉削是使用拉床进行机械加工的一种方法。拉床用拉刀进行通孔、平面及成形表面的加工。图 5-87 所示为适于拉削的一些典型表面形状。拉削时,拉刀使被加工表面一次切削成形,所以拉床只有主运动,没有进给运动。

拉削加工的切屑薄、切削运动平稳,因而有较高的加工精度和较小的表面结构值。拉床工作时,粗、精加工可在拉刀通过工件加工表面的一次行程中完成,因此生产效率较高,是铣削的 3 ~ 8 倍,但拉刀结构复杂,成本较高,因此仅适用于大批量生产。

### 1. 拉孔

拉削是一种高生产效率的精加工方法,拉削圆孔的加工精度可达 IT8 ~ IT7 级,表面结构值为 *Ra*0.4 ~ 1.6 μm。除拉削圆孔外,还可拉削各种截面形状的通孔,如图 5-87 所示。

(1) 拉削的方法及工艺装备

拉削工艺可以看做是按高低顺序排列成队的多把刨刀进行的刨削。图 5-88 所示为常用圆孔拉刀的结构及各部分功用。

①头部:拉刀与机床的连接部分,用以夹持拉刀和传递动力。

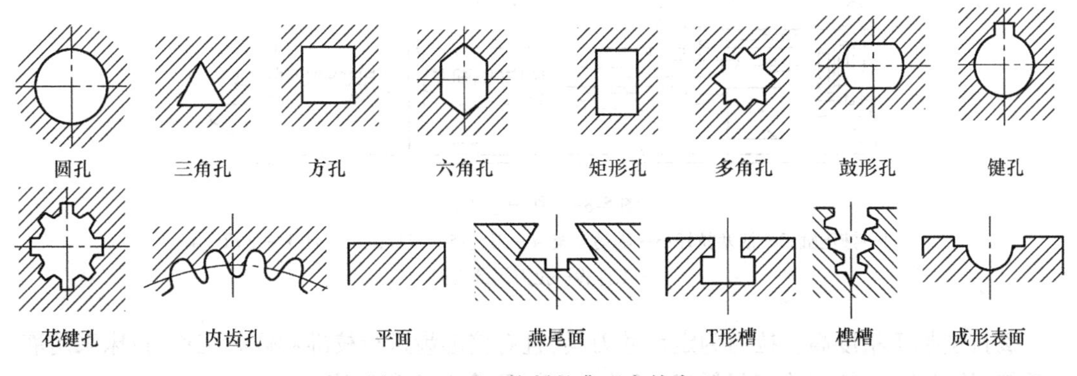


图 5-87　适于拉削的典型内外表面

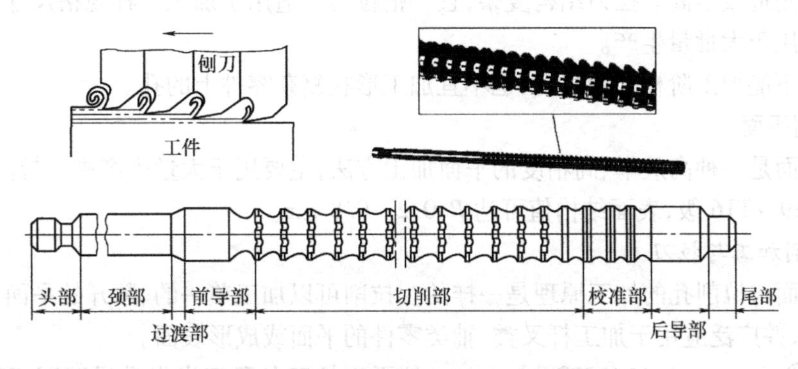


图 5-88　圆孔拉刀的结构及各部分功用

②颈部:头部与过渡锥之间的连接部分,此处可以打标记(拉刀的材料和尺寸规格等)。

③过渡部:颈部与前导部之间的锥度部分,起对准中心的作用,使拉刀易于进入工件孔。

④前导部:用于引导拉刀的切削齿正确地进入工件孔,防止刀具进入工件孔后发生歪斜,同时还可以检查预加工孔尺寸是否过小,以免拉刀的第一个刀齿因负荷过重而损坏。

⑤切削部:担负切削工作,切除工件上全部的拉削余量,由粗切齿、过渡齿和精切齿组成。

⑥校准部:用以校正孔径、修光孔壁,以提高孔的加工精度和表面质量,也可以作精切齿的后备齿。

⑦后导部:用于保证拉刀最后的正确位置,防止拉刀在即将离开工件时,因工件下垂而损坏已加工表面和刀齿。

⑧尾部:用于支承拉刀,防止其下垂而影响加工质量和损坏刀齿,只有拉刀既长又重时才需要。

卧式拉床如图 5-89 所示,床身内装有液压缸,活塞拉杆的右端装有随动支架和刀夹,用以支承和夹持拉刀。工作前,拉刀支持在滚轮和拉刀尾部支架上,工件由拉刀左端穿入。当刀夹夹持拉刀向左作直线移动时,工件贴靠在支承上,拉刀即可完成切削加工。拉刀的直线移动是主运动,进给运动是靠拉刀每齿升高量来实现的。

(2)拉削的工艺特点

①拉削的生产效率高。拉削时拉刀多齿同时工作,在一次行程中完成粗、精加工。

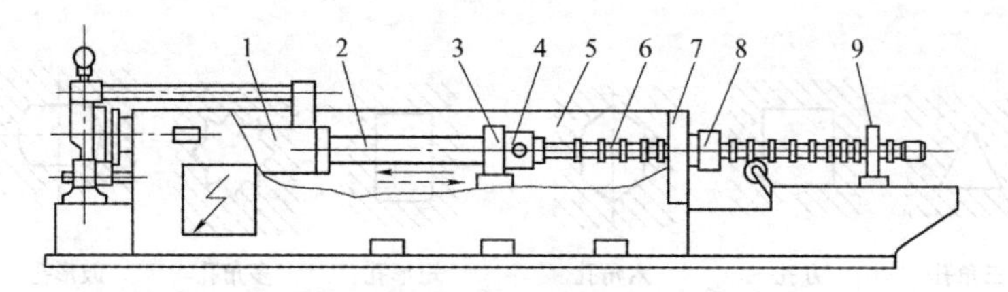


图 5-89　卧式拉床

1—液压缸；2—活塞拉杆；3—随动支架；4—刀夹；5—床身；6—拉刀；7—支承；8—工件；9—拉刀尾部支架

②拉削加工精度高。拉刀为定尺寸刀具，且有校准齿进行校准和修光工作；拉床采用液压系统，传动平稳；拉削速度很低（2～8 m/min），不会产生积屑瘤。

③拉刀制造成本高。拉刀结构复杂，且一把拉刀只适用于加工一种规格尺寸的孔，因此拉削一般适用于大批量生产。

④拉削不能加工阶梯孔和盲孔，也不宜加工形状复杂零件上的孔。

**2. 拉削平面**

拉削平面是一种高效率、高精度的平面加工方法，主要用于大量生产中。拉削平面加工精度可达 TT9～TT6 级，表面结构值可达 $Ra0.2 \sim 0.8$ μm。

(1)拉削加工与拉刀

拉削平面与拉削孔的加工原理是一样的。拉削可以加工单一的、敞开的平面，也可以加工组合平面，并广泛应用于加工杆叉类、轴类零件的平面或成形表面。

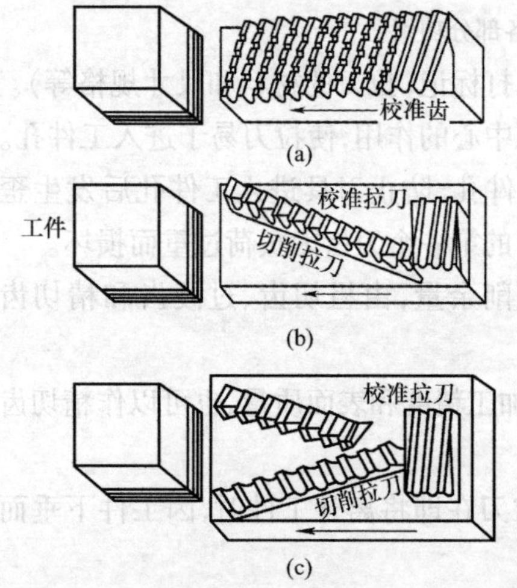


图 5-90　平面拉刀

按平面拉刀各段刀齿齿升量不同，可将拉削分为粗拉、精拉及修光等数段。精拉削没有硬皮的表面时，一般采用图 5-90（a）所示拉刀，采用层剥法加工。粗拉削带有硬皮的表面时，以采用图 5-90（b）、（c）所示的拉刀为好，切削余量按工件宽度的方向分配，刀齿不至于迅速磨损或折断，这种加工方法称为分屑拉削法或渐近式拉削法。

拉削平面前常用铣削作粗加工，铣过的平面余量小，拉刀可以短一些。

平面拉刀可以制成整体的，一般用于加工较小的平面；而更多的是采用镶齿式拉刀，镶有硬质合金或高速钢刀片，以实现高速拉削，而且便于刃磨和调整。

(2)拉削平面的工艺特点

①拉削平面的生产效率高。因为拉削时刀具的移动速度比铣削的进给速度快得多，拉削速度一般为 8～10 m/min，而铣削的进给速度小于 1 m/min；此外，拉削可以一次完成从粗到精的全部加工过程。

②拉削平面的加工精度高。因为拉刀各刀齿的载荷分布均匀，修光齿能在较佳的条件下工作；拉削的切削速度低，刀齿耐用度高，可在较长时间内保持高精度；拉床只有拉刀运动，因此运动链简单，机床刚度好。

## 本节复习题

①刨削的加工特点是什么?

②龙门刨床工作台行程速度调整时应注意什么?

③在刨床上常见的工件装夹方法有哪些?

④普通平面刨削的加工顺序是什么?

⑤刨削成形面的方法主要有哪几种?

⑥拉削加工的工艺特点有哪些?

⑦简述圆孔拉刀结构组成及各部分的作用。

# 任务4　孔加工

## 知识链接1　孔加工概述

在机械制造业中,孔的应用非常广泛。无论什么机器,从制造每个零件到最后装配成机器为止,几乎都离不开孔,孔是最常遇到的加工表面之一。与外圆表面加工相比,孔加工的工作条件较为不利,刀具的尺寸受到被加工孔尺寸的限制,达到同样的精度需要更多的加工步骤,刀具的消耗量和产生废品的可能性也较大。

### 1. 孔的应用

孔是箱体、支架、轴、套筒、环、盘类零件上的重要表面,是机械加工中经常遇到的表面。

### 2. 孔的常见类型

孔的常见类型很多,常见孔如轴承孔、销孔、螺纹孔、喷嘴等,深孔如油缸活塞孔、枪管、炮管等,特型孔如内花键孔、内齿轮等。

### 3. 孔加工的特点

①在加工精度和表面结构要求相同的情况下,加工孔比加工外圆面困难、生产效率低、成本高。

②刀具的尺寸受到被加工孔的尺寸的限制,故刀具的刚性差,不能采用大的切削用量。

③刀具处于被加工孔的包围中,散热条件差,切屑排出困难,切削液不易进入切削区,切屑易划伤加工表面。

### 4. 孔加工的技术要求

①尺寸精度:孔径和孔深的尺寸精度,孔与孔或孔与其他表面之间的尺寸精度。

②形状精度:孔的圆度、圆柱度及轴线的直线度。

③位置精度:孔与孔或孔与外圆面的同轴度,孔与孔或孔与其他表面之间的平行度、垂直度、位置度等。

④表面质量:表面结构、表层加工硬化和表层物理力学性能要求等。

### 5. 孔加工的方法

孔加工的方法一般分为钻孔、扩孔、锪孔、铰孔、镗孔、拉孔、磨孔以及孔的光整加工等。

加工孔的方法主要有两类:一类是用麻花钻、中心钻等在实体材料上钻出孔;另一类是用扩孔钻、锪钻、铰刀和镗刀等刀具对工件上已有孔进行再加工。图5-91所示为孔加工的种类,选择不同的设备、不同的刀具和不同的加工方法所得到的尺寸精度、表面结构不同。

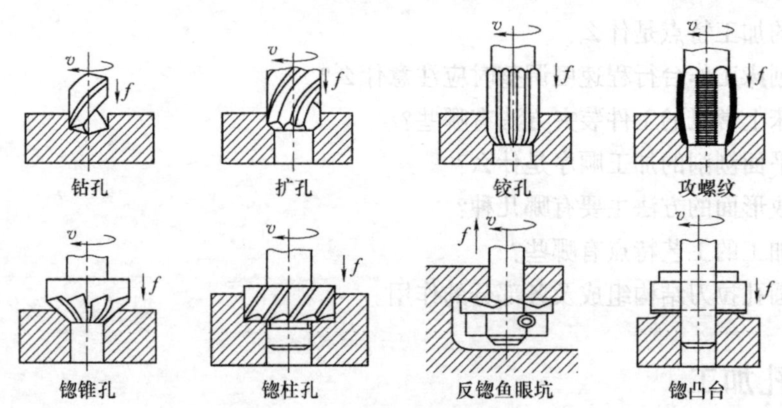


图5-91　孔加工的种类

6. 常用的孔加工设备

根据用途和结构的不同,常用的孔加工设备有台式钻床、立式钻床、摇臂钻床、手电钻及专门化钻床等。使用孔加工设备可以加工外形较复杂的孔,尤其是多孔加工,除钻孔外还可完成扩孔、铰孔、锪孔、锪平面、镗孔以及攻螺纹等孔加工工作。

(1)台式钻床

台式钻床简称台钻,它是一种小型钻床,使用台钻可以加工最小直径为十分之几毫米的孔,其钻孔直径一般在13 mm以下,主要用于加工小型工件上的各种孔。台钻主要用于电器、仪表行业及一般机器制造业的装配工作中。图5-92所示为Z4012型台钻结构图。

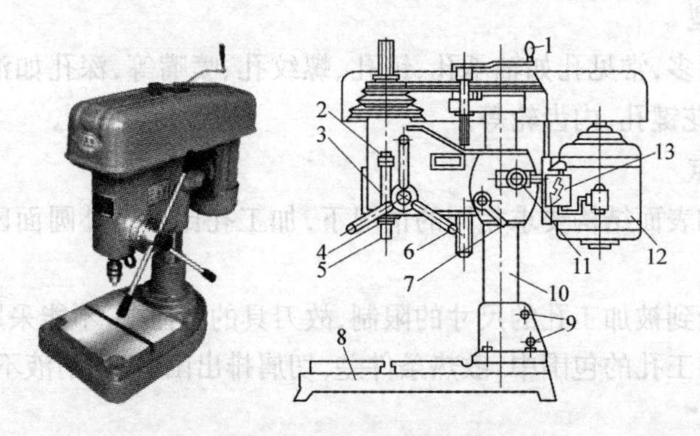

图5-92　Z4012型台钻

1—摇把;2—挡块;3—机头;4—螺母;5—主轴;6—进给手柄;7—锁紧手柄;8—底座;
9—螺栓;10—立柱;11—螺钉;12—电动机;13—转换开关

台钻的形状与立钻相似,但台式钻床小巧灵活、使用方便、结构较简单。由于台钻的加工孔径较小,故台式钻床主轴转速往往很高,最高转速可达近万转/分,最低也在400 r/min左右,因此不宜在台钻上进行锪孔、铰孔和攻螺纹等孔加工工作。为保持主轴运转平稳,常采用V带传动,并由五级塔形带轮来进行速度变换。台式钻床主轴的转速可用改变V带在带轮上的位置来调节。需要说明的是,台钻主轴进给只有手动进给,一般都具有控制钻孔深度的装置。钻孔后,主轴能在蜗圈弹簧的作用下自动复位。台式钻床的主轴进给由转动进给手柄实现,在进行孔加工前,需根据工件高低调整好工作台与主轴架间的距离,并锁紧固定。

(2)立式钻床

立式钻床简称立钻,是应用较为广泛的一种钻床。与台式钻床相比,立式钻床刚性好、功率大,允许采用较大的切削用量,生产效率较高,加工精度也较高,因而允许钻削较大的孔。在立式钻床上加工多孔工件可通过移动工件来完成,对大型或多孔工件的加工十分不便,因此立式钻床适用于单件、小批量生产中加工中、小型零件上孔径小于 80 mm 的孔加工。立钻的最大钻孔直径有 25 mm、35 mm、40 mm 和 50 mm 等不同规格。图 5-93 所示为 Z525B 型立式钻床的外形图。

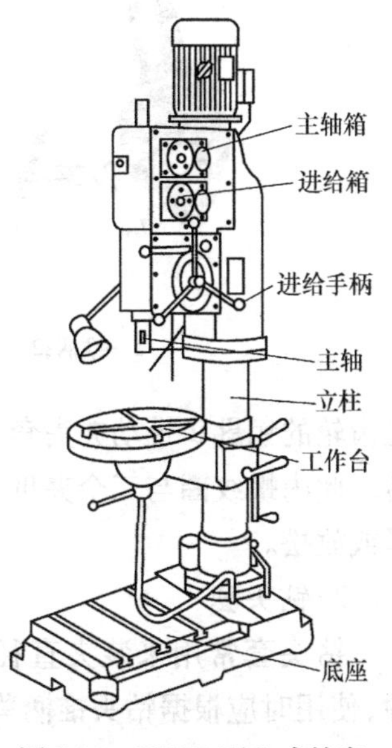

图 5-93　Z525B 型立式钻床

立钻主要由主轴、主轴变速箱、进给箱、立柱、工作台和底座组成,特点是主轴轴线垂直布置而且其位置固定。钻孔时,为使刀具旋转中心线与被加工孔的中心线重合,必须移动工件才行。在立式钻床选用不同的刀具可以完成钻孔、扩孔、铰孔、锪孔、攻螺纹等孔加工工作。工作时立钻主轴的轴向进给可以自动进给,也可作手动进给,主轴转速和进给量都有较大的变动范围。

(3)摇臂钻床

在对大型工件进行多孔加工时,使用立钻很不方便,因为每加工一个孔,工件就要移动找正一次,而使用摇臂钻床加工就方便多了。因此摇臂钻床适用于一些笨重的大工件以及多孔工件上的大、中、小孔加工,广泛用于单件和成批生产中。图 5-94 所示为 Z3040 型摇臂钻床的外形图。

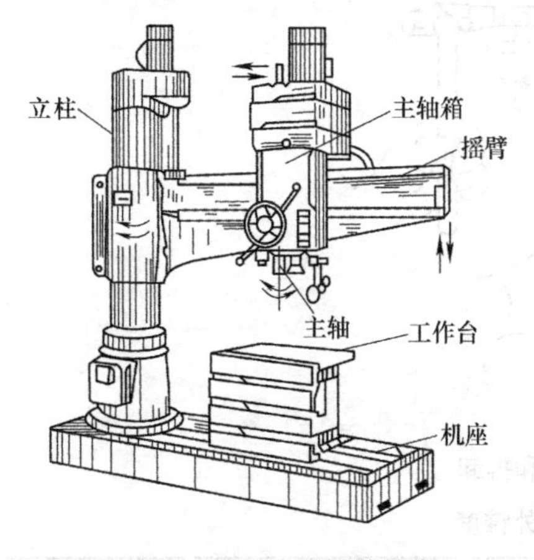

图 5-94　Z3040 型摇臂钻床

摇臂钻床主要由机座、立柱、摇臂、主轴箱等组成。加工时,工件和夹具可安装在机座或工作台上。摇臂钻床有一个能绕立柱旋转(360°)的摇臂,摇臂可绕立柱回转到所需位置后重新锁定,摇臂带着主轴箱可沿立柱作上下垂直移动,以调整主轴箱及刀具的高度。同时主轴箱等还能在摇臂水平导轨上作水平横向移动,因此操作时能很方便地调整刀具的位置,以对准被加工孔的中心,而不需移动工件来进行加工。摇臂钻床除了用于钻孔外,还能完成扩孔、锪平面、锪孔、铰孔、镗孔和攻螺纹等孔加工工作。摇臂钻床的主轴转速范围和进给量范围均很大,工作时可获得较高的生产效率和加工精度。

(4)钻床附具

1)钻夹头

钻夹头是装夹直柄钻头的夹具,常用来装夹直径小于 13 mm 的直柄钻头,其结构如图

5-95 所示。夹头体的上端有锥柄安装孔 6，可以用来与锥柄 1 锁紧。而锥柄通常做成莫氏锥体，装进钻床的主轴锥孔内。钻夹头中有三个夹爪，可以用来夹紧钻头的直柄。当带有小圆

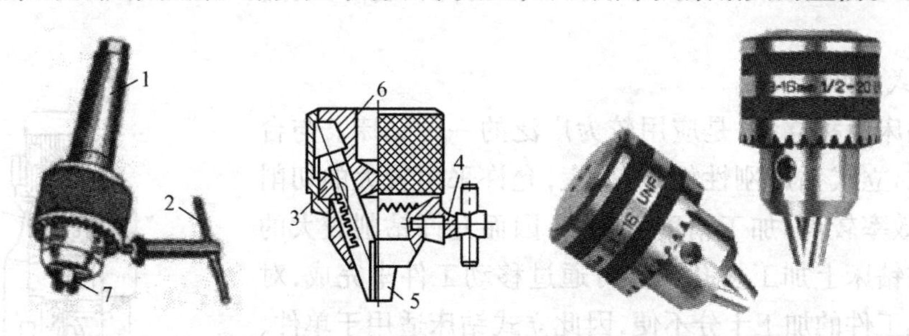

图 5-95　钻夹头及其应用

1—锥柄；2，4—钥匙；3—内螺纹圈；5，7—自动定心夹爪；6—锥柄安装孔

锥齿轮的钥匙 2 带动夹头套上的大圆锥齿轮转动时，与夹头套紧配的内螺纹圈 3 也同时旋转。此内螺纹圈与三个夹爪上的外螺纹相配，于是三个夹爪便伸出或缩进，使钻头直柄被夹紧或放松。

2）钻头套

钻头套常用来装夹直径在 13 mm 以上的锥柄钻头，如图 5-96 所示。钻头套共分 5 种，使用时应根据钻头锥柄莫氏锥度的号数选用相应的钻头套，见表 5-15。

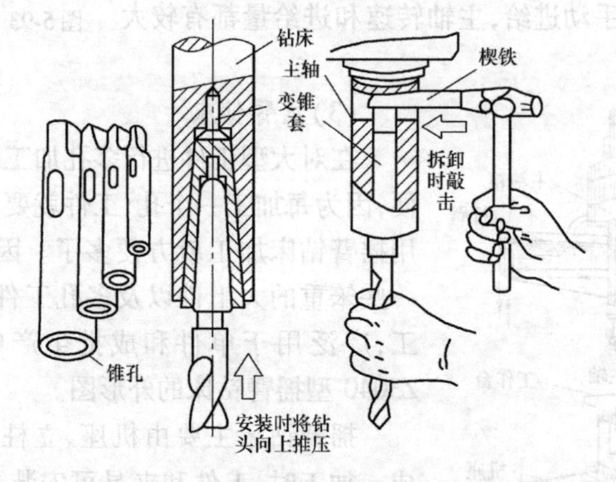


图 5-96　钻头套及其安装和拆卸

表 5-15　钻头套标号与内外锥度

| 钻头套标号 | 内锥孔（莫氏锥度） | 外圆锥（莫氏锥度） | 锥柄钻头直径/mm |
|---|---|---|---|
| 1 号 | 1 | 2 | 15.5 以下 |
| 2 号 | 2 | 3 | 15.6 ~ 23.5 |
| 3 号 | 3 | 4 | 23.6 ~ 32.5 |
| 4 号 | 4 | 5 | 32.6 ~ 49.5 |
| 5 号 | 5 | 6 | 49.6 ~ 65 |

当用较小直径的钻头钻孔时，钻头锥柄不能直接与钻床主轴锥孔相配，此时需要将一个

或几个钻头套配接起来使用,但这样装拆较麻烦,同时也增加了钻床主轴与钻头的同轴度误差值,为此可采用特制的钻头套。

图 5-96 所示为用楔铁将钻头从钻床主轴锥孔中拆下的方法。拆卸时楔铁带圆弧的一边要放在上面,否则要把钻床主轴(或钻头套)上的长圆孔敲坏。同时要用手握住钻头或在钻床工作台之间垫上木板,以防钻头跌落而损坏钻头或工作台。

## 知识链接 2　钻孔

钻孔是用钻头在实体材料上加工出孔的一种机械加工方法,它是孔加工的一种基本及常用的操作方法,适用于加工外形较复杂,没有对称回转轴线的工件上的孔,尤其是多孔加工;除钻孔外,在钻床上还可完成扩孔、铰孔、锪孔、锪平面以及攻螺纹等孔加工的工作。

**1. 钻孔的工艺特点**

①孔壁质量较差:钻头是在半封闭的状态下进行切削的,切削量大,排屑困难,切屑流出时会与孔壁发生剧烈摩擦而刮伤已加工表面,甚至会卡死或折断钻头。

②钻头磨损严重:转速高、切削温度高、摩擦严重、产生热量多、散热困难,致使钻头磨损严重。

③钻头容易引偏:钻头细而长,钻头横刃定心不准,钻头刚性和导向作用较差,切入时钻头容易产生偏移、弯曲和振动。

④钻孔精度低:尺寸精度一般能达到 IT11 ~ IT10,表面结构值能达到 $Ra$12.5 ~ 50 μm,因此钻孔在孔加工中属于粗加工。

**2. 麻花钻**

钻头是钻孔用的切削刀具,钻头的种类较多,有麻花钻、扁钻、深孔钻、中心钻等。其中,麻花钻是目前孔加工中应用最广泛的刀具,它是一种形状较复杂的双刃孔加工的标准刀具,主要用来在实体材料上钻削直径 0.1 ~ 80 mm 的孔,也可用于加工攻螺纹、铰孔、拉孔、镗孔、磨孔的预制孔。

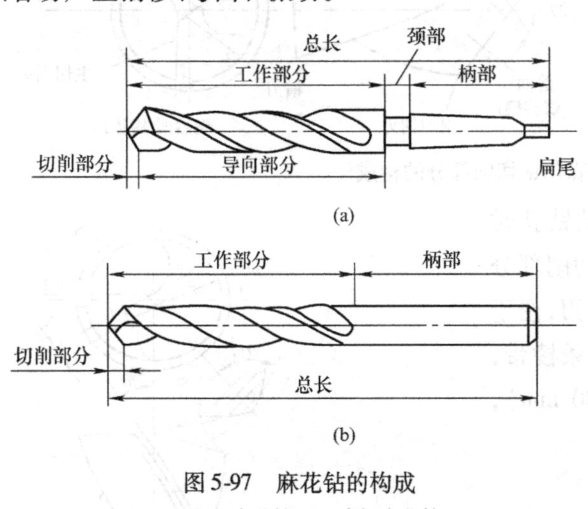


图 5-97　麻花钻的构成
(a)锥柄麻花钻;(b)直柄麻花钻

(1)麻花钻的构成

麻花钻一般用高速钢(W18Cr4V 或 W9Cr4V2)制成,工作部分经热处理淬火后硬度达 HRC62 ~ 68。麻花钻由柄部、颈部及工作部分组成,如图 5-97 所示。

1)柄部

柄部是麻花钻的夹持部分,它的作用是定心和传递扭矩。麻花钻柄部有直柄式和锥柄式两种。一般钻头直径小于 13 mm 的制成直柄,直径大于 13 mm 的制成锥柄,具体规格见表 5-16。

2）颈部

颈部是工作部分和柄部的过渡部分，颈部在磨制麻花钻时作退刀槽使用，通常钻头的规格、材料及商标都打印在此处。小直径的直柄钻头没有颈部。

3）工作部分

工作部分是钻头的主要部分，麻花钻的工作部分由切削部分和导向部分组成。

表 5-16　莫氏锥柄的大端直径及钻头直径　　mm

| 莫氏锥柄号 | 1 | 2 | 3 | 4 | 5 | 6 |
|---|---|---|---|---|---|---|
| 大端直径 $d_1$ | 12.240 | 17.980 | 24.051 | 31.542 | 44.731 | 63.760 |
| 钻头直径 $d_0$ | 15.5 及以下 | 15.6 ~ 23.5 | 23.6 ~ 32.5 | 32.6 ~ 49.5 | 49.6 ~ 65 | 65 ~ 80 |

麻花钻的切削部分有两个刀瓣，主要承担切削工件的作用。标准麻花钻的切削部分由五刃（两条主切削刃、两条副切削刃和一条横刃）六面（两个前刀面、两个主后刀面和两个副后刀面）组成，如图 5-98 所示。

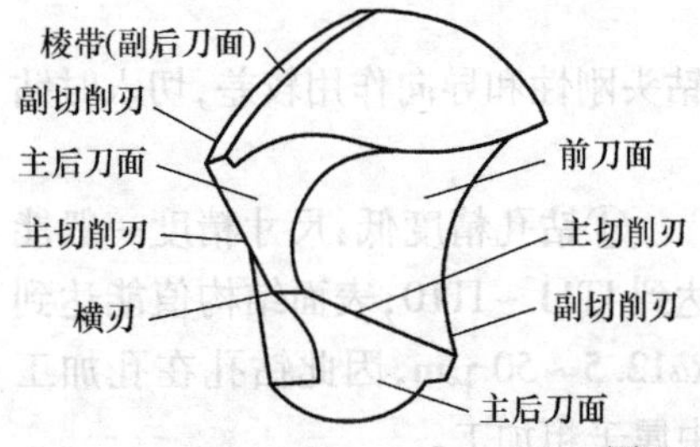


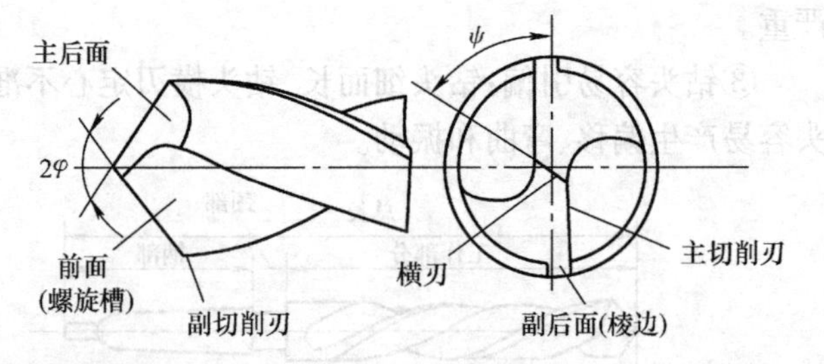


图 5-98　麻花钻切削部分的构成

麻花钻的导向部分用来保持麻花钻钻孔时的正确方向并修光孔壁，重磨时可作为切削部分的后备。两条螺旋槽的作用是形成切削刃，便于容屑、排屑和切削液输入。外缘处的两条棱带，其直径略有倒锥（(0.05 ~ 0.1 mm)/100 mm），用以导向和减少钻头与孔壁的摩擦。

（2）标准麻花钻的切削角度

标准麻花钻的切削角度如图 5-99 所示。标准麻花钻各切削角度的定义、作用及特点见表 5-17。

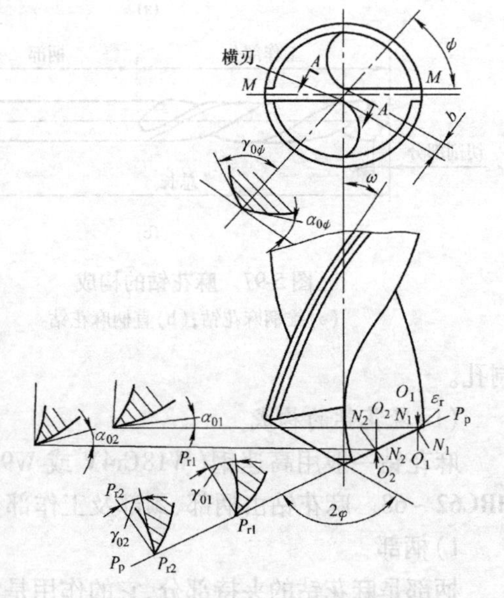


图 5-99　标准麻花钻的切削角度

3. **硬质合金钻头**

加工脆性材料如合金铸铁、玻璃、脆硬钢等难加工材料，必须使用硬质合金钻头。

小直径硬质合金钻头都做成整体结构，除用于加工硬材料外，也适用于加工非金属压层材料。直径大于 6 mm 的硬质合金钻头都做成镶片式结构，其结构特点是刀片用 YG8，刀体用 9SiCr；

钻心较粗，$D_0=(0.25\sim0.3)D$，导向部分缩短；加宽容屑槽；增大倒锥量；制成双螺旋角；可以增强钻体刚度，减小振动，便于排屑，防止刀片崩裂。

### 4. 钻削用量

钻削用量越大，单位时间内切除量越多，生产效率越高。但钻削用量受到钻床功率、钻头强度、钻头耐用度、工件精度等许多因素的限制，不能任意提高。

**表 5-17　标准麻花钻切削角度的定义、作用及特点**

| 切削角度 | 作用及特点 | 定义 |
| --- | --- | --- |
| 前角 $\gamma_0$ | 前角大小决定着切除材料的难易程度和切屑与前刀面上产生摩擦阻力的大小。前角越大，切削越省力。主切削刃上各点前角不同：近外缘处最大，可达 $\gamma_0=30°$；自外向内逐渐减小，在钻心至 $D/3$ 范围内为负值；横刃处 $\gamma_0=-54°\sim-60°$；接近横刃处 $\gamma_0=-30°$ | 在正交平面(图 4.5.9 中 $N_1—N_1$ 或 $N_2—N_2$)内，前刀面与基面之间的夹角 |
| 主后角 $\alpha_0$ | 主后角的作用是减小麻花钻后刀面与切削面间的摩擦。主切削刃上各点主后角也不同：外缘处较小，自外向内逐渐增大。直径 $D=15\sim30$ mm 的麻花钻，外缘处 $\alpha_0=9°\sim12°$，钻心处 $\alpha_0=20°\sim26°$，横刃处 $\alpha_0=30°\sim60°$ | 在柱剖面(图 4.5.9 中 $O_1—O_1$ 或 $O_2—O_2$)内，后刀面与切削平面之间的夹角 |
| 顶角 $2\varphi$ | 顶角影响主切削刃上轴向力的大小。顶角越小，轴向力越小，外缘处刀尖角越大，利于散热和提高钻头使用寿命。但在相同条件下，钻头所受扭矩增大，切屑变形加剧，排屑困难，不利于润滑。顶角的大小一般根据麻花钻的加工条件而定。标准麻花钻的顶角 $2\varphi=118°\pm2°$ | 两条主切削刃在其平行平面 $M—M$ 上的投影之间的夹角 |
| 横刃斜角 $\psi$ | 在刃磨钻头时自然形成，其大小与主后角有关。主后角大，则横刃斜角小，横刃较长。标准麻花钻的横刃斜角 $\psi=50°\sim55°$ | 横刃与主切削刃在钻头端面内的投影之间的夹角 |

(1)钻削用量的概念

钻削用量是指在钻削过程中，切削速度、进给量和背吃刀量的总称，如图 5-100 所示。

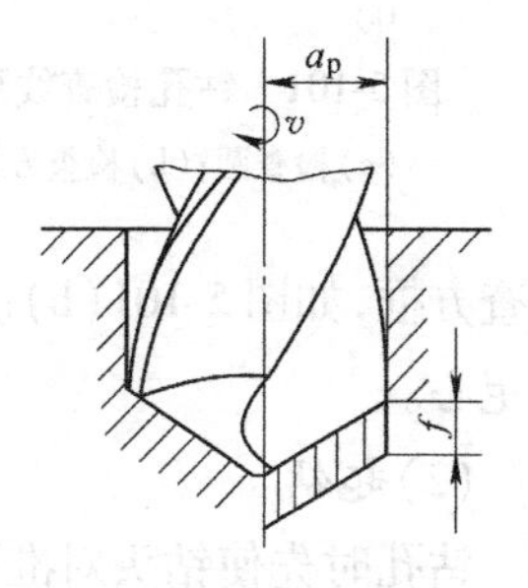


图 5-100　钻削用量

①钻削时的切削速度($v$)：指钻孔时钻头直径上一点的线速度。可由下式计算：

$$v=\pi Dn/1\,000$$

式中：$v$——切削速度(m/min)；

$D$——钻头直径(mm)；

$n$——钻床主轴转速(r/min)。

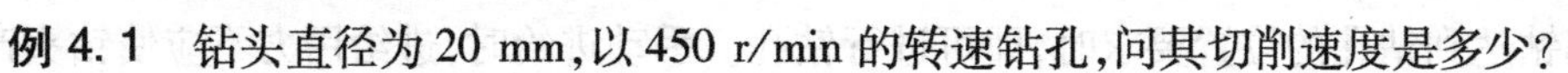

**例 4.1**　钻头直径为 20 mm，以 450 r/min 的转速钻孔，问其切削速度是多少？

**解**：$v=\pi Dn/1\,000=3.14\times20\times450/1\,000=28.26$ m/min

②钻削时的进给量($f$)：指主轴每转一周，钻头对工件沿主轴轴线的相对移动量，单位是 mm/r。

③背吃刀量($a_p$)：指已加工表面与待加工表面之间的垂直距离，钻削时 $a_p=D/2$。

(2)钻削用量的选择

钻孔时由于背吃刀量已由钻头直径所定,所以只需选择切削速度和进给量。

对钻孔生产效率的影响,切削速度 $v$ 比进给量 $f$ 大;对孔的表面结构的影响,进给量 $f$ 比切削速度 $v$ 大。综合以上的影响因素,钻削用量的选择原则是:在允许范围内,尽量先选较大的进给量 $f$,当进给量 $f$ 受到孔表面结构和钻头刚度的限制时,再考虑较大的切削速度 $v$。

①背吃刀量的选择

直径小于 30 mm 的孔一次钻出,达到规定要求的孔径和孔深;直径为 30 ~ 80 mm 的孔可分两次钻削,先用(0.5 ~ 0.7)$D$($D$ 为要求的孔径)的钻头钻底孔,然后用直径为 $D$ 的钻头将孔扩大至要求尺寸。这样可以提高钻孔质量,减少轴向力,保护机床和刀具等。

②进给量的选择

当孔的尺寸精度、表面结构要求较高时,应选较小的进给量;当钻小孔、深孔时,钻头细而长,强度低,刚度差,钻头易扭断,应选较小的进给量。

③钻削速度的选择

当钻头的直径和进给量确定后,钻削速度应按钻头的寿命选取合理的数值,一般根据经验选取。孔深较大时,应取较小的钻削速度。

具体选择钻削用量时,应根据钻头直径、钻头材料、工件材料、加工精度及表面结构等方面的要求查表选取。

## 5. 钻孔的方法

(1)工件划线

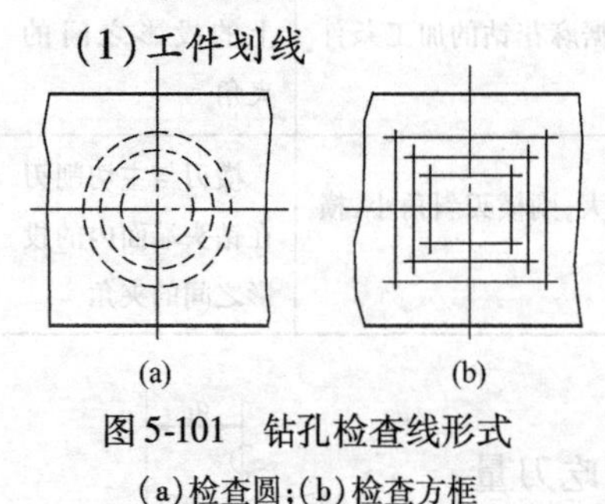

图 5-101　钻孔检查线形式
(a)检查圆;(b)检查方框

按钻孔的位置和尺寸要求,划出孔位的十字中心线,并打上中心样冲眼(要求冲点要小,位置要准)。按孔的大小划出孔的圆周线,对钻直径较大的孔,还应划出几个大小不等的检查圆,如图 5-101(a)所示,以便钻孔时检查和找正钻孔位置。当钻孔的位置及尺寸要求较高时,为了避免敲击中心样冲眼时所产生的偏差,也可直接划出以孔中心线为对称中心的几个大小不等的检查方框,如图 5-101(b)所示,作为钻孔时的检查线,然后将中心样冲眼敲大,以便准确落钻定心。



(2)起钻

钻孔时先使钻头对准孔中心试钻出一个浅坑,观察钻孔位置是否正确,并不断校正,使浅坑与划线圆同心。

(3)钻削操作

当起钻达到钻孔的位置要求时,即可进行钻孔。手动进给时,进给用力不应使钻头产生弯曲现象,以免孔的轴线歪斜。钻小直径孔或深孔时,进给压力要小,并要经常退钻排屑,以免切屑阻塞使钻头扭断,一般在钻孔深度达直径的 3 倍时,一定要退钻排屑;钻孔将穿时,进给力必须减小,以防进给量突然增大,增加切削抗力,造成钻头折断,或使工件随着钻头转动造成事故。

### 6. 钻孔用切削液

钻孔一般属于粗加工，钻削过程中，钻头处于半封闭状态，摩擦严重，散热困难。注入切削液是为了延长钻头寿命和提高切削性能，因此切削液的作用应以冷却为主。

钻孔时由于加工材料和加工要求不一样，所用切削液的种类和作用也不一样。钻孔用切削液见表5-18。

表5-18　钻孔用切削液

| 工件材料 | 切削液 |
|---|---|
| 各类结构钢 | 3% ~5%乳化液或7%硫化乳化液 |
| 不锈钢、耐热钢 | 3%肥皂加2%亚麻油水溶液或硫化切削油 |
| 紫铜、黄铜、青铜 | 5% ~8%乳化液(也可不用) |
| 铸铁 | 5% ~8%乳化液或煤油(也可不用) |
| 铝合金 | 5% ~8%乳化液或煤油，煤油与菜油的混合油(也可不用) |
| 有机玻璃 | 5% ~8%乳化液或煤油 |

在高强度材料上钻孔时，钻头前刀面要承受较大的压力，为减少摩擦和钻削阻力，可在切削液中增加硫、二硫化钼等成分，如硫化切削油。在塑性、韧性较大的材料上钻孔，要求加强润滑作用，在切削液中可加入适当的动物油和矿物油。孔的精度要求较高和表面结构值要求很小时，应选用主要起润滑作用的切削液，如菜油、猪油等。

### 7. 钻孔的操作要点

①钻孔前先检查工件加工孔位置和钻头刃磨是否正确，钻床转速是否合理。

②起钻时，先钻出一浅坑，观察钻孔位置是否正确。达到钻孔位置要求后，即可压紧工件继续钻孔。

③选择合理的进给量，以免造成钻头折断或发生事故。

④选择合适的切削液，以延长钻头寿命和改善加工孔的表面质量。

### 8. 安全生产

①操作钻床时严禁戴手套，袖口必须扎紧，女生必须戴工作帽。

②开动钻床前，应检查是否有钻夹头钥匙或斜铁插在钻轴上。

③钻通孔时，工件下面必须垫上垫铁或使钻头对准工作台的槽，以免损坏工作台。

④操作钻床时，操纵人员的头部不准与旋转的主轴靠得太近，清除切屑必须用毛刷或钩子等工具。

⑤要夹紧工件，即将钻穿孔时，要尽量减小进给力。

⑥检验工件和变换主轴转速时，必须在停车状况下进行。

⑦清洁钻床或加注润滑油时，必须切断电源。

## 知识链接3　扩孔

扩孔是用扩孔钻对工件上已有的孔进行扩大加工的一种机械加工方法，如图5-102所示。扩孔余量一般为0.5 ~4 mm。

由图5-102可知，扩孔时背吃刀量

$$a_p = (D-d)/2$$

式中：$D$——扩孔后的孔直径(mm)；

$d$——扩孔前的孔直径(mm)。

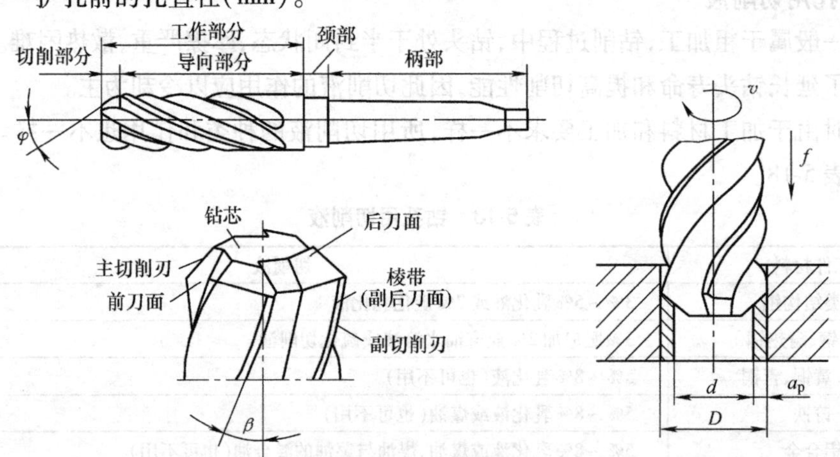


图 5-102　扩孔钻和扩孔

**1. 扩孔的工艺特点**

①刀体的刚性较好:由于扩孔钻不像钻头那样要从螺旋槽中排出大量切屑,因而扩孔钻的容屑槽浅而窄,刀体的刚性较好。

②导向性好:扩孔钻有 3 ~4 个刀刃,刀齿周边的棱边数增多,导向作用相应增强。

③切削条件好:扩孔钻无横刃,只有切削刃的外缘部分参加切削,切削轻快,可用较大的进给量,生产效率高;又因切屑少,排屑顺利,故不易刮伤已加工表面。

④与钻孔相比,扩孔加工精度较高,表面结构值较小,且可在一定程度上校正钻孔的轴线偏斜。一般公差等级可达 IT10 ~ IT9,表面结构值能达到 $Ra3.2 \sim 12.5\ \mu m$,常作为孔的半精加工及铰孔前的预加工。

**2. 扩孔钻**

扩孔钻基本上与钻头相同,不同的是,扩孔钻有 3 ~4 个切削刃,无横刃(图 5-103),刚度、导向性好,切削平稳,所以加工孔的精度、表面结构较好。

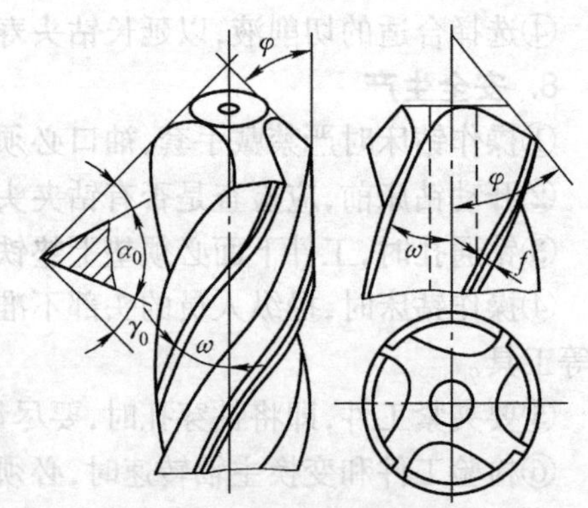

图 5-103　扩孔钻的工作部分

**3. 扩孔的方法**

常用的扩孔方法有用麻花钻扩孔和用扩孔钻扩孔两种。用麻花钻扩孔时由于钻头横刃不参加切削,轴向力小,进给省力。但因钻头外缘处前角较大,易把钻头从钻套中拉出,所以应把钻头外缘处的前角修磨得小一些,并适当控制进给量。用扩孔钻扩孔时,进给量可选得大一些。

**4. 扩孔的注意事项**

①扩孔钻多用于成批大量生产。小批量生产常用麻花钻代替扩孔钻,此时应适当减小钻头前角,以防止扩孔时扎刀。

②用麻花钻扩孔,扩孔前钻孔直径为 0.5 ~0.7 倍的要求孔径;用扩孔钻扩孔,扩孔前钻孔直径为 0.9 倍的要求孔径。

③钻孔后，在不改变钻头与机床主轴相互位置的情况下，应立即换上扩孔钻进行扩孔，使钻头与扩孔钻的中心重合，以保证加工质量。

## 知识链接 4　锪孔

用锪钻在孔口表面加工出一定形状的孔或表面的一种机械加工方法称为锪削，可分为锪圆柱形沉孔、锪圆锥形沉孔和锪孔口凸台平面等几种形式，如图 5-104 所示。

### 1. 锪钻的种类

锪钻一般分为柱形锪钻、锥形锪钻和端面锪钻三种。

①柱形锪钻：锪圆柱形沉孔的锪钻为柱形锪钻，如图 5-104(a)所示。

②锥形锪钻：锪圆锥形沉孔的锪钻为锥形锪钻，如图 5-104(b)所示。

③端面锪钻：专门用来锪平孔口端面的锪钻为端面锪钻，如图 5-104(c)所示。

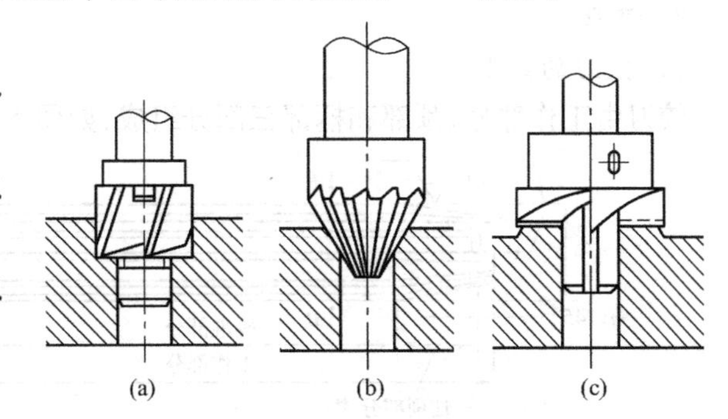


图 5-104　锪削的应用

(a)锪圆柱形沉孔；(b)锪圆锥形沉孔；(c)锪孔口凸台平面

### 2. 锪孔的方法

锪孔时的切削速度应比钻孔低，一般为钻孔切削速度的 1/3 ~ 1/2，同时锪钻的轴向抗力较小，因此手动进给压力不宜过大，并要均匀。当锪孔表面出现多角形振纹时，应立即停止加工，找出问题并及时修整锪钻。为控制锪孔深度，在锪孔前可对钻床主轴的进给深度用钻床上的深度尺或定位螺母调整定位。

### 3. 锪孔的注意事项

①锪孔时的进给量为钻孔的 2 ~ 3 倍，切削速度为钻孔的 1/3 ~ 1/2。精锪时可利用停车后的主轴惯性来锪孔，以减少振动而获得光滑表面。

②使用麻花钻改制锪钻时，尽量选用较短的钻头，并适当减小后角和外缘处前角，以防止扎刀和减少振动。

③锪钢件时，应在导柱和切削表面加切削润滑液。

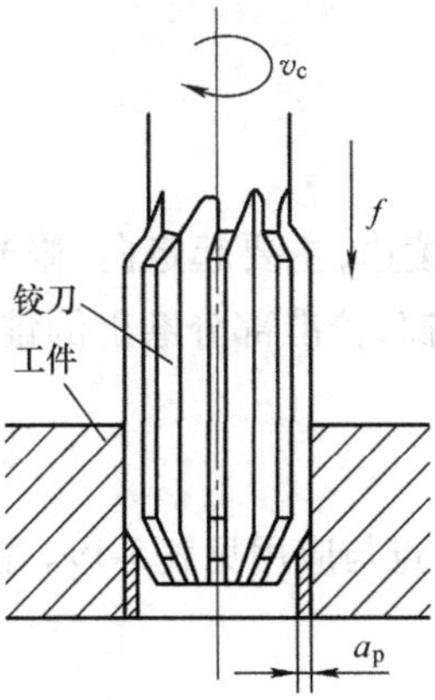

## 知识链接 5　铰孔

用铰刀从工件孔壁上切除微量金属层，以获得较高的尺寸精度和较小的表面结构值的一种机械加工方法称为铰孔，如图 5-105 所示。铰刀是精度较高的多刃刀具，具有切削余量小、导向性好、切削阻力小、加工精度高等特点。一般尺寸精度可达 IT9 ~ IT7 级，表面结构值可达 $Ra0.8 \sim 3.2$ μm。

图 5-105　铰孔

### 1. 铰孔的工艺特点

①铰孔的精度和表面结构不取决于机床的精度，主要取决于铰刀的精度和安装方式以及加工余量、切削用量和切削液等条件。

②铰刀为定尺寸精加工刀具，铰孔比精镗孔容易保证尺

寸精度和形状精度，生产效率也较高，对于小孔和细长孔更是如此。但由于铰削余量小，铰刀常为浮动连接，故不能修正原孔的轴线偏斜，孔与其他表面的位置精度需由前工序保证。

③铰孔的适应性较差，一定直径的铰刀只能加工一种直径和尺寸公差等级的孔。如需提高孔径的加工精度，则需对铰刀进行研磨。铰削的孔径常在 40 mm 以下，且不宜铰削非标准孔（因铰刀尺寸均已标准化）、台阶孔和盲孔。对于大量生产，也可采用非标准化专用铰刀。

2. 铰刀

（1）铰刀的组成

铰刀由工作部分、颈部和柄部三部分组成，如图 5-106 所示。工作部分又有切削部分

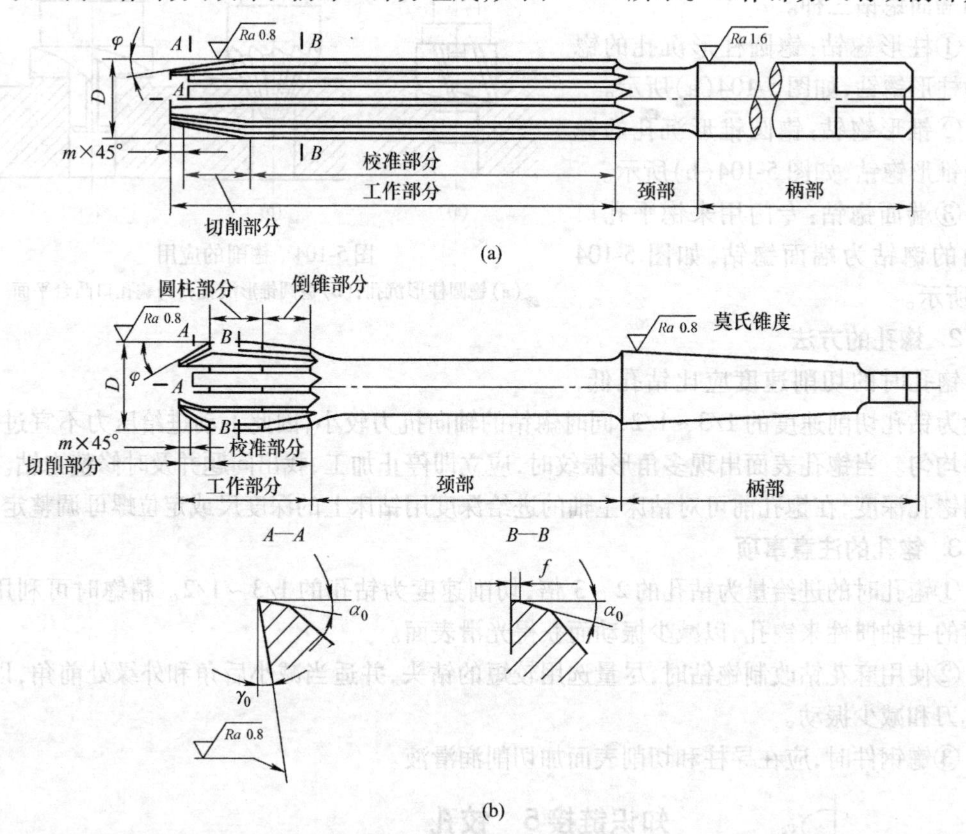


图 5-106　整体式圆柱铰刀

（a）手用；（b）机用



和校准部分。切削部分担负切去铰孔余量的任务。校准部分有棱边，主要起定向、修光孔壁、保证铰孔直径和便于测量等作用。为了减少铰刀和孔壁的摩擦，校准部分磨出倒锥量。铰刀齿数一般为 4 ~ 8 个齿，为测量方便，多采用偶数齿。

（2）铰刀的种类

铰刀常用高速钢或碳钢制成，使用范围较广，其分类及结构特点与应用见表 5-19。铰刀的基本类型如图 5-107 所示。

表 5-19　铰刀的种类及结构特点与应用

| 分类 | | | 结构特点与应用 |
|---|---|---|---|
| 按使用方法 | 手用铰刀 | | 柄部为方榫形，以便铰杠套入。其工作部分较长，切削锥角较小 |
| | 机用铰刀 | | 工作部分较短，切削锥角较大 |
| 按结构 | 整体式圆柱铰刀 | | 用于铰削标准直径系列的孔 |
| | 可调式手用铰刀 | | 用于单件生产和修配工作中需要铰削的非标准孔 |
| 按外部形状 | 直槽铰刀 | | 用于铰削普通孔 |
| | 锥铰刀 | 1:10 锥铰刀 | 用于铰联轴器上与锥削配合的锥孔 |
| | | 莫氏锥铰刀 | 用于铰削 0～6 号莫氏锥孔 |
| | | 1:30 锥铰刀 | 用于铰削套式刀具上的锥孔 |
| | | 1:50 锥铰刀 | 用于铰削圆锥定位销孔 |
| | 螺旋槽铰刀 | | 用于铰削有键槽的内孔 |
| 按切削部分材料 | 高速钢铰刀 | | 用于铰削各种碳钢或合金钢 |
| | 硬质合金铰刀 | | 用于高速或硬材料铰削 |

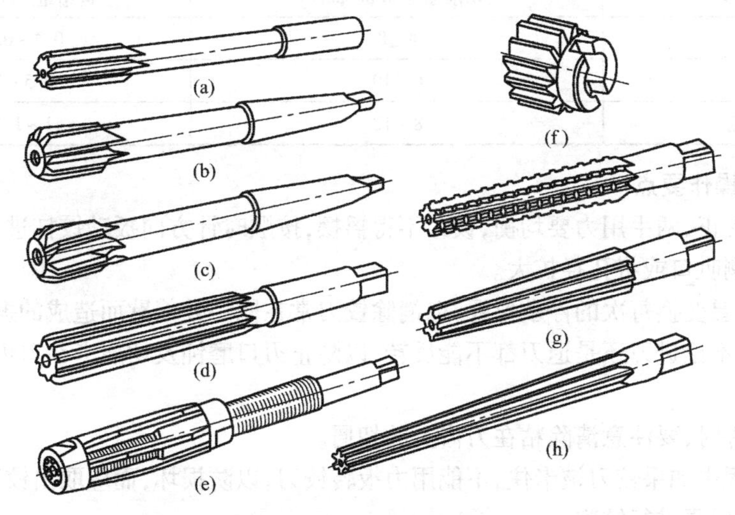


图 5-107　铰刀基本类型

(a)直柄机用铰刀；(b)锥柄机用铰刀；(c)硬质合金锥柄机用铰刀；(d)手用铰刀；(e)可调节手用铰刀；(f)套式机用铰刀；(g)直柄莫氏锥度铰刀；(h)手用 1:50 锥度销子铰刀

一般机用铰刀的刀齿在圆周上是均匀分布的，如图 5-108(a)所示；手用铰刀的刀齿在圆周上是不均匀分布的，如图 5-108(b)所示。

铰孔后孔径有时可能收缩或扩张。最好通过试铰，按实际情况修正铰刀直径。

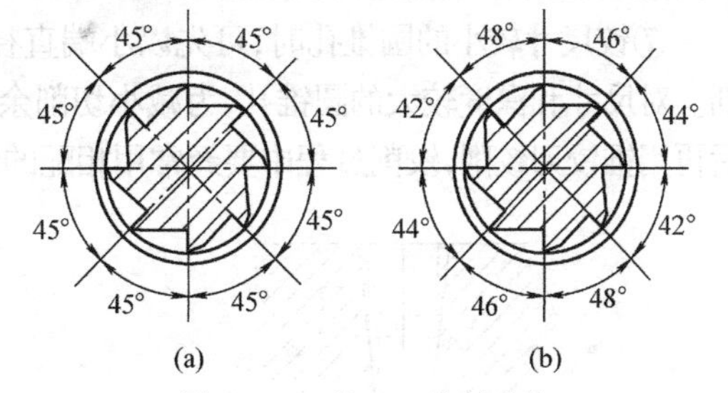


图 5-108　铰刀刀齿的分布

(a)均匀分布；(b)不均匀分布

### 3. 铰削用量

(1)铰削余量 $2a_p$

铰削余量是指上道工序(钻孔或扩孔)完成后，在直径方向留下的加工余量。铰削余量应适中，余量太大，会使刀齿切削刃负荷增大，增加变形，使铰出来的孔径尺寸精度降低，表面结构值增大，同时加剧铰刀磨损；余量太小，上道工序的残留变形难以纠正,原有刀痕不能去除,铰削质量达不到要求。通常应考虑到孔径大小、材料软硬、尺寸精度、表面结构要求、铰刀类型及加工工艺等多种因素合理选择。一般粗铰余量为0.15~0.35 mm,精铰余量为0.1~0.2 mm。

用普通标准高速钢铰刀铰孔时,可参考表5-20选取铰削余量。

表5-20 铰削余量 mm

| 铰孔直径 | <5 | 5~20 | 21~32 | 33~50 | 51~70 |
| --- | --- | --- | --- | --- | --- |
| 铰削余量 | 0.1~0.2 | 0.2~0.3 | 0.3 | 0.5 | 0.8 |

(2)机铰切削速度和进给量

使用普通标准高速钢机用铰刀铰孔,切削速度和进给量的选择参考表5-21。铰削时一般要使用适当的切削液,以减少摩擦、降低工件与刀具温度,防止产生积屑瘤及工件和铰刀的变形或孔径扩大现象。

表5-21 机用铰刀切削速度和进给量的选择

| 工件材料 | 切削速度 $v$(m/min) | 进给量 $f$(mm/r) |
| --- | --- | --- |
| 钢 | 4~8 | 0.4~0.8 |
| 铸铁 | 6~10 | 0.5~1 |
| 铜或铝 | 8~12 | 1~1.2 |

**4. 铰孔的操作要点**

①工件要夹正,两手用力要均衡,铰刀不得摇摆,按顺时针方向扳动铰杠进行铰削,避免在孔口处出现喇叭口或将孔径扩大。

②手铰时,要变换每次的停歇位置,以消除铰刀常在同一处停歇而造成的振痕。

③铰孔时,不论进刀还是退刀都不能反转,以防止刃口磨钝及切屑卡在刀齿后面与孔壁间将孔壁划伤。

④铰削钢件时,要注意清除粘在刀齿上的切屑。

⑤铰削过程中如果铰刀被卡住,不能用力扳转铰刀,以防损坏,而应取出铰刀,待清除切屑、加注切削液后再进行铰削。

⑥机铰时,应使工件一次装夹进行钻、扩、铰,以保证孔的加工位置。铰孔完成后,要待铰刀退出后再停车,以防将孔壁拉出痕迹。

⑦铰尺寸较小的圆锥孔时,可先以小端直径按圆柱孔精铰余量钻出底孔,然后用锥铰刀铰削。对尺寸和深度较大的圆锥孔,为减小切削余量,铰孔前可先钻出阶梯孔,如图5-109所示;然后再用锥铰刀铰削,铰削过程中要经常用相配的锥销来检查铰孔尺寸,如图5-110所示。

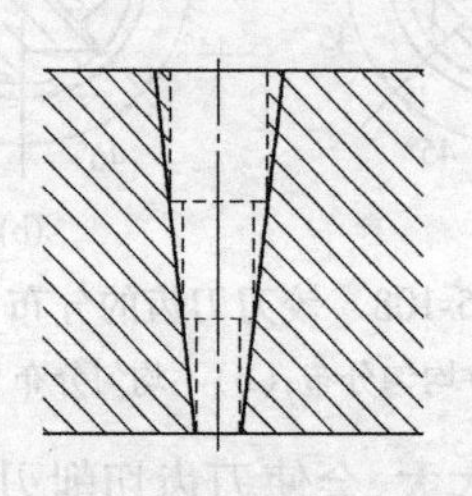
图5-109 预钻阶梯孔

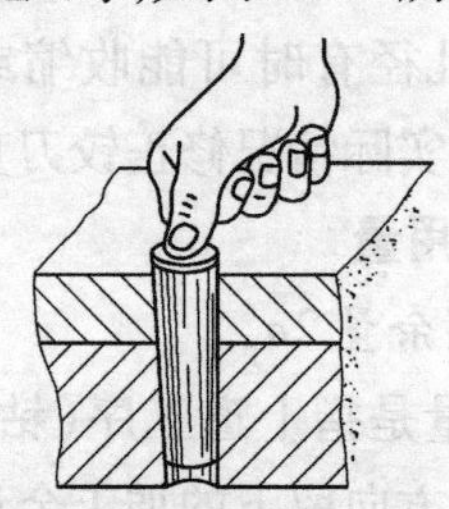
图5-110 用锥销检查铰孔尺寸

5. 安全生产

①铰刀是精加工工具,刀刃较锋利,刀刃上如有毛刺或切屑黏附,不可用手清除,应用油石小心地磨去。

②铰削通孔时,防止铰刀掉落造成损坏。

## 知识链接6　镗孔

镗孔是对已经钻出、铸出或锻出的孔作进一步加工,是最常用的孔加工方法之一。特别对大直径孔,镗孔是唯一的加工方法。镗孔加工可分为粗镗、半精镗、精镗和细镗,各种加工方法能达到的加工精度等级和表面结构值见表5-22。

表5-22　镗削的加工精度等级和表面结构值

| 加工类型 | 加工精度 | 表面结构值/μm |
|---|---|---|
| 粗 镗 | IT13 ~ IT11 | *Ra*6.3 ~ 12.5 |
| 半精镗 | IT10 ~ IT9 | *Ra*1.6 ~ 3.2 |
| 精 镗 | IT8 ~ IT7 | *Ra*0.4 ~ 0.8 |
| 细 镗 | IT7 ~ IT6 | *Ra*0.05 ~ 0.4 |

1. 镗孔的工艺特点

①加工范围广:镗削能加工孔的尺寸及精度范围广,能加工的材料品种也很广泛。

②工装简单:镗削可以在多种机床上进行,专用镗床的结构简单,镗孔刀具与车刀相似,结构简单。

③镗刀杆的刚度差:由于镗杆的直径要小于被加工孔的直径,因而刚度受到限制。特别是悬臂结构的镗杆,其刚度对加工精度有较大影响。

④生产效率较低:由于镗杆刚度差,在精度较高的镗孔加工中必须使用较小的切削用量,因而走刀次数多;此外,镗刀头在镗杆上安装定位的精度要求高,镗孔对刀费时,影响了单件和小批生产的生产效率。

⑤镗孔能修正前工序加工后所造成孔的轴线歪曲和偏斜,以获得较高的位置精度。

2. 镗孔的方式

(1)车床镗孔

车床镗孔大多用于单件、小批生产中,其特点是加工后孔的轴线和工件的回转轴线一致,能保证在一次安装中加工的外圆和内孔有较高的同轴度,并与端面垂直,位置精度高。刀具进给方向不平行于回转轴线或不成直线运动,都不影响轴线的位置和直线度,也不影响孔的圆度,只是引起孔的圆柱度误差,产生锥度、鼓形、腰形等缺陷。

(2)镗床镗孔

镗床镗孔是箱体类零件上孔加工的主要方法,刀具旋转作主运动,进给运动可以由刀具移动实现,也可由工件移动实现,如图5-111所示。镗削的加工方法如图5-112所示。

①镗刀作主运动和进给运动。这种加工方法能基本保证镗孔轴线和机床轴线一致,但在工作过程中镗杆的悬伸长度是变化的,因而镗杆的刚度也发生变化,引起孔的圆柱度误差;此外,镗杆及主轴本身所引起的下垂变形会引起孔轴线直线度误差。为此,可在镗杆前端加设支承,以提高镗杆刚度。

②镗刀作主运动,工件作进给运动。这种加工方法最常见,工作台进给行程比主轴大得多。镗杆刚度较差,但镗杆的变形量是一定的,故孔径误差不大。进给方向发生偏差或非直

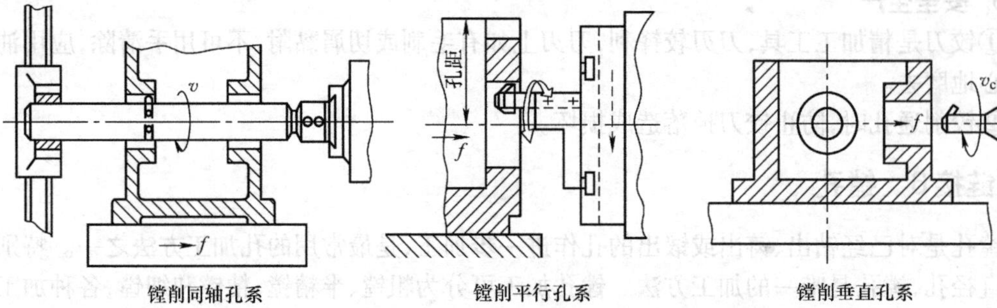

镗削同轴孔系　镗削平行孔系　镗削垂直孔系

图 5-111　镗床镗孔

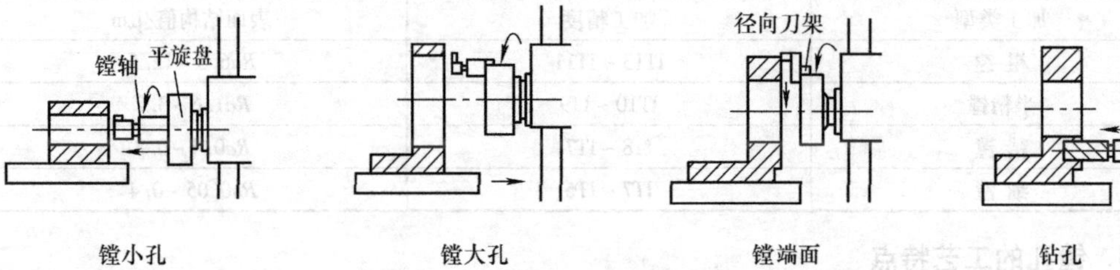

镗小孔　镗大孔　镗端面　钻孔

图 5-112　镗削的加工方法

线性，都会反映在孔的轴线直线度上，并引起孔的圆柱度误差和轴线的位置精度误差。在实际应用中，常用导套来加强镗杆的刚度。对于直径大于 200 mm 的孔多采用此类镗削方法，并使用平旋盘带动镗刀旋转。平旋盘中部的径向刀架可作径向运动，使镗刀处于偏心位置，即可镗削大孔。

### 3. 镗刀

镗刀的种类如图 5-113 所示。

#### (1) 单刃镗刀

单刃镗刀适应性较广，灵活性较大，可粗镗、半精镗、精镗，一把镗刀可加工直径不同的孔，可以校正原有孔轴线歪斜或位置偏差。单刃镗刀生产效率较低，较适用于单件小批量生产；刚度较低，为减少变形和振动，采用较小的切削用量；另外，仅有一个主切削刃工作，所以生产效率较低。常见单刃镗刀类型如图 5-114 所示。

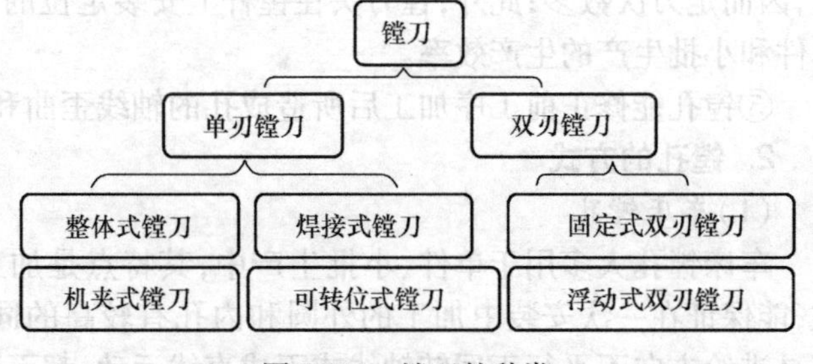


图 5-113　镗刀的种类

#### (2) 多刃镗刀

双刃镗刀就是镗刀杆的两侧有一对对称的切削刃同时参与切削，切削时可以消除径向切削力对镗杆的影响，工件孔径的尺寸精度由镗刀来保证。双刃镗刀分为固定式和浮动式两种，如图 5-115 所示。

1) 固定式双刃镗刀

镗刀块两个切削刃切削时背向力互相抵消，不易引起振动；镗刀块的刚性好，容屑空间大，切削效率高。固定式镗刀用于粗镗、半精镗直径大于 40 mm 的孔，可对孔进行粗加工、半精加工、锪沉孔或端面等。

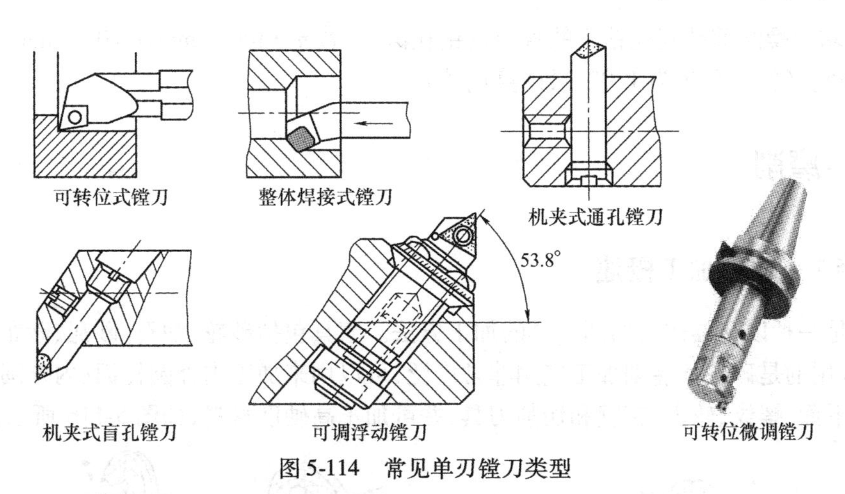


图 5-114　常见单刃镗刀类型

2)浮动式双刃镗刀

浮动式双刃镗刀的镗刀片是浮动的,两个对称的切削刃产生的切削力自动平衡其位置。加工质量较高,刀片浮动可抵偿偏摆引起的不良影响,较宽的修光刃可减小孔壁表面结构值;两刀刃同时工作,故生产效率较高;刀具成本较单刃镗刀高。浮动镗刀主要用于批量精加工箱体零件上直径较大的孔,也适用于单件、小批加工直径较大的孔,特别适用于精镗直径大(200 mm 以上)而深的筒件和管件孔。

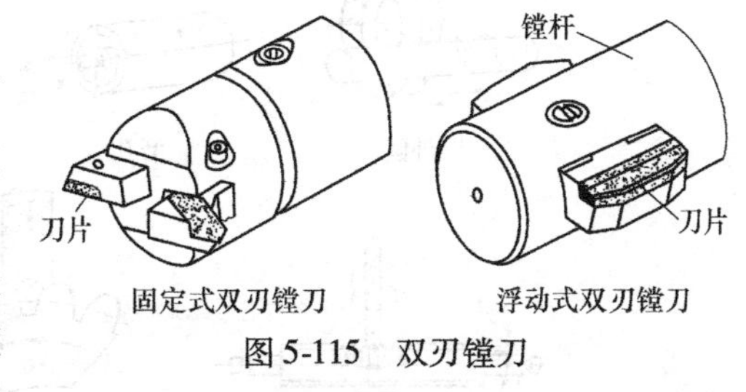


图 5-115　双刃镗刀

## 本节复习题

①简述孔加工的特点。

②简述台钻、立钻、摇臂钻的适用场合。

③简述 Z4012 型台钻的传动系统。

④麻花钻由哪几部分组成?各部分的主要作用是什么?

⑤何谓钻孔的切削速度、进给量和背吃刀量?选择钻削用量的原则是什么?

⑥钻孔时应如何选用切削液?

⑦在钢板上钻削 $\phi$12H10 孔,钻孔时的切削速度为 32 m/min。确定钻削用量选择顺序,计算此时钻床主轴转速,选择合适的切削液。

⑧钻孔时应注意哪些安全文明生产知识?

⑨扩孔有哪些特点?

⑩简述锪孔钻的种类和用途。

⑪如何确定铰削余量?铰削余量大小对铰孔有哪些影响?

⑫简述镗削的加工等级和表面结构值。

⑬试述丝锥的组成部分及各部分的作用。

⑭分别在钢件和铸铁件上攻制 M12 的内螺纹,$P = 1.75$ mm,若螺纹的有效长度为

35 mm,试求攻螺纹前钻底孔钻头的直径及钻孔深度;若 $n=400$ r/min,$f=0.5$ mm/r,试求钻孔切削时间。(钻头顶角为120°,只计算钢件)

# 任务5　磨削

## 知识链接1　磨削加工概述

磨削是一种以磨具作为切削工具的加工方法。磨具包括砂轮、油石、砂瓦、砂布、研磨膏等,其中常用的是砂轮。磨削加工应用非常广泛,可以用来加工内外圆柱面、内外圆锥面、台阶、端面、平面、螺纹、轮齿、花键和切削刀具,并可加工高硬度材料,如图5-116所示。

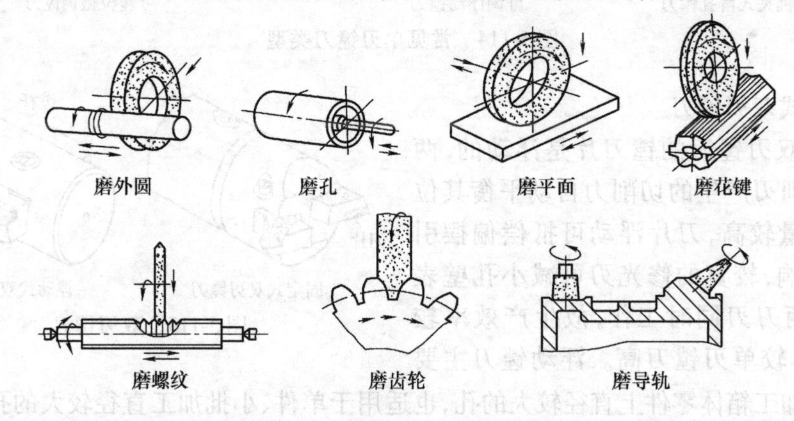


图5-116　磨削的加工范围

磨削加工工艺特点:

①砂轮的表面有很多磨粒,每个磨粒就相当于一个刀楔,而且硬度极高,属于多刀加工,可以磨削的材料广泛;

②磨削一般在半精加工之后进行;

③砂轮的转速很高,加工时接触点局部磨削温度很高,工件容易变形,表面容易烧伤,淬火钢件易发生退火,因此在磨削时应使用大量的切削液,以降低磨削温度;

④磨削加工可获得较高的加工精度和很好的表面结构;

⑤砂轮在磨削过程中具有"自锐性",从而使砂轮保持良好的磨削性能。



## 知识链接2　磨床

磨床的种类较多,常用的有外圆磨床、内圆磨床、无心磨床和平面磨床等。

### 1. 外圆磨床

外圆磨床主要有普通外圆磨床、万能外圆磨床和无心磨床,在普通外圆磨床上可以磨削工件的外圆柱面、外圆锥面和轴肩端面;在万能外圆磨床上不仅可以磨削上述形面,而且还能磨削内圆柱面、内圆锥面和端面。

万能外圆磨床由床身、砂轮架、内磨装置、头架、尾座、工作台、横向进给机构、液压传动装置和冷却装置等组成，如图 5-117 所示。

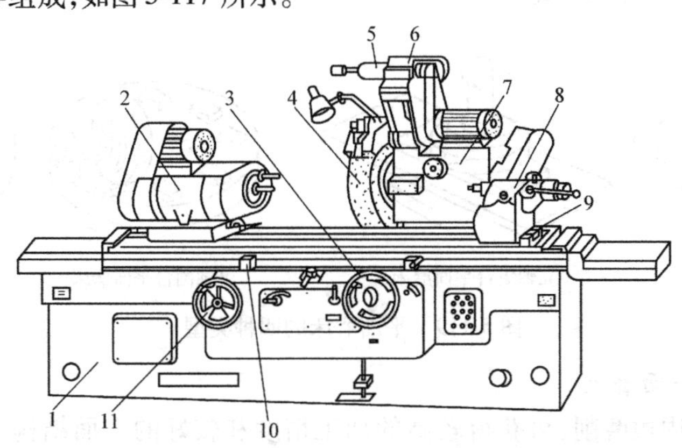


图 5-117　M1432B 型万能外圆磨床

1—床身；2—头架；3—横向进给手轮；4—砂轮；5—内圆磨具；6—内圆磨头；7—砂轮架；8—尾座；9—工作台；10—挡块；11—纵向进给手轮

①头架上有主轴，可由顶尖或卡盘夹持工件，并带动工件旋转。

②砂轮架的主轴上装有砂轮，由单独的电动机经 V 带直接带动旋转，砂轮架可沿床身 1 后部的横向导轨前后移动。移动的形式有自动周期进给、快速引进和退出以及手动三种，前两种是液压传动实现的。

③工作台有两层，下工作台作纵向往复运动，上工作台相对下工作台在水平面内能偏转一定角度（一般不大于 ±10°），以便磨削圆锥面。工作台上装有头架和尾座。

装在砂轮架上的内磨装置中，装有供磨削内孔用的砂轮主轴。万能外圆磨床的砂轮架和头架，均可绕其垂直轴线转动一定角度，以便磨削圆锥面。

## 2. 内圆磨床

内圆磨床主要用于磨削内圆柱面、内圆锥面。在有些普通内圆磨床上备有专门的端磨装置，可在工件的一次装夹中磨削内孔与端面，因而可以保证孔和端面的垂直度，并且生产效率较高。内圆磨床由床身、工作台、头架、磨具架、砂轮修整器等部件组成，如图 5-118 所示。

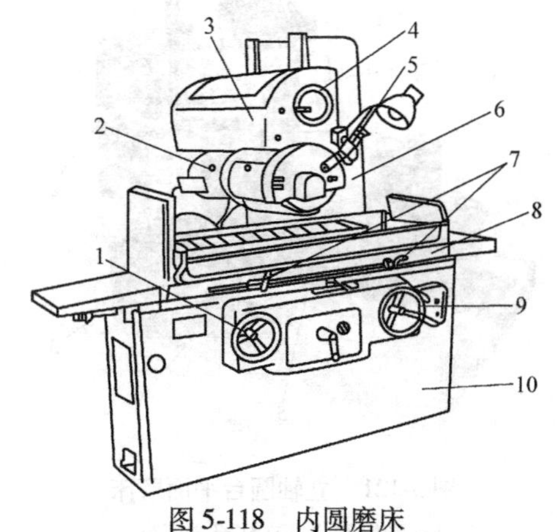


图 5-118　内圆磨床

1—驱动工作台手轮；2—磨头；3—拖板；4—横向进给手柄；5—砂轮修整器；6—立柱；7—行程挡块；8—工作台；9—垂直进给手柄；10—床身

头架主轴常采用多速电动机经带传动，或采用单速电动机配以塔轮变速机构，也有采用机械无级变速器或直流电动机传动的。工作台由液压传动，可无级调整，作往复直线运动，砂轮的趋近与退出能自动变为快速，以提高生产效率。

## 3. 平面磨床

平面磨床主要用来磨削各种工件上的平面，其类型有卧轴矩台平面磨床、立轴矩台平面磨床、卧轴圆台平面磨床、立轴圆台平面磨床四种，如图 5-119 所示。常用的平面磨床是卧轴矩台平面磨床和立轴圆台平面磨床。

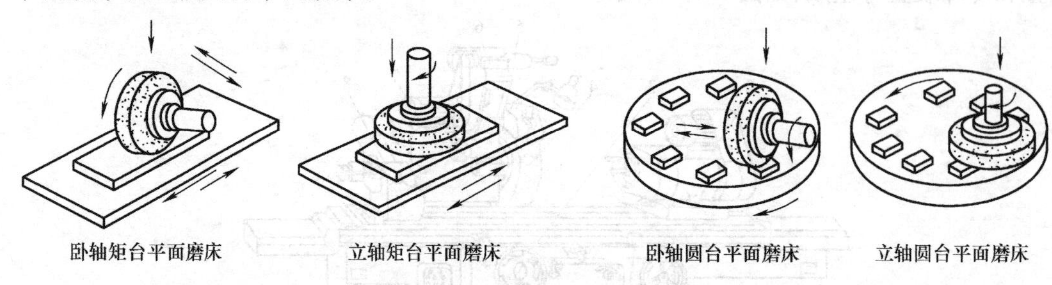


图 5-119　平面磨床的四种类型

(1)卧轴矩台平面磨床

这种磨床采用周边磨削,可获得较高的加工精度和较好的表面结构。它由床身、工作台、立柱、磨头和砂轮修整器等部件组成,如图 5-120 所示。

矩形工作台装在床身的水平纵向导轨上,由液压传动实现工作台的往复运动,也可用驱动工作台手轮操纵,以便进行必要的调整。工作台上装有电磁吸盘,用来装夹工件。

磨头沿拖板的水平导轨可作横向进给运动,可由液压驱动,或用横向进给手轮操纵。拖板可沿立柱垂直导轨移动,以调整磨头的高低位置和完成垂直进给运动。这一运动通过转动垂直进给手轮来实现。砂轮的旋转运动直接由电动机驱动。

(2)立轴圆台平面磨床

这种磨床采用砂轮的端面磨削,砂轮与工件的接触面积大,且为连续磨削,所以生产效率较高,但加工精度较低,表面比较粗糙,主要用于大批量生产中磨削一般精度的工件或粗磨铸、锻毛坯件。它由床身、工作台、主轴、床鞍和砂轮架等部件组成,如图 5-121 所示。

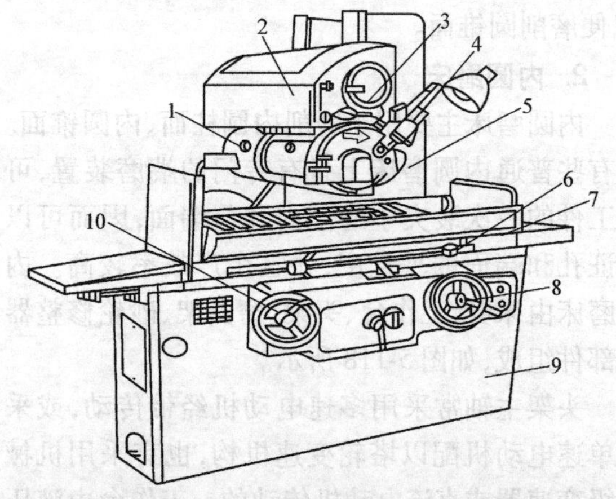

图 5-120　M7120A 型卧轴矩台平面磨床

1—磨头;2—床鞍;3—横向手轮;4—修整器;5—立柱;6—撞块;7—工作台;8—升降手轮;9—床身;10—纵向手轮

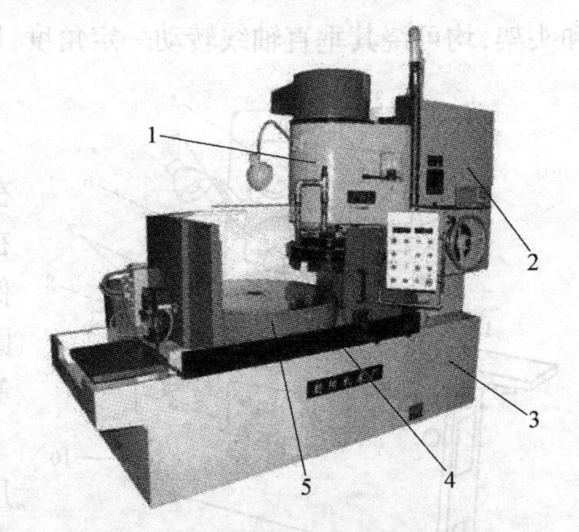

图 5-121　立轴圆台平面磨床

1—砂轮架;2—立柱;3—床身;4—床鞍;5—工作台

圆形工作台装在床鞍上,除了作旋转运动,实现圆周进给外,还可以随同床鞍一起,沿床身导轨纵向快速退离或趋近砂轮,以便装卸工件。砂轮的垂直周期进给,通常由砂轮架沿立柱导轨移动来实现,也有采用装在砂轮架壳体中的主轴套筒来实现的。砂轮架还可以作垂直快速调位运动,以适应磨削不同高度工件的需要。上述这些运动均由单独电动机经机械传动装置来实现。

## 知识链接3　砂轮

砂轮是磨削的切削工具，它是由许多细小的磨粒用结合剂黏结而成的一种多孔物体，如图5-122所示。砂轮的特性对加工精度、表面结构影响很大。

砂轮的特性包括磨料、粒度、结合剂、硬度、强度组织、形状与尺寸等方面。各种特性的砂轮，都有其适用的范围，应根据不同的磨削条件选择不同特性的砂轮。

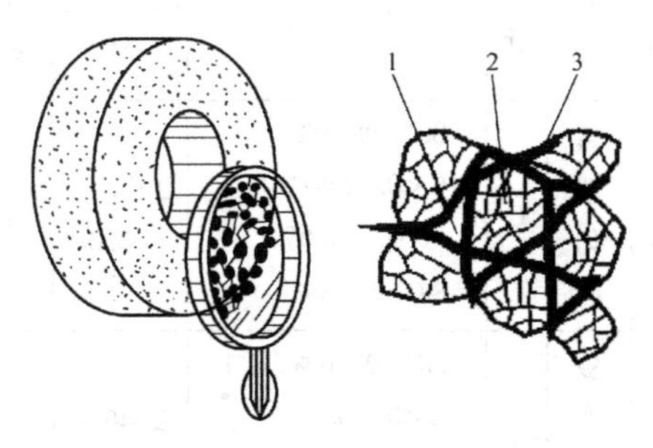


图5-122　砂轮

1—气孔；2—磨料；3—结合剂

### 1. 磨料

磨料是砂轮的主要成分，直接担负切削工作。磨削时磨料要经受强烈摩擦、挤压和高温的作用，所以磨料应具有高硬度、高耐热性和一定的韧性，在切削过程中受力破碎后还要能形成尖锐的棱角。

磨料分天然磨料和人造磨料两大类。天然磨料有刚玉和金刚石等。天然刚玉含杂质多，质地不均匀，且价格昂贵，因此很少采用。目前制造砂轮主要选用人造磨料。常用磨料的种类、特性见表5-23。

表5-23　常用磨料的物理力学性能

| 系别 | 磨料 | 代号 | 化学成分 | 维氏硬度HV | 抗弯强度/MPa | 研磨能力（与金刚石比较） | 特性 | 用途 |
|---|---|---|---|---|---|---|---|---|
| 刚玉类 | 棕刚玉 | A | $Al_2O_3$ >95.0%<br>$SiO_2$ <2.0%<br>$Fe_2O_3$ <1.0% | 2 000～2 200 | 36.77 | 0.10 | 棕褐色。硬度高，韧性好，能承受较大磨削压力，价廉 | 磨削、研磨和珩磨碳素钢、合金钢，可锻铸铁、硬青铜等 |
| | 白刚玉 | WA | $Al_2O_3$ >98.5%<br>$SiO_2$ <1.2%<br>$Fe_2O_3$ <0.15% | 2 200～2 400 | 36.77 | 0.12 | 白色。比棕刚玉硬度高而韧性低，棱角锋利，切削性能好，磨削时产生磨削热低，价格较高 | 磨削、研磨和珩磨淬火钢、高速钢和高碳钢以及易变形工件 |
| | 铬刚玉 | PA | $Al_2O_3$ >97.5%<br>$SiO_2$ <1.0%<br>$Fe_2O_3$ <0.01%<br>$Cr_2O_3$ >1.15%～1.30% | 2 278 | 36.77 | 0.13 | 玫瑰红色。硬度与白刚玉相近，但韧性比其好，寿命和磨削效率比白刚玉高，但磨出工件的表面结构值比白刚玉高 | 精磨各种淬硬钢件 |

续表

| 系别 | 磨料 | 代号 | 化学成分 | 维氏硬度HV | 抗弯强度/MPa | 研磨能力（与金刚石比较） | 特性 | 用途 |
|---|---|---|---|---|---|---|---|---|
| 碳化硅类 | 黑碳化硅 | C | SiC >98.5%<br>C <0.20%<br>$Fe_2O_3$ <0.6%<br>$SiO_2$ <0.5% | 2 840 ~ 3 320 | 15.5 | 0.25 | 黑色。硬度比白刚玉高，性脆而锋利，导热性好 | 磨削、研磨和珩磨抗拉强度低的铸铁、黄铜、铝及非金属材料 |
| | 绿碳化硅 | GC | SiC >99.0%<br>C <0.2%<br>$Fe_2O_3$ <0.35%<br>$SiO_2$ <0.3% | 2 840 ~ 3 320 | 15.5 | 0.28 | 绿色。硬度和脆性比黑碳化硅略高，导热性能好 | 磨削和研磨硬质合金、宝石、陶瓷、玻璃等 |
| 金刚石 | 人造金刚石 | SD | C | 10 060 ~ 11 000 | | 1 | 无色透明或呈淡黄色、黄绿色、黑色。硬度高，比天然金刚石性脆，价格昂贵 | 磨削和研磨硬质合金、宝石等硬脆材料 |

## 2. 粒度

粒度是表示磨粒尺寸大小的参数。根据磨料粒度标准（GB 2477—83）规定，粒度用41个粒度代号表示，见表5-24。

表5-24 粒度代号及对应磨料颗粒尺寸

| 粒度号 | 磨料颗粒尺寸/μm | 粒度号 | 磨料颗粒尺寸/μm |
|---|---|---|---|
| 4 | 5 600 ~ 4 750 | | |
| 5 | 4 750 ~ 4 000 | W63 | 63 ~ 50 |
| 6 | 4 000 ~ 3 350 | W50 | 50 ~ 40 |
| 7 | 3 350 ~ 2 800 | | |
| 8 | 2 800 ~ 2 360 | W40 | 40 ~ 28 |
| 10 | 2 360 ~ 2 000 | W28 | 28 ~ 20 |
| 12 | 2 000 ~ 1 700 | W20 | 20 ~ 14 |
| 14 | 1 700 ~ 1 400 | W14 | 14 ~ 10 |
| 16 | 1 400 ~ 1 180 | W10 | 10 ~ 7 |
| 20 | 1 180 ~ 1 000 | | |
| 22 | 1 000 ~ 850 | W7 | 7 ~ 5 |
| 24 | 850 ~ 710 | | |
| 30 | 710 ~ 600 | W5 | 5 ~ 3.5 |
| 36 | 600 ~ 500 | W3.5 | 3.5 ~ 2.5 |
| 40 | 500 ~ 425 | W2.5 | 2.5 ~ 1.5 |
| 46 | 425 ~ 355 | W1.5 | 1.5 ~ 1.0 |
| 54 | 355 ~ 300 | | |
| 60 | 300 ~ 250 | W1.0 | 1.0 ~ 0.5 |
| 70 | 250 ~ 212 | W0.5 | 0.5 及更细 |
| 80 | 212 ~ 180 | | |
| 90 | 180 ~ 150 | | |
| 100 | 150 ~ 125 | | |
| 120 | 125 ~ 106 | | |
| 150 | 106 ~ 90 | | |
| 180 | 90 ~ 75 | | |
| 220 | 75 ~ 63 | | |
| 240 | 63 ~ 50 | | |

粒度分成磨粒和微粉两组。磨粒用筛选法分类，粒度号以其所通过的筛网上每英寸长度内的孔眼数来表示。例如60号粒度的磨粒能通过每英寸长度有60个孔眼的筛网，而不能通过70个孔眼的筛网。因此，粒度号数字愈大，磨粒愈小。当磨料颗粒的直径小40 μm时称为微粉(W)。微粉用显微镜测量的方法分类，其粒度号以磨料颗粒的实际尺寸来表示。磨料粒度的选择，主要取决于加工表面的表面结构和工件的硬度。

粗磨时，磨削余量较大，表面结构相对较粗，可选用较粗的磨粒(36#～60#)。精磨时，磨削余量很小，表面结构要求较细，需用较细的磨粒(60#～120#)。硬度低、韧性大的材料，为了避免砂轮堵塞应选用较粗的磨粒。

### 3. 硬度

砂轮的硬度和磨料的硬度是两个不同的概念。硬度是指砂轮表面的磨粒在外力作用下脱落的难易程度，也是指结合剂黏结磨粒的牢固程度。磨粒容易脱落的为软砂轮，反之为硬砂轮。同一种磨料可以做成不同硬度的砂轮，这主要取决于结合剂的性能、份量及砂轮的制造工艺。常用砂轮的硬度分为七级，用不同的字母表示，见表5-25。

砂轮的硬度直接影响着磨削生产效率和加工表面的质量。选择合适时，磨削过程中磨钝的磨粒即可自行脱落，露出新的磨粒而继续磨削。如果砂轮选得太硬，磨粒钝化后不能及时脱落，砂轮的孔隙被磨屑堵塞，使磨削力增大，磨削热增加，造成工件表面结构变粗，严重的会使工件变形甚至被烧伤。如果砂轮选得太软，磨粒还很锋利时(尚未钝化)就过早地脱落，不仅增加了砂轮的消耗，破坏了砂轮的正确形状，而且由于磨粒的脱落影响了加工精度和质量。因此，要特别注意选择适当硬度的砂轮。

**表5-25　砂轮硬度等级**

| 硬度等级名称 | | 代　号 | 硬度等级名称 | | 代　号 |
|---|---|---|---|---|---|
| 大级 | 小级 | | 大级 | 小级 | |
| 超软 | 超软 | D、E、F | 中硬 | 中硬1 | P |
| 软 | 软1 | G | | 中硬2 | Q |
| | 软2 | H | | 中硬3 | R |
| | 软3 | J | 硬 | 硬1 | S |
| 中软 | 中软1 | K | | 硬2 | T |
| | 中软2 | L | 超硬 | 超硬 | Y |
| 中 | 中1 | M | | | |
| | 中2 | N | | | |

一般来说，磨削硬材料，砂轮硬度应低一些；磨削软材料，砂轮硬度应高一些。精密磨削和成形磨削为了较好地保持砂轮的形状精度，应选择较硬的砂轮。一般磨削可选用中软级至中硬级的砂轮。

### 4. 砂轮的形状与尺寸

由于磨削加工应用范围广泛，根据机床类型和磨削加工的需要，砂轮被制成各种标准的形状和尺寸。常用的各种砂轮及砂瓦的名称、形状、代号及用途见表5-26。

**表5-26　常用砂轮及砂瓦的形状及其代号**

| 名称 | 代号 | 断面图 | 基本用途 |
|---|---|---|---|
| 平形砂轮 | 1 | | 用于外圆、内圆、平面、无心、刃磨、螺纹磨削 |

续表

| 名称 | 代号 | 断面图 | 基本用途 |
|---|---|---|---|
| 双斜边砂轮 | 4 | | 用于磨齿轮齿面和磨单线螺纹 |
| 单斜边砂轮 | 3 | | 小角度单斜边砂轮多用于刃磨铣刀、铰刀、插齿刀等 |
| 单面凹砂轮 | 5 | | 多用于内圆磨削,外径较大者都用于外圆磨削 |
| 双面凹砂轮 | 7 | | 主要用于外圆磨削和刃磨刀具,还用作无心磨的导轮磨削轮 |
| 单面凹带锥砂轮 | 23 | | 磨外圆和端面时采用 |
| 双面凹带锥砂轮 | 26 | | 磨外圆和两端面时采用 |
| 薄片砂轮 | 41 | | 用于切断和开槽等 |
| 筒形砂轮 | 2 | | 用在立式平面磨床 |
| 杯形砂轮 | 6 | | 刃磨铣刀、铰刀、拉刀等 |
| 碗形砂轮 | 11 | | 刃磨铣刀、铰刀、拉刀、盘形车刀等 |
| 碟形一号砂轮 | 12a | | 适于磨铣刀、铰刀、拉刀和其他刀具,大尺寸的一般用于磨齿轮齿面 |
| 碟形二号砂轮 | 12b | | 主要用于磨锯齿 |
| 双面凹二号砂轮 | 8 | | 用于磨外径量规和游标卡尺的两个内测量端面 |
| 平形砂瓦 | 3101 | | 由数块砂瓦拼装起来用于立式平面磨削 |
| 扇形砂瓦 | 3104 | | |
| 凸平形砂瓦 | 3103 | | |
| 平凸形砂瓦 | 3102 | | |
| 梯形砂瓦 | 3109 | | |

砂轮的特性一般用代号和数字标注在砂轮上。根据磨具标准 GB/T 2484—1994 规定,其代号次序是:砂轮形状、尺寸、磨料、粒度、硬度、组织、结合剂、最高工作线速度。例如:

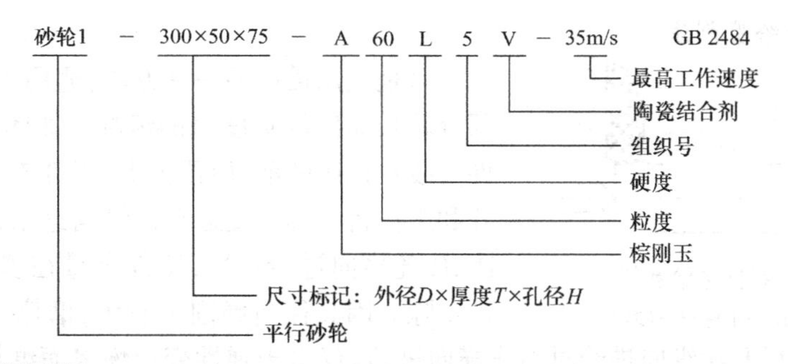


## 5. 砂轮的静平衡

砂轮的静平衡通常采用装平衡块的方法进行(图5-123)。静平衡时，当砂轮的不平衡量相位被确定后(图5-123(a))，可在其相对的位置紧固第一个平衡块G(这一平衡块以后不得再移动)(图5-123(b))，然后在平衡块G的两侧对应处紧固另外两个平衡块K(图5-123(c))，再将砂轮放在平衡支架上试验，如仍不平衡，可根据不平衡量的相位适当移动两个平衡块K，直至砂轮在任何角度停留为止。

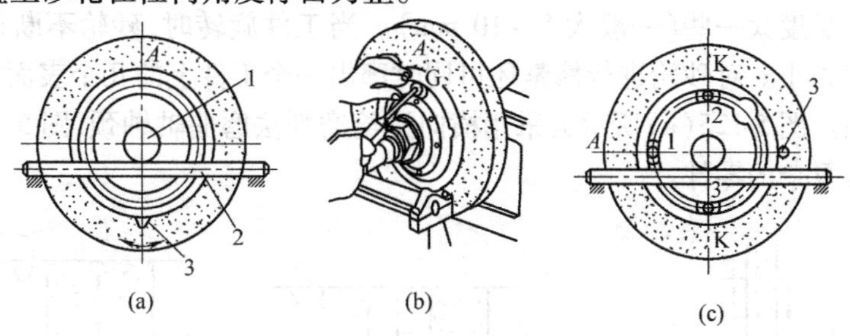


图5-123　静平衡方法
(a)求不平衡位置；(b)装平衡块；(c)平衡
1—平衡心轴；2—导柱；3—不平衡量

# 知识链接4　内外圆磨削

## 1. 外圆磨削

外圆磨削是精加工外圆面的主要方法，一般在半精车后进行。按照采用砂轮技术参数、砂轮修整质量以及磨削用量的不同，磨削可分为粗磨、精磨和细磨，可分别达到表5-27所示加工精度和表面结构值。外圆磨削方法可分为纵向进给磨削法和横向进给磨削法。

表5-27　加工类型及其加工精度和表面结构值

| 加工类型 | 加工精度 | 表面结构值/μm |
|---|---|---|
| 粗磨 | IT7～IT8 | *Ra*0.4～0.8 |
| 精磨 | IT5～IT6 | *Ra*0.2～0.4 |
| 细磨 | <IT5 | *Ra*0.1～0.2 |

(1)纵向进给磨削法

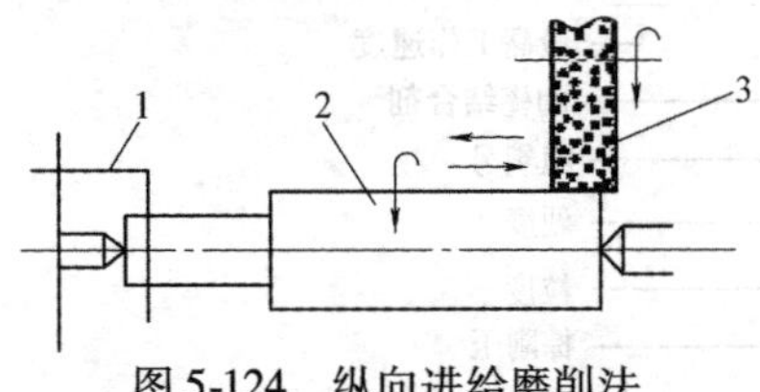


图 5-124　纵向进给磨削法

1—卡箍;2—工件;3—砂轮

这是应用最广的一种方法,适用于工件需要磨削部分较长而砂轮宽度窄的情况。如图 5-124 所示,工件安装在机床的前、后顶尖上,工件旋转作圆周进给,并和工作台一起往复运动作纵向进给,工件每往复一次,砂轮横向进给一次,工件余量在多次横向进给中被切除。因其径向磨削力较大,磨床、工件都有弹性变形,所以在最后几次纵向进给时不作横向进给,仅由于弹性变形恢复而继续磨削,直到火花消失为止,这就消除了弹性变形对加工精度的影响。

这种磨削方法应用范围广,用同一砂轮可以磨削不同长度的轴颈,也可以磨削锥度不大的外圆锥体。由于走刀次数多,其生产效率较低。

(2)横向进给磨削法

横向进给磨削法也称切入磨削法。横向进给磨削法没有纵向进给运动,砂轮的宽度要比工件需磨削的长度大一些(一般大 5 ~ 10 mm)。当工件旋转时,砂轮不断地横向进给直到全部余量磨掉为止。对砂轮进行修整还可同时磨出一个工件上的几个表面或形状较为复杂的回转体表面。图 5-125(a)所示为采用横向进给磨削法磨曲轴轴颈,图 5-125(b)和(c)所示为磨削形状复杂的零件。

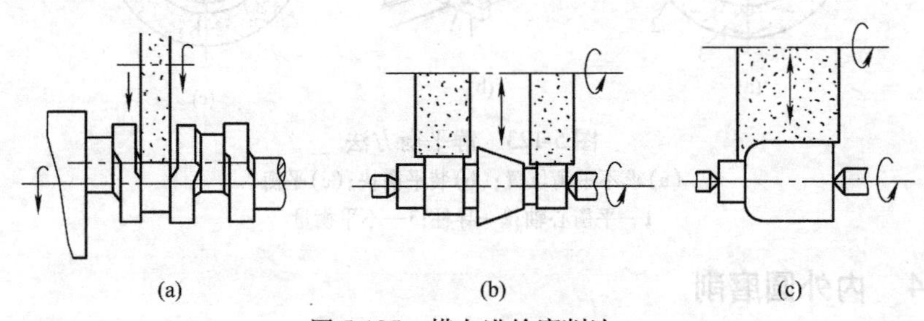


图 5-125　横向进给磨削法

(a)磨削曲轴轴颈;(b),(c)磨削形状复杂零件

横向进给磨削法生产效率高,但砂轮与工件的接触面积大,发热量大,散热条件差,工件易产生热变形和烧伤现象;且径向切削力大,工件易产生弯曲变形;由于无纵向进给,工件表面的磨削痕迹较为明显,砂轮的修整精度直接影响工件的形状精度和表面结构。

**2. 内圆磨削**



内圆磨削方法与外圆磨削一样,但内圆磨削的工作条件较差。内圆磨削有以下特点:

①砂轮直径 $D$ 受到工件孔径 $d$ 的限制($D=(0.5 \sim 0.9)d$),尺寸较小,损耗快,需经常修整和更换,从而影响了磨削生产效率;

②磨削速度低,砂轮直径较小,即使砂轮转速已高达几万转/分,要达到砂轮圆周速度 25 ~ 30 m/s 也是十分困难的,因此内圆磨削速度要比外圆磨削低得多,磨削效率和表面质量也就比较低;

③砂轮轴受到工件孔径与长度的限制,刚性差,容易弯曲变形与自激振动,从而影响加工精度和表面结构;

④砂轮与工件接触面积大,单位面积的压力小,砂轮显得硬些,易发生烧伤,故要采用较软的砂轮;

⑤冷却液不易进入磨削区，磨屑排除困难，脆性材料为了排屑方便，有时采用干磨。

虽然内圆磨削有以上缺点，但仍是一种常用的精加工孔的方法。特别对于淬硬的孔、断续表面的孔（带键槽或花键槽的孔）和长度很短的精密孔，更是主要的精加工方法。内圆磨削可以磨削通孔、不通孔、垂直孔、锥孔、滚动轴承环的内滚道等，如图 5-126 所示。

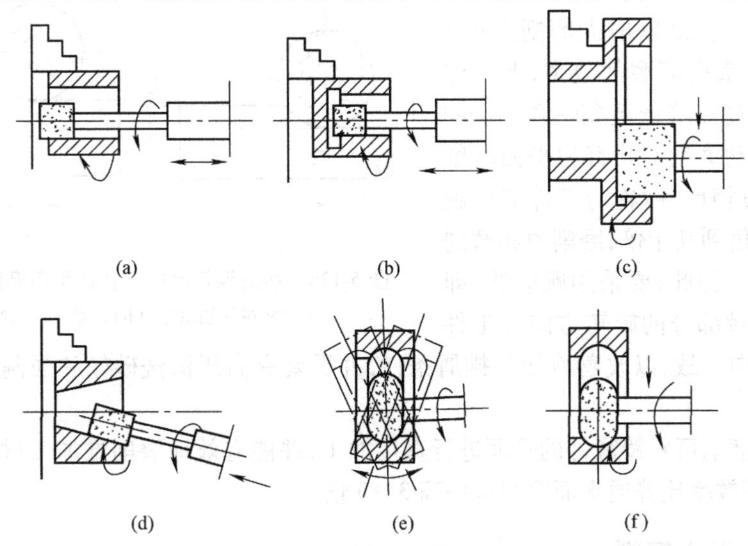

图 5-126　内圆磨削工艺范围

(a)通孔；(b)不通孔；(c)垂直孔；(d)锥孔；(e)摆动磨滚道；(f)切入式磨滚道

## 知识链接 5　平面磨削

磨削平面可以获得很高的加工质量，加工精度可达 IT7 ~ IT5 级，表面结构值可达 *Ra*0.2 ~ 0.8 mm。大量生产中，磨平面不仅用于精加工，还可用来粗加工带有硬皮的工件。

### 1. 普通平面磨削方法

普通平面磨削方法有周面磨削和端面磨削两种方式。

(1)周面磨削

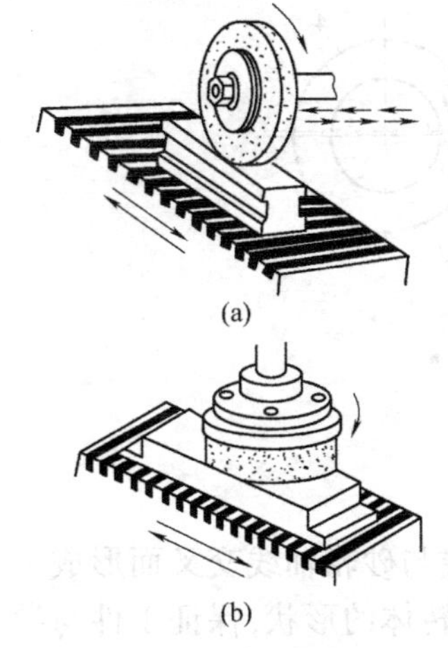

图 5-127　平面磨削方法

(a)周面磨削；(b)端面磨削

周面磨削是利用砂轮的圆周面进行磨削的加工方法。其中，最常见的是卧式平面磨床的磨削，如图 5-127(a)所示。周面磨削砂轮与工件的接触面积小，磨削热少，排屑和冷却条件好，砂轮磨损均匀，因此周面磨削加工的平面精度高、表面结构值小。周面磨削适用于各种批量生产中磨削精度较高的中、小型零件，特别适宜于磨削两个平面具有较高平行度要求的零件、小型零件，可同时磨削多件，以提高生产效率。

(2)端面磨削

端面磨削是利用砂轮的端面进行磨削，常用立式平面磨床加工，如图 5-127(b)所示。端面磨削砂轮刚性好，可用较大的磨削用量，生产效率较高。但砂轮与工件的接触面积大，磨削热多，冷却散热条件差；砂轮各点圆周速度不等，磨损不均匀，磨削精度较低，表面结构值较大。一般用于大批量生产中对支架、箱体等零件的平面进行粗磨以代替铣削。为了减少砂轮与工件的接触面积,改善排屑和散热条件,端面磨削常用镶块砂轮。

2. 缓进深切磨削法

缓进深切磨削法属高效率磨削,如图5-128(a)所示。它是以增大磨削深度 $s$(可达10 mm)来提高磨削效率,但工作台纵向进给速度需降低至20～300 mm/min,故又称蠕动磨削。与普通平面磨削(图5-128(b))相比,砂轮与工件的接触弧长要大十几倍到几十倍,磨削力和磨削热也大大增加。为此,要采用顺磨法,即砂轮与工件接触部分的旋转方向与工件的进给运动方向一致,以改善冷却与排屑条件,并需要有高压清洗砂轮和强制冷却工件的装置。

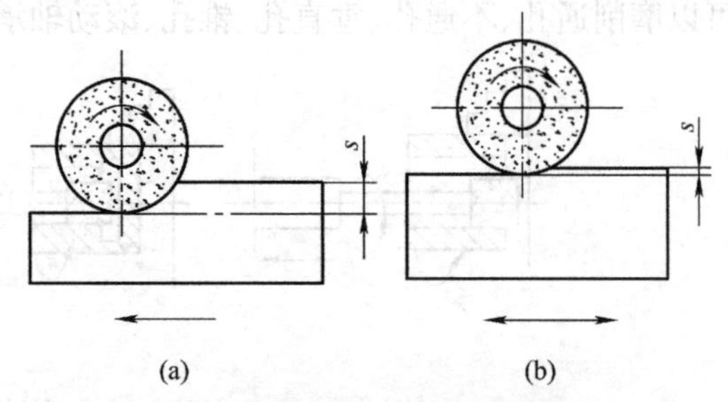

图5-128　缓进深切磨削与普通平面磨削的比较
(a)缓进深切磨削;(b)普通平面磨削

缓进深切磨削可对铸锻件的平面进行直接加工,并能有效地磨削难加工材料及各种型面和沟槽,磨削效率比普通平面磨削可提高3～5倍。

## 知识链接6　无心磨削

在无心外圆磨床上磨削外圆,工件是用被磨削的外圆本身定位的。无心外圆磨削的工作原理如图5-129所示。工件2放到砂轮1和导轮4之间的拖板3上,砂轮和导轮同方向旋转,但砂轮的转速比导轮的转速高。导轮一般是用橡胶结合剂制成,它与工件的摩擦力大于砂轮与工件之间的摩擦力。因此,工件由导轮带动旋转作圆周进给运动,而砂轮与工件之间的相对运动是切下切屑的主运动。为了保证工件定位稳定,并与导轮有足够的摩擦力矩,导轮与工件的母线应成直线接触。无心磨削也有以下两种磨削方法。

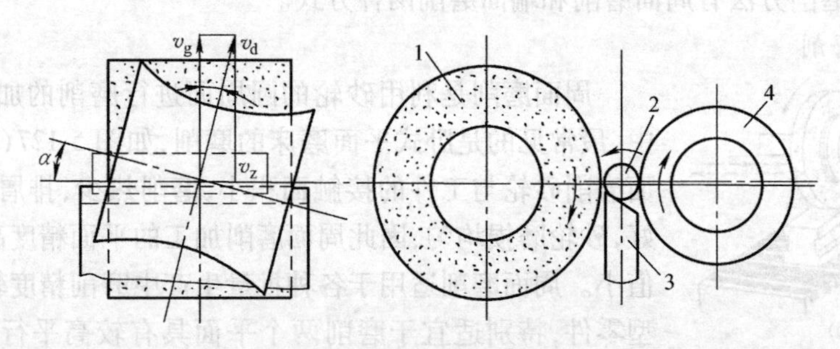

图5-129　无心磨贯穿磨削法
1—砂轮;2—工件;3—拖板;4—导轮

1. 贯穿磨削法

贯穿磨削法即纵向进给磨削法,如图5-129所示。导轮轴线与砂轮轴线交叉而形成一个不大的倾斜角α(一般为1°～3°),并将导轮修整为双曲线回转体的形状,保证工件与导轮以直线接触。同时,导轮的旋转速度 $v_d$ 可分解为 $v_g$ 和 $v_z$ 两个分速度,$v_g$ 带动工件旋转作圆周进给,$v_z$ 带动工件移动作纵向进给。调节导轮倾斜角α可以改变工件的旋转速度和纵向进给速度。不带台阶的工件可用此法磨削。工件从一端送进，经过磨削后从另一端出来，磨削过程连续进行，并可实现自动送料。

2. 切入磨削法

切入磨削法即横向进给磨削法，如图 5-130 所示。带台阶的工件不能用贯穿磨削法，需要采用切入磨削法加工。切入磨削法加工时，导轮、工作台、工件与拖板、挡块一起向砂轮作横向进给，到达最终位置时停留片刻，以便把工件磨光。磨削结束后，导轮后退，工件由推杆推出。砂轮的宽度应大于工件要加工表面的长度。导轮的轴线与砂轮的轴线平行，或交叉成一个很小的角度（0. 5° ~ 1°），以使工件紧靠挡块，达到轴向定位的目的。

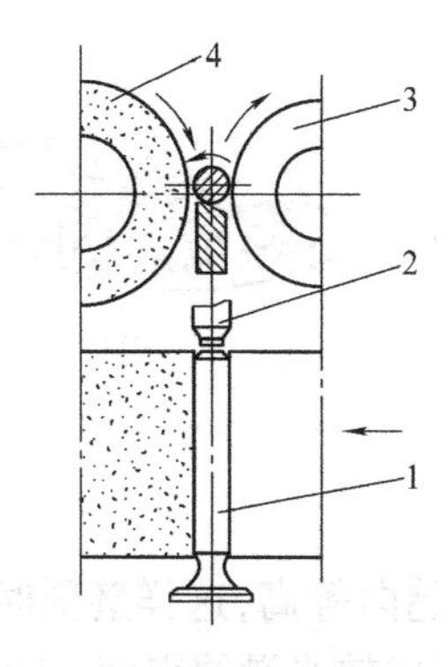


图 5-130　切入磨削法

1—工件；2—挡块；3—导轮；4—砂轮

若将砂轮修整成一定的形状，则采用切入磨削法可以磨外形较复杂的零件。但此法不能实现连续磨削，生产效率较贯穿磨削法低，零件的送料也难以实现自动化。

总之，无心磨削法的优点是生产效率很高；由于直接以磨削表面定位而无须在工件上预钻出中心孔，不仅可以减少工序，还特别有利于加工那些不允许留有中心孔的零件；机床操作简单，安装方便。无心磨削法的缺点是前道工序的工件形状误差会影响工件形状精度；同时，难以修正加工面与工件其他表面的位置精度；工件加工面上有断续表面如键槽和花键时，也不能用无心磨削法加工。

### 本节复习题

①简述砂轮磨料的种类和特点。
②简述砂轮的静平衡方法。
③砂轮的硬度和磨料的硬度是一回事吗？
④外圆磨削的方法有哪些，各有何特点？
⑤平面磨削的方法有哪些，各有何特点？
⑥无心磨削的方法有哪些，各有何特点？

## 任务 6　精密及光整加工



零件的加工精度和表面质量要求高时，通常在精加工后还需进行精密及光整加工。主要目的是改善零件的表面质量，同时还可提高零件的尺寸精度和形状精度。通常的方法有超精加工、研磨、抛光、滚压等。

### 知识链接 1　精密磨削

精密磨削一般是指高精度、低表面结构值的加工。要了解高表面质量磨削的本质，首先须研究磨粒切刃在砂轮表面上的分布状态。对于修整过的砂轮，通过放大镜可以看出：砂轮表面上的磨粒形成若干个微小的切削刀刃，简称微刃，如图 5-131 所示。这些微刃，若不在砂轮的同一个圆周上(即半径大小不相等),磨削时有的磨粒参加工作,有的不参加工作,这就是微刃的不等高性。微刃不等高的砂轮,参加磨削的切刃少,因此磨削表面结构不佳。当砂轮经过精细修整后,能使磨粒形成能同时进行磨削的许多微刃,这些微刃的不等高程度变

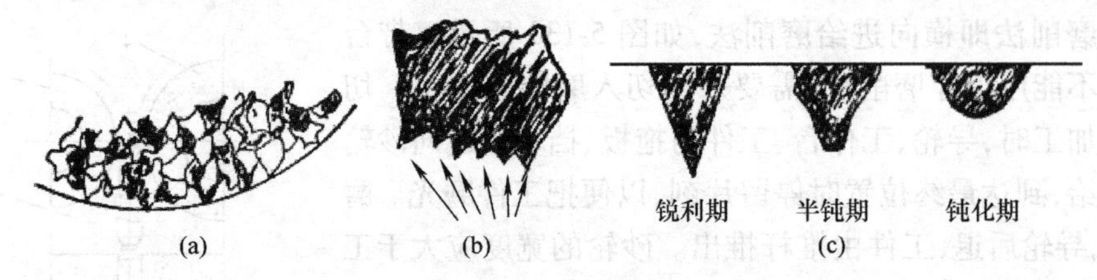


图 5-131　磨粒的微刃及磨削中微刃变化

(a)微刃的不等高性;(b)微刃;(c)微刃变化

小而趋向等高,这样磨削时参加磨削的切刃就大为增加了,能在工件表面上切下微细的切屑,形成较光滑的表面。随着磨削过程的继续进行,锐利的微刃逐渐磨损而变得稍钝至半钝化状态,如图 5-131 所示。这种半钝化的微刃虽然切削作用降低了,但是在一定压力下能产生摩擦抛光作用,使工件可获得更好的表面结构。

#### 1. 对机床的要求

在没有高精度磨床的条件下,只要根据低表面结构值磨削的规律,对普通磨床进行必要的改装,同样可磨出低表面结构值的零件。低表面结构值磨削机床必须具备下列条件。

①砂轮主轴回转精度应高于 0. 001 mm。滑动轴承的间隙应在 0. 015 mm 以内。三块瓦轴承的修复方法可以先精刮轴瓦,然后用本身主轴作研具加 3000#纯净氧化铬进行对研,直至轴瓦表面的刮点消失为止。经清洗后,将间隙再调整到上述数值。

②砂轮架相对工作台振动的幅度应小。减少振动的措施如下:选择长短均匀一致的三角传动皮带或厚度均匀的薄形平皮带传动;电动机经过动平衡,并加有隔振装置(图 5-132);机床安装在离振源(如冲床、刨床、锻压机)较远的地方,最好有隔振地基;多油泵动力源装在机床外,以选用螺杆泵为最好。

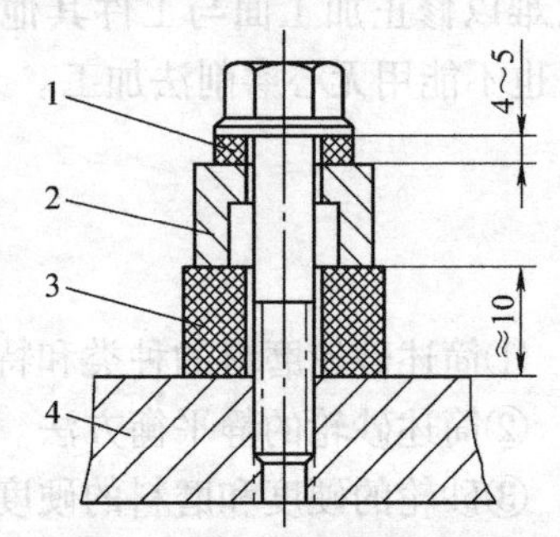


图 5-132　电动机隔振装置

1—橡皮垫;2—马达底脚;3—硬橡皮;4—机座

③横向进给机构的灵敏度和重复精度要高,误差小于 0. 002 mm,导轨接触斑点一般为 12 ~ 16 点/25 mm × 25 mm。滚柱尺寸一致性应在 0. 002 mm 以内。否则,精修砂轮时磨粒的微刃等高性不易形成;磨削过程中为形成摩擦抛光所需的压力也不易保证。

④工作台低速的平稳性要求在 10 mm/min 爬行现象,往复速度差不超过 10% 。措施如下:修刮工作台使其与床身接触良好;多工作台供油增加卸荷装置,在导轨润滑压力油通路中增加一个三通阀,使高压供油通过三通阀卸荷变成低压供油,以防止工作台漂浮;油压筒上增加放气阀,以迅速排除油压筒内空气;油压筒拉杆与导轨不平行度应小于 0. 15 mm;密封装置不能调整得太紧,以减少密封圈的摩擦力多工作台换向应平稳,防止两端出现振纹。

#### 2. 砂轮的选择和修整

砂轮特性如磨料、粒度、硬度、石墨填料和砂轮组织松密程度等对磨削质量都有影响。高精度低表面结构值磨削中，在砂轮的选择上，常见的有以下两条途径：其一，选用60 # ~ 80#粗粒度陶瓷砂轮，经精细修整后，以微刃的切削作用进行精密磨削，能获得 *Ra*0.05 ~ *Ra*0.1 μm 的表面结构值，利用钝化微刃的摩擦抛光作用进行超精磨削而获得 *Ra*0.012 ~ *Ra*0.025 μm 的表面结构值；其二，选用 W10 ~ W20 的细粒度树脂或橡胶结合剂加石墨填料的砂轮，因其磨粒细且富有弹性，在适当的磨削压力下，通过半钝微刃的摩擦抛光作用而进行超精磨削(*Ra*0.012 ~ 0.025 μm)或镜面磨削(*Ra*0.012 μm 甚至更小)。

磨料要与工件的材料选配得当才能充分发挥微刃的切削作用或摩擦抛光作用，否则即使修整得很好，也不会达到预期的效果。碳化硅磨粒的形状近乎长形或针状，同时由于脆性大，不易形成好的微刃，所以加工钢件或铸件使用刚玉砂轮比碳化硅砂轮好。当工件材料为40Cr、9Mn2V 时采用白刚玉(GB)砂轮为好；如果是 38CrMoAlA 则以采用铬刚玉(GG)砂轮为好。因为 GG 砂轮中含有氧化铬，韧性比白刚玉高，砂轮修整时只产生微细的破碎，而不是大颗粒脱落或折断，因而微刃性和微刃等高性都好。

砂轮的硬度应使磨粒半钝化期越长越好。砂轮太硬，当其已完全钝化后，磨粒仍不能脱落，继续磨削就会使表面结构变差。太软的砂轮常会产生磨损不均等现象。通常多选中软ZR1 和 ZR2。当硬度超过 ZR2 时，由于砂轮弹性差，容易出现烧伤现象。镜面磨削的砂轮，以选用 CR 级为好。

结合剂应具有弹性，可选用树脂或橡胶结合剂，并加入一定量的石墨作填料，以增加润滑性能，有利于高精度、低表面结构值加工。修整砂轮时，金刚钻应非常锋利，其顶角以70° ~ 80°(图 5-133)较合适，安装角常取 10°左右，尖峰比工件中心可低 1 ~ 2 mm(图 5-134)。

修整砂轮的横向进给量一般为0.002 ~ 0.005 mm/单行程，修整时横向进给次数为2 ~ 4次。砂轮两端最好修成如图 5-135 所示形状，避免因砂轮端面不干净，造成工件表面拉毛等缺陷。砂轮修整后，应用毛刷将砂轮外圆表面上破碎的磨粒等刷掉。

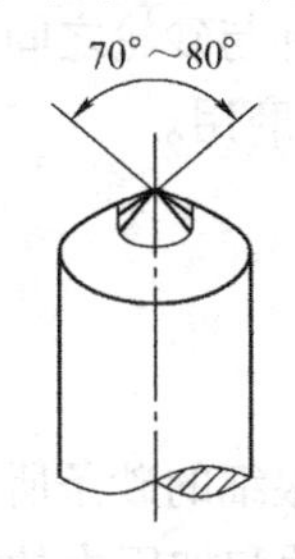

图 5-133　金刚钻顶角

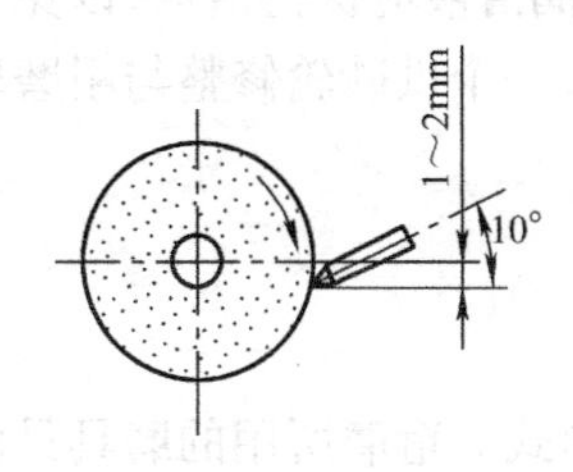

图 5-134　金刚钻的安装

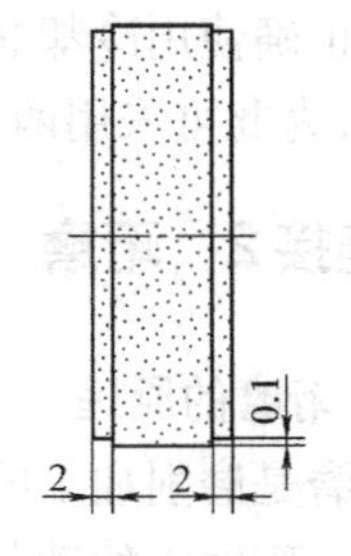

图 5-135　砂轮两端修整

#### 3. 磨削用量的选择

工件的转动速度与工作台移动快慢在一定范围内对磨削表面结构值的影响不显著。工件线速度一般控制在 10 ~ 15 m/min，镜面磨削在 10 m/min 以下。工作台速度一般选 50 ~ 200 mm/min，镜面磨削选 50 ~ 100 mm/min。

横向进给量和横向进给次数，对磨削表面质量有很大的影响，如果横向进给量太大、进给次数太多，会使摩擦热剧烈增加，容易产生表面烧伤和多角形等缺陷；如果横向进给量太小、进给次数太少,则又难以发挥微刃的切削作用和摩擦抛光作用。一般横向进给控制在0.002 5~0.005 mm之间,超精磨削与镜面磨削则控制在0.002 5 mm,单行程横向进给次数为1~3。

无横向进给只作纵向走刀的光磨对表面质量影响很大。特别是采用细粒度树脂(或橡胶)砂轮进行超精磨削和镜面磨削时,由于微刃的切削作用很弱,每次横向进给后,一次纵向走刀并不能把金属完全磨去,光磨中虽无横向进给,但砂轮和工件表面间仍具有一定压力,使微刃能更好地发挥摩擦抛光作用,从而取得高表面质量的表面。光磨次数可参考表5-28。

表5-28 光磨次数

| 砂轮 | 表面结构值/μm | 光磨次数(单行程) |
| --- | --- | --- |
| 粗粒度 | Ra0.05~0.1 | 1~3 |
| | Ra0.012~0.025 | 4~6 |
| 细粒度 | Ra0.012~0.025 | 5~15 |
| | Ra0.012以下 | 20~30 |

### 4. 工艺方面的要求

由于超精磨削能加工的余量很小,所以对前面的工序,要求表面不允许有缺陷,锥度和圆度应符合图样上的技术要求,留磨余量为0.01~0.015 mm。此外,在操作上还应注意以下几点:

①中心孔应研磨好,并检查与磨床顶尖的接触精度及安装松紧程度;

②砂轮应进行仔细的平衡与修整;

③磨削工件前,使机床工作台和砂轮空转20~30 min,以便机床工作性能稳定,同时检查工作台低速有无爬行现象,导轨上润滑油是否适量;

④磨削中严格控制横向进给大小,必要时可安装刻度值为0.001 mm的千分表进行控制,防止出现烧伤;

⑤正确使用冷却润滑液,冷却润滑液应保持清洁,以免磨粒夹在工件与砂轮之间划伤工件表面,为此可采用两个冷却液箱,一个供砂轮修整与粗磨用,一个供精磨用。

## 知识链接2 珩磨



### 1. 珩磨的原理

珩磨是磨削加工的一种特殊形式。珩磨所用的磨具是由几根粒度很细的砂条所组成的珩磨头。珩磨头的砂条具有三种运动(图5-136),即旋转运动、往复运动和加压力的径向运动。旋转和往复运动是珩磨的主运动,这两种运动的组合使砂条上的磨粒在孔的表面上的切削轨迹成交叉而又不重复的网纹,因而易获得低表面结构值的加工表面。径向加压运动是砂条的进给运动,加压力愈大,进给量即愈大。

珩磨时砂条与孔壁接触面积较大,参加切削的磨粒很多,因此每一磨粒上的磨削力很小(磨粒垂直负荷仅为磨削的1/100~1/50),加之珩磨的切削速度较低(一般在100 m/min以下,仅为磨削的1/100~1/30),所以珩磨过程中发热少,孔的表面不易烧伤,而且变形层极薄,从而获得表面质量很高的孔。

总之，较小的磨削力和较低的磨削速度以及磨粒在孔表面所形成的交叉而又不重复的网纹轨迹，是珩磨加工的基本特征，也是珩磨能获得很高加工精度和表面质量的主要原因。

**2. 珩磨的工艺特点**

①珩磨能获得很高的尺寸精度和形状精度，珩磨孔的精度可达到1级，椭圆度和圆柱度可达到0.003～0.005 mm。珩磨后孔的表面结构值一般为$Ra$0.025～0.04 μm，有时可达$Ra$0.012 μm甚至更高的镜面表面结构。

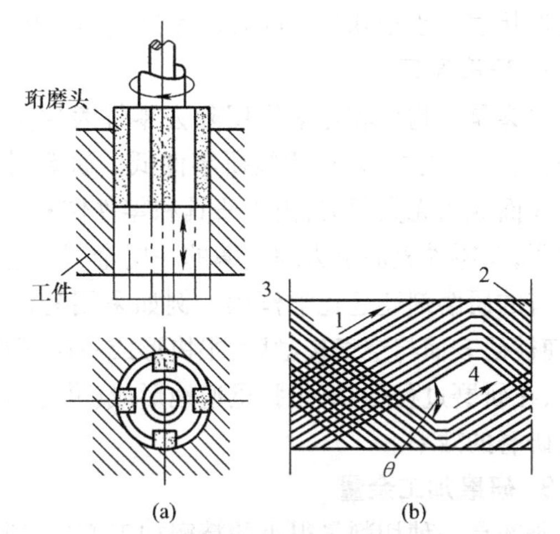


图5-136　珩磨运动及其切削轨迹

(a)成形运动；(b)一根砂条在双行程中的切削轨迹（展开）

1,2,3,4—形成纹痕的顺序；$\theta$—网纹交叉角

②为了使砂条能与孔表面均匀的接触，以切去小而均匀的余量，珩磨头相对工件一般有少量的浮动，因此珩磨不能修正孔的位置偏差，而孔的位置精度和孔中心线的直线性要求，应在珩磨前的工序给予保证。

③珩磨时虽然珩磨头的转速较低，但往复速度较高，参加切削的磨粒又很多，所以能很快地切除金属，生产效率较高。

④珩磨的应用范围很广，可加工铸铁、淬火或不淬火的钢件，但不宜加工易堵塞砂条的塑性金属零件。珩磨可加工孔径为5～500 mm的孔，也可以加工长径比大于10的深孔。因此，珩磨工艺广泛用于汽车、拖拉机、机床和军工等生产部门。

## 知识链接3　研磨

研磨是用研磨剂和研具将工件表面上磨去一层微量的金属，使工件表面达到精确的尺寸、准确的几何形状和极细的表面结构。这种精密加工的方法，称为研磨。

**1. 研磨目的**

(1)能得到精确的尺寸

各种加工方法所能达到的精度是有一定限度的。随着工业的发展，对零件精度要求也不断提高，因此有些零件必须经过研磨才能达到很高的精度要求。研磨后的精度一般可达到0.001～0.005 mm。

(2)提高零件几何形状的准确性

要使工件获得很准确的几何形状，用其他加工方法是难以达到的。例如，经无心磨床加工后的圆柱形工件，经常产生弧多边形，用研磨的方法则可加以纠正。

(3)减小表面结构

工件的表面结构是由加工方法决定的。经过研磨加工后的表面结构最细。一般情况下，表面结构值可达$Ra$0.05～0.8 μm，最小可达到$Ra$0.006 μm。

另外，经研磨的零件，由于有准确的几何形状和很细的表面结构，零件的耐磨性、抗腐蚀性和疲劳强度也都相应得到提高，从而延长了零件的使用寿命。

研磨有手工操作和机械操作，特别是手工操作，生产效率低、成本高，所以只有当零件允许的形状误差小于0.005 mm，尺寸公差小于0.01 mm时，才用研磨方法加工。

2. 研磨原理

研磨是以物理和化学作用除去零件表层金属的一种加工方法。一般所用的研磨工具(简称研具)的材料硬度比被研零件低。研磨时，涂在研具表面的磨料，在受到压力后嵌入研具表面成为无数刀刃，由于研具和零件作复杂的相对运动，使磨料对零件产生微量的切削与挤压，在零件表面上去除极薄的一层金属。这是研磨原理中的物理作用。

有的研磨剂还起化学作用。例如采用易使金属氧化的氧化铬和硬脂酸配制的研磨剂时，使被研表面与空气接触后，很快形成一层氧化膜，氧化膜由于本身的特性又容易被磨掉。因此，在研磨过程中，氧化膜迅速地形成(化学作用)，而又不断地被磨掉(物理作用)，从而提高研磨的效率。

3. 研磨加工余量

研磨是一种切削量很小的精密加工方法，所留的研磨余量不能过大。通常可从以下三个方面来考虑留研磨余量：

①根据被研零件的几何形状和尺寸精度要求；

②上道加工工序的加工质量；

③根据实际情况考虑，如具有双面、多面和位置精度要求很高的零件，在预加工中又无工艺装备保证其质量，其研磨余量应适当多留些。

面积较大或形状复杂且精度要求高的工件，研磨余量取较大值，在100 mm长度内约留0.03 mm；预加工质量高，研磨余量取较小值，在1 000 mm长度内约留0.015 mm或更少些。

通常研磨余量在0.005 ~0.03 mm范围内较适宜，有时研磨余量就留在工件的尺寸公差以内。

4. 研磨工具

研具是研磨加工中保证被研零件几何精度的重要因素，因此对研具的材料、精度和表面结构都有较高要求。

研具材料的组织结构应细密均匀，避免使研具产生不均匀磨损而影响零件的质量。其表面硬度应稍低于被研零件，使研磨剂中的微小磨粒容易嵌入研具表面，而不易嵌入零件表面。但不可太软，否则会全部嵌进研具而失去研磨作用。应有较好的耐磨性，保证被研零件获得较高的尺寸和形状精度。

灰铸铁是常用的研具材料，它强度较高，不易变形，润滑性能好，磨耗较慢，硬度适中，便于加工，且研磨剂易于涂布均匀，因此研磨的效果较好。

球墨铸铁的耐磨性更好，且比灰铸铁更容易嵌存磨粒。因此，用球墨铸铁制作的研具，精度保持性更好。

除上述两种常用的研具材料外，对一些特殊的研磨对象，还可采用软钢、铜、巴氏合金和铅等来制作研具。由于软钢和铜韧性较好，不易折断，故常作为小型研具的材料。巴氏合金和铅很软，主要用于抛光铜合金制成的精密轴瓦或研磨软质零件。

研具的形状和结构按加工对象和要求不同，常有板条形研具、圆柱和圆锥形研具及异形研具几种。其中还可细分为可调和不可调两种形式。

5. 研磨剂

研磨剂是由磨料和研磨液调和而成的混合剂。

(1)磨料

磨料在研磨中起切削作用,研磨加工的效率、精度和表面结构都与磨料有密切的关系。常用的磨料大致有以下三类。

1)氧化物磨料

氧化物磨料有粉状和块状两种,主要用于碳素工具钢、合金工具钢、高速钢和铸铁工件的研磨。这类磨料能磨硬度 HRC60 以上的工件。

2)碳化物磨料

碳化物磨料呈粉状,除了可用于研磨一般的钢材料制件外,主要用来研磨硬质合金、陶瓷与硬铬之类的高硬度工件。碳化物研磨粉的硬度高于氧化物研磨粉,因此它能够研磨氧化物研磨粉所不能胜任的硬质材料。

3)金刚石磨料

金刚石磨料分人造和天然两种。金刚石磨料的切削能力比氧化物、碳化物磨料都高,实用效果也好。但由于价格昂贵,一般只用于硬质合金、硬铬、宝石、玛瑙和陶瓷等高硬工件的精研磨加工。

(2)研磨液

研磨液在研磨加工中起到调和磨料、冷却和润滑的作用。研磨液的质量高低和选用是否正确,直接关系着研磨加工的效果,一般要求具备以下条件。

1)有一定的黏度和稀释能力

磨料通过研磨液的调和,均布在研具表面以后,与研具表面应有一定的黏附性,否则磨料就不能对工件产生切削作用。同时研磨液对磨料有稀释能力,特别是积团状的磨料颗粒,在使用之前,必须经过研磨液的稀释或淀选。愈精密的研磨,对磨料的稀释与淀选愈重要。

2)有良好的润滑和冷却作用

研磨液在研磨过程中,应起到良好的润滑和冷却作用。

3)对工件无腐蚀性

对工件无腐蚀性且不影响人体健康,选用研磨液首先应该考虑以不损害操作者的皮肤和健康为主,而且易于清洗干净。

常用的研磨液有煤油、汽油、10 号与 20 号机油、工业用甘油、透平油以及熟猪油等。此外,根据需要在研磨液中再加入适量的石蜡、蜂蜡等填料和黏性较大而氧化作用较强的油酸、脂肪酸、硬脂酸等,则研磨效果更好。



**6. 研磨轨迹**

手工研磨时,要使工件表面各处都受到均匀的切削,应该选择合理的运动轨迹,这对提高研磨效率、工件的表面质量和研具的耐用度都有直接的影响。手工研磨的运动轨迹一般采用直线、直线与摆动、螺旋形、8 字形和仿 8 字形等几种。不论哪一种轨迹的研磨运动,其共同特点是工件的被加工面与研具工作面作相密合的平行运动。这样的研磨运动既能获得比较理想的研磨效果,又能保持研具的均匀磨损,提高研具的耐用度。

(1)直线研磨运动轨迹

由于不能相互交叉,容易直线重叠,使工件难以得到低的表面结构值,但可获得较高的几何精度。所以它适用于有阶台的狭长平面的研磨。

(2)摆动式直线研磨运动轨迹

由于某些量具的研磨(如研磨双斜面直尺、样板角尺的侧面以及圆弧测量面等)主要要求是直线度,因此可采用摆动式直线研磨运动,即在左右摆动的同时,作直线往复移动。

(3)螺旋形研磨运动轨迹

研磨圆片或圆柱形工件的端面等,采用螺旋式研磨运动,能获得较细的表面结构和较高的平面度,其运动轨迹如图 5-137 所示。

(4)8 字形或仿 8 字形研磨运动轨迹

研磨小平面工件,通常都采用 8 字形或仿 8 字形研磨运动,其轨迹如图 5-138 所示,能使相互研磨的面保持均匀接触,既有利于提高工件的研磨质量,又可使研具保持均匀的磨损。

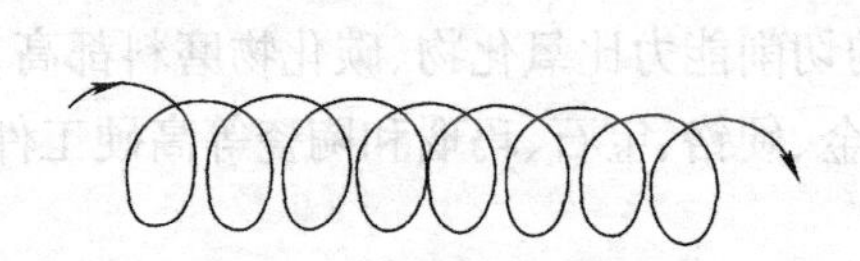

图 5-137 螺旋形研磨运动轨迹

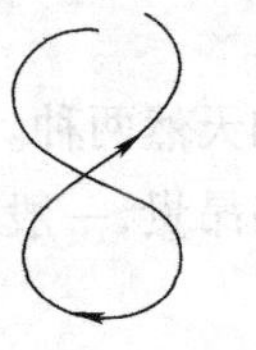

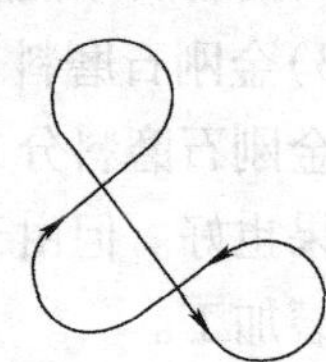

图 5-138 8 字形或仿 8 字形研磨运动轨迹

以上几种研磨运动的轨迹,应根据工件被研磨面的形状特点合理选用。下面分别叙述几种不同研磨面的研磨方法。

**7. 平面研磨**

平面的研磨一般是在平面非常平整的平板(研具)上进行的。平板分有槽的和光滑的两种。粗研时,应该在有槽的平板(图 5-139(a))上进行。因为在有槽的平板上,容易使工件压平,粗研时就不会使表面磨成凸弧面。精研时,则应在光滑的平板(图 5-139(b))上进行。

研磨前,先用煤油或汽油把研磨平板的工作表面清洗并擦干,再在平板上涂上适当的研磨剂,然后把工件需研磨的表面(已去除毛刺并清洗过)合在平板上,沿平板的全部表面(使平板的磨损均匀),以 8 字形(图 5-140)或螺旋形和直线相结合的运动轨迹进行研磨,并不断地变更工件的运动方向。由于无周期性的运动,使磨料不断在新的方向起作用,工件就能较快达到所需要的精度要求。



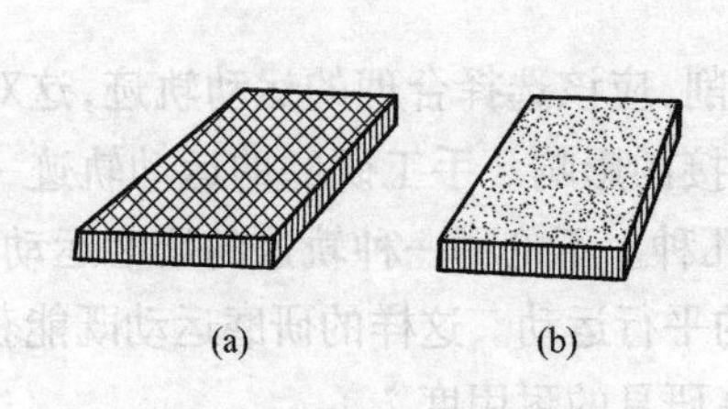



图 5-139 研磨用平板

(a)有槽平板;(b)光滑平板

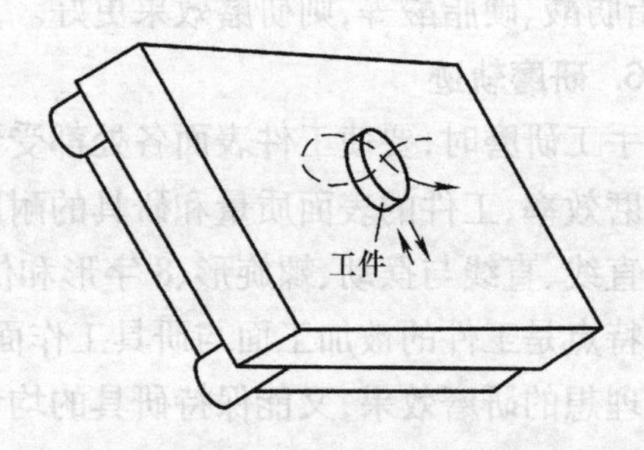



图 5-140 用 8 字形运动轨迹研磨平面

在研磨过程中,研磨的压力和速度对研磨效率和质量有很大影响。若压力太大,研去的金属就多,表面结构差,甚至会发生因磨料压碎而使表面划伤。对较小的硬工件或粗研磨时,可用较大的压力、较低的速度进行研磨;而大工件或精研时,就应用较小的压力、较快的速度进行研磨。有时由于工件自身太重或接触面较大,互相贴合后的摩擦阻力大。为了减小研磨时的推动力,可加些润滑油或硬脂酸起润滑作用。在研磨中,应防止工件发热。若稍有发热,应立即暂停研磨,如继续研磨下去会使工件变形,特别是薄壁和壁厚不均匀的工件更易发生变形。此外,工件发热时,不能进行测量,因为工件发热时所测得的尺寸是不准的。

在研磨狭窄平面时,可用金属块作导靠(金属块平面应相互垂直),使金属块和工件紧紧地靠在一起,并跟工件一起研磨,以保持侧面和平面的垂直,防止倾斜和产生圆角。

**8. 圆柱面的研磨**

圆柱面的研磨一般都以手工与机器的配合运动进行研磨。圆柱面研磨分为外圆柱面的研磨和圆柱孔的研磨。现就两种研磨方法分别叙述如下。

(1) *外圆柱面的研磨*

研磨外圆柱面一般是在车床或钻床上用研磨环对工件进行研磨。研磨环的内径应比工件的外径大 0.025 ~0.05 mm。研磨环的形式做成如图 5-141 所示的可调节式。其结构是:中间有开口的研磨环,外圈上有调节螺钉(图 5-141(a))。当研磨一段时间后,若研磨环内径磨损,可拧紧调节螺钉,使研磨环的孔径缩小,以达到所需要的间隙。图 5-141(b)所示的研磨环,由研磨环和外壳组成。中间的研磨环有一开口的通槽,在外径的三等分部位开有两通槽,以便用螺钉调节孔径的大小,并用定位螺钉来固定研磨环,以保证研磨工作的进行。研磨环的长度一般为孔径的 1 ~2 倍。

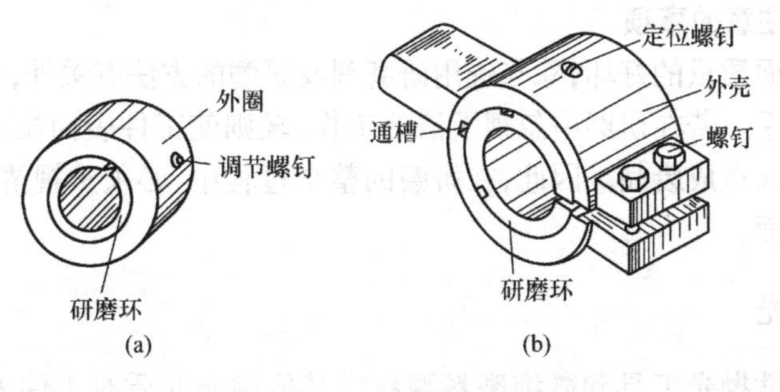


图 5-141　研磨环

外圆柱面在研磨时,工件可由车床带动,在工件上均匀涂上研磨剂,套上研磨环(其松紧程度应以手用力能转动为宜)。通过工件的旋转运动和研磨环在工件上沿轴线方向作往复运动,进行研磨。一般工件的转速在直径小于 80 mm 时为 100 r/min,直径大于 100 mm 时为 50 r/min,研磨环往复运动的速度,根据工件在研磨环上研磨出来的网纹来控制。当往复运动的速度适当时,工件上研磨出来的网纹成 45°交叉线,太快了,网纹与工件轴线夹角较小;太慢了,网纹与工件轴线夹角就较大。研磨往复运动的速度不论太快还是太慢,都影响工件的精度和耐磨性。

在研磨过程中,如果由于上道工序的加工误差,造成工件直径大小不一时(在研磨时可感觉到,直径大的部位移动研磨环感到比较紧,而小的部位感到比较松),可在直径大的部位多研磨几次,直到尺寸完全一样为止。研磨一段时间后,应将工件调头再研磨,这样能使轴容易得到准确的几何形状。同时,研磨环的磨损也比较均匀。

(2)内圆柱面的研磨

它与外圆柱面的研磨恰恰相反,是将工件套在研磨棒上进行的。研磨棒的外径应较工件内径小0.01~0.025 mm。研磨棒的形式一般有固定式和可调节式两种。研磨棒工作部分(即带内锥孔的套)的长度,应大于工件长度。太长会影响工件的研磨精度,具体可根据工件长度而定。一般情况下,是工件长度的1.5~2倍。

圆柱孔的研磨,是将研磨棒夹在车床卡盘内(大直径的长研磨棒,另一端用尾座顶尖顶住)把工件套在研磨棒上进行研磨。在调节研磨棒时与工件的配合要适当,配合太紧,易将孔面拉毛;配合太松,孔会研磨成椭圆形。一般以用手推工件时不十分费力为宜。研磨时如工件的两端有过多的研磨剂被挤出时,应及时揩掉,否则会使孔口扩大,研磨成喇叭口形状。如孔口要求很高,可将研磨棒的两端用砂布擦得略细一些,避免孔口扩大。研磨后,因工件含有热量,应待其冷却至室温后再进行测量。

**9. 圆锥面的研磨**

工件圆锥表面的研磨,包括圆锥孔和外圆锥面的研磨。研磨时必须要用与工件锥度相同的研磨棒或研磨环,其结构有固定式和可调节式两种。

研磨时,一般在车床或钻床上进行,转动方向应和研磨棒的螺旋方向相适应。在研磨棒或研磨环上均匀地涂上一层研磨剂,插入工件锥孔中或套进工件的外锥表面旋转4~6圈后将研具稍微拔出一些,然后再推入研磨。研磨到接近要求时,取下研具,擦干研具和工件被磨表面的研磨剂,重复套上研磨(起抛光作用),一直到被加工表面呈银灰色或发光为止。有些工件是直接用彼此接触的表面进行研磨来达到的,不必使用研具。

**10. 研磨中应注意的事项**

研磨后工件表面质量的好坏,除与选用研磨剂及研磨的方法有关外,还与研磨工作中的清洁与否有很大关系。若在研磨中忽视了清洁工作,轻则使工件表面拉毛,影响表面结构;严重的则拉出深痕而造成废品。因此,在研磨的整个过程中,必须重视清洁工作,才能研磨出高质量的工件表面。

## 知识链接4 抛光



抛光是利用柔性抛光工具和微细磨料颗粒或其他抛光介质对工件表面进行的修饰加工,去除前工序留下的加工痕迹(如刀痕、磨纹、麻点、毛刺)。抛光不能提高工件的尺寸精度或几何形状精度,而是以得到光滑表面或镜面光泽为目的,有时也用以消除光泽(消光处理)。抛光与研磨的机理是相同的,人们习惯上把使用硬质研具的加工称为研磨,而使用软质研具的加工称为抛光。按照不同的抛光要求,抛光可分为普通抛光和精密抛光。

**1. 抛光工具及材料**

抛光除可采用研磨工具外,还有适合快速降低表面结构值的专用抛光工具。

(1)油石

油石是用磨料和结合剂等压制烧结而成的条状固结磨具。油石在使用时通常要加油润滑,因而得名。油石一般用于手工修磨零件,也可装夹在机床上进行珩磨和超精加工。油石有人造的和天然的两类。人造油石由于所用磨料不同有两种结构类型。

①用刚玉或碳化硅磨料和结合剂制成的无基体的油石，按其横断面形状可分为正方形、长方形、三角形、楔形、圆形和半圆形等。

②用金刚石或立方氮化硼磨料和结合剂制成的有基体的油石，有长方形、三角形和弧形等。天然油石是选用质地细腻又具有研磨和抛光能力的天然石英岩加工而成的，适用于手工精密修磨。

(2)砂纸

砂纸是由氧化铝或碳化硅等磨料与纸黏结而成，主要用于粗抛光，按颗粒大小常用的有400#、600#、800#、1000#等磨料粒度。

(3)研磨抛光膏

研磨抛光膏是由磨料和研磨液组成的，分硬磨料和软磨料两类。硬磨料研磨抛光膏中的磨料有氧化铝、碳化硅、碳化硼和金刚石等，常用粒度为200#、240#、W40等的磨粒和微粉；软磨料研磨抛光膏中含有油质活性物质，使用时可用煤油或汽油稀释，主要用于精抛光。

(4)抛研液

抛研液是用于超精加工的研磨材料，由W0.5~W5粒度的氧化铬和乳化液混合而成。多用于外观要求极高的产品模具的抛光，如光学镜片模具等。

**2. 抛光工艺**

(1)工艺顺序

首先了解被抛光零件的材料和热处理硬度以及前道工序的加工方法和表面结构情况，检查被抛光表面有无划伤和压痕，明确工件最终的表面结构要求；并以此为依据，分析确定具体的抛光工序和准备抛光用具及抛光剂等。

1)粗抛

经铣削、电火花成形、磨削等工艺的表面清洗后，可以选择转速在35 000~40 000 r/min的旋转表面抛光机或超声波研磨机进行抛光。一般是先用细砂轮去除白色电火花层或表面加工痕迹，然后用油石加煤油作为润滑剂或冷却剂手工研磨，再用由粗到细的砂纸逐级进行抛光。对于精磨削的表面，可直接用砂纸进行粗抛光，逐级提高砂纸的号数，直至达到模具表面结构的要求。一般的使用顺序为180#→240#→320#→400#→600#→800#→1000#。

2)半精抛

半精抛主要使用砂纸和煤油。砂纸号数依次为400#→600#→800#→1000#→1200#→1500#。

3)精抛

精抛主要使用研磨膏。用抛光布轮混合研磨粉或研磨膏进行研磨时，通常的研磨顺序是1800#→3000#→8000#。1800#研磨膏和抛光布轮可用来去除1200#和1500#砂纸留下的发状磨痕。接着用粘毡和钻石研磨膏进行抛光时，顺序为14000#→60000#→100000#。精度要求在1 μm以上(包括1 μm)的抛光工艺在模具加工车间中的一个清洁的抛光室内即可进行。若进行更加精密的抛光则必须在一个绝对洁净的空间进行。灰尘、烟雾、头皮屑等都有可能报废数个小时的工作量得到的高精密抛光表面。

(2)工艺措施

1)工具材质的选择

用砂纸抛光需要选用软的木棒或竹棒。在抛光圆面或球面时，使用软木棒可更好的配合圆面和球面的弧度。而较硬的木条像樱桃木，则更适用于平整表面的抛光。修整木条的末端使其能与钢件表面形状保持吻合，这样可以避免木条（或竹条）的锐角接触钢件表面而造成较深的划痕。

2）抛光方向选择和抛光面的清理

当换用不同型号的砂纸时，抛光方向应与上一次抛光方向变换 30° ~ 45°进行抛光，这样前一种型号砂纸抛光后留下的条纹阴影即可分辨出来。对于塑料模具，最终的抛光纹路应与塑件的脱模方向一致。

在换不同型号砂纸之前，必须用脱脂棉蘸取酒精之类的清洁液对抛光表面进行仔细的擦拭，不允许有上一工序的抛光膏进入下一工序，尤其是到了精抛阶段。从砂纸抛光换成钻石研磨膏抛光时，这个清洁过程更为重要。在抛光继续进行之前，所有颗粒和煤油都必须被完全清洁干净。

3）抛光中可能产生的缺陷及解决办法

当在研磨抛光过程中，不仅是工作表面要求洁净，工作者的双手也必须仔细清洁；每次抛光时间不应过长，时间越短，效果越好。如果抛光过程进行得过长将会造成“过抛光”表面，反而越粗糙。“过抛光”将产生“橘皮”和“点蚀”。为获得高质量的抛光效果，容易发热的抛光方法和工具都应避免。比如：抛光中产生的热量和抛光用力过大都会造成“橘皮”，或材料中的杂质在抛光过程中从金属组织中脱离出来，形成“点蚀”。解决办法：提高材料的表面硬度，采用软质的抛光工具；在抛光时施加合适的压力，并用最短的时间完成抛光。

当抛光过程停止时，保证工件表面洁净和仔细去除所有研磨剂和润滑剂非常重要，同时应在表面喷淋一层模具防锈涂层。

（3）影响模具抛光质量的因素

由于一般抛光主要靠人工完成，所以抛光技术目前还是影响抛光质量的主要原因。除此之外，还与模具材料、抛光前的表面状况、热处理工艺等有关。

1）不同硬度对抛光工艺的影响

硬度增高使研磨的困难增大，但抛光后的表面结构值减小。由于硬度的增高，要达到较低的表面结构值所需的抛光时间相应增长。同时硬度增高，抛光过度的可能性相应减少。

2）工件表面状况对抛光工艺的影响

钢材在机械切削加工的过程中，表层会因热量、内应力或其他因素而使工件表面状况不佳；电火花加工后表面会形成硬化薄层。因此，抛光前最好增加一道粗磨加工，彻底清除工件表面状况不佳的表面层，为抛光加工提供一个良好基础。



### 3. 其他研磨抛光方法

（1）化学抛光

让材料在化学介质中，使表面微观凸出的部分较微观凹坑部分优先溶解，从而得到平滑面。这种方法的主要优点是不需复杂设备，可以抛光形状复杂的工件，可以同时抛光很多工件，效率高。化学抛光的核心问题是抛光液的配制和环境保护。化学抛光得到的表面结构值一般为 $Ra10 \sim 50$ μm。

（2）电解抛光

基本原理与化学抛光相同，即靠选择性的溶解材料表面微小凸出部分，使表面光滑。与化学抛光相比，可以消除阴极反应的影响，效果较好。电解抛光过程分为两步：第一步是宏观整平，溶解产物向电解液中扩散，材料表面结构值下降，$Ra > 1$ μm；第二步是微观平整，阳极极化,表面光亮度提高,$Ra<1\ \mu m$。

(3)*超声波抛光*

将工件放入磨料悬浮液中并一起置于超声波场中,依靠超声波的振荡作用,使磨料在工件表面磨削抛光。超声波加工宏观力小,不会引起工件变形,但工装制作和安装较困难。超声波加工可以与化学或电化学方法结合。在溶液腐蚀、电解的基础上,再施加超声波振动搅拌溶液,使工件表面溶解产物脱离,表面附近的腐蚀或电解质均匀;超声波在液体中的空化作用还能够抑制腐蚀过程,利于表面光亮化。

(4)*磁研磨抛光*

磁研磨抛光是利用磁性磨料在磁场作用下形成磨料刷,对工件磨削加工。这种方法加工效率高,质量好,加工条件容易控制,工作条件好。采用合适的磨料,表面结构值可以达到 $Ra0.1\ \mu m$。

(5)*流体抛光*

流体抛光是依靠高速流动的液体及其携带的磨粒冲刷工件表面达到抛光的目的。常用方法有:磨料喷射加工、液体喷射加工、流体动力研磨等。流体动力研磨是由液压驱动,使携带磨粒的液体介质高速往复流过工件表面。介质主要采用在较低压力下流动性好的特殊化合物(聚合物状物质)并掺上磨料制成,磨料可采用碳化硅粉末。

## 知识链接5　超精加工

超精加工是降低零件表面结构值的一种简便方法。现就超精加工的原理、特点作简单介绍。

### 1. 超精加工的原理

超精加工是用细粒度的磨条以较低的压力和切削速度对工件表面进行光整加工的方法。其加工原理如图5-142(a)所示,加工中有三种运动,即工件低速回转运动1、磨头轴向进给运动2、磨条高速往复振动3。这三种运动使磨粒在工件表面上形成不重复的复杂轨迹。如果暂不考虑磨头的轴向进给运动,则磨粒在工件表面走过的轨迹是余弦波曲线,如图5-142(b)所示。

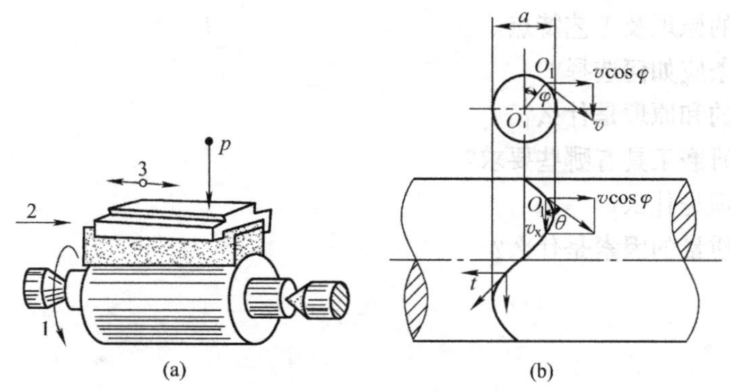


图5-142　超精加工

(a)加工运动;(b)加工轨迹

超精加工的切削过程与磨削、研磨不同,当工件粗糙表面磨平之后,油石能自动停止切削。超精加工大致可分四个阶段。

①强烈切削阶段:超精磨时虽然油石磨粒细,压力小,工件与油石之间的润滑油易形成油膜,但开始时,由于工件表面粗糙,少数凸峰单位面积压力很大,破坏了油膜,故切削作用强烈。

②正常切削阶段:当少数凸峰磨平后,接触面积增加,单位面积压力降低,致使切削作用降低而进入正常切削阶段。

③微弱切削阶段:随着接触面积逐渐增大,单位面积压力更低,切削作用微弱,且细小的切屑形成氧化物而嵌入油石的空隙中,因而油石产生光滑表面,具有摩擦抛光作用而使工件表面抛光。

④自动停止切削阶段:工件磨平,单位压力很低,工件与油石之间又形成油膜,不再接触,故切削停止。

**2. 超精加工的特点**

①超精加工磨粒运动轨迹复杂,能由切削过程过渡到光整抛光过程,因而可以获得 *Ra*0.05 μm 以下的表面结构值。

②超精加工只能切削工件凸峰,所以加工余量很小(0.005~0.025 mm)。

③切削速度低,磨条的压力小(一般在 0.5 N/mm 以下),所以加工时发热少,工件表面变质层浅,没有烧伤现象。

④磨条压力较大时,切削作用强。但压力过大,磨粒容易划伤工件表面,使表面结构变差。压力如果太低,磨粒的自锐性差,不仅加工效率低,而且磨粒易于钝化,对提高使表面结构也不利。所以粗加工压力取 0.2~0.5 N/mm,精加工时取 0.05~0.1 N/mm。

## 本节复习题

①简述精密磨削的原理。

②简述精密磨削时砂轮的选择和修整方法。

③修整砂轮时对金刚钻有何要求?

④精密磨削的磨削用量如何选择?

⑤简述珩磨的原理及工艺特点。

⑥珩磨时砂条应如何选择?

⑦研磨的目的和原理是什么?

⑧研磨时对研磨工具有哪些要求?

⑨抛光的原理是什么?

⑩影响抛光质量的因素是什么?

# 项目六　机械制造工艺方案

## 任务1　制订工艺方案基础知识

### 知识链接1　机械制造系统概述

#### 1. 生产过程和工艺过程

机械产品制造时，将从原材料开始直到制成机械成品的全部劳动过程，称为生产过程。它包括零件的毛坯制造过程、零件的机械加工工艺过程、零件的热处理工艺过程、零件的特种加工工艺过程、零件的装配工艺过程、制品的测试检验过程以及油漆包装过程等。这些过程都会使被加工对象的尺寸、形状或性能产生一定的变化，因此称为直接生产过程，也就是说与整个生产过程有着直接的关系。机械的生产过程还包括工具、量具、夹具的制造过程，工件的运输和储存过程，加工设备的维修过程以及动力（电、压缩空气或液压等）供应过程等，这些过程不使加工对象产生直接变化，因此称为辅助生产过程。所以，机械的生产过程由直接生产过程和辅助生产过程组成。

机械加工工艺过程是机械生产过程的一部分，是直接生产过程。它是用机械加工方法，直接改变毛坯的形状、尺寸和表面质量，使其成为合格产品零件的过程。从广义上来说，电加工、超声波加工、电子束加工及离子束加工等也是机械加工工艺过程的一部分，但实际上已不是切削加工范畴。

#### 2. 机械加工工艺过程的组成

一个零件的加工工艺往往是比较复杂的，根据它的技术要求和结构特点，在不同的生产条件下，常常需要采用不同的加工方法和设备，通过一系列的加工步骤，才能使毛坯变成零件。在分析研究这一过程时，为了便于描述，一般将工艺过程分为工序、安装、工位、工步、走刀等组成部分。

（1）工序

工序是一个（或一组工人），在一台机床（或一个工作地点），对一个（或同时对几个）工件所连续完成的那部分加工过程。区分工序的主要依据是工人、工作地点及工件三不变并加上连续完成。只要三者中改变了一个或不是连续完成，则将成为另一工序。

工序是组成工艺过程的基本单元，也是制订生产计划和进行成本核算的基本单元。由零件加工的工序数就可以知道工作面积的大小、工人人数和设备的数量。因此工序是非常重要的，是工厂设计中的重要资料。毛坯依次通过各道工序就可以加工成为成品。

（2）安装

工件在加工之前，首先要把工件放好。安装是指在一道工序中，工件在一次定位夹紧下所完成的加工。其中，确定工件在机床上或夹具中占有正确位置的过程称为定位；工件定位后将其固定，使其在加工过程中保持定位位置不变的操作称为夹紧。上述定位并夹紧的整个过程称为装夹。而安装是工件经一次装夹后所完成的那一部分工序内容。

在同一工序中，工件的工作位置可能只装夹一次，也可能要装夹几次。工件在加工中，应尽量减少装夹次数，以减少装夹误差和装夹工件所花费的时间。

(3) 工位

为了减少工件装夹次数，常采用各种回转工作台、回转夹具或移动夹具，使工件在一次装夹中，先后处于几个不同的位置进行加工。工位是指在多轴车床上或多位机床上，在一次装夹后工件在一个位置上所完成的加工。

一般在多轴车床、六角车床、组合机床以及多位机床上都有工位，在普通铣床上利用转台进行多位加工也有工位。图6-1 所示为多工位加工。

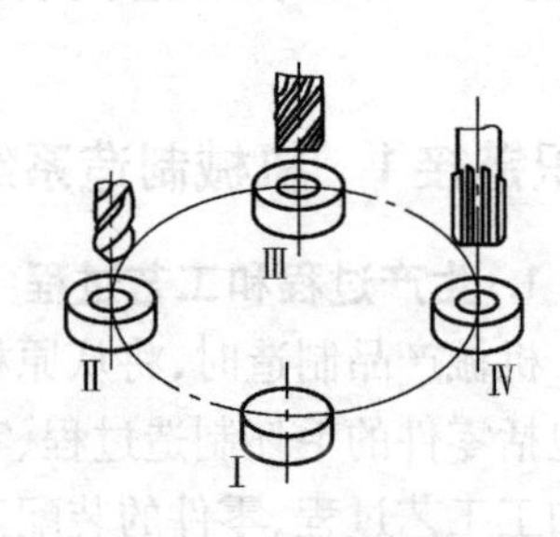

图 6-1　多工位加工

(4) 工步

在一次安装或工位中，可能要加工几个不同表面，也可能用几把不同刀具进行加工。为了描述这个过程，又可细分工步。工步是指在一次安装或工位中，加工表面、加工工具都不变的情况下，所完成的那一部分加工。一般情况下，上述两个要素任意改变一个，就认为是不同工步。

工步是组成工艺过程的最基本单元，在一个安装或工位中，可能只有一个工步，也可能包含几个工步。

(5) 走刀

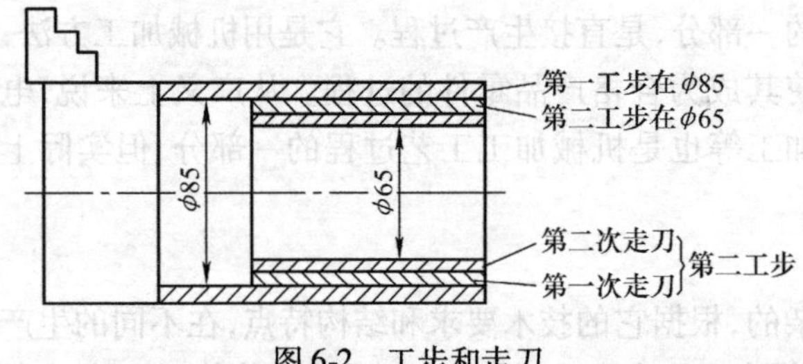

图 6-2　工步和走刀

有些工件，由于余量大，或为了提高加工精度、降低表面结构值，往往需要对同一表面进行多次切削，每一次切削就称为一次走刀。由此可知，加工表面、切削刀具以及切削用量这三者如果不变化所进行的加工为一次走刀，其中一个变化，便是另一个工步。一个工步下可能只有一次走刀(进给)，也可能有几次，走刀是构成工艺过程的最小单元。

## 知识链接2　机械制造生产类型



机械产品的制造工艺不仅与产品的结构、技术要求有很大关系，而且也与企业的生产类型有很大关系，而企业的生产类型是由企业的生产纲领所决定的。

### 1. 生产纲领

生产纲领是指计划期内产品的产量。计划期常定为一年，所以年生产纲领也就是年产量。

零件的生产纲领要计入备品和允许的废品数量，可按下式计算：

$$N = Qn(1 + \alpha)(1 + \beta)$$

式中：$N$——零件的年产量；

$Q$——产品的年产量；

$n$——每件产品中该零件的数量；

$\alpha$——备品的百分率；

$\beta$——废品的百分率。

### 2. 生产类型及其工艺特征

企业(或车间、工段、班组、工作地)生产专业化程度的分类称为生产类型。生产类型一般按年产量划分为三种：单件生产、成批生产和大量生产。

生产类型的具体划分，可根据生产纲领和产品及零件的特征(轻重、大小、结构复杂程度、精度等)参考表6-1确定。

表6-1　生产类型的划分

| 生产类型 | | 零件的年产量(件) | | |
|---|---|---|---|---|
| | | 重型零件 | 中型零件 | 轻型零件 |
| 单件生产 | | <5 | <10 | <100 |
| 成批生产 | 小批 | 5～100 | 10～200 | 100～500 |
| | 中批 | 100～300 | 200～500 | 500～5 000 |
| | 大批 | 300～1 000 | 500～5 000 | 5 000～50 000 |
| 大量生产 | | >1 000 | >5 000 | >50 000 |

(1)单件生产

单件生产的基本特点是产品品种很多，同一产品的产量很小，而且很少重复生产，各工作地加工对象经常改变。如专用夹具、刀具、量具以及模具的生产都是单件生产。

(2)成批生产

成批生产的特点是一年中分批轮流制造若干相同产品，生产周期性地重复。同一产品(或零件)每批投入生产的数量称批量，批量可根据零件的年产量及一年中的生产批数计算确定。一年的生产批数需根据市场需要、零件的特征、流动资金的周转及仓库容量等具体情况确定。根据批量的大小和被加工零件的特征，成批生产又可分为小批生产、中批生产和大批生产。小批生产的工艺特点与单件生产相似；大批生产的工艺特点与大量生产相似；中批生产介于单件生产和大量生产之间。机床、机车、纺织机械等产品制造，多属成批生产。

(3)大量生产

大量生产的基本特点是产品的产量很大，连续地大量生产同一种产品，大多数工作地长期重复地进行某种工件的某道工序的生产。如汽车、拖拉机、轴承和自行车等产品制造多属大量生产。

同一产品的生产，由于生产类型的不同，其工艺方法完全不一样。一般说来，生产同样一个产品，大量生产要比单件生产与成批生产的生产效率高，成本低，产品质量稳定、可靠。

## 知识链接3　常见表面加工方案的选择

机器零件的结构尽管多种多样，但均由一些基本表面(外圆、内圆、平面、锥圆、螺纹、齿形等)组成。切削加工零件的过程，实际上就是加工这些表面的过程。每一种表面又有许多加工方法。正确选择加工方法，对保证质量、提高生产效率和降低成本有着重要意义。

**1. 选择表面加工方案的依据**

(1)根据表面的尺寸精度和表面结构选择加工方案

对于具有较高精度的表面,一般不能一次加工到规定尺寸,而要划分加工阶段逐步进行。这样有利于减小或消除粗加工时因切削力和切削热等因素所引起的变形,以确保零件的加工精度。在其他基本条件相同时,表面的尺寸精度越高,表面结构值越低,其加工过程越长。

(2)根据表面所在零件的结构形状选择加工方案

零件的结构形状对表面加工方案的选择影响很大,零件的某些结构形状限制了一些加工方法的应用,有时甚至要选用不同的机床和装夹方法。

(3)根据工件材料的性能选择加工方案

因为有色金属塑性大、硬度低、易堵塞砂轮,使砂轮丧失切削能力,通常不宜使用磨削加工。

(4)根据是否热处理及热处理方法选择加工方案

①退火或正火(铸件和锻件):安排在毛坯和粗加工之间,以改善材料的切削性能。

②调质:安排在粗加工和半精加工之间,以消除内应力及调质引起的变形。调质可获得良好的综合力学性能,且调质后仍可用刀具进行加工。

③淬火:安排在半精加工之后和磨削之前。因淬火较硬,大都采用磨削加工。

④时效:稳定性高的精密零件,可进行多次时效。一次时效安排在粗加工和精加工之间,二次时效安排在半精加工和精加工之间。

(5)根据零件的批量选择加工方案

单件小批量生产,一般选用普通机床上的加工方法;大批量生产,尽量选用高效率的加工方法。

(6)其他

以上是选用表面加工方案的主要依据,在实际应用中,应根据具体条件综合考虑、灵活运用,选择出最佳经济效益的加工方案。

**2. 几种主要表面加工方案**

(1)外圆加工方案的选择

外圆加工方案的选择见表6-2。

**表6-2　外圆加工方案**

| 序号 | 加工方案 | 尺寸公差精度 | 表面结构值 $Ra/\mu m$ | 适用范围 |
|---|---|---|---|---|
| 1 | 粗车 | IT14 ~ IT12 | 12.5 ~ 50 | 适用于各种金属(经过淬火的钢件除外) |
| 2 | 粗车—半精车 | IT11 ~ IT9 | 3.2 ~ 6.3 | |
| 3 | 粗车—半精车—精车 | IT8 ~ IT6 | 0.8 ~ 1.6 | |
| 4 | 粗车—半精车—磨削 | IT7 ~ IT6 | 0.8 ~ 0.4 | 适用于淬火钢、未淬火钢、铸铁等,不宜加工强度低、韧性大的有色金属 |
| 5 | 粗车—半精车—粗磨—精磨 | IT6 ~ IT5 | 0.2 ~ 0.4 | |
| 6 | 粗车—半精车—粗磨—精磨—高精度磨削 | IT5 ~ IT3 | 0.008 ~ 0.1 | |
| 7 | 粗车—半精车—粗磨—精磨—研磨 | IT5 ~ IT3 | 0.008 ~ 0.1 | |
| 8 | 粗车—半精车—精车—研磨 | IT6 ~ IT4 | 0.012 ~ 0.2 | 适用于有色金属短轴外圆及不宜磨削的外圆 |

一般公差等级低于 IT8 ~ IT9，表面结构值大于 *Ra*3.2 μm 的外圆表面通常以车削完成。粗车—半精车—磨削的加工方案主要用于加工尺寸公差等级 IT7 ~ IT6，表面结构值为 *Ra*0.4 ~ 0.8 μm 的轴类和套类零件的外圆表面。需经过磨削的外圆，磨前的车削精度无须很高，否则对车削不经济，对磨削也无意义。若公差等级要求更高（IT5 以上），表面结构值要求在 *Ra*0.2 μm 以下，则需在磨削后进行研磨或高精度磨削。研磨或高精度磨削前的外圆精度和表面结构对生产效率和加工质量都有极大影响，所以在研磨或高精度磨削前要进行精磨。由于硬度低、韧性大的有色金属不宜磨削，公差等级为 IT7 ~ IT6，表面结构值为 *Ra*0.8 ~ 1.6 μm 的外圆，一般采用粗车—半精车—精车的加工方案。要求更高的，需再进行磨削。粗车—半精车—精车的加工方案还用于加工盘类零件的外圆以及某些不宜在磨床上加工的零件外圆表面。

（2）内圆加工方案的选择

内圆加工方案的选择见表 6-3。

**表 6-3　内圆加工方案**

| 序号 | 加工方案 | 尺寸公差等级 | 表面结构值 *Ra*/μm | 适用范围 |
|---|---|---|---|---|
| 1 | 钻 | IT14 ~ IT11 | 12.5 | 用于加工除淬火钢以外的各种金属的实心工件 |
| 2 | 钻—铰 | IT9 ~ IT8 | 1.6 ~ 3.2 | 用于加工除淬火钢以外的各种金属的实心工件，但孔径 *D* <10 mm |
| 3 | 钻—扩—铰 | IT8 ~ IT7 | 0.8 ~ 1.6 | 用于加工除淬火钢以外的各种金属的实心工件，但孔径为 10 ~ 80 mm 小孔及细长孔 |
| 4 | 钻—扩—粗铰—精铰 | IT7 ~ IT6 | 0.4 ~ 1.6 | |
| 5 | 钻—拉　或　粗镗—拉 | IT9 ~ IT7 | 0.4 ~ 1.6 | 用于大批生产（除淬火钢） |
| 6 | （钻）—粗镗—半精镗 | IT11 ~ IT9 | 3.2 ~ 6.3 | 用于加工除淬火钢外的各种材料 |
| 7 | （钻）—粗镗—半精镗—精镗 | IT8 ~ IT7 | 0.8 ~ 1.6 | |
| 8 | （钻）—粗镗—半精镗—磨 | IT8 ~ IT7 | 0.4 ~ 0.8 | 用于淬火钢、不淬火钢和铸铁件的加工，但不宜加工硬度低、韧性大的有色金属 |
| 9 | （钻）—粗镗—半精镗—粗磨—精磨 | IT7 ~ IT6 | 0.2 ~ 0.4 | |
| 10 | 粗镗—半精镗—精镗—研磨 | IT7 ~ IT6 | 0.025 ~ 0.4 | |
| 11 | 粗镗—半精镗—精镗—研磨 | IT6 ~ IT4 | 0.008 ~ 0.4 | 用于钢件、铸铁件和有色金属件的加工 |

孔的技术要求与外圆表面基本相同，也有尺寸精度和表面质量等要求。位置精度指的是孔与孔、孔与外圆的同轴度公差（或径向圆跳动公差），孔与端面的垂直度公差（或端面圆跳动公差）等。

加工孔时，不仅要合理地选择加工方法，还要合理选用机床。常见的机床有钻床、车床、镗床、铣床、磨床、拉床等。一般来说，孔的加工方案的选择主要取决于零件的结构类型、孔在零件上所处的部位、孔与其他表面位置精度的要求以及零件的批量。同一种方案，往往可以在几种不同的机床上进行加工，例如镗孔就可以在车床、铣床、镗床上进行。因此，在选择孔的加工方案时，要同时考虑机床的选用。

（3）平面加工方案的选择

平面加工方案的选择见表6-4。

表6-4　平面加工方案

| 序号 | 加工方案 | 尺寸公差等级 | 表面结构值 $Ra/\mu m$ | 适用范围 |
|---|---|---|---|---|
| 1 | 粗车—半精车 | IT11～IT9 | 3.2～6.3 | 用于加工回转体零件的端面 |
| 2 | 粗车—半精车—精车 | IT8～IT6 | 0.8～1.6 | |
| 3 | 粗车—半精车—磨削 | IT8～IT6 | 0.2～0.8 | |
| 4 | 粗铣（粗刨）—精铣（精刨） | IT9～IT7 | 1.6～6.3 | 用于加工不淬火钢、铸铁、有色金属等材料（导轨面） |
| 5 | 粗铣（粗刨）—精铣（精刨）—刮研 | IT6～IT5 | 0.1～0.8 | |
| 6 | 粗铣（粗刨）—精铣（精刨）—宽刀细刨 | IT6 | 0.8～1.6 | |
| 7 | 粗铣（粗刨）—精铣（精刨）—磨削 | IT6 | 0.2～0.8 | 用于加工淬火或不淬火钢、铸铁等材料 |
| 8 | 粗铣（粗刨）—精铣（精刨）—粗磨—精磨 | IT6～IT5 | 0.1～0.4 | |
| 9 | 粗铣—精铣—磨削—研磨 | IT5～IT3 | 0.008～0.1 | |
| 10 | 拉 | IT9～IT6 | 0.2～0.8 | 用于大批大量生产淬火钢以外的各种金属 |

铣削、刨削是平面加工的主要方法，加工精度要求不高的非配合表面，一般粗铣或粗刨即可；但某些外露平面，例如车床方刀架的四周和顶部平面，为了美观，常用精铣或精刨甚至磨削；一般箱体及支架的固定连接平面则采用粗铣（粗刨）—精铣（精刨）；精度要求高，如车床主轴箱与床身的连接面，需进行磨削或刮研；对于各种导向平面，由于有较高的直线度及较低的表面结构值要求，需在粗刨之后采用宽刀细刨或磨削、刮研等方法；要求较高的中小型六面体零件常用粗铣—精铣—磨削方案加工，要求更高时，如块规还需研磨。

韧性较大的有色金属不宜磨削，刨削也容易扎刀，宜采用粗铣—精铣—高速精铣的加工方案。



## 知识链接4　零件定位与基准

### 1. 工件的定位

（1）定位的概念

机械加工中，工件的尺寸、形状和表面间的位置精度是由刀具和工件的相对位置来保证的。广义上来说，加工前将工件装在相对刀具的一定位置上称为定位。机械加工中，工件必须定位。

（2）定位原理

任一工件在夹具中未定位前，可以看成空间直角坐标系中的自由物体，它可以沿三个坐标轴平行方向放在任意位置,即具有沿三个坐标轴 $x$、$y$、$z$ 移动的自由度;同样,工件绕 $x$、$y$、$z$ 三个坐标轴转角方向的位置也是可以任意放置的,即具有绕三个坐标轴转动的自由度。

通过上述分析得知:任何工件在空间直角坐标系中都有六个自由度。因此,要使工件在夹具中占有一致的正确位置,就必须限制工件的六个自由度,如图 6-3 所示。

通常在夹具定位时,将对物体某个自由度加以约束和限制的具体定位元件,抽象地转化为一个定位支承点。在分析工件定位时,为了限制工件的自由度,在夹具中通常用一个支承点限制工件一个自由度,这样用合理布置的六个支承点限制工件的六个自由度,使工件的位置完全确定,称为"六点定位规则",简称"六点定则",例如长方体工件的定位如图 6-4 所示。

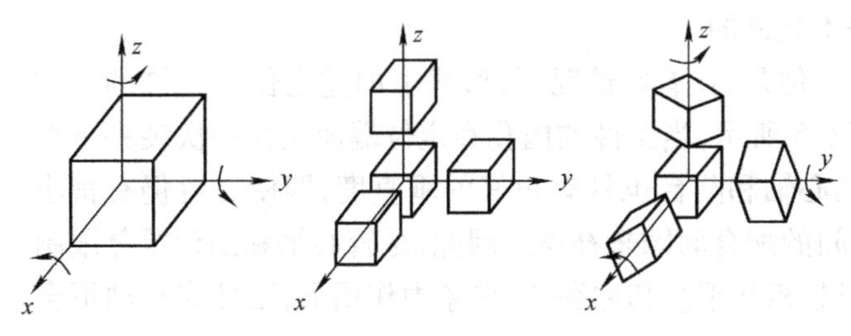

图 6-3　工件的六个自由度

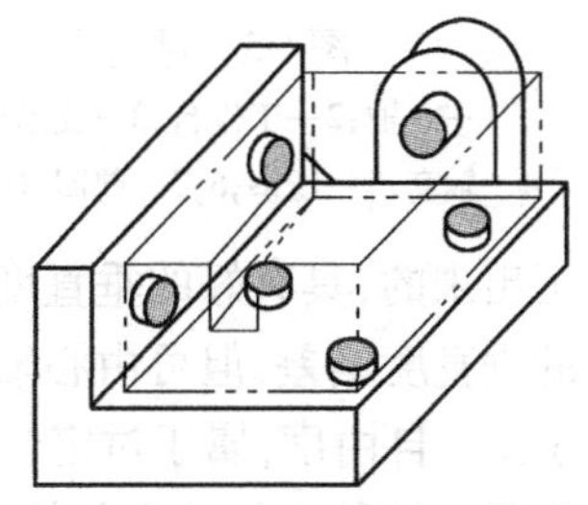
图 6-4　六点定位原理

在具体的夹具结构中,所谓定位支承是以定位元件来体现的。如图 6-4 所示,长方体的定位以六个支承钉代替六个支承点,这种形式的六点定位方案比较明显,还有其他形式工件的定位方案。为了使工件在夹具中的位置完全确定,六个定位支承点应根据工件形状和加工要求合理分布。即使用六点定则时,六个支承点的分布必须合理,否则不能有效地限制工件的六个自由度。

(3)工件的定位形式

1)完全定位

工件的定位采用了六个支承点,限制了工件全部的六个自由度,使工件在夹具中占有唯一确定的位置,称为完全定位。当工件在 $x$、$y$、$z$ 三个方向都有尺寸精度或位置精度要求时,需采用这种完全定位方式。

2)不完全定位

根据加工要求,只限制了工件的部分自由度,这种没有限制工件六个自由度的定位称为不完全定位。不完全定位在加工中是允许的。如在光轴上铣通槽,槽通的方向上不需限制。(按定位原理,轴的端面可不设置定位销)又如在环状工件上钻通孔,只要孔中心线在以 $R$ 为半径的圆周上即可,而不要求在圆周的哪一个位置,则 $z$ 方向的转动自由度可不限制。

3)欠定位

根据工件的加工技术要求,应该限制的自由度而没有限制的定位称为欠定位。欠定位必然不能保证本工序的加工技术要求,是不被允许的。

4)过定位

工件的同一自由度被两个以上不同定位元件重复限制的定位,称为过定位。例如车削细长轴时,工件用两顶尖装夹,中间又采用中心架支承以保证其刚度,即为重复定位。如图

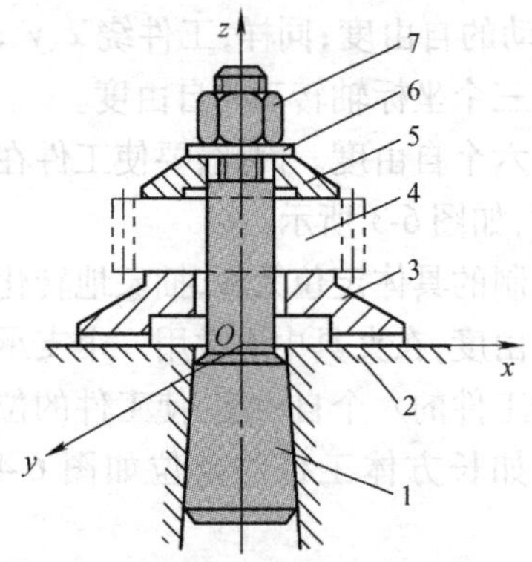

6-5 所示在插齿机上插齿时工件的定位，工件以内孔在心轴 1 上定位，限制了工件 $x$、$y$ 移动和 $x$、$y$ 转动四个自由度，又以端面在支撑凸台 3 上定位，限制了工件 $x$、$y$、$z$、转动和 $z$ 移动四个自由度，其中 $x$、$y$ 转动被心轴和凸台重复限制。由于工件内孔和心轴的间隙很小，当工件内孔与端面的垂直度误差较大时，工件端面与凸台实际上只有一点相接触，造成定位不稳定。更为严重的是，工件一旦被夹紧，在夹紧力的作用下，势必引起心轴或工件的变形。这样就会影响工件的装卸和加工精度，这种过定位是不允许的。



图 6-5　过定位

1—心轴；2—工作台；3—支承凸台；4—轴套；5—压垫；6，7—垫圈、压紧螺母

但是，在有些情况下，形式上的过定位是允许的。如图 6-5 所示，当工件的内孔和定位端面是在一次装夹下加工出来的，具有好的垂直度，而夹具的心轴和凸台也具有很好的垂直度，即使二者仍有很小的垂直度偏差，但可由心轴和内孔之间的配合间隙来补偿。因此，尽管心轴和凸台重复限制了 $x$，$y$ 自由度，属于过定位，但不会引起相互干涉和冲突，在夹紧力作用下，工件或心轴不会变形。这种定位的定位精度高、刚性好，是可取的。

综上所述，欠定位不能保证工件的加工要求，是不允许的；过定位在一般情况下，由于定位不稳定，在夹紧力的作用下会使工件或定位元件产生变形，影响加工精度和工件的装卸，应尽量避免；但在有些情况下，只要重复限制自由度的支承点不使工件的装夹发生干涉及冲突，这种形式上的过定位，不仅是可取的，而且有利于提高工件加工时的刚性，在生产实际中也有较多的应用。

### 2. 基准及其分类

在零件图、工艺文件或是实际零件上，总是要根据一些指定的点、线、面来确定另一些点、线、面的位置，这些作为根据的点、线、面称为基准。即机械制造中所说的基准是指用来确定生产对象上几何要素间的几何关系所依据的那些点、线、面。根据作用和应用场合的不同，基准可分为设计基准和工艺基准两大类。

(1) 设计基准

设计者在零件图上用一定的尺寸以确定零件上各表面间的相互位置，标注尺寸时所根据的那些点、线、面就叫做设计基准。

(2) 工艺基准

零件加工、度量和装配过程中所采用的基准，称为工艺基准。工艺基准又可分为工序基准、定位基准、测量基准和装配基准等。

1) 工序基准

工序图上用来标注本工序加工的尺寸和形位公差的基准，称为工序基准。就实质来说，其与设计基准有相似之处，只不过它是工序图的基准。工序基准大多与设计基准重合，有时为了加工方便，也有与设计基准不重合而与定位基准重合的。

2) 定位基准

加工中，工件在机床上或夹具中占据正确位置所依据的基准称为定位基准。或者说工件在机床上或夹具上加工时，用来决定工件相对于刀具的位置的这些表面，称为定位基准。

如用直接找正法装夹工件,找正面是定位基准;用划线找正法装夹工件,所划线为定位基准;用夹具装夹工件,工件与定位元件相接触的面是定位基准。

3)测量基准

工件在加工中或加工后测量检验时所用的基准,称为测量基准。例如轴颈就可以是度量基准,检验时可将轴颈架于V形块上。

4)装配基准

装配时,用以确定零件、组件及部件等相对位置所采用的基准,称为装配基准。例如齿轮以一定的配合精度安装在轴上,并以一个端面靠紧轴肩以确定齿轮的轴向位置,孔和这个端面就是齿轮的装配基准。

上述各类基准应尽可能使其重合。如在设计机器零件时,应尽可能以装配基准作设计基准,以便直接保证装配精度;在编制零件加工工艺规程时,应尽量以设计基准为工序基准,以便直接保证零件的加工精度。在加工和测量工件时,应尽量使定位基准和测量基准与工序基准重合,以便消除基准不重合误差。

**3. 定位基准的选择**

定位基准有粗基准和精基准之分。零件开始加工时,所有的面均未加工,只能以毛坯面作定位基准,这种以毛坯面为定位基准的称为粗基准;以后的加工,必须以加工过的表面作定位基准,这种以加工过的表面为定位基准的称为精基准。

加工时,工件定位的作用主要是为了保证被加工表面的位置精度。因此,应该从相互有位置精度要求的表面中选择定位基准。

(1)粗基准的选择原则

①为了使定位稳定、可靠,应选毛坯上面积较大和位置比较可靠的平整光洁面作粗基准。作为粗基准的面应无锻造飞边和铸造浇冒口、分型面及毛刺等缺陷,用夹具装夹时,还应使夹具结构简单、操作方便。

②为了保证零件上加工面与不加工面的相对位置要求,应选不加工面为粗基准。当零件上有几个加工面,应选与加工面的相对位置要求高的不加工面为粗基准。这样可使加工表面具有较正确的相对位置,尤其是有可能在一次安装中把大部分加工表面加工出来。

③为了保证零件上重要表面加工余量均匀,应选重要表面为粗基准。零件上有些重要工作表面精度很高,为了达到加工精度要求,在粗加工时就应使其加工余量尽量均匀。例如车床床身导轨面是重要表面,不仅精度和表面质量要求很高,而且要求导轨表面的耐磨性好,整个表面具有大体一致的物理力学性能。床身毛坯铸造时,导轨面是朝下放置的,其表面层的金属组织细微均匀,没有气孔、夹砂等缺陷。因此,导轨面粗加工时,希望加工余量均匀,这样不仅有利于保证加工精度,同时也可能使粗加工中切去的一层金属尽可能薄一些,以便留下一层组织紧密而耐磨的金属层。为了达到上述目的,在粗基准选择时,应以床身导轨面为粗基准先加工床脚平面,再以床脚面为精基准加工导轨面,这样就可以使导轨面的粗加工余量小而均匀。反之,若以床脚为粗基准先加工导轨面,由于床身毛坯的平行度误差,不得不在床身的导轨面上切去一层不均匀的较厚金属,不利于床身加工质量的保证。

④对于所有表面都要加工的零件,为了保证零件各个加工面都能分配到足够的加工余

量,应选加工余量最小的面为粗基准,以避免余量不足而造成废品。

注意:粗基准一般只能使用一次,应尽量避免重复使用。因为粗基准是毛面,表面粗糙、形状误差大,如果二次装夹使用同一粗基准,两次装夹中加工出的表面就会产生较大的相互位置误差,不能保证加工要求。对于相互位置精度要求较高的表面,常常会造成超差而使零件报废。因此在制订工艺规程时,第一工序、第二工序一般都是为了加工精基准。

(2)精基准的选择原则

1)基准重合原则

所谓基准重合原则,是指以设计基准作定位基准,以避免基准不重合而引起的误差。

2)基准统一原则

当零件上有许多表面需要进行多道工序加工时,尽可能在各工序的加工中选用同一组基准定位,称为基准统一原则。

基准统一原则在机械加工应用较为广泛。如阶梯轴的加工,大多采用顶尖孔作统一的定位基准,车削各表面;在精加工之前,还要修研中心孔,然后以中心孔定位,磨削各表面。又如齿轮的加工,先把内孔加工好,然后以内孔为基准,精车外圆和端面,再加工齿面,这样就容易保证各表面的位置精度,如同轴度、垂直度等;箱体零件加工大多以一组平面或一面两孔作统一定位基准加工孔系和端面;在自动机床或自动线上,一般也需遵循基准统一原则。

基准统一可以较好地保证各个加工面的位置精度,同时各工序所用夹具定位方式统一,夹具结构相似,可减少夹具的设计、制造工作量。

3)自为基准原则

有些精加工工序或者某些终加工工序,为了保证加工质量,要求加工余量小而均匀,采用加工面自身作定位基准,称为自为基准原则。例如在导轨磨床上磨削床身导轨时,为了保证加工余量小而均匀,采用百分表找正床身表面的方式装夹工件;又如浮动镗孔、浮动铰孔、珩磨及拉削孔等,均是采用加工面自身作定位基准。但这时被加工表面的位置精度则应由前道工序保证。

4)互为基准原则

为了使加工面获得均匀的加工余量和加工面间有较高的位置精度,可采用加工面间互为基准反复加工。例如加工精度和同轴度要求高的套筒类零件,精加工时,一般先以外圆定位磨内孔,再以内孔定位磨外圆。又如加工精密齿轮时,通常是齿面淬硬后再磨齿面及内孔。由于齿面磨削余量很小,为了保证加工要求,采用的装夹方式,先以齿面为基准磨孔,再以内孔为基准磨齿面,这样不但使齿面磨削余量小而均匀,而且能较好地保证内孔与齿切圆有较高的同轴度。再如车床主轴要求前后轴颈与前锥孔同心,常先采用以前后轴颈定位方式加工通孔和前锥孔,再以前锥孔定位加工前后轴颈。经过几次反复,由粗加工、半精加工至精加工,最后以前后轴颈定位加工前锥孔,保证了较高的同轴度。

5)装夹方便原则

所选定位基准应能使工件定位稳定,夹紧可靠,操作方便,夹具结构简单。

以上介绍了精基准选择的几项原则,每项原则只能说明一个方面的问题,理想的情况是使基准既“重合”又“统一”,同时又能使定位稳定、可靠,操作方便,夹具结构简单。但实际运用中往往出现相互矛盾的情况，这就要求从技术和经济两方面进行综合分析，抓住主要矛盾，进行合理选择。

# 任务2　制订加工工艺方案

## 知识链接1　机械加工工艺规程概述

### 1. 制订机械加工工艺规程的意义与作用

在生产过程中，为了进行科学管理，常把合理的工艺过程中的各项内容编写成文件来指导生产。用表格形式将机械加工工艺过程的内容书写出来，成为指导性技术文件，就是机械加工工艺规程。工艺规程制订得是否合理，直接影响工件的质量、劳动生产效率和经济效益。

①机械加工工艺规程是机械加工工艺过程的主要技术文件，是指挥现场生产的依据。

②机械加工工艺规程是新产品投产前，进行有关的技术准备和生产准备的依据。

③机械加工工艺规程是新建、扩建或改建厂房（车间）的依据。

工艺规程虽然是技术指导性文件，但它不是不能改动的，可以根据生产实际情况进行修改。随着科学技术的发展和工艺水平的提高，今天合理的工艺规程，明天也可能落后。因此，要注意及时把广大工人和技术人员的创造发明和技术革新成果吸收到工艺规程中去。同时，还要不断吸收国内外业已成熟的先进技术。为此，工厂除定期进行"工艺整顿"，修改工艺文件外，经过一定的严格审批手续，也可临时对工艺文件进行修改，使之更加完善。

### 2. 工艺规程的内容

工艺规程的内容主要有以下几项。

(1)毛坯的选择

如铸铁件、铸钢件、锻件棒料及型材等。零件是由毛坯按照其技术要求经过各种加工而最后形成的。毛坯选择的正确与否，不仅影响产品质量，而且对制造成本也有很大影响。因此，正确地选择毛坯有着重大的技术经济意义。

(2)拟订工艺路线

工艺路线表示零件的加工顺序及加工方法，分出工序、安装或工位及工步等，并选择各工序所使用的机床型号、刀具、夹具及量具等。这是制订工艺规程关键的一步。

(3)计算切削用量、加工余量及工时定额

目前有些工厂不规定切削用量，由工人结合实际情况自选。而大批大量生产的工厂一般都规定各工序、工步等的切削用量。计算加工余量包括计算各工序尺寸及公差。对工时定额，大多数工厂都是进行估算，再根据实际情况修改。

### 3. 工艺规程的格式

工艺规程制订后是用表格的形式表达出来的。常用的工艺卡片有工艺过程卡片和机械加工工序卡片等。前者是表示零件加工的整个全貌，只有工序内容，主要用来了解零件的加工流向；后者表示每一个加工工序的情况，并有工序简图，内容比较详细。对于多刀加工和多位加工，还应绘出工序布置图，图中要表示出工件和刀具的相对位置。各厂所用的工艺卡片可能不尽相同，但工艺规程的基本内容大多相同。

工艺规程格式范例见表6-5和表6-6 。

**表6-5　机械加工工艺过程卡片**

| 机械加工工艺过程卡片 | | | | 产品型号 | | 零(部)件图号 | | 共1页 |
|---|---|---|---|---|---|---|---|---|
| | | | | 产品名称 | 解放牌汽车 | 零(部)件名称 | 万向节滑动叉 | 第1页 |
| 材料牌号 | 45钢 | 毛坯种类 | 锻件 | 毛坯外形尺寸 | | 每毛坯件数 1 | 每台件数 1 | 备注 |

| | 工序号 | 工序名称 | 工序内容 | 车间 | 工段 | 设备 | 工艺装备 | 工时 准终 | 工时 单件 |
|---|---|---|---|---|---|---|---|---|---|
| | 10 | 车 | 车外圆、螺纹及端面 | 机加 | | CA6140 | 车夹具，车刀，卡板 | | |
| | 20 | 车 | 钻、扩花键底孔及镗止口 | 机加 | | CA6140 | 车夹具，$\phi$25、$\phi$41钻头，$\phi$43扩孔钻，YT5镗刀 | | |
| | 30 | 车 | 倒角 | 机加 | | CA6140 | 车夹具，成形刀 | | |
| | 40 | 钻 | 钻Rp1/8底孔 | 机加 | | Z525 | 钻模，$\phi$3.8钻头 | | |
| | 50 | 拉 | 拉花键孔 | 机加 | | L6120 | 拉床夹具，拉刀，花键量规 | | |
| | 60 | 铣 | 粗铣二端面 | 机加 | | X62 | 铣夹具，$\phi$175高速钢镶齿三面刃铣刀，卡板 | | |
| | 70 | 钻 | 钻、扩$\phi$39孔并倒角 | 机加 | | Z535 | 钻模，$\phi$25、$\phi$37钻头，$\phi$38.7扩孔钻，90°锪钻 | | |
| | 80 | 镗 | 粗、精镗$\phi$39孔 | 机加 | | T740 | 镗刀头，专用夹具 | | |
| 描图 | 90 | 磨 | 磨端面 | 机加 | | M7130 | GB46ZR$_1$，A6P350×40×127砂轮，卡板，专用夹具 | | |
| | 100 | 钻 | 钻M8底孔并倒角 | 机加 | | Z4112-2 | 钻模，$\phi$6.7钻头，120°锪钻 | | |
| 描校 | 110 | 钻 | 攻螺纹M8, Rp1/8 | 机加 | | Z525 | 钻模，M8、Rp1/8机用丝锥 | | |
| | 120 | 冲 | 冲箭头 | 机加 | | 油压机 | | | |
| 底图号 | 130 | 检 | 终检 | 机加 | | | | | |
| 装订号 | | | | | | | | | |
| | | | | | | | 编制(日期) 审核(日期) 会签(日期) | | |
| | 标记 处数 更改文件号 签字 日期 标记 处数 更改文件号 签字 日期 | | | | | | | | |

**表6-6　机械加工工序卡片**

| 机械加工工序卡片 | | 产品型号 | | 零(部)件图号 | | 共　页 |
|---|---|---|---|---|---|---|
| | | 产品名称 | 解放牌汽车 | 零(部)件名称 | 万向节滑动叉 | 第　页 |

| 工序简图（185；2.5×45°；5；Ra 12.5；$\phi$38.7） | 车间 | 工序号 | 工序名称 | 材料牌号 |
|---|---|---|---|---|
| | | 7 | 钻、扩$\phi$39孔，倒角 | 45 |
| | 毛坯种类 | 毛坯外形尺寸 | 每坯件数 | 每台件数 |
| | 锻件 | | 1 | 1 |
| | 设备名称 | 设备型号 | 设备编号 | 同时加工件数 |
| | 立式钻床 | Z535 | | 1 |
| | 夹具编号 | 夹具名称 | 切削液 | |
| | | 钻模 | | |
| | | | 工序工时 准终 | 工序工时 单件 |
| | | | | 1.52 |

| | 序号 | 工步内容 | 工艺装备 | 主轴转速 /(r·min$^{-1}$) | 切削速度 /(m·min$^{-1}$) | 进给量 /(mm·r$^{-1}$) | 切削深度 /mm | 走刀次数 | 时间定额 机动 | 时间定额 辅助 |
|---|---|---|---|---|---|---|---|---|---|---|
| 描图 | | | | | | | | | | |
| 描校 | 1 | 钻孔$\phi$25mm，保证尺寸185mm | $\phi$25钻头 | 195 | 15.3 | 0.32 | 12.5 | 1 | 0.5 | |
| | 2 | 扩钻孔至$\phi$37mm | $\phi$37钻头 | 68 | 7.8 | 0.57 | 6 | 1 | 0.72 | |
| | 3 | 扩孔至$\phi$38.7mm | $\phi$38.7扩孔钻 | 68 | 8.26 | 1.22 | 0.85 | 1 | 0.3 | |
| 底图号 | 4 | 倒角2.5×45° | 90°锪孔 | | | | | 1 | | |
| 装订号 | | | | | | | | | | |
| | | | | 编制(日期) | 审核(日期) | 会签(日期) | | | | |
| | 标记 处数 更改文件号 签字 日期 标记 处数 更改文件号 签字 日期 | | | | | | | | | |

## 知识链接2 如何制订机械加工工艺规程

### 1. 制订零件加工工艺的要求

不同的零件由于结构、尺寸、精度、表面结构等要求不同,加工工艺也随之不同。即使同一零件,由于批量、设备、工序、量具等条件不同,加工工艺也会不同。在一定条件下,同一零件也能有几种加工工艺方案,但其中总有一种更为合理。所以在制订零件的加工工艺时,要从实际出发,择优指定。

制订零件加工工艺时必须满足以下要求:保证实现零件的技术要求;生产效率最高,成本最低;有良好、安全的工作条件。

制订一个合理的加工工艺,除需具备一定的工艺理论知识和实践经验外,还要深入工厂或车间,了解生产的实际情况。复杂的工艺,往往还要反复试验、反复修改、逐渐完善。

### 2. 制订加工工艺的步骤

(1)认真研究图纸及技术要求

最好先熟悉有关产品的装配图,了解其用途、性能、工作条件以及零件在产品中的地位和作用,然后根据零件图及全部技术要求作全面分析,既要了解全局,又要抓住关键,做到心中有数。

(2)选择毛坯的类型

常用毛坯类型有型材、铸件、锻件、焊接件等,具体要根据零件的材料、形状、尺寸、数量和生产条件等因素综合考虑决定。

(3)进行工艺分析

重点处理好三个问题:

①确定表面的加工方法——直接影响产品的质量,所以要合理选择主要表面的加工方案;

②确定定位基准——三类零件定位基准的选用;

③安排热处理工序——主要取决于零件材料和热处理的目的。

以上三点不仅是保证零件质量的关键,而且是拟订工艺过程的核心部分,对其他表面加工工序的安排也有极大影响。

### 3. 拟订工艺过程

拟订工艺过程就是把零件各加工表面按顺序作合理的安排,这是拟订加工工艺最主要的一步。工序安排一般要考虑以下两条原则。

(1)基面先行原则

定位基面一般首先加工,以便用它定位加工其他表面。例如轴类零件的中心孔、支架、箱体的主要平面等。

(2)粗精分开原则

切削加工常分粗加工、半精加工、精加工、光整加工四个阶段。对于具有较高精度表面的零件,一般应在全部粗加工之后再进行较高精度表面的精加工,这样有利于减小或消除粗加工时因切削力和切削热等因素引起的变形,以保证加工质量。另外,粗加工切削余量较大,容易发现毛坯内部的缺陷,以便于及早处理,避免浪费加工工时。

4. 确定各工序所用的机床、装夹方法及度量方法

对于单件小批量生产,应尽量选用通用机床和工具、量具,以缩短生产准备时间和减少费用。

对于大批大量生产,应合理选用机床和专用工具、量具,以提高生产效率和降低成本。

5. 确定各工序的加工余量、切削用量和工时定额

加工余量是切削加工从毛坯上切除的那层金属,可分为总余量和工序余量。总余量为从毛坯到成品总共需要切除的余量。工序余量为某工序中需要切除的余量。余量过大,会浪费材料,增加切削工时;余量过小,会使工件的局部表面切削不到,不能修正前道工序的误差,从而影响加工质量,造成废品。

工时定额凭经验估定,大批量生产时由计算、经验确定。

切削用量只在大批量生产中才规定。

6. 编制工艺卡片

上述内容确定后,将工序号、工序内容、工艺简图、所用机床等内容填入规定的卡片中,成为正式的工艺文件。

## 任务3 典型零件加工工艺方案

### 知识链接1 轴类零件加工工艺方案

1. 轴类零件的功用、结构特点及技术要求

轴类零件是机器中经常遇到的典型零件之一。它主要用来支承传动零部件以及传递扭矩和承受载荷。轴类零件是旋转体零件,其长度大于直径,一般由同心轴的外圆柱面、圆锥面、内孔和螺纹及相应的端面所组成。根据结构形状的不同,轴类零件可分为光轴、阶梯轴、空心轴和曲轴等。

轴的长径比小于5的称为短轴,大于20的称为细长轴,大多数轴介于两者之间。

轴用轴承支承,与轴承配合的轴段称为轴颈。轴颈是轴的装配基准,它们的精度和表面质量一般要求较高,其技术要求一般根据轴的主要功用和工作条件确定,通常有以下几项。

(1)尺寸精度

为了确定轴的位置,通常对起支承作用的轴颈尺寸精度要求较高(IT5~IT7),装配传动件的轴颈尺寸精度一般要求较低(IT6~IT9)。



(2)几何形状精度

轴类零件的几何形状精度主要是指轴颈、外锥面、莫氏锥孔等的圆度、圆柱度等,一般应将其公差限制在尺寸公差范围内。对精度要求较高的内外圆表面,应在图纸上标注其允许偏差。

(3)相互位置精度

轴类零件的位置精度要求主要是由轴在机械中的位置和功用决定的。通常应保证装配传动件的轴颈对支承轴颈的同轴度要求,否则会影响传动件(齿轮等)的传动精度,并产生噪声。普通精度的轴,其配合轴段对支承轴颈的径向跳动一般为0.01~0.03 mm,高精度轴(如主轴)通常为0.001~0.005 mm。

(4)表面结构

一般与传动件相配合的轴颈表面结构值为 $Ra0.63 \sim 2.5\ \mu m$，与轴承相配合的支承轴颈的表面结构值为 $Ra0.16 \sim 0.63\ \mu m$。

**2. 轴类零件的毛坯和材料**

(1)轴类零件的毛坯

轴类零件可根据使用要求、生产类型、设备条件及结构，选用棒料、锻件等毛坯形式。对于外圆直径相差不大的轴，一般以棒料为主；而对于外圆直径相差大的阶梯轴或重要的轴，常选用锻件，这样既节约材料又减少机械加工的工作量，还可改善力学性能。

根据生产规模的不同，毛坯的锻造方式有自由锻和模锻两种。中小批生产多采用自由锻，大批大量生产时采用模锻。

(2)轴类零件的材料

轴类零件应根据不同的工作条件和使用要求选用不同的材料，并采用不同的热处理规范(如调质、正火、淬火等)，以获得一定的强度、韧性和耐磨性。

45 钢是轴类零件的常用材料，它价格便宜，经过调质(或正火)后，可得到较好的切削性能，而且能获得较高的强度和韧性等综合力学性能，淬火后表面硬度可达 45 ~ 52HRC。

40Cr 等合金结构钢适用于中等精度而转速较高的轴类零件，这类钢经调质和高频淬火后，具有较好的综合力学性能。

轴承钢 GCr15 和弹簧钢 65Mn，经调质和表面高频淬火后，表面硬度可达 50 ~ 58HRC，并具有较高的耐疲劳性能和较好的耐磨性能，可制造较高精度的轴。

精密机床的主轴(例如磨床砂轮轴、坐标镗床主轴)可选用 38CrMoAlA 氮化钢。这种钢经调质和表面氮化后，不仅能获得很高的表面硬度，而且能保持较软的芯部，因此耐冲击韧性好。与渗碳淬火钢比较，它有热处理变形更小、硬度更高的特性。

**3. 阶梯轴加工工艺过程分析**

图 6-6 所示为减速箱传动轴工作图样，表 6-7 为该轴加工工艺过程，生产批量为小批生产，材料为 45 热轧圆钢，零件需调质。

(1) 结构及技术条件分析

该轴为没有中心通孔的多阶梯轴。根据该零件工作图，其轴颈 $M$、$N$，外圆 $P$、$Q$ 及轴肩 $G$、$H$、$I$ 有较高的尺寸精度和形状位置精度要求，并有较小的表面结构值，该轴有调质热处理要求。

(2) 加工工艺过程分析

1)确定主要表面加工方法和加工方案

传动轴大多是回转表面，主要是采用车削和外圆磨削。由于该轴主要表面 $M$、$N$、$P$、$Q$ 的公差等级要求较高(IT6)，表面结构值要求较小($Ra0.8\ \mu m$)，最终加工应采用磨削。其加工方案可参考表 6-7。

2)划分加工阶段

该轴加工划分为三个加工阶段，即粗车(粗车外圆、钻中心孔)、半精车(半精车各处外圆、台肩和修研中心孔等)、粗精磨各处外圆。各加工阶段大致以热处理为界。

3)选择定位基准

轴类零件的定位基面，最常用的是两中心孔。因为轴类零件各外圆表面、螺纹表面的同

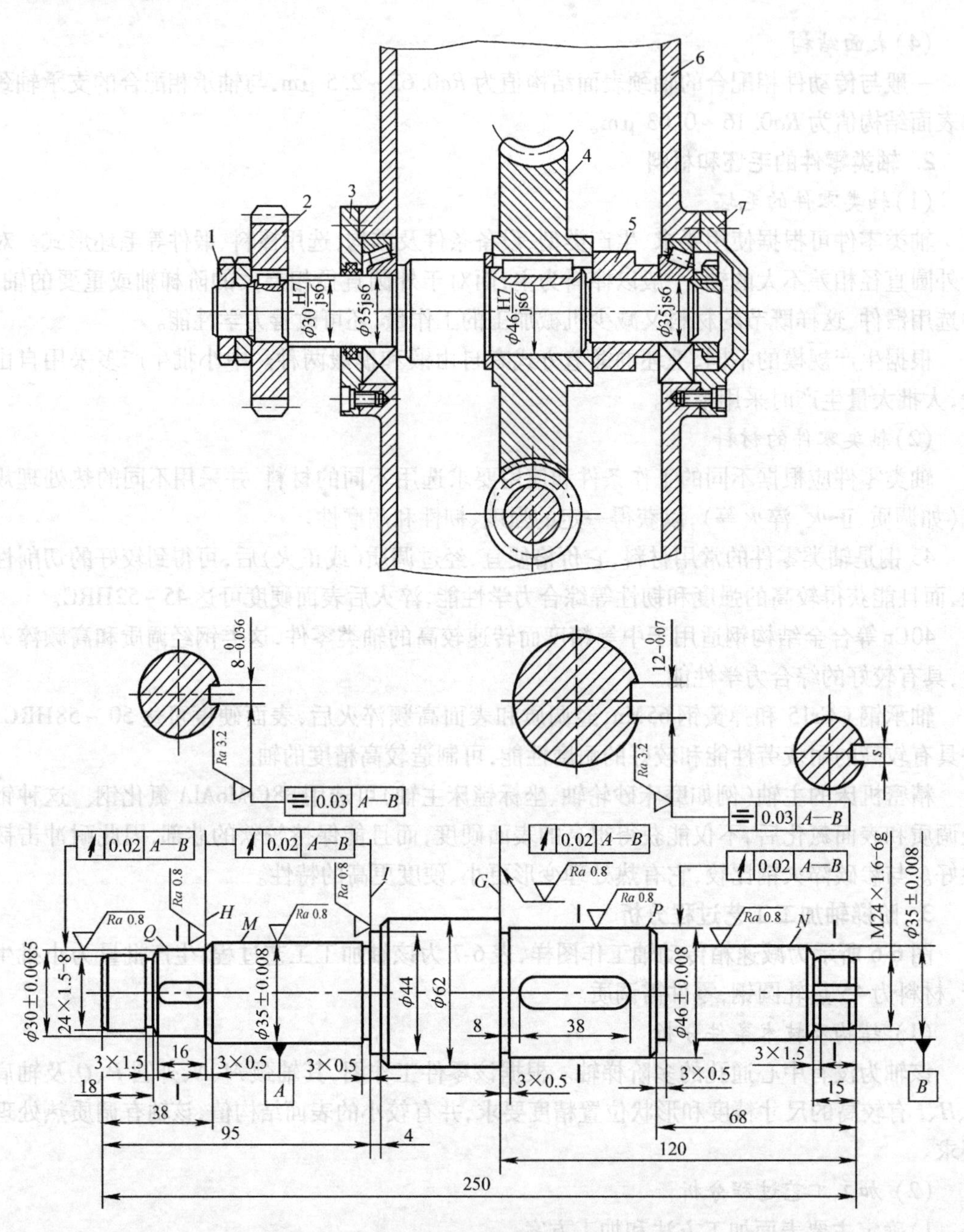


图6-6　减速箱传动轴

1—锁紧螺母；2—齿轮；3—透盖；4—蜗轮；5—隔套；6—箱壁；7—螺盖

轴度及端面对轴线的垂直度是相互位置精度的主要项目，而这些表面的设计基准一般都是轴的中心线，采用两中心孔定位就能符合基准重合原则。而且由于多数工序都采用中心孔作为定位基面，能最大限度地加工出多个外圆和端面，这也符合基准统一原则。

4）热处理工序的安排

该轴需进行调质处理，应放在粗加工后，半精加工前进行。如采用锻件毛坯，必须首先安排退火或正火处理。该轴毛坯为热轧钢，可不必进行正火处理。

5）加工顺序安排

除了应遵循加工顺序安排的一般原则，如先粗后精、先主后次等，还应注意以下几点。

①外圆表面加工顺序应为先加工大直径外圆，然后再加工小直径外圆，以免一开始就降低了工件的刚度。

②轴上的花键、键槽等表面的加工应在外圆精车或粗磨之后，精磨外圆之前。轴上矩形花键的加工，通常采用铣削和磨削，产量大时常用花键滚刀在花键铣床上加工。以外径定心的花键轴，通常只磨削外径，而内径铣出后不必进行磨削，但如经过淬火而使花键扭曲变形过大时，也要对侧面进行磨削加工。以内径定心的花键，其内径和键侧面均需进行磨削加工。

③轴上的螺纹一般有较高的精度，如安排在局部淬火之前进行加工，则淬火后产生的变形会影响螺纹的精度。因此螺纹加工宜安排在工件局部淬火之后进行。

**表 6-7　阶梯轴加工工艺**

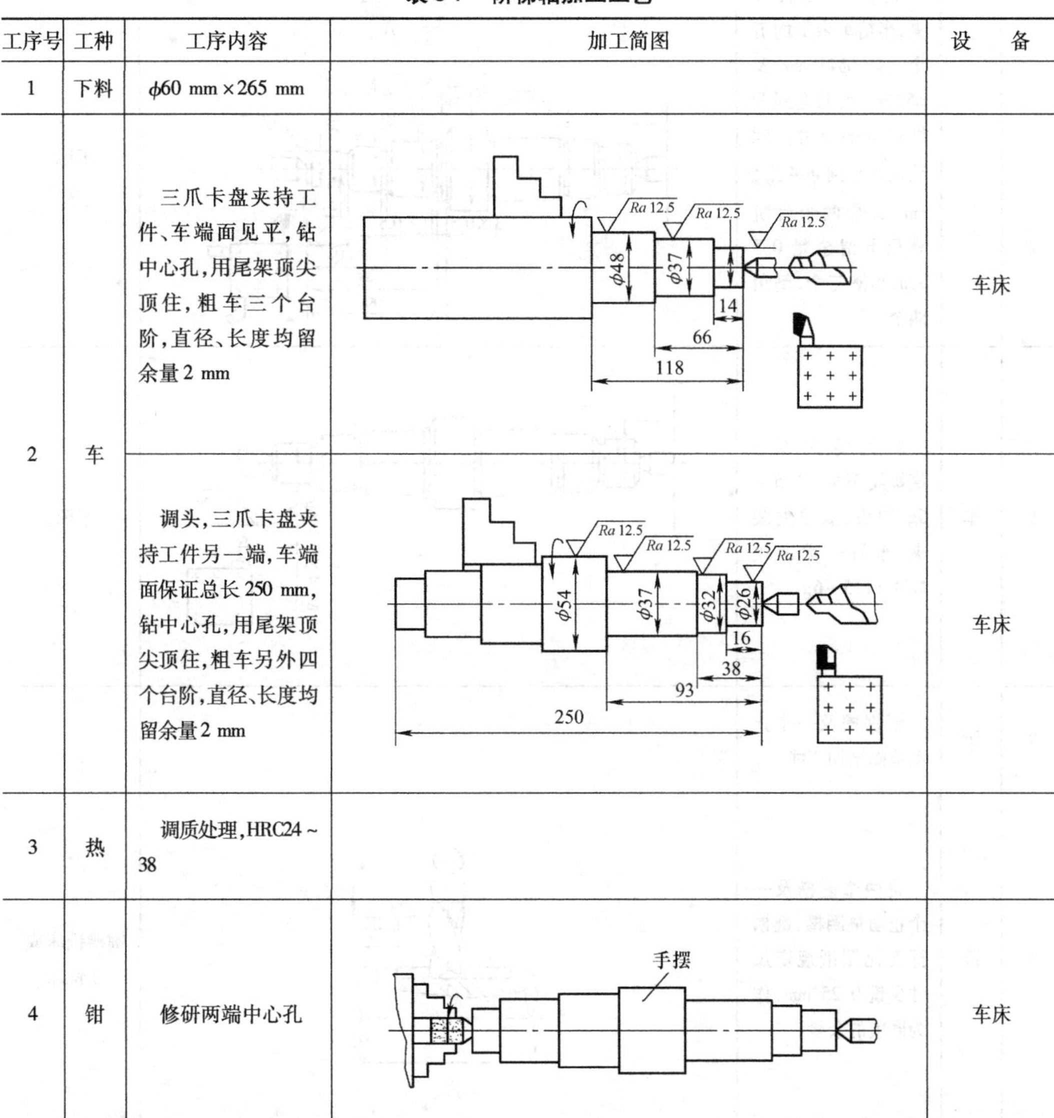


| 工序号 | 工种 | 工序内容 | 加工简图 | 设　备 |
|---|---|---|---|---|
| 1 | 下料 | $\phi$60 mm×265 mm | | |
| 2 | 车 | 三爪卡盘夹持工件、车端面见平，钻中心孔，用尾架顶尖顶住，粗车三个台阶，直径、长度均留余量 2 mm | | 车床 |
| | | 调头，三爪卡盘夹持工件另一端，车端面保证总长 250 mm，钻中心孔，用尾架顶尖顶住，粗车另外四个台阶，直径、长度均留余量 2 mm | | 车床 |
| 3 | 热 | 调质处理，HRC24～38 | | |
| 4 | 钳 | 修研两端中心孔 | | 车床 |

续表

| 工序号 | 工种 | 工序内容 | 加工简图 | 设备 |
| --- | --- | --- | --- | --- |
| 5 | 车 | 双顶尖装夹，半精车三个台阶，螺纹大径车到 $\phi24_{-0.2}^{-0.1}$ mm，其余两个台阶直径上留余量 0.5 mm，车槽三个、倒角三个 | Ra 6.3<br>$\phi46.6_{-0.2}^{0}$<br>$\phi35.6_{-0.2}^{0}$<br>$\phi24_{-0.2}^{-0.1}$<br>Ra 6.3<br>3×0.5<br>3×1.5<br>3×0.5<br>16<br>68<br>120 | 车床 |
| | | 调头，双顶尖装夹，半精车余下的五个台阶，$\phi44$ mm 及 $\phi52$ mm 台阶车到图纸规定的尺寸。螺纹大径车到 $\phi24_{-0.2}^{-0.1}$ mm，其余两个台阶直径上留余量 0.5 mm，车槽三个、倒角四个 | Ra 6.3<br>$\phi35.6_{-0.2}^{0}$<br>Ra 6.3<br>$\phi52$<br>$\phi44$<br>$\phi30.6_{-0.2}^{0}$<br>$\phi24_{-0.2}^{-0.1}$<br>Ra 6.3<br>3×1.5<br>3×0.5<br>3×0.5<br>18<br>38<br>95<br>99 | 车床 |
| 6 | 车 | 双顶尖装夹，车一端螺纹 M24×1.5－6g；调头，双顶尖装夹，车另一端螺纹 M24×1.5－6g | Ra 3.2<br>M24×1.5－6g | 车床 |
| 7 | 钳 | 划键槽及一个止动垫圈槽加工线 | | |
| 8 | 铣 | 铣两个键槽及一个止动垫圈槽，键槽深度比图纸规定尺寸少铣 0.25 mm，作为磨削的余量 | | 键槽铣床或立铣床 |

续表

| 工序号 | 工种 | 工序内容 | 加工简图 | 设　备 |
|---|---|---|---|---|
| 9 | 钳 | 修研两端中心孔 |  | 车床 |
| 10 | 磨 | 磨外圆 $Q$ 和 $M$，并用砂轮端面靠磨台肩 $H$ 和 $I$。调头，磨外圆 $N$ 和 $P$，靠磨台肩 $G$ |  | 外圆磨床 |
| 11 | 检 | 检验 |  |  |

## 知识链接2　箱体类零件加工工艺方案

箱体零件是机器或部件的基础零件，轴、轴承、齿轮等有关零件按规定的技术要求装配到箱体上，连接成部件或机器，使其按规定的要求工作，因此箱体零件的加工质量不仅影响机器的装配精度和运动精度，而且影响机器的工作精度、使用性能和寿命。

### 1. 箱体类零件的结构特点和技术要求分析

由于机器结构特点不同，各种箱体（主轴箱、变速箱等）在机器中的功用均不相同，其结构形状往往有较大差别，如图6-7所示。

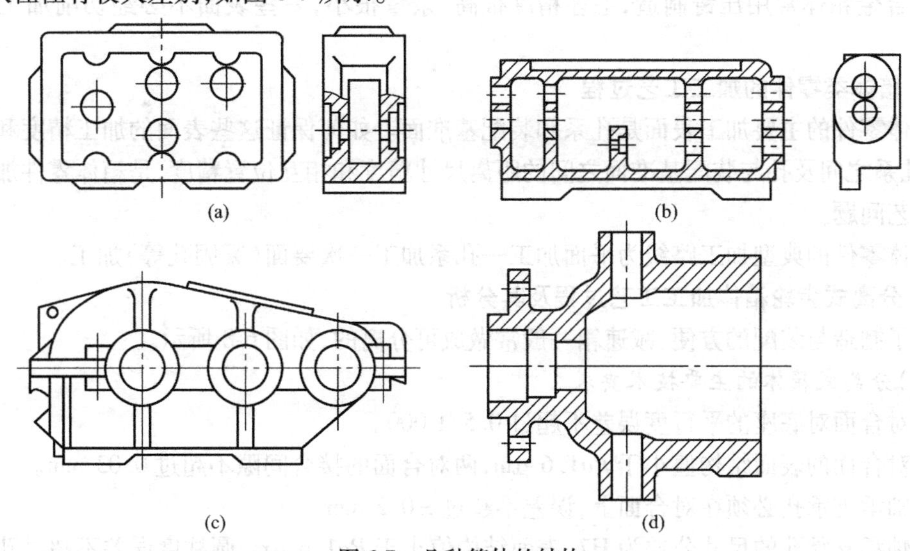


图6-7　几种箱体的结构

(a)组合机床主轴箱；(b)车床进给箱；(c)分离式减速箱；(d)泵壳

一般来说,箱体零件的结构较复杂,内部呈腔形,其加工内容主要是平面和孔。对箱体类零件的技术要求分析,应针对平面和孔的技术要求进行。

(1)平面的精度要求

箱体零件的设计基准一般为平面,它们直接影响箱体与机器总装时的相对位置及接触刚性,影响箱体加工中的定位精度,因而有较高的精度要求。

(2)孔系的技术要求

箱体上有孔间距和同轴度要求的一系列孔,称为孔系。为保证箱体孔与轴承外圈配合及轴的回转精度,孔的尺寸精度为IT7,孔的几何形状误差控制在尺寸公差范围之内。在箱体上有齿轮啮合关系的相邻孔之间,为保证齿轮啮合精度,孔轴线间的尺寸精度、孔轴线间的平行度、同一轴线上各孔的同轴度误差和孔端面对轴线的垂直度误差,均应有较高的要求。

(3)孔与平面间的位置精度

箱体上主要孔与箱体安装基面之间应有平行度、垂直度的要求。

(4)表面结构

重要孔和主要表面的表面结构会影响连接面的配合性质或接触刚度,因而有较高的表面结构要求。

**2. 箱体类零件的材料及毛坯**

箱体零件的材料常用铸铁,这是因为铸铁容易成形,切削性能好,价格低,且吸震性和耐磨性较好。根据需要可选用HT150~350,常用HT200。在单件小批量生产情况下,为缩短生产周期,可采用钢板焊接结构。某些大负荷的箱体有时采用铸钢件。在特定条件下,可采用铝镁合金或其他铝合金材料。

铸铁毛坯在单件小批生产时,一般采用木模手工造型,毛坯精度较低,余量大;在大批量生产时,通常采用金属模机器造型,毛坯精度较高,加工余量可适当减小。单件小批生产直径大于50 mm的孔,成批生产直径大于30 mm的孔,一般都铸出预孔,以减小加工余量。铝合金箱体常用压铸制造,毛坯精度很高,余量很小,一些表面不必经切削加工即可使用。

**3. 箱体类零件的加工工艺过程**

箱体零件的主要加工表面是孔系和装配基准面。如何保证这些表面的加工精度和表面结构,孔系之间及孔与装配基准面之间的距离尺寸精度和相互位置精度,是箱体零件加工的主要工艺问题。



箱体零件的典型加工路线为平面加工—孔系加工—次要面(紧固孔等)加工。

**4. 分离式齿轮箱体加工工艺过程及其分析**

为了制造与装配的方便,减速箱一般常做成可分离的,如图6-8所示。

(1)分离式箱体的主要技术要求

①对合面对底座的平行度误差不超过0.5/1 000。

②对合面的表面结构值小于$Ra1.6$ μm,两对合面的接合间隙不超过0.03 mm。

③轴承支承孔必须在对合面上,误差不超过±0.2 mm。

④轴承支承孔的尺寸公差为H7,表面结构值小于$Ra1.6$ μm,圆柱度误差不超过孔径公差的一半,孔距精度误差为±0.05~0.08 mm。

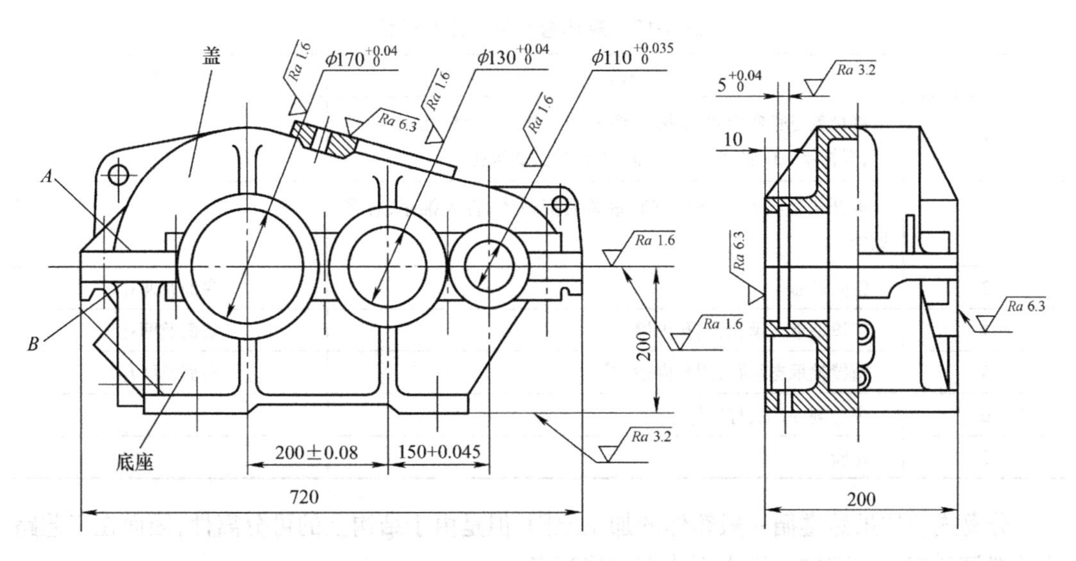


图 6-8　分离式箱体结构

(2)分离式箱体的工艺特点

分离式箱体的工艺过程见表 6-8、表 6-9 和表 6-10。

**表 6-8　箱盖的工艺过程**

| 序号 | 工序内容 | 定位基准 |
|---|---|---|
| 1 | 铸造 | |
| 2 | 时效 | |
| 3 | 涂底漆 | |
| 4 | 粗刨对合面 | 凸缘 *A* 面 |
| 5 | 刨顶面 | 对合面 |
| 6 | 磨对合面 | 顶面 |
| 7 | 钻接合面连接孔 | 对合面、凸缘轮廓 |
| 8 | 钻顶面螺纹底孔、攻螺纹 | 对合面两孔 |
| 9 | 检验 | |

**表 6-9　底座的工艺过程**

| 序号 | 工序内容 | 定位基准 |
|---|---|---|
| 1 | 铸造 | |
| 2 | 时效 | |
| 3 | 涂底漆 | |
| 4 | 粗刨对合面 | 凸缘 *B* 面 |
| 5 | 刨底面 | 对合面 |
| 6 | 钻底面四孔、锪沉孔、铰两个工艺孔 | 对合面、端面、侧面 |
| 7 | 钻侧面测油孔、放油孔、螺纹底孔，锪沉孔，攻螺纹 | 底面、两孔 |
| 8 | 磨对合面 | 底面 |
| 9 | 检验 | |

表6-10 箱体合装后的工艺过程

| 序号 | 工序内容 | 定位基准 |
| --- | --- | --- |
| 1 | 将箱盖与底座对准合龙夹紧,配钻,铰二定位销孔,打入锥销,根据箱盖配钻底座、接合面的连接孔,锪沉孔 | |
| 2 | 拆开箱盖与底座,修毛刺,重新装配箱体,打入锥销,拧紧螺栓 | |
| 3 | 铣两端面 | 底面及两孔 |
| 4 | 粗镗轴承支承孔,割孔内槽 | 底面及两孔 |
| 5 | 精镗轴承支承孔,割孔内槽 | 底面及两孔 |
| 6 | 去毛刺、清洗、打标记 | |
| 7 | 检验 | |

分离式箱体虽然遵循一般箱体的加工原则,但是由于结构上的可分离性,因而在工艺路线的拟订和定位基准的选择方面均有一些特点。

1)加工路线

分离式箱体工艺路线与整体式箱体工艺路线的主要区别在于:整个加工过程分为两个大的阶段。第一阶段先对箱盖和底座分别进行加工,主要完成对合面及其他平面、紧固孔和定位孔的加工,为箱体的合装作准备;第二阶段在合装好的箱体上加工孔及其端面。在两个阶段之间安排钳工工序,将箱盖和底座合装成箱体,并用两锥销定位,使其保持一定的位置关系,以保证轴承孔的加工精度和拆装后的重复精度。

2)定位基准

Ⅰ. 粗基准的选择

分离式箱体最先加工的是箱盖和箱座的对合面。分离式箱体一般不能以轴承孔的毛坯面作为粗基准,而是以凸缘不加工面为粗基准,即箱盖以凸缘 $A$ 面,底座以凸缘 $B$ 面为粗基准。这样可以保证对合面凸缘厚薄均匀,减少箱体合装时对合面的变形。

Ⅱ. 精基准的选择

分离式箱体的对合面与底面(装配基面)有一定的尺寸精度和相互位置精度要求。轴承孔轴线应在对合面上,与底面也有一定的尺寸精度和相互位置精度要求。为了保证以上几项要求,加工底座的对合面时,应以底面为精基准,使对合面加工时的定位基准与设计基准重合;箱体合装后加工轴承孔时,仍以底面为主要定位基准,并与底面上的两定位孔组成典型的“一面两孔”定位方式。这样,轴承孔的加工,其定位基准既符合“基准统一”原则,也符合“基准重合”原则,有利于保证轴承孔轴线与对合面的重合度及与装配基面的尺寸精度和平行度。



## 知识链接3 套筒类零件加工工艺方案

### 1. 套筒类零件的结构特点及技术要求分析

套筒类零件是车削加工中最常见的零件,也是各类机械上常见的零件,在机器上占有较大比例,通常起支撑、导向、连接及轴向定位等作用,如导向套、固定套、轴承套等。套类零件一般由外圆、内孔、端面、台阶和沟槽等组成,这些表面不仅有形状精度、尺寸精度和表面结构的要求，而且位置精度要求较高。

(1)内孔

内孔是套筒零件起支撑或导向作用的最主要表面，它通常与运动着的轴、刀具或活塞相配合，其尺寸精度一般取IT7，油缸由于与其配合的活塞上有密封圈，尺寸精度要求较低。

内孔的形状精度，一般应控制在孔径公差以内。对于长套筒除了圆度要求外，还应注意孔的圆柱度。

内孔表面结构值一般为*Ra*0.8～3.2 μm，有的低至*Ra*0.05 μm。当油缸与其相配的活塞上装有橡胶密封圈时，其内孔的表面结构值取*Ra*0.20～0.40 μm。

(2)外圆

外圆表面一般是套筒零件的支撑表面，常以过盈配合或过渡配合(油缸的外圆是以过渡配合或间隙配合)与同箱体或机架上的孔相连接。外圆的尺寸精度通常为IT6～IT7，形状精度控制在外径公差以内，表面结构一般为*Ra*0.8～6.3 μm。

(3)内外圆之间的同轴度

如将套筒装入机座后进行内径的最终加工，则内外圆之间的同轴度要求较低。如在装配前完成内径的最终加工，则要求较高，其允差一般为0.01～0.05 mm。

(4)孔轴线与端面的垂直度

套筒的端面如工作中受轴向载荷，或虽不承受载荷但在加工中作为定位面时，与孔轴线的垂直度要求较高，一般取0.02～0.05 mm。

### 2. 套筒类零件的材料与毛坯

套筒类零件毛坯材料的选择主要取决于零件的功能要求、结构特点及使用时的工作条件。套筒类零件一般用钢、铸铁、青铜或黄铜和粉末冶金等材料制成。有些特殊要求的套类零件可采用双层金属结构或选用优质合金钢，双层金属结构是应用离心铸造法在钢或铸铁轴套的内壁上浇注一层巴氏合金等轴承合金材料，采用这种制造方法虽增加了一些工时，但能节省有色金属，而且又提高了轴承的使用寿命。

套类零件的毛坯制造方式的选择与毛坯结构尺寸、材料和生产批量的大小等因素有关。孔径较大(一般大于20 mm)时，常采用型材(如无缝钢管)、带孔的锻件或铸件；孔径较小(一般小于20 mm)时，一般多选择热轧或冷拉棒料，也可采用实心铸件；大批大量生产时，可采用冷挤压、粉末冶金等先进工艺，不仅节约原材料，而且生产效率及毛坯质量精度均可提高。

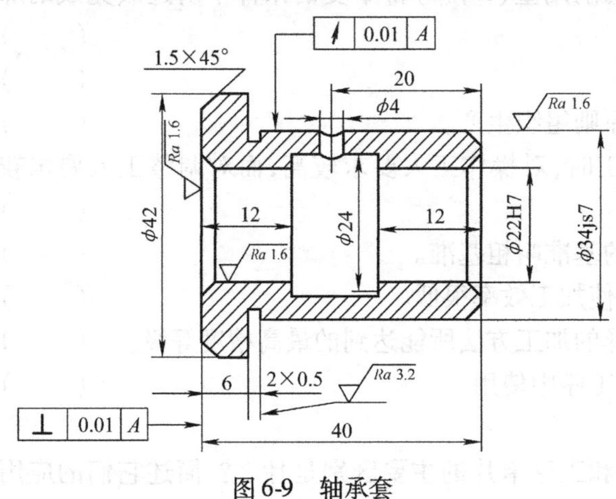

图6-9　轴承套

### 3. 轴承套加工工艺分析

图6-9所示的轴承套，材料为ZQSn6-6-3，每批数量为200件。

(1)轴承套的技术条件和工艺分析

该轴承套属于短套筒，材料为锡青铜。其主要技术要求为：$\phi$34js7外圆对$\phi$22H7孔的径向圆跳动公差为0.01 mm；左端面对$\phi$22H7孔轴线的垂直度公差为0.01 mm；轴承套外圆为IT7级精度，采用精车可以满足要求；

内孔精度也为IT7级，采用铰孔可以满足要求。内孔的加工顺序为钻孔—车孔—铰孔。

由于外圆对内孔的径向圆跳动要求在0.01 mm内，用软卡爪装夹无法保证。因此精车外圆时应以内孔为定位基准，使轴承套在小锥度心轴上定位，用两顶尖装夹。这样可使加工基准和测量基准一致，容易达到图纸要求。

车铰内孔时，应与端面在一次装夹中加工出，以保证端面与内孔轴线的垂直度在0.01 mm以内。

(2)轴承套的加工工艺

表6-11为轴承套的加工工艺过程。粗车外圆时，可采取同时加工五件的方法来提高生产效率。

表6-11 轴承套加工工艺过程

| 序号 | 工序名称 | 工序内容 | 定位与夹紧 |
|---|---|---|---|
| 1 | 备料 | 棒料，按五件合一方式加工下料 | |
| 2 | 钻中心孔 | 车端面，钻中心孔；调头，车另一端面，钻中心孔 | 三爪夹外圆 |
| 3 | 粗车 | 车外圆 $\phi42$ 长度为6.5 mm，车外圆 $\phi34$ js7至 $\phi35$ mm，车退刀槽2×0.5 mm，取总长40.5 mm，车分割槽 $\phi20\times3$ mm，两端倒角1.5×45°，五件同时加工，尺寸均相同 | 中心孔 |
| 4 | 钻 | 钻孔 $\phi22$H7至 $\phi20$ mm成单件 | 软爪夹 $\phi42$ mm外圆 |
| 5 | 车、铰 | 车端面，取总长40mm至尺寸；车内孔 $\phi22$H7为 $\phi22$ mm；车内槽 $\phi24\times16$ mm至尺寸；铰孔 $\phi22$H7至尺寸；孔两端倒角 | 软爪夹 $\phi42$ mm外圆 |
| 6 | 精车 | 车 $\phi34$js7(±0.012)mm至尺寸 | $\phi22$H7孔心轴 |
| 7 | 钻 | 钻径向油孔 $\phi4$ mm | $\phi34$ mm外圆及端面 |
| 8 | 检查 | | |

# 本项目复习题

## 1. 判断题

①在加工表面不变、切削刀具不变、切削用量($v$和$f$)都不变的条件下所连续完成的那部分工艺过程就是一个工步。 (　　)

②生产纲领决定生产类型。 (　　)

③单件小批生产往往按工序分散的原则组织生产。 (　　)

④大批量生产采用高效专用机床加工时，对操作工人要求较高，而对调整工人要求较低。 (　　)

⑤在机械加工的第一道工序中使用的基准叫粗基准。 (　　)

⑥粗基准尽量不要重复使用，否则会使加工效率很低。 (　　)

⑦加工经济精度就是指加工时所选择的加工方法所能达到的最高精度等级。 (　　)

⑧零件加工时，粗基准只能在第一道工序中使用。 (　　)

## 2. 简答题

①机械加工工艺过程卡片、工艺卡片和工序卡片的主要区别是什么？简述它们的应用

场合。

②简述机械加工工艺规程的设计原则、步骤和内容。

③如何选择工序的集中与分散？

④什么是工序集中和工序分散？各有什么特点？

⑤如何把零件的加工划分为粗加工阶段和精加工阶段？为什么要这样划分？

⑥确定工序加工余量应考虑哪些因素？什么是加工余量？什么是工序余量和总余量？引起余量变动的原因是什么？

⑦工艺规程在生产中有哪些作用？拟订机械加工工艺规程的原则和步骤有哪些？

⑧什么是工序、安装、工位、工步和走刀？

⑨何谓基准？基准分哪几种？各种基准之间有何关系？

⑩何谓设计基准、工艺基准、工序基准、定位基准、测量基准和装配基准？

⑪何谓粗基准？选择原则是什么？何谓精基准？选择原则是什么？

⑫工艺过程为什么要划分加工阶段？

⑬加工工序顺序的安排应遵循哪些原则？

⑭在大批量生产条件下，加工一批直径为 $\phi25_{-0.008}^{\ 0}$ mm，长度为 58 mm 的光轴，其表面结构值 $Ra<0.16\ \mu m$，材料为 45 钢，试安排其加工路线。

⑮磨削一表面淬火后的外圆面，磨后尺寸要求为 $\phi60_{-0.03}^{\ 0}$ mm。为了保证磨后工件表面淬硬层的厚度，要求磨削的单边余量为 $(0.3\pm0.05)$ mm，若不考虑淬火时工件的变形，求淬火前精车的直径工序尺寸。

# 项目七　现代制造工艺

## 任务1　数控加工技术

### 知识链接1　数控加工概述

数控机床和数控加工技术作为当代先进制造技术的基础装备和基础技术,在各类制造企业中已经得到了广泛的应用。数控机床和数控加工技术的出现是由社会、政治、经济等多方面因素所共同决定的,其发展方向和趋势也代表了当代制造技术发展的潮流。

数控机床的工作过程是将加工零件的几何信息和工艺信息进行数字化处理,即所有的操作步骤(如机床的启动和停止、主轴的变速、工件的夹紧和夹松、刀具的选择和交换、切削液的开或关等)和刀具与工件之间的相对位移以及进给速度等都用数字化的代码表示,在加工前由编程人员按规定的代码将零件的图纸编制成程序,然后通过程序载体(如穿孔带、磁存储介质和半导体存储介质)或手工直接输入(MDI)方式将数字信息在数控系统的计算机中进行寄存、运算和处理,最后通过驱动电路由伺服装置控制机床实现自动加工。数控机床最大的特点是当改变加工程序时,原则上只需要向数控系统输入新的加工程序,而不需要对机床进行人工的调整和直接参与操作,就可以自动地完成整个加工过程。

### 知识链接2　数控机床的组成和工作原理

数控机床通常由以下几部分组成,如图7-1所示

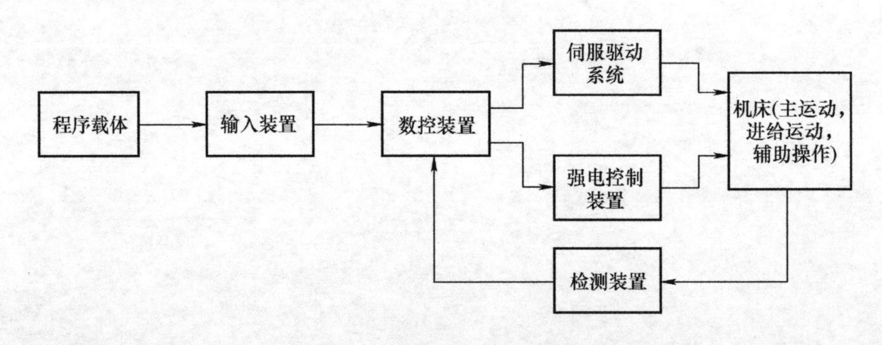


图7-1　数控机床的组成

**1. 程序载体**

数控机床的操作,并不像普通机床那样,由人手工来操作控制,而是必须要在人与机床间建立起某种联系,这种联系的中间媒介物就是程序载体(或称控制介质),具体到实施过程中,也就是通常所说的数控程序。数控程序上存储着加工零件所需的全部几何信息和工艺信息。这些信息是在对加工工件进行工艺分析的基础上确定的,它包括工件在机床坐标系内的相对位置、刀具与工件相对运动的坐标参数、工件加工的工艺路线和顺序、主运动和

进给运动的工艺参数以及各种辅助操作等。这些信息以代码的形式按规定的格式存储在程序载体上，常用的程序载体早期采用穿孔纸带、磁带等(图7-2和图7-3)，现在多采用磁盘或闪存盘等介质。代码分别表示十进制的数字、字母或符号。目前国际上通常采用EIA(Electronic Industries Association)代码和ISO(International Organization For Standardization)代码。我国目前统一使用ISO通用代码。

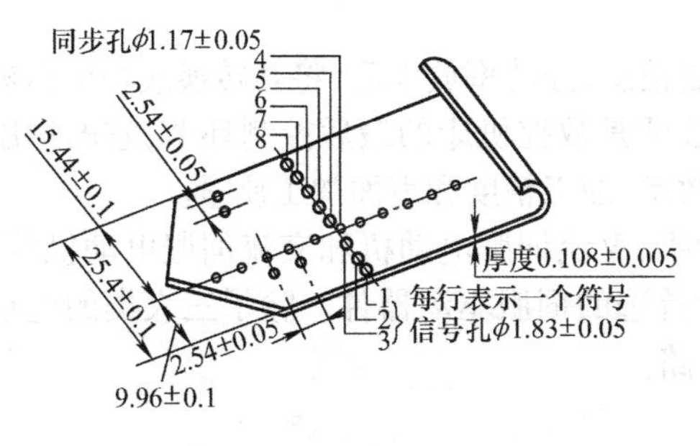


图7-2　八单位标准穿孔带

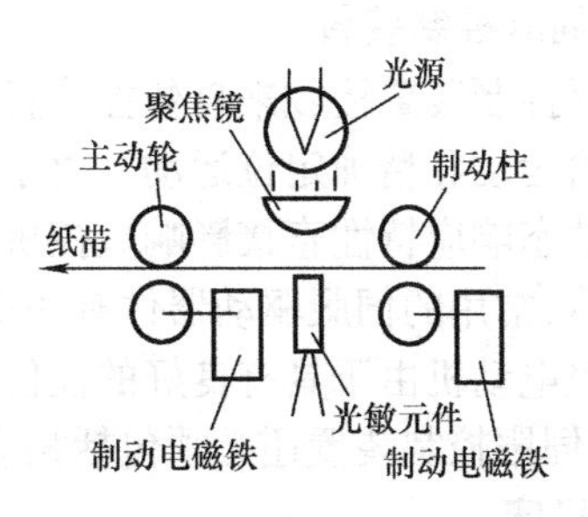


图7-3　光电穿孔带阅读机

数控机床加工程序的编制简称数控编程。数控编程就是根据被加工零件图纸要求的形状、尺寸、精度、材料及其他技术要求等，确定零件加工的工艺过程、工艺参数(包括加工顺序、切削用量和位移数据等)，然后根据编程手册规定的代码和程序格式编写零件加工程序单。对于较简单的零件，通常采用手工编程；对于形状复杂的零件，则多采用在计算机上进行自动编程(APT)或CAD/CAM设计。

**2. 输入装置**

输入装置的作用是传递程序载体(控制介质)上的数控代码并存入数控系统中。根据程序载体的不同，输入装置可以是光电阅读机(图7-3)、磁带机或软盘驱动器等。数控加工程序也可以通过键盘，用手工方式直接输入数控系统。数控加工程序还可以由编程计算机采用RS232C或网络通信方式传送到数控系统中。

零件加工程序输入过程一般有两种方式：一种是边读入程序边进行加工；还有一种是一次性将零件加工程序全部读入数控装置内部的存储器，加工时再从存储器中逐段调出进行加工。

**3. 数控装置**

数控装置是数控机床的中枢。数控装置从内部存储器中取出或接收输入装置送来的一段或几段数控加工程序，经过数控装置的逻辑电路或系统软件进行编译、运算和逻辑处理后，输出各种控制信息和指令，控制机床各部分的工作，使其进行规定的有序运动和动作。

零件的轮廓图形往往由直线、圆弧或其他非圆弧曲线组成，刀具在加工过程中必须按零件形状和尺寸要求进行运动，即按图形轨迹移动。但输入的零件加工程序只能是各线段轨迹的起点和终点坐标值等数据，不能满足要求。因此数控装置还需根据指令要求，进行轨迹的插补，即在线段的起点和终点坐标值间进行“数据点的密化”，求出一系列中间点的坐标值，并向相应坐标输出脉冲信号，控制各坐标轴(即进给运动各执行部件)的进给速度、进给方向和进给位移量等。

**4. 强电控制装置**

强电控制装置的主要功能是接收数控装置所控制的内置式可编程控制器(PLC)输出的

主轴变速、换向、启动或停止，刀具的选择和更换，分度工作台的转位和锁紧，工件的夹紧或夹松，切削液的开或关等辅助操作的信号，经功率放大直接驱动相应的执行元件，诸如接触器、电磁阀，从而实现数控机床在加工过程中的全部自动操作。

由于可编程逻辑控制器（PLC）具有响应快，性能可靠，易于使用、编制和修改程序，并可直接驱动机床电器等特点，现已广泛用作数控机床的辅助控制装置。

**5. 伺服控制装置**

伺服控制装置接收来自数控装置的位置控制信息，经功率放大后，将其转换成相应坐标轴的进给运动和精确定位运动。由于伺服控制装置是数控机床的最后控制环节，它的伺服精度和动态响应特性直接影响数控机床的生产效率、加工精度和表面加工质量。

目前，常用的伺服驱动器件有功率步进电动机、直流伺服电动机和交流伺服电动机等。交流伺服电动机由于具有良好的性价比，正成为首选的伺服驱动器件。除了三大类的电动机以外，伺服控制装置还必须包括相应的驱动电路。

**6. 机床**

与传统的普通机床相似，数控机床由主轴传动装置、进给传动装置、床身、工作台以及辅助运动装置、液压启动系统、润滑系统、冷却装置等组成。但为了更好地满足数控技术的要求，并充分适应数控加工的特点，数控机床在整体布局、外观造型、传动系统、刀具系统的结构及操作机构等方面都已经发生了很大的变化。因此，通常在机床的精度、静刚度、动刚度和热刚度等方面提出了更高的要求，而传动链则要求尽可能简单。

## 知识链接3　数控机床的分类

随着数控技术的发展，数控机床出现了许多分类方法，但通常按以下最基本的两个方面进行分类。

**1. 按加工工艺方法分类**

（1）金属切削类数控机床

与传统的车、铣、钻、磨、齿轮加工相对应的数控机床有数控车床、数控铣床、数控钻床、数控磨床、齿轮加工机床等，如图7-4所示。尽管这些数控机床在加工工艺方法上存在很大差别，具体的控制方式也各不相同，但它们都具有很好的精度一致性，较高的生产效率和自动化程度。

在普通数控机床上加装一个刀库和自动化换刀装置就成为数控加工中心，如图7-5所示。加工中心进一步提高了普通数控机床的自动化程度和生产效率。例如铣、镗、钻加工中心，是在数控铣床上增加了一个容量较大的刀库和自动换刀装置形成的，工件一次装夹后，可以对其大部分加工面进行铣、镗、钻、扩、铰以及攻螺纹等多工序加工，特别适合箱体类零件的加工。加工中心可以有效地避免由于工件多次安装造成的定位误差，减少了机床的台数和占地面积，缩短了辅助时间，大大提高了生产效率和加工质量。

（2）特种加工类数控机床

除了切削加工数控机床外，数控技术也大量用于数控电火花线切割机床、数控电火花成形机床、数控等离子弧切割机床、数控火焰切割机床以及数控激光加工机床等。

（3）板材加工类数控机床

常见的用于金属板材加工的数控机床有数控压力机、数控剪板机和数控折弯机等，如图7-6所示。

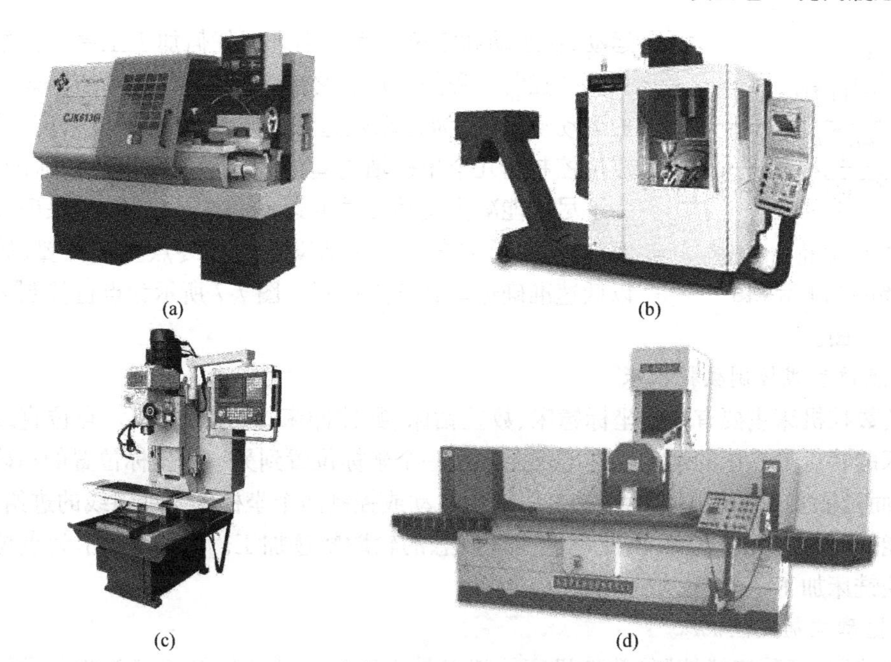


图 7-4　各种数控机床

(a)数控车床;(b)数控铣床;(c)数控钻床;(d)数控磨床

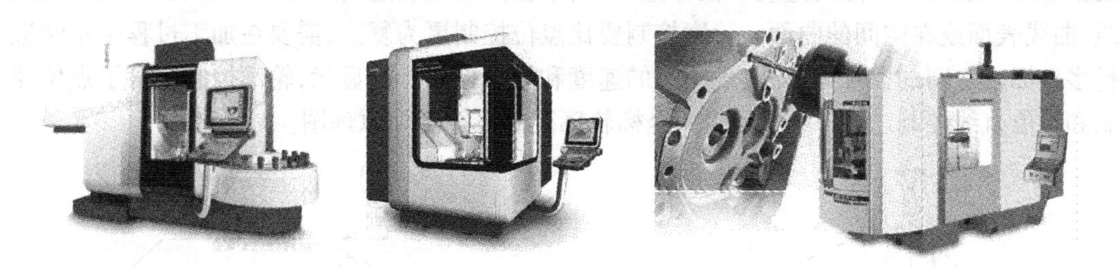

图 7-5　各种型号、品牌的数控加工中心

图 7-6　数控剪板机和数控折弯机

### 2. 按控制运动的方式分类

(1)点位控制数控机床

点位控制数控机床的特点是机床的运动部件只能实现从一个位置到另一个位置的精确

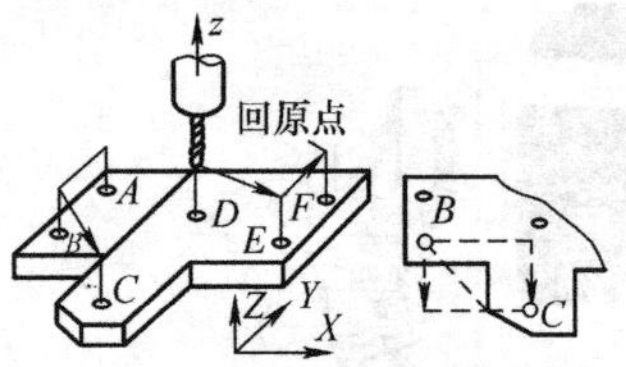

运动,在运动和定位过程中不进行任何加工工序。数控系统只需要控制行程的起点和终点的坐标值,而不控制运动部件的运动轨迹,因为运动轨迹不影响最终的定位精度。因而,点位控制的几个坐标轴之间的运动不需要保持任何的联系。为了尽可能减少运动部件的运动和定位时间,并保证稳定的定位精度,通常先以高速运动至接近终点坐标位置,然后再以低速准确运动到终点位置。图 7-7 所示为点位控制数控钻床加工示意图。

图 7-7　点位控制数控钻床加工示意图

(2)点位直线控制数控机床

这类数控机床主要有数控坐标镗床、数控钻床、数控冲床、数控点焊机。点位直线控制数控机床的特点是机床的运动部件不仅要实现一个坐标位置到另一个坐标位置的精确移动和定位,而且能实现平行于坐标轴的直线进给运动或控制两个坐标轴实现斜线的进给运动。由于只能作简单的直线运动,因此不能实现任意的轮廓轨迹加工。图 7-8 所示为点位直线控制数控铣床加工示意图。

(3)轮廓控制数控机床

轮廓控制(又称连续控制)数控机床的特点是机床的运动部件能够实现两个或两个以上坐标轴联动控制。它不仅要求控制机床运动部件的起点和终点的坐标位置,而且要求控制整个加工过程每一点的速度和位移量,即要求控制运动轨迹,将零件加工成在平面内的直线、曲线表面或在空间的曲面。轮廓控制要比点位控制更为复杂,需要在加工过程中不断进行多坐标轴之间的插补运算,实现相应的速度和位移控制。很显然,轮廓控制包含了点位控制和点位直线控制。图 7-9 所示为两坐标轮廓控制系统工作原理图。

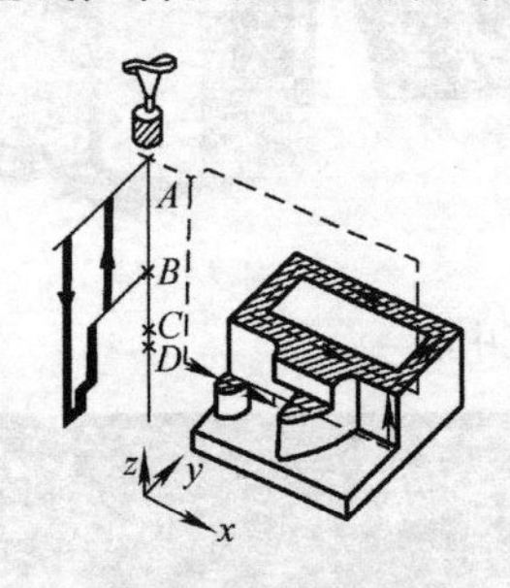


图 7-8　点位直线控制数控铣床加工示意图

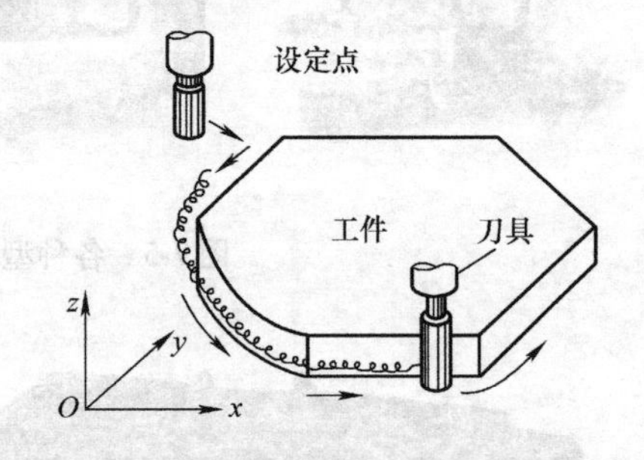


图 7-9　两坐标轮廓控制系统工作原理图



常用的数控车床、数控铣床、数控加工中心、数控磨床都是典型的轮廓控制数控机床。数控火焰切割机、电火花加工机床以及数控绘图机也都采用了轮廓控制系统。

现代计算机数控装置的控制功能均由软件实现,增加轮廓控制功能不会带来成本的增加。因此,除少数专用控制系统外,现代计算机数控装置都具有轮廓控制功能。

## 知识链接 4　数控机床的特点和应用范围

### 1. 数控机床的特点

(1)加工精度高

数控机床是按数字形式给出的指令进行加工的,目前数控机床的脉冲当量普遍达到了

0.001 mm，而且进给传动链的反向间隙与丝杠螺距误差均可由数控装置进行补偿。数控机床的加工精度由过去的 ±0.01 mm 提高到 ±0.005 mm，在超精密加工领域可达到次微米级。定位精度在20世纪90年代中期就已经达到 ±0.002 ~ ±0.005 mm。此外，数控机床的传动系统与机床结构都具有极高的刚度和稳定性，制造精度高。除上述原因外，数控机床的自动加工方式避免了人为的干扰因素，同一批零件的尺寸一致性好，产品合格率高，加工质量十分稳定。

(2)对加工对象的适应性强

在数控机床上加工不同种类的零件时，只需要重新编制（更换）加工程序即可实现对新零件的加工。这就为复杂结构和经常改型零部件或产品的单件、小批量生产及新产品的试制提供了极大的便利。当今的多轴、多联动、车铣复合、立卧转换的先进机床设备对复杂零部件可实现快速一次成形，显著地提高了数控机床对复杂零件的适应性。

(3)自动化程度高、劳动强度低

数控机床在进行加工时，是按照事先编制好的数控程序进行加工的。操作者在这一过程中除了进行程序的输入调试，工件、刀具的装卸及关键工序的中间检测以及观察机床运动之外，不需要进行繁杂的重复性手工操作，劳动强度与紧张程度较常规机加工等加工方式大为降低。另外，数控机床一般都具有较好的安全防护、自动排屑、自动冷却和自动润滑等装置，操作者的劳动条件也大为改善。

(4)生产效率高

零件加工所需的时间主要包括机动时间和辅助时间两部分。数控机床主轴的转速和进给量的变化范围比普通机床大，因此数控机床每一道工序都可选用最有利的切削用量。由于数控机床的结构刚性好，因此允许进行大切削用量的强力切削，这就提高了数控机床的切削效率，节省了机动时间。数控机床的移动部件空行程运动速度快，工件装夹时间短，刀具可自动更换，辅助时间比一般机床大为减少。

数控机床更换被加工零件时几乎不需要重新调整机床，节省了零件安装调整时间。数控机床加工质量稳定，一般只做首件检验和工序间关键尺寸的抽样检验，因此节省了停机检验时间。在加工中心上进行加工时，一台机床实现了多道工序的连续加工，生产效率显著提高。

(5)良好的经济效益

数控机床虽然设备昂贵，加工时分摊到每个零件上的设备折旧费较高。但在单件、小批量生产的情况下，使用数控机床加工可以节省划线工时，减少调整、加工和检验时间，节省直接生产费用。数控机床加工零件时不需制作专用夹具，节省了工艺装备费用。数控机床加工精度稳定，减小了废品率，使生产成本进一步下降。此外，数控机床可实现一机多用，节省厂房面积和建厂投资，因此使用数控机床可获得良好的经济效益。

(6)有利于现代化管理

采用数控机床加工，能准确地计算零件加工工时和费用，有效地简化检验工夹具、半成品的管理工作，这些都有利于生产管理现代化。同时，由于数控机床使用数字信息与标准代码输入，适于数字计算机联网，成为计算机辅助设计、制造及管理一体化的基础。

数控机床除具有以上所述特点外，由于采用计算机控制，驱动装置技术复杂，机床精度要求很高，因此要求使用人员除具有一定的工艺知识和普通机床的操作经验外，还应对数控机床的结构、运作原理、编程方式、计算机知识等具有全方位的了解,这样才能使操作者更好地驾驭数控机床,保证产品的加工精度。

2. 数控机床的应用范围

数控机床具有一般机床不具备的许多优点,其应用范围目前基本上已经涵盖所有机械加工领域。但数控加工并不能完全替代普通机床、组合机床和专用机床,而且不是任何情况下都能以最经济的方式解决机械加工中的问题。

数控机床最适合加工具有以下特点的零件:多品种、小批量生产的零件;形状结构比较复杂的零件;精度要求高的零件;需要频繁改型的零件;价格昂贵、不允许报废的关键零件;生产周期短的急需零件;批量较大、精度要求高的零件。

但在使用数控机床时,也需考虑如下问题:数控机床初始投资费用高;对操作、维修及管理人员的素质要求高;维修和维护费用高,技术难度大。

考虑到以上各种因素,在决定选用数控机床进行加工时,需要进行科学的技术经济分析,使数控机床能实现最佳经济效益。

## 知识链接5 数控系统简介

计算机数控系统(Computer Numerical Control System)是数控机床的中枢,其精度、易用性、驱动精度等指标直接决定着加工产品的质量、效率,属于数控加工设备的核心部件。目前美国、日本、德国等国家在这一领域的产品和技术研发处于世界领先地位,我国最近十几年来在这一领域也投入了大量的人力、物力,研发具有自主知识产权的计算机数控系统。现结合我国的实际情况,对国内使用的主流数控系统进行介绍。

1. FANUC(发那科)和 FANUC 0i 计算机数控系统

FANUC 公司 1956 年创建于日本,中文名为发那科。目前 FANUC 的数控系统包括三大系列,分别是 FANUC 0i/0i Mate - C,FANUC 16i/18i/21i,FANUC 30i/31i/32i,如图 7-10 所示。FANUC 系统性能稳定,操作界面友好,各系列系统总体结构非常地类似,具有基本统一的操作界面,可以在较为宽泛的环境中使用,对于电压、温度等外界条件的要求不是特别高,因此适应性很强。其中 FANUC 0i 系列在国内使用最为广泛。

FANUC 0i 具有高可靠、高性价比的特点。目前在国内大量应用于两轴或两轴半数控机床的控制系统在设计中大量采用模块化结构,易于拆装。各个控制板高度集成,使可靠性有很大提高,而且便于维修、更换。系统设计了比较健全的自我保护电路。PMC 信号和 PMC 功能指令极为丰富,便于工具机厂商编制 PMC 控制程序,而且增加了编程的灵活性。系统提供串行 RS232C 接口、以太网接口,能够完成 PC 和机床之间的数据传输。



2. SIEMENS(西门子)和 SINUMERIK 840D 计算机数控系统

SIEMENS(西门子)是世界上最大的电气和电子公司之一。SIEMENS 计算机数控系统(图 7-11)是 SIEMENS 集团旗下自动化与驱动集团的产品,西门子数控系统 SINUMERIK 发展了很多代,主要包括 SINUMERIK 801、SINUMERIK 802S/802C、SINUMERIK 802D Solution Line、SINUMERIK 810D、SINUMERIK 828D、SINUMERIK 828D BASIC M、SINUMERIK 828D BASIC T、SINUMERIK 840D、SINUMERIK 840Di、SINUMERIK 840D sl 等。目前在国内广泛使用的主要有 SINUMERIK 810D、SINUMERIK 840D。

图 7-10　FANUC 全系列数控产品

图 7-11　西门子数控系统

SINUMERIK 840D 计算机数控系统适用于各种复杂加工,它在复杂的系统平台上,通过系统设定而适于各种控制技术。840D 与 SINUMERIK 611 数字驱动系统和 SIMATIC7 可编程控制器一起,构成全数字控制系统,它适于各种复杂加工任务的控制,具有优于其他系统的动态品质和控制精度。在国内多用于两轴以上中型、大型数控机床的控制。

### 3. HEIDENHAIN(海德汉)计算机数控系统

海德汉是拥有一百多年光刻制造技术的德国公司,以生产高精度的产品而著名,产品主要包括直线光栅尺、长度计、角度编码器、旋转编码器、数控系统、3D 测头和数显装置等。HEIDENHAIN 计算机数控系统(图 7-12)主要包括用于数控车床控制的 MANUALplus 620,用于数控铣床、加工中心控制的 iTNC530、TNC620、TNC320、TNC124。海德汉数控系统以其极高的精度和稳定性,多用于五轴和高速数控机床加工的控制。

图 7-12　海德汉数控系统

### 4. 国内计算机数控系统

目前,我国对计算机数控系统的研发和制造也越来越重视,特别是最近十几年来,产生了像广州数控、华中数控等很多具有自主知识产权的计算机数控系统,但与国外先进计算机数控系统相比,还具有较大的差距。我国从“十一五”开始就不断加大对数控系统研发的资金投入,相信与国外优秀数控系统的差距将逐渐缩小。

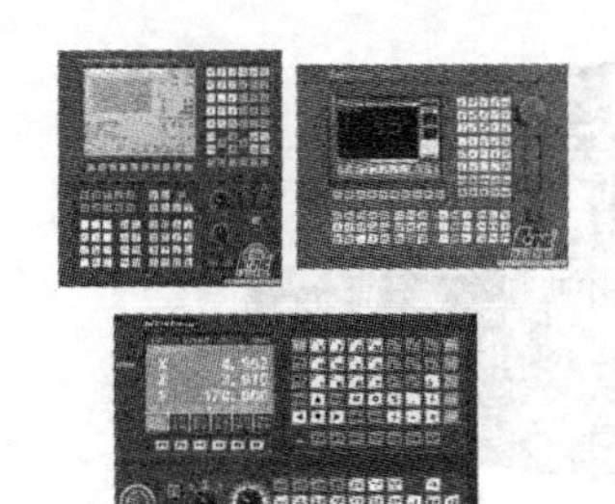

图 7-13　华中计算机数控系统

目前,华中科技大学研发的华中数控系统(图 7-13)已取得了一定的成果,并开始了大规模的实用化应用。

## 知识链接6　数控机床主要生产厂家

数控机床作为数控加工的主体设备，其技术水平直接决定了生产产品的质量，是数控加工过程中的关键部件。数控机床的制造水平、精度、易用性等指标集中体现了一个国家机械装备制造业的水平，对国家的军工、航空航天、精密机械等产品的发展都具有十分重大的作用。我国最近二十几年来不断加大对机床装备制造业的资金投入，目前大连机床、沈阳机床等企业已进入世界大数控机床制造企业20强。

### 1. 日本MAZAK公司

日本MAZAK公司是一家全球知名的机床生产制造商。公司成立于1919年，主要生产数控车床、复合车铣加工中心、立式加工中心、卧式加工中心、数控激光系统、柔性生产系统(FMS)、CAD/CAM系统、数控装置和支持软件等，如图7-14所示。其产品以高速度、高精度在行业内著称，产品遍及机械工业的各个行业。

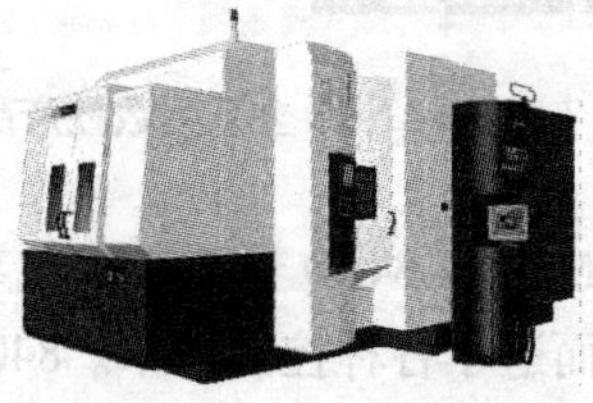

图7-14　MAZAK数控机床产品

### 2. 德国DMG公司

德国DMG公司由DECKL、MAHO、GILDEMEISTER三家公司合并而成。其生产的数控车床、数控铣床、数控加工中心(图7-15)以其极高的精度、耐用度和稳定性而享誉全球，产品素有“数控机床领域的劳斯莱斯”之称，且产品遍布世界。

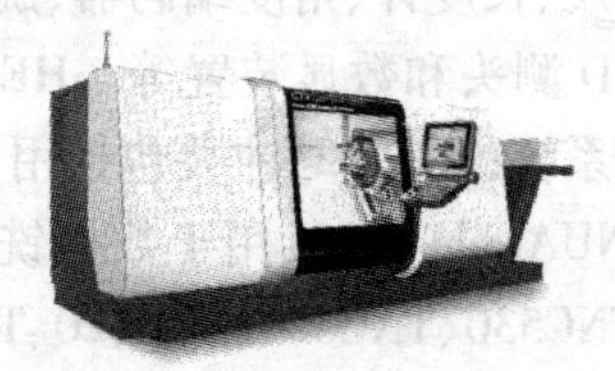

图7-15　DMG数控机床产品

### 3. 大连机床集团有限责任公司

大连机床集团有限责任公司始建于1948年，其生产的数控机床(图7-16)以稳定的质量、较好的精度为国内多数制造型企业所使用。

图7-16　大连机床数控机床产品

# 任务2　超精密加工技术

## 知识链接1　超精密加工概述

### 1. 超精密加工的内涵

超精密加工是一个涉及十分广泛的领域,包括所有能够使零件的加工形状、位置和尺寸精度达到微米或亚微米范围的机械加工方法。精密和超精密加工所能达到的精度指标界限并不是一成不变的,随着制造加工技术的不断进步,其界限指标将会不断发生变化。从图7-17可以看出,昨天所谓的超精密加工,到了今天可能只能作为精密加工或者普通加工。

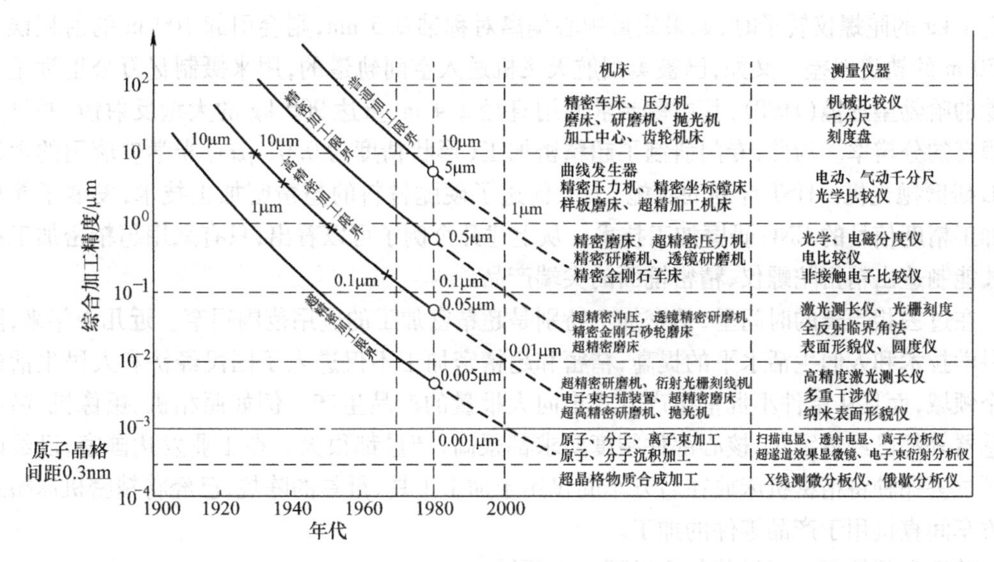


图7-17　综合加工精度与年代的关系

精密和超精密加工已经成为一个国家在国际竞争中取得成功的关键技术。因为许多现代技术产品需要高精度制造,发展尖端技术、发展国防工业、发展微电子工业等都需要精密和超精密加工制造出来的仪器设备。当代的精密工程、微细工程和纳米技术是现代制造技术的前沿,也是明天技术的基础。

在当今技术条件下,普通加工、精密加工、超精密加工的加工精度可做如下划分。

(1)普通加工

加工精度在1 μm、表面结构值在 *Ra* 0.1 μm 以上的加工方法。在目前的工业发达国家,一般的工厂企业均可以稳定地掌握这样的加工精度。

(2)精密加工

加工精度在0.1 ~1 μm,表面结构值在 *Ra* 0.01 ~0.1 μm 之间的加工方法。能达到这种加工精度的加工方法包括金刚车、精镗、精磨、研磨等。

(3)超精密加工

加工精度高于0.1 μm,表面结构值在 *Ra* 0.01 μm 以上的加工方法。能达到这种加工精度的加工方法包括超精密切削、超精密磨削、超精密特种加工和复合加工等。

### 2. 超精密加工技术的现实意义及重要性

提高制造精度后,可提高产品的性能和质量及其稳定性和可靠度,促进产品的小型化,增强零件的互换性,提高装配生产效率,并促进自动化装配。所以,当今机械工业始终不断地致力于进一步地提高产品的加工精度,这有十分重要的现实意义。下面举几个例子进行说明。

超精密加工技术在尖端产品和现代化武器的制造中占有十分重要的地位。例如:对于导弹来说,命中精度是一个具有决定意义的性能指标,而导弹的命中精度是由安装在导弹制导系统中的惯性仪表的精度决定的,而决定惯性仪表精度的核心部件则是仪表中的陀螺仪转子。美国民兵Ⅲ型洲际导弹系统陀螺仪的精度为0.03~0.05°/h,其命中精度的圆概率误差为500 m,而MX战略导弹(射程较民兵Ⅲ型更远,可携带10个核弹头)制导系统陀螺仪精度比前者高出一个数量级,从而保证命中精度的圆概率误差只有50~150 m。在加工制造1 kg的陀螺仪转子时,如果质量中心偏离对称轴0.5 nm,则会引起100 m的射程误差和50 m的轨道误差。又如,已被美国航天飞机送入空间轨道的,用来摄制亿万公里远星球图像的哈勃望远镜(HST),其主镜要求使用直径2.4 m、重达900 kg的大型反射镜,并且具有很高的分辨率。为此,专门研制了超精密加工(形状精度为0.01 μm)光学玻璃用的六轴CNC研磨抛光机。HST计划的实施,大大促进了硬脆材料的超精密加工技术,发展了能反馈加工精度信号的CNC研磨加工技术。从上述几个例子可以看出,只有采用超精密加工技术才能制造出精密陀螺仪、精密镜面的尖端产品。

在过去相当长的时间里,精密加工特别是超精密加工的应用范围很窄。近几十年来,随着科学技术和人们生活水平的提高,精密和超精密加工不仅进入了国民经济和人民生活的各个领域,而且从单件小批量生产方式走向大批量的产品生产。例如照相机、摄像机、微型传感器等都已经数字化,核心部件精度要求都很高,产量都很大。在工业发达国家,已经改变了过去那种将精密机床放在后方车间仅用于加工工具、量具的陈规,已经将精密机床搬到前方车间直接用于产品零件的加工。

精密和超精密加工目前包含以下三个领域:

①超精密切削,主要是超精密车削加工,如超精密金刚石刀具车削,可加工各种镜面,成功地解决了高精度陀螺仪、激光反射镜和某些大型反射镜的加工;

②精密和超精密磨削,解决了大规模集成电路基片的加工和高精度硬磁盘等的加工;

③精密特种加工,包括电子束、离子束加工等。



### 3. 超精密加工涉及的技术范围

(1)超精密加工的机理

超精密加工是从被加工表面去除一层微量的表面层,不论是超精密车削、超精密磨削还是超精密特种加工,无不遵循这一原理。超精密加工在加工过程中除了遵循一般加工方法的普遍原理外,自身还具有很多独特的特性,如所使用切削刀具的磨损、积屑瘤的生成规律、磨削机理、加工参数对表面质量的影响等。

(2)超精密加工所使用的刀具、磨具及其制备技术

超精密加工所使用的刀具、磨具技术包括金刚石刀具的制备和刃磨、超硬砂轮的修整等,都是超精密加工的重要关键技术。

(3)超精密加工的机床设备

超精密加工所使用的机床设备相比普通机床设备来说,有更高的要求,包括高精度、高刚度、高抗震性、高稳定性和极高的自动化程度的要求,并且必须有能够实现微量进给的机构。

(4)精密测量及补偿技术

要达到亚微米和纳米级的加工精度,检测是一个十分重要的方面。超精密加工对测量技术的要求很高,测量精度要比加工精度高一个数量级。如果超精密加工精度达到1 nm,则测量设备要求控制的精度要达到0.2~0.3 nm。对超精密加工中的误差补偿问题,国内外的学者争议比较大。但从目前的发展趋势来看,要达到极高的精度还是需要使用在线监测和误差补偿技术的。

(5)超稳定的加工环境条件

加工环境条件极微小的变化都可能影响加工精度,使超精密加工达不到预期的精度,因此超精密加工必须在超稳定的加工环境条件下进行。这些条件包括恒温条件、防振条件、超净环境和恒湿条件四个方面,与之相应发展起来的技术则是恒温技术、防振技术和净化技术。

下面结合以上几个方面,对超精密切削加工技术进行介绍。

## 知识链接2　超精密切削加工技术

超精密切削是20世纪60年代发展起来的新技术,它在国防和尖端技术的发展中具有十分重要的作用。目前的超精密切削加工主要是使用精密的单晶天然金刚石刀具对有色金属和非金属进行的车削加工,通过这种加工方法,可以得到超光滑的加工表面。由于超精密切削加工可以代替研磨等很费时费力还难以保证质量的手工加工工序,因此受到各个国家普遍的重视和发展。

用金刚石刀具对铝合金、无氧铜、黄铜、非电解镍等有色金属和非金属进行加工时,在符合条件的机床和环境条件下,得到的超光滑表面(图7-18)的表面结构值可达 $Ra0.005 \sim 0.02\ \mu m$,精度 $<0.01\ \mu m$。目前主要用于加工陀螺仪、激光反射镜、天文望远镜的反射镜、红外反射镜和红外反射透镜、雷达的波导管内腔、计算机磁盘、激光打印机的多面棱镜、复印机的硒鼓、菲尼尔透镜等如图7-19所示。现在的使用面日益扩大,不仅有为国防工业服务的单件小批量生产,更有为民用产品服务的大批量生产。因此研究提高超精密切削加工效率和加工表面的质量以及研究超精密切削的切削机理已日益受到人们的重视。

图7-18　超精密加工的表面

### 1. 超精密切削的刀具

(1)超精密切削对刀具的要求

为实现超精密的切削加工,对所使用的刀具应在如下几个方面提出严格的要求:

①刀具应具有极高的硬度、耐用度和弹性模量,从而保证刀具有很长的寿命和很高的尺

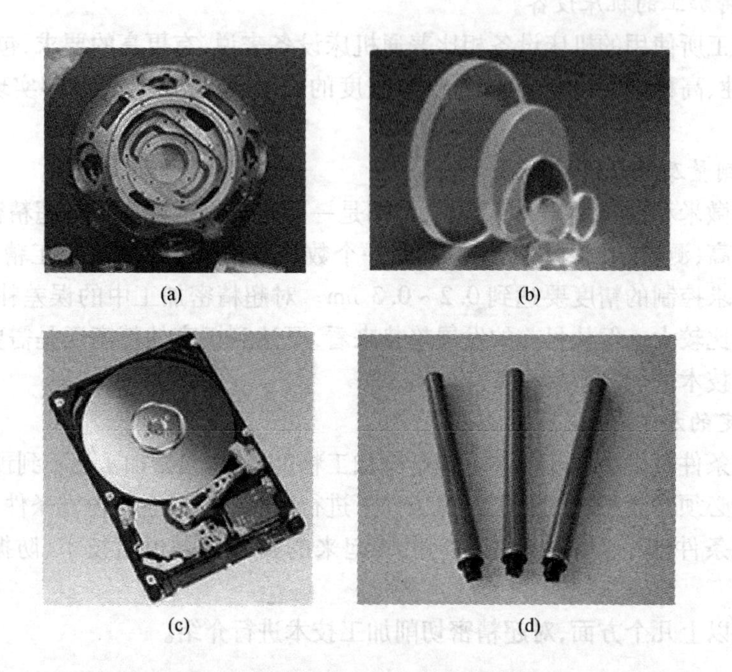

图 7-19 各种超精密加工所制造的产品
(a)陀螺仪;(b)激光反射镜;(c)硬盘磁盘盘片;(d)激光打印机硒鼓鼓芯

寸耐用度;

②刀具刃口要能磨削得极其锋锐,刃口半径 $\rho$ 极小,从而实现超薄的切削厚度;

③刀刃要无缺陷,因为进行切削时,刀刃的刃形将复刻在被加工表面上,如有缺陷切削完成后就无法得到超光滑的加工表面;

④刀具与被加工的工件材料的抗黏结性好、化学亲和性小、摩擦因数低,能得到极好的被加工表面并保证表面完整性。

上述四项要求决定了超精密切削所使用的刀具的性能要求。目前能够基本满足以上要求的刀具材料包括金刚石(天然大颗粒单晶金刚石、人造聚晶金刚石、人造大颗粒单晶金刚石)、立方氮化硼(CBN)等。但其中可用于制造超精密加工刀具的材料只有天然大颗粒单晶金刚石和人造大颗粒单晶金刚石两种。人造聚晶金刚石无法磨出极锋锐的切削刃,立方氮化硼目前主要用于黑色金属的加工,它们都还达不到超精密镜面切削的要求。



(2)金刚石刀具的性能特征

目前,超精密切削刀具所使用的金刚石(天然、人造)为大颗粒(0.5~1.5 克拉,1 克拉 =200 mg)、无杂质、无缺陷、浅色透明的优质天然单晶金刚石,具有如下的特征。

①具有极高的硬度,其硬度可达 6 000~10 000 HV,而立方氮化硼仅能达到 6 000~8 500 HV,TiC 只能达到 3 200 HV。

②能磨出极其锋锐的刃口,且切削刃没有缺口、崩刃等现象。不同切削刀具的刃口圆弧半径只能磨到 5~30 μm,而天然单晶金刚石的刃口圆弧半径可达数微米,没有其他任何材料可以磨得如此锋利。

③热化学性能优越,具有导热性好,与有色金属间的摩擦因数低、亲和性小的特征。

④耐磨性好，刀刃强度高。金刚石摩擦因数小，与铝之间的摩擦因数仅为0.06～0.13，如果切削条件正常，刀具的磨损极慢，刀具耐用度极高。

因此，虽然天然大颗粒单晶金刚石和人造大颗粒单晶金刚石（图7-20）的造价成本很高，但它们被一致公认为是最理想的、不可替代的超精密切削的刀具材料。

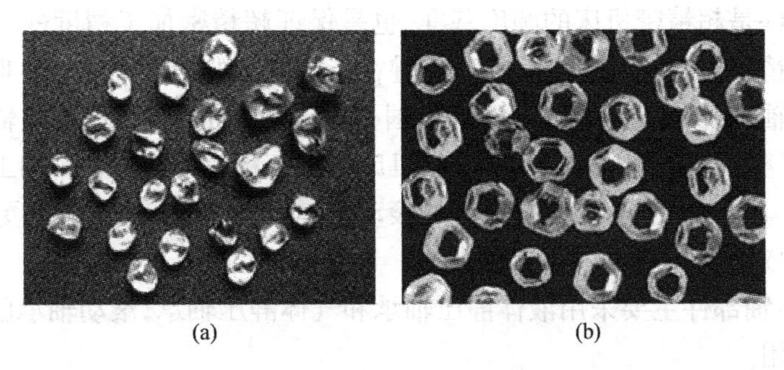


图7-20　工业用金刚石

(a)工业用天然单晶金刚石；(b)人造大颗粒单晶金刚石

(3)超精密切削时的最小切削厚度

超精密切削实际能达到的最小切削厚度是与金刚石刀具的锋锐度、使用的超精密机床的性能状态、切削时的环境条件等相关的。由1986年日本大阪大学和美国LLL试验室合作进行的“超精密切削的极限”试验研究可知，在LLL试验室的超精密金刚石车床上，切削厚度为1 nm时，仍能得到连续稳定的切屑，说明切削过程是连续、稳定和正常的。如图7-21所示，通过计算可知，若切削厚度为1 nm，要求所使用的金刚石刀具的刃口半径$\rho$为3～4 nm。据国外报道，研磨质量最好的金刚石刀具，刃口半径可小到数纳米的水平；目前国内使用的金刚石刀具，刃口半径$\rho$为0.2～0.5 μm，特殊精心研磨的可达0.1 μm。

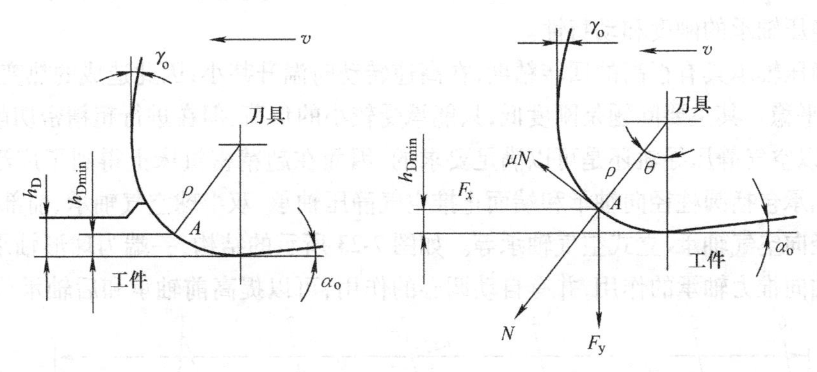


图7-21　极限切削厚度与刃口半径$\rho$的关系

## 2. 超精密加工的机床设备

超精密机床是实现超精密加工的首要基础条件，随着加工精度要求的提高和精密加工技术的发展，机床的精度不断提高，超精密机床亦得到了迅速的发展。目前在美国和日本共有20多家工厂和研究所从事超精密机床的生产和研究，在英国、荷兰和德国等国家，也有企业从事超精密机床的研究开发，均已达到较高水平。受技术封锁和禁运等条件的限制，我国在不能得到最先进的超精密机床的条件下，国家最近十几年来不断加大资金投入，目前在超精密机床研究领域也取得了一定的突破，但与国外相比，仍存在着较大的差距。

前面已经介绍,超精密加工机床要求具有极高的精度、极高的刚度、极高的加工稳定性和高度的加工自动化,超精密机床的质量主要取决于机床的主轴部件、床身导轨以及驱动部件等关键部件的精度。

(1)精密主轴部件

精密主轴部件是超精密机床的圆度基准,也是保证超精密加工精度的核心。主轴要求达到极高的回转精度、转动平稳无振动,其关键在于所使用的精密轴承。早期的精密主轴采用超精密级滚动轴承,例如瑞士 Schaublin,美国 Hardinge 等的精密机床,主轴使用特制的超精密轴承,保证了整台机床极高的制造精度,机床的加工精度可达 1 μm,加工表面结构值可达 $Ra0.02 \sim 0.04$ μm。但制造如此高精度的滚动轴承是极为不易的,若想更进一步的提高主轴的精度,就更难办到。

目前,精密主轴部件主要采用液体静压轴承和气体静压轴承,滚动轴承已经很少在超精密机床主轴中使用。

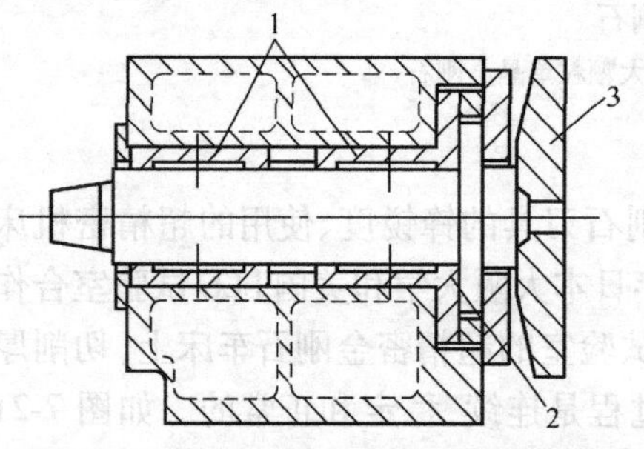

图 7-22 典型液体静压轴承主轴结构图

1—径向轴承;2—推力轴承;3—真空吸盘

如图 7-22 所示,压力油通过节流孔进入轴承耦合面间的油腔,使轴在轴套内悬浮,不产生固体摩擦力;当主轴受力偏歪时,耦合面间泄油的间隙改变,造成相对油腔中油压不等,油的压力差将推动轴回到原来的中心位置。

液体静压轴承具有较高的刚度和回转精度、转动平稳无振动。但也存在很大的缺点:一是液体静压轴承在不同转速时油温升高值不等,因此要控制恒温较难,温度的升高将造成热变形,影响主轴的精度;二是静压回油时容易将空气带入油源,形成微小的气泡悬浮在油中不易排出,因此将降低液体静压轴承的刚度和动特性。

空气静压轴承具有很高的回转精度,在高速转动时温升甚小,因此造成的热变形误差很小,且工作平稳。其主要问题是刚度低,只能承受较小的负荷,但在进行超精密切削时,切削力很小,所以空气静压导轨还是可以满足要求的,因而在超精密机床上得到了广泛的应用。空气静压轴承包括圆柱径向轴承和端面止推空气静压轴承、双半球空气轴承、前部用球形后部用圆柱径向空气轴承、立式空气轴承等。如图 7-23 所示的结构,一端为球形轴承,同时起到径向和轴向推力轴承的作用,并有自动调心的作用,可以提高前轴承和后轴承(圆柱径向



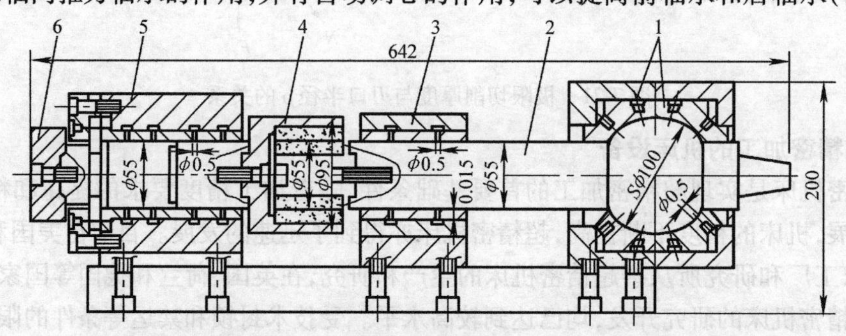

图 7-23 一端为球形轴承,一端为圆柱径向轴承的空气轴承主轴

1—球轴承;2—主轴;3—径向轴承;4—电磁联轴器;5—径向及推力轴承;6—带轮

轴承)的同轴度,从而提高主轴的回转精度。

(2)床身和精密导轨

1)超精密机床床身

床身是机床的基础部件,应具有抗衰减能力强、热膨胀系数低、尺寸稳定性好的特点。超精密机床的床身和导轨材料过去都采用铸铁,现在多采用花岗岩和人造花岗岩等新材料。

花岗岩材料现在是制造三坐标测量机和超精密机床床身和导轨的热门材料,这是因为花岗岩比铸铁长期尺寸稳定性好,热膨胀系数低,对振动的衰减能力强,硬度高、耐磨,且不会生锈等;缺点是花岗岩不能铸造成形且具有吸湿性,吸湿后会产生微量变形,影响精度。为了克服花岗岩的上述缺点,国外现已提出采用人造花岗岩来制造超精密机床的床身,人造花岗岩由花岗岩碎粒用树脂黏结而成。用不同粒度的花岗岩碎粒组合可提高人造花岗岩的体积比,使人造花岗岩具有优良的性能,不仅可铸造成形,吸湿性低,并且对振动的抗衰减能力也有进一步的加强。

2)精密导轨部件

超精密机床导轨部件要求有极高的直线运动精度,不能有爬行,导轨耦合面不能有磨损。这一方面要求导轨有很高的制造精度,导轨的材料要有很高的稳定性和耐磨性,另一方面,导轨的耦合形式中,尽量减少采用摩擦接触的形式。

根据以上要求,目前超精密机床的导轨部件多采用液体静压式导轨或气浮导轨和空气静压导轨。它们都具有很高的直线运动精度,运动平稳,无爬行,摩擦因数接近于零等特点。气浮导轨和空气静压导轨不会由于发热而影响行进精度,故在超精密机床中使用的更广泛一些。

图 7-24 所示为日本日立精工的超精密机床所使用的空气静压导轨,其导轨的上下左右均在静压空气的约束下,整个导轨浮在中间,基本没有摩擦力,有较好的刚度和运动精度。

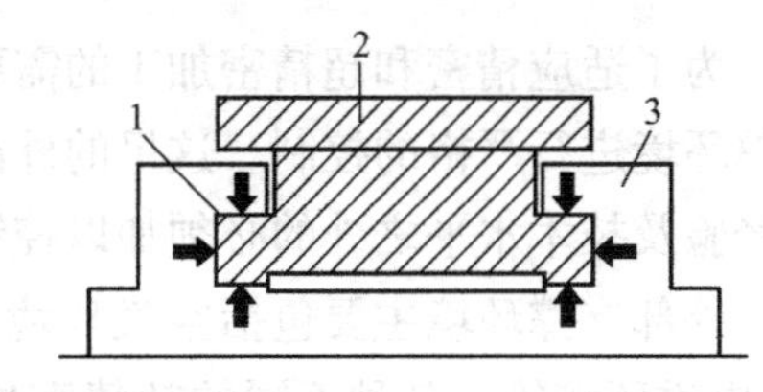


图 7-24　平面型空气静压导轨
1—静压空气;2—移动工作台(约 200 kg);3—底座

(3)微量进给装置

高精度微量进给装置现在已成为超精密机床的一个重要的关键装置,是重要的机床附件。现在高精度的微量进给装置分辨率已可低至 0.001 ~0.01 μm,对于实现超薄切削、高精度尺寸的加工和在线误差补偿都是十分重要的。

在超精密加工中,高精度微量进给装置要求实现精确、稳定、可靠和快速微位移,因此一个好的精密和超精密微位移机构应满足下列要求:

①精微进给和粗进给应分开,以提高微位移的精度、分辨力和稳定性;

②运动部件必须是低摩擦和高稳定度的,以便实现很高的重复性精度;

③末级传动元件必须有很高的刚度,即金刚石刀具处必须是高刚度的;

④微量进给机构内部联系必须是可靠连接,尽量采用整体结构或刚性连接,否则微量进给机构很难实现很高的重复精度;

⑤工艺性好,容易制造,例如要实现 0.005 ~0.01 μm 的微进给,微量进给机构本身各部分的精度,应是一般设备和工艺能保证的制造精度;

⑥微量进给机构应具有良好的动特性,即具有很高的频率响应;

⑦微量进给机构能实现微进给的自动控制。

微量进给装置有多重结构,按工作原理可分为机械传动或液压传动式、弹性变形式、热变形式、流体膜变形式、磁致伸缩式、电致伸缩式等。图 7-25 所示是一种双 T 形弹性变形式微进给装置的工作原理图。当驱动螺钉 4 前进时,迫使两个 T 形弹簧 2、3 变直伸长,从而可使位移刀架前进。该微量进给装置分辨率为 0.01 μm,最大输出位移为 20 μm,输出位移方向的静刚度为 70 N/μm,满足切削负荷要求。

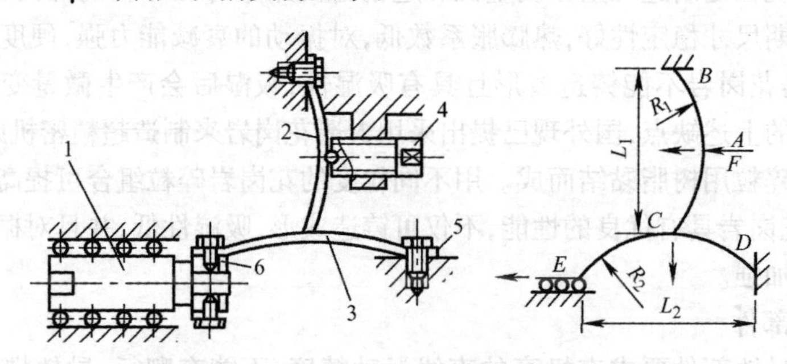


图 7-25　双 T 形弹性变形式微进给装置原理图

1—微位移刀架;2,3—T 形弹簧;4—驱动螺钉;5—固定端;6—动端

## 知识链接 3　超精密加工的支撑环境

为了适应精密和超精密加工的需要,达到微米甚至纳米级的加工精度,必须对它的外部支撑环境进行严格的控制。这里的外部支撑环境指精密和超精密加工工艺系统与工人的操作经验及技术水平之外的必须加以控制的各个外部支撑环境。

外部支撑环境主要包括空气环境、热环境、振动环境,其他的还有声环境、光环境和电场、电磁环境等。各种不同的超精密加工方法,需要对不同的支撑环境进行不同程度的控制。应该注意的是,超精密加工所要求控制的外部支撑环境都只是在某一范围内的局部环境,如室内的环境或加工区附近的局部环境。随着加工精度的不断提高,对要求加以控制的外部支撑环境也会越来越多,要求也会越来越高。

### 1. 空气环境

在日常生活环境与普通车间环境下的空气中,存在大量尘埃和微粒等物质。对于普通加工,这些尘埃和微粒不会有什么不良影响,但对于超精密加工来说情况则有很大不同。尘埃和微粒进入常常引起加工精度下降,这是因为空气中尘埃和微粒的尺寸大小与这时的加工精度要求相比,已经成为不可忽视的数值。例如在计算机硬盘磁盘表面抛光加工中,如果混入空气中的坚硬尘埃,就会划伤加工表面而不能正确记录信息,严重时会使磁盘报废。在大规模集成电路元件制造过程中,如果在硅片上混入空气中的尘埃,可能会在后续的工序中成为不可控制的扩散源而严重影响产品的合格率。



### 2. 热环境

超精密加工所处的热环境与加工精度密切相关。热环境中主要控制的品质为温度和湿度。超精密加工所处的温度环境与加工精度有着密切的关系,当环境温度发生变化时会影响机床的几何精度和工件的加工精度。据有些资料统计,精密加工中的机床热变形和工件温升引起的加工误差占总误差的40% ~70%，如磨削 $\phi$100 mm 的钢质零件，磨削液温度升高 10 ℃将产生 11 μm 的误差；精密加工长 100 mm 铝合金零件时，温度每变化 1 ℃，将产生 2.25 μm 的误差，若要求确保 0.1 μm 的加工精度，环境温度变化要控制在 ±0.05 ℃内。因此，严格控制恒温环境是超精密加工的重要条件之一。

### 3. 振动环境

超精密加工对振动环境的要求越来越高，限制越来越严格。这是因为工艺系统内部和外部的振动干扰会使被加工表面产生多余的相对运动从而无法达到所需的加工精度和表面质量。例如在精密磨削时，只有将磨削时的振幅控制在 1 ~2 μm 时，才可能获得 *Ra*0.01 μm 以下的表面结构值。因此，必须控制外界振动干扰引起的振幅和机床空运转时的振幅，其数值要比 1 μm 小得多。

为了保证超精密加工的正常进行，必须采取有效的措施消除振动干扰影响。振动干扰主要包括系统内部的振动干扰和系统外部的振动干扰。

(1) 内部振动干扰的消除——防振

主要措施包括：提高设备回转零件的动平衡精度；减少设备传动系统的振动干扰；减少液压系统的干扰；提高加工设备的抗震性。

(2) 外界振动干扰的消除——隔振

外界振动的干扰往往是独立存在不可控制的，如交通运输产生的振动干扰和建设施工产生的振动干扰等，尤其是自然界存在的微动和风产生的振动干扰等，只能采用各种隔离振动干扰的措施，阻止它们传播到工艺系统中。最有效的措施是采用远离振动源的方法，实现对场地外的铁路、公路和振动源进行调查，保持适当的距离。在建设布局上把动力房、空调机室等设施与加工场地距离尽量放远一些，使对振动敏感的设备不受影响。现代超精密机床和精密测量平台的底下都使用自动找平的空气隔振垫，美国 LLL 试验室的 LODTM 大型超精密机床(图 7-26)即是如此。

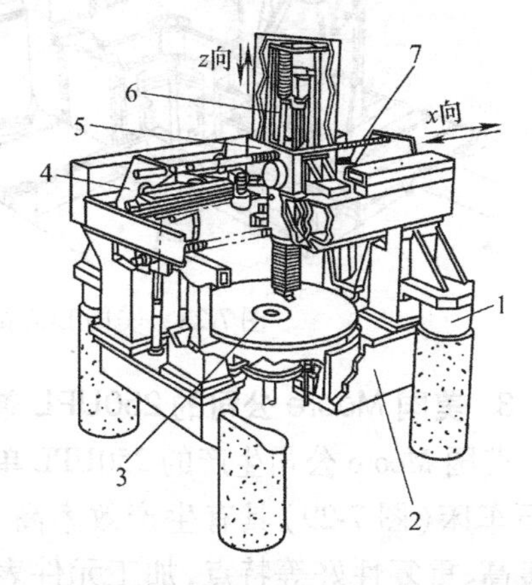


图 7-26　美国 LLL 试验室 LODTM 大型超精密机床的隔振

1—隔振空气弹簧；2—床身；3—工作台；4—测量基准架；5—溜板箱；6—刀座(行程 0.5 m)；7—激光通路波纹管

## 知识链接 4　典型超精密机床简介

下面介绍一些有代表性的超精密加工机床。在这一领域，美国研制的超精密机床最早，发展最完整，水平也最高。而日本后来通过不断地引进技术，并加大力度自主研发，也取得了很大的成果，其研发的机床主要以小型专机为主。

### 1. 美国 LLL 试验室 DTM—3 型大型超精密车床

在美国能源部的支持下，由 LLL 试验室和高水平的联合碳化物公司 Y—12 工厂联合开发，于 1983 年 7 月研制成功的超大型金刚石车床 DTM—3(图 7-27)，用于加工激光核聚变用的各种金属反射镜、红外装置用零件、大型天体望远镜(包括 X 光天体望远镜)等。该机床可加工的最大零件为 $\phi$2 100 mm，质量 4 500 kg。该机床设计精度为：半径方向形状精度 27.9 nm，圆度、平面度 12.5 nm，加工表面结构值 *Ra*≤4.2 nm。

**2. 美国 LLL 试验室的 LODTM 大型光学金刚石车床**

图 7-27 美国 LLL 试验室的 DTM—3 型超精密车床外观

该车床(图 7-28)由美国国防部高等计划研究局(DARPA)投资 1 300 万美元,由 LLL 试验室和空军 Wright 航空研究所等单位合作研制。从 1980 年 3 月开始用了 40 个月的时间,于 1983 年 7 月初步制成加工光学零件的 LODTM 大型光学金刚石车床(Large Optical Diamond Turning Machine),经试用检验,于 1984 年正式研制成功。该车床可加工 $\phi$1 625 mm × 500 mm、质量达1 360 kg 的大型金刚石反射镜。为了减少工件重量产生的变形影响,机床采用立式结构。

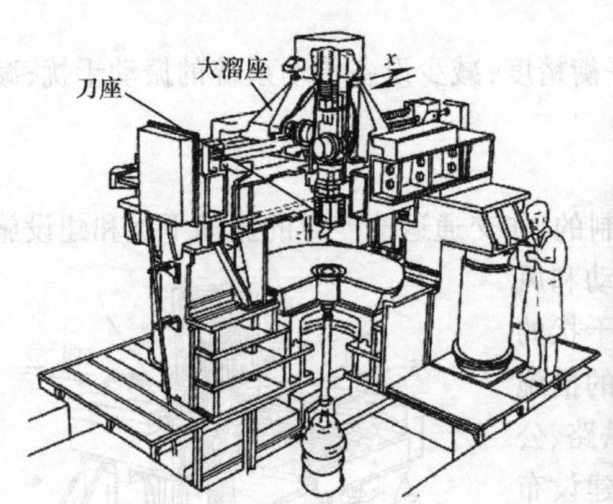

图 7-28 美国 LLL 试验室的 LODTM 大型光学金刚石车床

**3. 美国 Moore 公司的 250UPL 单点金刚石车床**

美国 Moore 公司生产的 250UPL 单点金刚石车床(图 7-29)具有生产效率高、加工精度高、重复性好等特点,加工元件表面结构值可达纳米级,尺寸精度可达 λ(波长)/10 量级,加工直径最大可达到 250 mm。在三轴联动模式下还可加工离轴元件、柱面、子午面等非回转对称元件和自由曲面;配以特殊刀具可以实现微结构元件的加工,如各种衍射元件和菲尼尔透镜等。

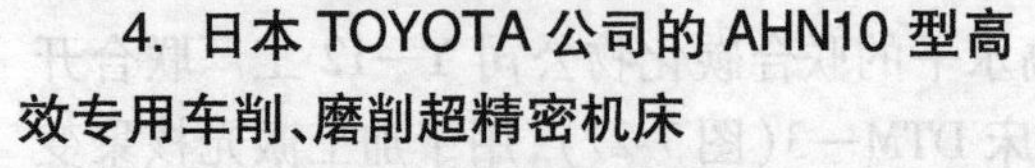

图 7-29 美国 Moore 公司 250UPL 单点金刚石车床

**4. 日本 TOYOTA 公司的 AHN10 型高效专用车削、磨削超精密机床**

日本 TOYOTA 公司开发的 AHN10 型高效专用车削、磨削超精密机床(图 7-30),主要用于加工塑料高精度透镜的金属模。

这台机床用于加工非球曲面,因模具用钢制造,需要磨削,故该机床可用于车削、铣削、磨削并带有精密检测装置。为实现这一目标，该机床有一个 $x$ 和 $y$ 向调整的刀架及绕 $B$ 轴转动的高精度转台，借助三轴精密数控，可以加工平面、球面和非球曲面。

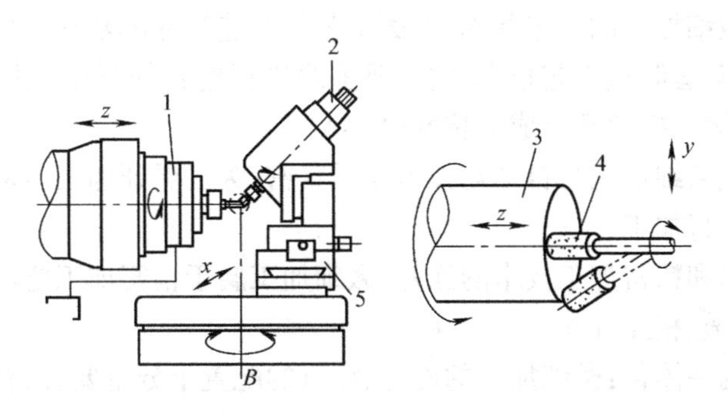


图 7-30　日本 TOYOTA 公司的 AHN10 型高效专用车削、磨削超精密机床
1—主轴；2—磨头主轴；3—工件；4—砂轮；5—刀架

# 任务3　微细加工技术

## 知识链接1　微细加工技术和微机械

### 1. 微细加工技术

微细加工技术是指制造微小尺寸(尺度)零件的加工技术。它和精密以及超精密加工技术有着密切联系，它们都是现代制造技术的前沿。现代制造技术发展很快，不仅出现了微细加工技术，而且出现了超微细加工技术。当前，可以认为微细加工技术是 1 mm 以下的微细尺寸、加工精度为 0.001 ~ 0.01 mm 的零件加工，即微细度为 0.1 mm 的亚毫米级的微细零件加工；而超微细加工主要指 1 μm 以下的超微细尺寸、加工精度为 0.001 ~ 0.1 μm 的零件加工，即微细度为 0.1 μm 的亚微米级的超微细零件加工。今后的发展主要是进行微细度为 1 nm 以下的纳米级的微细加工技术。

微细加工技术从广义角度来说，包含了各种传统精密加工方法和与传统精密加工方法有所不同的新方法，如切削加工、磨削加工、电火花加工、电解加工、化学加工、等离子体加工、外延生长、激光加工、电子束加工、离子束加工、光刻加工、电铸加工等。从狭义的角度来说，微细加工主要是指半导体集成电路制造技术，因为微细加工和超微细加工是在半导体集成电路制造技术的基础上形成并发展的，它们是大规模集成电路和计算机技术的技术基础，是信息时代、微电子时代、光电子时代的关键技术之一。因此，其加工方法多偏重于集成电路制造中的一些工艺，如化学气相沉积、热氧化、光刻、离子束溅射、真空蒸镀以及整体微细加工技术。整体微细加工技术是指用各种微细加工方法在集成电路基片上制造出各种微型运动机械，即微型机械和微型机电系统。

微细加工有如下几个特征。

①微细加工和超微细加工是一个多学科的制造系统工程：微细加工与超微细加工和超精密加工一样，已不再是一种孤立的加工方法和单纯的工艺过程，它涉及超微分离和结合技术、高质量的材料、高稳定性和高净化的加工环境、高精度的计量测试技术以及高可靠性的工况监控和质量控制等。

②微细加工和超微细加工是一门多学科的综合加工技术:微细加工和超微细加工技术涉及面广泛,其加工方法包括分离、结合、变形三大类,涉及传统加工工艺和非传统加工工艺范围。

③平面工艺是微细加工的工艺基础:平面工艺是制造半导体基片、电子元件和电子线路及其连线、封装等一整套制造工艺技术,它主要围绕进程电路的制作,现在正在发展立体工艺技术,如光刻—电铸—模铸复合成形技术(LIGA)等。

④微细加工和超微细加工与自动化技术联系紧密:为了保证加工质量及其稳定性,必须采用自动化技术来进行加工。

⑤微细加工技术和精密加工技术的互补:微细加工属于精密加工范畴,但其自身特点十分显著,两者相互渗透、相互补充。

⑥微细加工检测一体化:微细加工的检验、测试的配置十分重要,没有相应的检验、测试手段是不行的,在位检测和在线检测的研究是十分必要的。

**2. 微机械和微型机电系统**

随着人们对部分工业产品的功能集成化和外形小型化的需求,零件的尺寸正在变得越来越微小。例如便携式录音机的机械和电路空间的空间容积仅为20世纪60年代产品的1%,光通信机械中激光二极管LD模块所需的微小非球面透镜制造用模具仅有0.1～1 mm。此外,进入人体的医疗机械和管道自动检测装置都需要微型齿轮、电机、传感器和控制电路。因而,以本身形状尺寸微小或操作尺寸极小为特征的微机械,已成为人们在微观领域认识和改造客观世界的一项高新技术。

微机械在美国常被称为微型机电系统(Micro Electro-Machanical Systems, MEMS),在日本被称为微机械(Micro-Machine),而在欧洲则被称为微系统(Micro-System)。

微机械的基本特征概括起来包括如下几点。

①体积小、精度高、质量轻:其体积可达亚纳米以下,尺寸精度可达纳米级,质量可达纳克。目前已制造出了直径细如发丝的齿轮,能开动3 mm大小的汽车和花生米大小的飞机。最近有资料表明,科学家们已能在5 $mm^2$ 内放置1 000台微型发动机。

②性能稳定、可靠性高:由于微机械的体积小,几乎不受热膨胀、噪声、挠曲等因素影响,因而具有较高的抗干扰性,可在较差的环境下进行稳定的工作。

③能耗低、灵敏度和工作效率高:微机械所消耗的能量小于传统机械的十分之一,但却能以十倍以上的速度来完成同样的工作,如5 mm×5 mm×0.7 mm的微型泵的流速,比体积大得多的小型泵的流速快1 000倍,而且机电一体化的微机械不存在信号延迟问题,可进行高速工作。



④多功能和智能化:微机械集传感器、执行器、信号处理和电子控制电路为一体,易于实现多功能化和智能化。

⑤适于大批量生产,制造成本低:微机械采用和半导体制造工艺方法类似的生产方法,可以像超大规模集成电路芯片一样一次制成大量完全相同的部件,故制造成本大大降低。如美国的研究人员正在用该技术制造双光纤通信所必需的微型光学调制器,通过巧妙的光刻技术制造芯片,做一块只需几美分,而在过去,这种制造则要花费5 000美元。

## 知识链接2　微细加工工艺方法

微细加工是MEMS发展的重要基础。微细加工起源于半导体制造技术,其加工方法不论是从广义角度还是从狭义角度来看,均十分丰富。广义上所采用的加工方法,与超精密加工技术十分类似,这里不做重点介绍,下面主要是从半导体的微细加工方法入手,对微细加工的方法进行介绍。目前常用的微细加工方法有以下几种。

**1. 超微机械加工**

用超小型精密金属切削机床和电火花、线切割等加工方法,制作毫米级尺寸以下的微机械零件是一种三维实体加工技术,加工材料广泛,但多是单件加工、单件装配、费用较高。

微细切削加工适合所有金属、塑料及工程陶瓷材料,切削方式有车削、铣削、钻削等。由于加工尺寸小、主轴转速高,专用机床的设计加工的难度很大。图 7-31 所示为日本发那科(FANUC)公司开发的能进行车、铣、磨和电火花加工的多功能微型超精密加工机床。该机床有 $X$、$Z$、$C$、$B$ 四轴,数控系统的最小设定单位为 1 nm,配有编码器半闭环控制和激光全息式直线移动的全闭环控制,编码器每个脉冲分辨率为 0.2 nm,直线尺的分辨率为 1 nm,采用空气静压轴承支撑结构,伺服电动机的转子和定子用空气冷却,运行时温度可控制在 0.1 ℃以下。微细加工切削刀具大多采用单晶金刚石车刀和铣刀,刀尖圆弧半径为 100 nm 左右。目前微细切削加工存在的主要困难是各类微型刀具的制造、刀具安装姿态、加工基准的转换定位等。

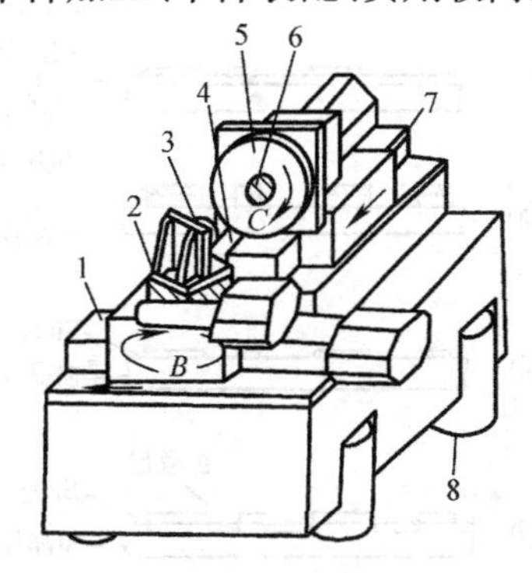

图 7-31　发那科微型超精密加工机床结构示意图

1—$X$ 导轨;2—$B$ 轴回转工作台;3—空气涡轮主轴;4—刀具;5—$C$ 轴回转工作台;6—工件;7—$Z$ 导轨;8—空气油减振器

精密微细磨削外圆表面时,高速钢材料的最小直径可达 20 μm,长度 1.2 mm;硬质合金直径为 25 μm,长度 0.27 mm;石英玻璃直径为 200 μm,长度 0.61 mm。精密磨削急需解决的问题是进给精度的控制、在线观察测量及微型砂轮的整形。

微细电火花加工所用的机床有很多,比如日本松下电气产业公司的 MG—ED71,它的定位控制的分辨率为 0.1 μm,最小加工孔径仅 5 μm,表面结构值为 $Ra$0.1 μm。加工直径 300 μm 、厚 100 μm 的 9 齿不锈钢齿轮时,先用直径 24 μm 的电极连续打孔加工出粗轮廓,再用直径31 μm的电极按齿形曲线扫描轮廓,精度可达 ±3 μm。

微细加工的刀具和电极的定位和安装较为困难,为此常将切削刀具或电极放在加工机床上制造,以避免装夹误差。

**2. 光刻加工**

光刻加工又称光刻蚀加工,它是刻蚀加工的一种,刻蚀加工简称刻蚀。当前,光刻加工技术主要是针对集成电路制作中得到高的精度微细线条(间距)所构成的高密度微细复杂图形。

光刻加工的具体过程为用照相复印的方法将光刻掩膜上的图形印刷在涂有光致性抗蚀剂的薄膜或基材表面,然后进行选择性腐蚀,刻蚀出规定的图形。所用的基材有各种金属、半导体和介质材料。光致刻蚀剂俗称光刻胶或感光剂,是一种经光照后发生交联、分解或聚合等光化学反应的高分子溶液。由此可见,光刻加工应分为两个阶段:第一阶段为原版制作,生成工作原版或工作掩膜,为光刻加工时使用;第二阶段为光刻过程。

图 7-32 所示为典型的光刻工艺的生产过程,该工艺过程包括如下步骤:

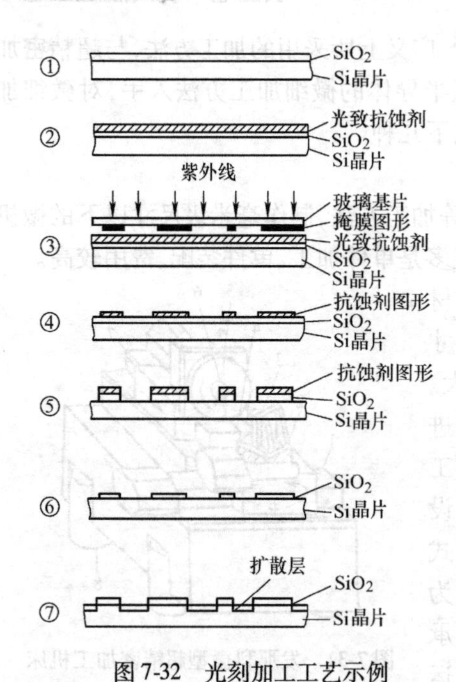


图 7-32　光刻加工工艺示例

①氧化——使硅晶片表面形成一层 $SiO_2$ 氧化层；

②涂胶——在 $SiO_2$ 氧化层表面涂布一层光致刻蚀剂，即光刻胶，厚度在 1 ~ 5 μm；

③曝光——在光刻胶层面上加掩膜，然后用紫外线灯方法曝光；

④显影——曝光部分通过显影而溶解去掉；

⑤腐蚀——加工对象放入氢氟酸腐蚀液，使未被光刻胶覆盖的 $SiO_2$ 部分被腐蚀掉；

⑥去胶——腐蚀结束后，光致刻蚀剂就完成了它的作用，此时要设法将这层无用的胶膜去除；

⑦扩散——向需要杂质的部分扩散杂质，以完成整个光刻加工过程。

目前，光刻加工中主要采用的曝光技术有电子束曝光技术、离子束曝光技术、X 射线曝光技术和紫外线曝光技术，其中离子束曝光技术具有最高的分辨率；电子束曝光技术代表了最成熟的亚微米级曝光技术；紫外线曝光技术则具有最高的经济性，是近年来发展速度最快且实用性较强的曝光技术，在大批量生产中保持主导地位。

**3. 面刻蚀加工**

面刻蚀加工技术是从集成电路平面工艺演变而来的，它是在硅基片上形成薄膜并按一定要求对薄膜进行加工的技术。表面的加工一般采用光刻技术，通过光刻将设计好的微机械结构图形转移到硅片上，再用各种腐蚀工艺形成微结构。在机械加工中，有时要形成各种微腔结构和微桥，通常采用牺牲层工艺。面刻蚀加工的关键步骤是有选择性地将抗刻腐蚀薄膜下面的牺牲层腐蚀掉，从而得到一个空腔结构。常用二氧化硅（$SiO_2$）、磷玻璃（PSG）作为牺牲层材料。图 7-33 所示是制作双固定多晶硅桥的普通面刻蚀加工工艺，首先是在硅基片上淀积牺牲层材料，如淀积磷玻璃，其作用是为形成结构层的后续工艺提供临时支撑，牺牲层的厚度一般为 1 ~ 2 μm，但也可以更厚些；淀积后，牺牲层材料被腐蚀成所需形状，为了向结构提供固定点，可腐蚀出穿透牺牲层的窗口，以防止结构层在分离结束时移位；然后淀积和腐蚀结构材料薄膜层，多晶硅是常用的结构层材料；结构层腐蚀后，除去牺牲层就可分离空腔结构。

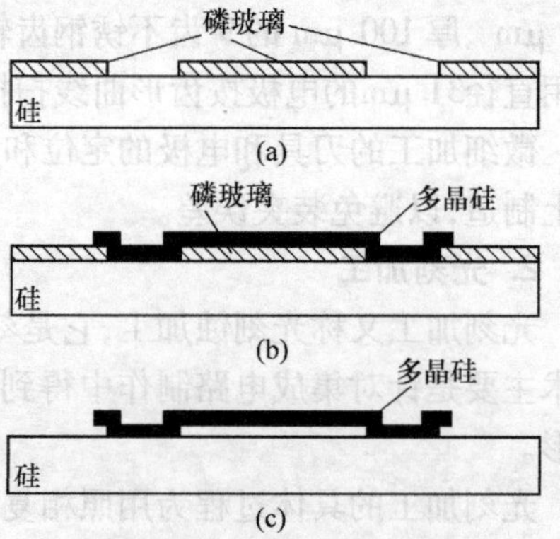

图 7-33　制作双固定多晶硅桥的普通面刻蚀加工工艺

(a)PSG 牺牲层的淀积；(b)多晶硅结构层的淀积和图形形成；(c)除去牺牲层后分离出的结构层

**4. 体刻蚀加工**

体刻蚀加工技术是对硅的衬底进行腐蚀加工的技术，即用腐蚀的方法将硅基片有选择性地去除一部分，以形成微机械结构。腐蚀的方法分为湿法腐蚀和干法腐蚀两种。

湿法腐蚀是用化学腐蚀液对硅基片进行刻蚀，它又有各向同性和各向异性之分。前者是硅在所有的晶向方向以相等的速度进行刻蚀，后者是使硅在不同的晶面以不同的速率进行刻蚀。通过有选择性地使用各向异性刻蚀溶液，利用基片晶格的取向，可以制作如桥、梁、薄膜等不同的结构。

干法腐蚀是利用等离子体取代化学腐蚀液，把基体暴露在电离的气体中，气体中的离子与基体原子间的物理和化学作用引起刻蚀。

就湿法和干法两种方法而言，湿法的腐蚀速率快，各向异性好，成本低，但控制腐蚀深度困难；干法的腐蚀速度慢，成本高，但能精确控制腐蚀深度。对要求精密、刻蚀深度浅的最好用干法腐蚀工艺；对要求各向异性大、腐蚀深度很深的则最好采用湿法腐蚀加工。

## 知识链接3　微细加工技术发展趋势

近几十年来，微机械电子系统得以迅猛发展，一些令人瞩目的微系统已经引起了人们的广泛关注，各种各样的微型元件如雨后春笋般不断涌现并显示出了极高的现实和潜在的价值。微细加工技术已被公认为是发展微机械的关键技术之一。从目前的情况来看，微细加工技术总的发展趋势包括如下几点。

**1. 加工方法的多样化**

迄今为止，微细加工技术是从两个领域延伸发展起来的：一是用传统的机械加工和电加工等方法，研究它们的小型化和微型化的加工技术；二是在半导体光刻加工和化学加工等高集成、多功能化微细加工的基础上提高其去除材料的能力，使其能制作出实用的微型零件的机器。因此，如何从单一加工技术向组合加工技术发展，研究和制备几十微米至毫米级零件的高效加工工艺和设备，是今后很长一段时期内的重点攻关领域。图7-34所示为日本某高校开展研发的微型加工厂，可进行车削、铣削等加工。

图7-34　日本某高校研发的微型加工工厂

**2. 加工材料的多样化**

加工材料从单纯的硅材料向各种不同的材料类型发展，如玻璃、陶瓷、树脂、金属及一些有机物，大大扩展了微机械的应用范围，满足了更多的要求。

**3. 提高微细加工的经济性**

微细加工实用化的一个重要条件就是要经济上可行，性能产出比合理。LIGA工艺的出现是微机械进行批量生产的范例，微细成形、微细制模和微细模铸等方法也能适用于批量生产微型零件。此外，加工方式从手工操作向自动化发展也是提高微细加工经济性的途径。

**4. 加快微细加工的机理研究**

伴随着机械构件的微小化，将出现一系列的尺寸效应，如构件的惯性力、电磁力的作用相应地减少，而黏结力、弹性力、表面张力、静电力等的作用将相对较大；随着尺寸的减小，表面积与体积之比相对增大，传导、化学反应等加速，表面间的摩擦阻力显著增大。因而，加紧微机理的研究，建立微观世界的数学模型、力学模型和分析方法，奠定微机械的基础理论，对微机械的设计和制造加工工艺的制订有很大的实际应用意义。

## 任务4　特种加工技术

### 知识链接1　电火花加工

电火花加工(Electrospark Machining)在日本和欧美等国家也称为放电加工(Electrical Discharge Machining,EDM),在20世纪40年代人们开始研究并逐步将这一方法应用于生产。在加工过程中,由于在被加工工件和加工工具之间不断地产生脉冲性的电火花放电,因此可以看到明显的火花的产生,所以这种加工方法在前苏联和我国称为电火花加工,现在在俄罗斯也将该种加工方法称为电蚀加工(Electroerosion Machining)。

**1. 电火花加工的基本原理及其分类**

电火花加工的基本原理是基于工具和工件(正、负电极)之间脉冲性火花放电时的电腐蚀现象来蚀除多余的金属,以达到对零件的尺寸、形状及表面质量预定的加工要求。

研究表明,电火花腐蚀的主要原因是:电火花放电时,火花通道中瞬时产生大量的热,达到很高的温度,这种温度足以使任何金属材料局部熔化、汽化而被蚀除掉,形成放电凹坑。这样,人们在研究防止电火花腐蚀办法的同时,开始研究利用电腐蚀的现象对金属材料进行尺寸加工。而要达到这一目的,必须创造以下条件,解决下列问题。

①必须使工具电极和工件被加工表面之间经常保持一定的放电间隙,这一间隙随加工条件而定,通常为0.02~1 mm。如果间隙过大,极间电压不能击穿极间工作液介质,因而也就不会产生火花放电;如果间隙过小,就很容易形成多路接触,同样也不能产生火花放电。为此,电火花加工过程中必须具有工具电极的自动进给和调节装置,使其和工件的加工表面保持某一放电间隙。

②电火花放电必须是瞬时脉冲性放电。放电间隙加上电压后,延续一段时间 $t_i$,需停歇一段时间 $t_o$,延续时间 $t_i$ 一般为1~1 000 μs,停歇时间 $t_o$ 一般为20~100 μs,这样才能使放电所产生的热量来不及传导扩散到相邻的部分,把每一次的放电蚀除点分别局限在很小的范围内,否则像持续电弧放电那样连续放电的话,会使被加工表面烧伤从而无法用作尺寸加工。综上所述,采用脉冲电源是电火花加工所必需的。

③火花放电必须在有一定绝缘性能的液体介质中进行,例如煤油、皂化液或去离子水等。这种液体介质也称为工作液,它必须具有较高的绝缘强度(电阻率一般为 $10^3$~$10^7$ Ω·cm),以有利于产生脉冲性的电火花放电。同时,液体介质在加工过程中,还能将由于电火花放电而产生的金属切屑、炭黑、小气泡等电蚀产物从放电间隙中排除出去,并且对电极和工件表面起到较好的冷却作用。

**2. 电火花加工的特点及其应用**

(1)主要优点

①电火花加工适用于任何难切削的导电材料的加工。由于加工中材料的去除是靠放电时的电热作用实现的,材料是否可以加工主要取决于材料的导电性及热学特性,如被加工材料的熔点、沸点、比热容、热导率、电阻等,而几乎与其力学性能(强度、硬度等)无关。这样一来,就可以突破传统切割加工对刀具的限制,从而实现用软工具来加工强韧工件的目的,

甚至可以加工像聚晶金刚石、立方氮化硼一类的超硬材料。目前,电火花加工所采用的电极材料多为纯铜(紫铜)、黄铜或石墨。因此,电火花加工中所使用的电极工具是比较容易加工的。

②可以加工特殊及复杂形状的表面和零件。由于加工中工具电极和工件不直接接触,因而没有机械加工中宏观的切削力,因此电火花加工适宜加工低刚度工件及作微细加工。由于可以简单地将工具电极的形状复刻到工件上,因此特别适用于复杂表面形状工件的加工,如复杂型腔模具加工等。现代数控技术的广泛应用使得用简单的电极加工复杂形状的零件也成为可能。

(2)主要局限性

①电火花加工一般主要用于加工金属等导电的材料,半导体和非导体材料一般难于用电火花加工。

②电火花加工一般加工速度较慢。通常安排工艺时多采用切削加工来去除大部分余量,然后再进行电火花加工以提高生产效率。但目前已有研究表明,采用特殊水基不燃性工作液进行电火花加工,其生产效率基本可以达到切削加工的水平。

③存在电极损耗。由于电极损耗多集中在尖角或底面,影响成形精度。这种缺陷在近年来粗加工时已能将电极相对损耗比降至0.1%以下,甚至更小。

由于电火花加工具有很多传统切削加工所不具备的优点,因此其应用领域正在逐渐扩大。目前主要应用于机械(特别是模具制造)、宇航、航空、电子、电机电器、精密机械、仪器仪表、汽车、拖拉机、轻工业等行业,用来解决难加工导电材料及复杂形状零件的加工问题。其加工范围已达到小至几微米的小型轴、孔、缝,大到几米的超大型模具和零件。

**3. 电火花加工的分类**

按工具和工件相对运动的方式和用途不同,电火花加工大致可分为电火花穿孔成形加工、电火花线切割加工、电火花磨削和镗削、电火花同步共轭回转加工、电火花高速小孔加工、电火花表面强化与刻字,共六大类。其中前五类属于电火花成形、尺寸加工,是用于改变零件形状或尺寸的加工方法;最后一种属于表面加工方法,用于改善或改变零件表面性质。以上应用中,以电火花穿孔加工和电火花线切割加工的应用最为广泛。

(1)电火花穿孔加工

特点:

①工具和工件间只有一个相对的伺服进给运动;

②工具为成形电极,与被加工表面有相同的截面和相反的形状。

用途:

①型腔加工——加工各类型腔模及各种复杂的型腔零件;

②穿孔加工——加工各种冲模、挤压模、粉末冶金模以及各种异型孔和微孔等。

(2)电火花线切割加工

特点:

①工具电极为顺电极丝轴线方向移动着的线状电极;

②工具与工件在两个水平方向同时有相对伺服进给运动。

用途:

①切割各种冲模和具有直纹面的零件;

②下料、截割和窄缝加工。

(3)电火花内孔、外圆和成形磨削

特点:

①工具与工件有相对的旋转运动;

②工具与工件间有径向和轴向的进给运动。

用途:

①加工高精度、表面结构值小的小孔,如拉丝模、挤压模、微型轴承内环、钻套等;

②加工外圆小模数滚刀等。

(4)电火花同步共轭回转加工

特点:

①成形工具与工件均作旋转运动,但两者角速度相等或成整倍数,相对应接近的放电点可有切向相对运动速度;

②工具对工件可作纵向、横向进给运动。

用途:加工各种复杂型面的零件,如高精度的异形齿轮,精密螺纹环规,高精度、高对称度、表面结构值小的内、外回转体表面。

(5)电火花高速小孔加工

特点:

①采用细管( > $\phi$0.3 mm)电极,管内充入高压水基工作液;

②细管电极旋转;

③穿孔速度较高。

用途:

①加工线切割穿丝预孔;

②加工深径比很大的小孔,如喷嘴等。

(6)电火花表面强化、刻字

特点:

①工具在工件表面上振动;

②工具相对工件移动。

用途:

①模具刃口,刀、量具刃口表面强化和镀覆;

②电火花刻字、打印记。



#### 4. 电火花加工用的机床

电火花加工在特种加工中因其研究、使用得比较早,到目前为止已经具有了比较成熟的工艺。在民用、国防生产部门和科学研究中已经得到了广泛的应用,其加工中所使用的机床也比较定型。电火花加工工艺及机床设备的类型虽较多,但就像上面所说的,其加工应用以电火花穿孔成形加工和电火花线切割为主,下面主要介绍电火花穿孔成形加工所用的机床,电火花线切割机床将单独论述。

如图 7-35 所示,电火花穿孔成形加工机床主要由主机(包括自动调节系统的执行机构)、脉冲电源、自动进给系统、工作液净化及循环系统几部分组成。

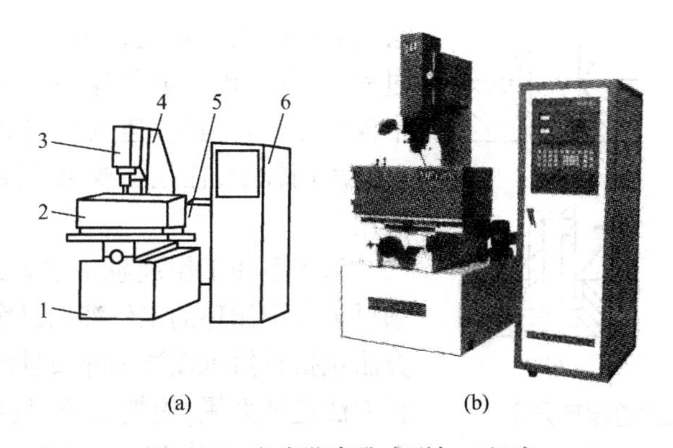


图 7-35　电火花穿孔成形加工机床

(a)组成部分;(b)外形

1—床身;2—工作液槽;3—主轴头;4—立柱;5—工作液箱;6—电源箱

(1)机床整体部分

机床主要包括主轴头、床身、立柱、工作台及工作液槽几个部分,机床的整体布局按机床型号可采用图 7-35 所示的结构。

床身和立柱是机床的主要构件,要有足够的刚度。床身工作台面与立柱导轨面间应有一定的垂直度要求,还应有较好的精度保持性,这要求导轨要具有良好的耐磨性和充分消除材料内应力的特征。

作纵向移动的工作台一般都带有坐标装置,常用刻度手轮来调整位置。随着所要求加工精度的提高,可进一步采用光学坐标读数装置、磁尺数显装置等。

近年来,由于工艺水平的提高及计算机信息技术、数控技术的发展,国外广泛生产有两坐标、三坐标数控伺服控制的以及主轴和工作台回转运动并加三向伺服控制的五坐标数控电火花机床,有的还带有工具电极库,可以自动更换工具电极,称为电火花加工中心。

(2)主轴头

主轴头是电火花成形机床中最关键的部件,是自动调节系统中的执行机构,对加工工艺指标的影响极大。对于电火花加工机床主轴头的要求是:结构简单,传动链短,传动间隙小,热变形小,具有足够的精度和刚度,以适应自动调节系统惯性小、灵敏度好、能承受一定负载的要求。主轴头主要由进给系统、上下移动导向和水平面内防扭机构、电极装夹及调节环节组成。

(3)工具电极夹具

工具电极的装夹及其调节装置的形式很多,其作用主要是调节工具电极和工作台的垂直度以及调节工具电极在水平面内微量的扭转角。常用的有十字铰链式和球面铰链式。

(4)工作液循环过滤系统

工作液循环过滤系统包括工作液(煤油)箱、电动机、泵、过滤装置、工作液槽、油杯、管道、阀门以及测量仪器等。放电间隙中的电蚀产物除了靠自然扩散、定期抬刀以及使工具电极附加振动等方式排出外,还常采用强迫循环的方法加以排出,以免间隙中电蚀产物过多,引起已加工过的侧表面间“二次放电”,从而影响加工精度,也可以带走一部分热量。图7-36所示为工作液强迫循环的两种方式,其中(a)、(b)为冲油式,较易实现,排屑冲刷能力强,一般常采用这种方式,但在排屑过程中,电蚀产物仍然会通过已加工区域,所以这种循环方式

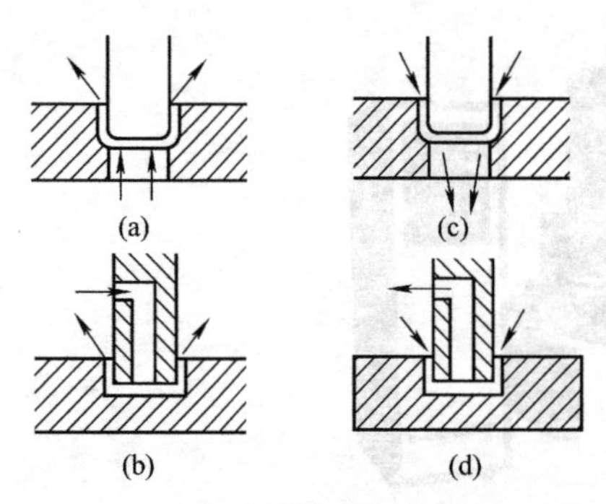


图 7-36　工作液强迫循环方式

(a),(b)冲油式;(c),(d)抽油式

会稍微影响加工精度;(c)、(d)为抽油式,在加工过程中,分解出来的气体($H_2$、$C_2H_2$ 等)易积聚在抽油回路的死角处,遇电火花引燃后会爆炸,因此一般采用较少,往往在要求小间隙、精加工时有所使用。

为了不使工作液越用越脏,影响加工性能,必须对工作中循环的工作液加以净化、过滤。其具体方法包括自然沉淀法和介质过滤法两种,其中前一种方法速度太慢,周期太长,只用于单件小用量或微精加工;后一种方法用黄砂、木屑、棉纱头、过滤纸、硅藻土、活性炭等作为过滤介质,这些过滤介质虽然各有优缺点,过滤效率也不尽相同,但对于中小型工件、加工用量不大时,一般都能满足过滤要求,取材和使用也比较方便,其中以过滤纸的效率较高、性能较好。

## 知识链接 2　电火花线切割加工

电火花线切割加工(Wire Cut EDM,WEDM)是在电火花加工的基础上于 20 世纪 50 年代末最早在前苏联发展起来的一种工艺形式,是用线状电极(钼丝或铜丝)靠电火花放电对工件进行切割,故将这种加工方式称为电火花线切割,简称为线切割。这种加工方式目前已得到广泛应用,目前国内外的线切割机床已占到电加工机床的 60% 以上。

### 1. 电火花线切割加工的原理

电火花线切割加工的基本原理是利用移动的金属导线(钼丝或铜丝)作电极,利用数控技术对工件进行脉冲火花放电切割成形,可切割成各种二维、三维、多维表面。

根据电极丝的运动方向和速度,电火花线切割机床可大致分为两大类:一类是往复高速走丝(或称快走丝)电火花线切割机床(WEDM—HS),一般走丝速度为 8 ~ 10 m/s,这是我国生产和使用的主要机床品种,也是我国独创的电火花线切割加工模式;另一种是单向低速走丝(或称慢走丝)电火花线切割机床(WEDM—LS),一般走丝速度低于 0.2 m/s,这是国外主要生产和使用的机种。

图 7-37 所示为往复高速走丝电火花线切割工艺及机床的示意图。利用细钼丝 4 作为工具电极进行切割,贮丝筒 7 使钼丝作正反向交替移动,加工能源由脉冲电源 3 供给。在电极丝和工件之间浇注工作液介质,工作台在水平面两个坐标方向各自按预定的控制程序,根据电火花间间隙状态作伺服进给移动,从而合成各种曲线轨迹,将工件切割成形。

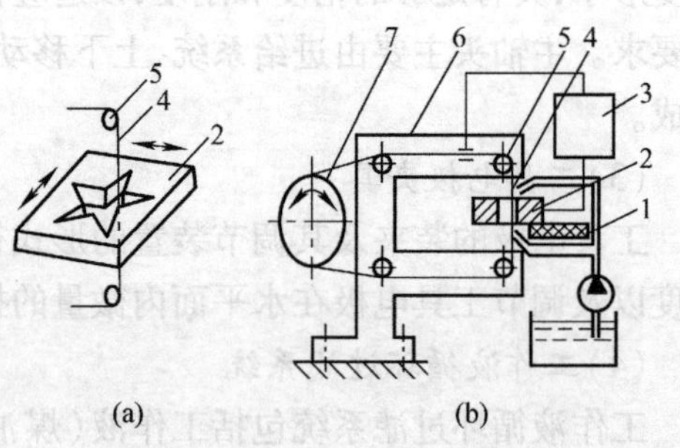


图 7-37　电火花线切割原理

1—绝缘底板;2—工件;3—脉冲电源;
4—钼丝;5—导向轮;6—支架;7—贮丝筒

过去,电火花线切割机床按控制方式,分为靠模仿形控制和光电跟踪控制等类型,现在随着计算机信息技术和数控技术的发展,电火花线切割机床已经基本实现了数控控制的方式。如果按照加工尺寸范围来进行分类的话,还可将电火花线切割机床分为大、中、小型以

及普通型和专用型等。目前国内外的线切割机床采用不同的微机数控系统,从单片机、单板机到微型计算机控制,一般都还具有自动编程功能。

**2. 电火花线切割加工的特点**

电火花线切割加工的工艺和机理,与电火花穿孔成形加工比较类似,它们既有共性,又有各自的特征。

(1)电火花线切割加工与电火花穿孔成形加工的共同特点

①线切割加工的电压、电流波形与电火花加工的基本相似。单个脉冲也有多种形式的放电状态,如开路、正常火花放电、短路等。

②线切割加工的加工机理、生产效率、表面结构等工艺规律,材料的可加工性等也基本与电火花加工相似,可以加工硬质合金等一切导电材料。

(2)电火花线切割加工相比电火花穿孔成形加工的不同点

①由于电火花线切割加工的工具是直径很小的细丝,故脉冲宽度、平均电流等不能太大,加工工艺参数的范围较小,属中、精正极性电火花加工,工件常接脉冲电源正极。

②电火花线切割加工采用水或水基工作液,不会引燃起火,具有比较安全的工作环境,容易实现安全无人运转,但由于工作液的电阻率远比煤油小,因而在开路状态下,仍有比较明显的电解电流。电解效应稍有益于改善加工表面结构,但对硬质合金等会使钴元素过多蚀除,从而恶化表面质量。

③电火花线切割加工一般没有稳定电弧放电状态。因为电极丝与工件始终有相对运动,尤其是高速走丝电火花线切割加工。因此,线切割加工的间隙状态可以认为是由正常火花放电、开路和短路这三种状态组成,但往往在单个脉冲内有多种放电状态,有“微开路”“微短路”的现象发生。

④电火花线切割加工电极与工件之间存在着“疏松接触”式轻压放电现象。研究结果表明,当柔性电丝与工件接近到通常认为的放电间隙(例如8~10 μm)时,并不发生火花放电,甚至当电极丝已接触到工件,从显微镜中已看不到间隙时,也常常看不到火花,只有当工件将电极丝顶弯,偏移一定距离(几微米到几十微米)时,才发生正常的火花放电。亦即每进给1 μm,放电间隙并不减小1 μm,而是钼丝增加一点张力,向工件增加一点侧向压力,只有电极丝和工件之间保持一定的轻微接触压力时,才形成火花放电。可以认为,在电极丝和工件之间存在着某种电化学产生的绝缘薄膜介质,当电极丝被顶弯所造成的压力和电极丝相对工件的移动摩擦使这种介质减薄到可被击穿的程度,才发生火花放电。放电发生之后产生的爆炸力可能使电极丝局部振动而脱离接触,但宏观上仍是轻压放电。

⑤线切割加工省掉了成形的工具电极,大大降低了成形工具电极的设计和制造费用,用简单的工具电极,靠数控技术实现复杂的切割轨迹,缩短了生产准备时间,加工周期短,这样一来不但对新产品的试制有很大的意义,对大批量生产也加快了快速性和柔性。

⑥线切割加工电极丝比较细,可以加工微细异形孔、窄缝和复杂形状的工件。由于切缝很窄,且只对工件材料进行“套料”加工,所以实际上金属去除量很少,材料的利用率很高,这对加工和节约贵金属材料来说,有很重大的意义。

⑦线切割加工由于采用移动的长电极丝进行加工,使单位长度电极丝的损耗减少,从而对加工精度的影响比较小,特别在低速走丝线切割加工时,电极丝一次性使用,电极丝损耗对加工精度的影响更小。

电火花加工正是由于拥有上述的优点，所以目前在国内的应用和普及程度也在逐渐加快，目前已经得到了较为广泛的应用。

### 3. 电火花线切割加工的应用范围

电火花线切割加工为新产品的试制、精密零件的加工及模具制造开辟了一条崭新的工艺途径，目前它主要应用于如下几个方面。

(1)加工模具

电火花线切割加工适用于加工各种形状的冲模。通过调整不同的间隙补偿量，只需一次编程就可以切割凸模、凸模固定板、凹模及卸料板等。模具配合间隙、加工精度通常都能够达到0.01～0.02 mm(双向高速走丝线切割机)和0.002～0.005 mm(单向低速走丝线切割机)的要求。此外，还可以加工挤压模、粉末冶金模、弯曲模、塑压模等，也可以用于带锥度的模具的加工。

(2)切割电火花成形加工用的电极

一般穿孔加工用的电极和带锥度腔加工用的电极以及铜钨、银钨合金之类的电极材料，用线切割加工特别经济，同时也适用于加工微细复杂型腔电极。

(3)加工零件

在试制新产品时，用线切割电火花加工在坯料上直接割出零件，例如试制切割特殊微电机硅钢片定转子铁芯，由于电火花线切割加工不需另行制造模具，所以可以极大地减小制造周期，降低制造成本。另外，修改设计、变更加工程序也比较方便，加工薄件时还可多件重叠在一起加工。在零件制造方面，可用于加工品种种类多、数量少的零件，特殊难加工的零件，材料试验样件，各种型孔、型面、特殊齿轮、凸轮、样板、成形刀具等。有些具有锥度切割的线切割机床，可加工出上圆下方的具有上下异形面的零件。同时，电火花线切割加工还可用于微细加工以及异形槽和标准缺陷的加工等。

### 4. 电火花线切割加工的设备

电火花线切割加工设备主要由机床本体、脉冲电源、控制系统、工作液循环系统和机床附件等几部分组成，图7-38和图7-39所示分别是双向(往复)高速和低速走丝(快走丝、慢走丝)线切割加工设备的结构组成图。



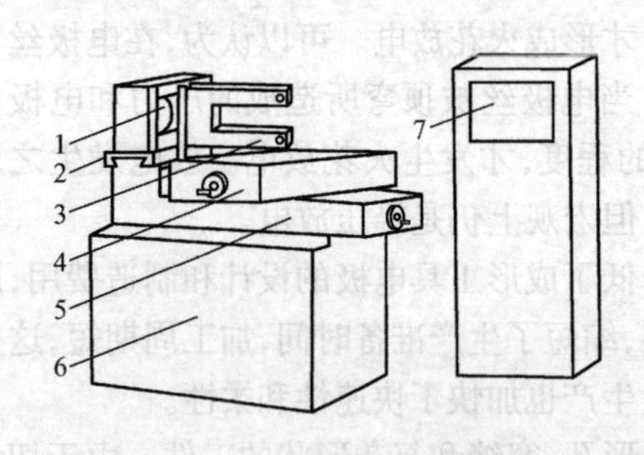


图7-38 往复高速走丝线切割加工设备结构组成

1—储丝筒；2—走丝溜板；3—丝架；4—上滑板；5—下滑板；6—床身；7—电源、控制柜

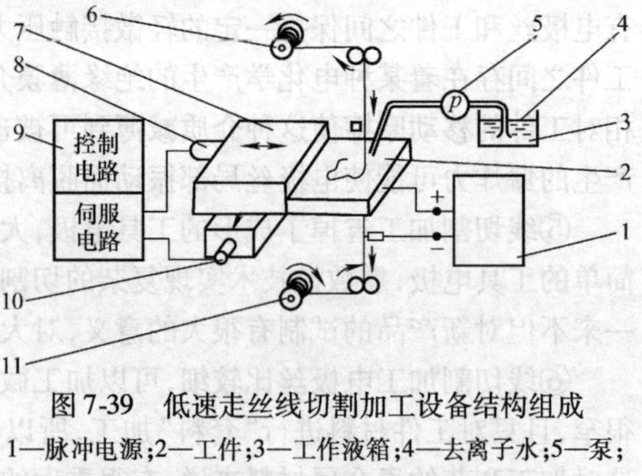

控制电路

伺服电路

图7-39 低速走丝线切割加工设备结构组成

1—脉冲电源；2—工件；3—工作液箱；4—去离子水；5—泵；6—新丝放丝卷筒；7—工作台；8—$x$轴电动机；9—数控装置；10—$y$轴电动机；11—废丝卷筒

(1)机床本体

机床本体由床身、坐标工作台、锥度切割装置、走丝机构、丝架、工作液箱、附件和夹具几

部分组成。

1)床身

床身一般为铸件,是坐标工作台、走丝机构及丝架的支承和固定基础。通常采用箱式结构,床身要有足够的强度和刚度。床身内部安装电源和工作液箱。考虑电源的发热和工作液泵的振动,有些机床将电源和工作液箱移出床身外另行安置。

2)坐标工作台

电火花线切割机床最终都是通过坐标工作台与电极丝的相对运动来完成零件的加工的。为保证机床的精度,对导轨的精度、刚度和耐磨性都有较高的要求。一般都采用"十"字滑板、滚动导轨和丝杠传动副将电动机的旋转运动变为工作台的直线运动,通过两个坐标方向各自的进给运动,可合成获得各种平面图形曲线轨迹。为保证工作台的定位精度和灵敏度,传动丝杠和螺母之间必须消除间隙。

3)走丝机构

走丝系统使电极丝以一定的速度运动并保持一定的张力。在高速走丝机床上,一定长度的电极丝平整地卷绕在贮丝筒上,丝张力与排绕时的拉紧力有关。(为了进一步提高加工精度,近年来已研制出恒张力装置)贮丝筒通过联轴器与驱动电机相连。为了重复使用该段电极丝,电动机由专门的换向装置控制作正反向交替运转。走丝速度等于贮丝筒周边的线速度,通常为 8～10 m/s。在运动过程中,电极丝由丝架支撑,并依靠导轮保持电极丝与工作台垂直或倾斜一定的几何角度(锥度切割时)。图 7-40 所示为低速走丝系统示意图。

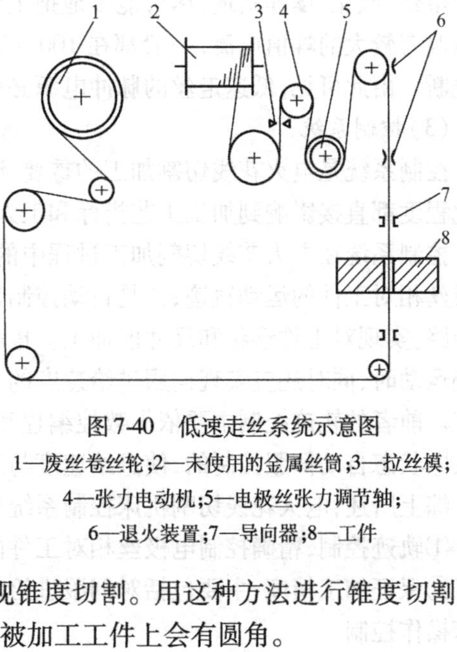

图 7-40 低速走丝系统示意图

1—废丝卷丝轮;2—未使用的金属丝筒;3—拉丝模;4—张力电动机;5—电极丝张力调节轴;6—退火装置;7—导向器;8—工件

4)锥度切割装置

为了切割有落料角的冲模和某些锥度(斜度)的内外表面,大部分线切割机床具有斜度切割功能。实现锥度切割的方法有很多种,各生产厂家有不同的结构。

Ⅰ. 导轮偏移式丝架

这种丝架主要用在高速走丝切割机床上实现锥度切割。用这种方法进行锥度切割时,锥度不宜过大,否则钼丝容易拉断,导轮易磨损,被加工工件上会有圆角。

Ⅱ. 导轮摆动式丝架

用这种方法加工的锥度不影响导轮的磨损,最大切割锥度通常可达 5°以上。

Ⅲ. 双坐标联动装置

在电极丝有恒张力控制的高速走丝和低速走丝切割机床上广泛采用此类装置,它主要依靠上导向器作纵横两轴($u$、$v$ 轴)驱动,与工作台的 $x$、$y$ 轴在一起构成四数控轴同时控制,如图 7-41 所示。这种方式的自由度很大,依靠功能丰富的软件实现上下异形截面形状的加工。最大倾斜角度 $\theta$ 一般为 ±5°,有的甚至可达 30°～50°(与被加工工件厚度有关)。

在锥度加工时,保持导向间距(上下导向器与电极丝接触点之间的直线距离)一定,是获得高精度的主要因素。为此,有的机床具有 $z$ 轴设置功能,并且一般采用圆孔方式的无方

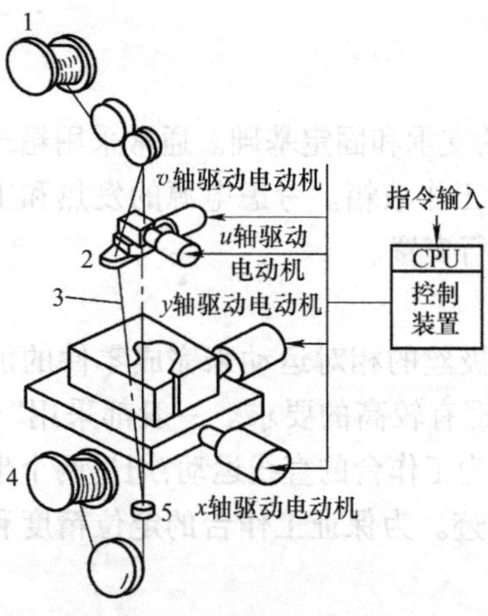

向性导向筒。

(2)线切割加工用的脉冲电源

高速走丝电火花线切割加工脉冲电源与电火花成形加工所用的在原理上相同,不过受加工表面结构和电极丝允许承载电流的限制,线切割加工脉冲电源的脉宽较窄(2 ~ 60 μs),单个脉冲能量、平均电流(1 ~ 5 A)一般较小,所以线切割加工总是采用正极性加工。脉冲电源的形式品种很多,如晶体管矩形波脉冲电源、高频分组脉冲电源、节能型脉冲电源等。

图 7-41　低速走丝四轴联动锥度切割装置

1—新丝卷筒;2—上导向器;3—电极丝;4—废丝卷筒;5—下导向器

低速走丝线切割加工有其自身的特性,一是丝速较低,电蚀产物的排屑效果不佳;二是设备较昂贵,必须有较高的生产效率,为此常采用镀锌的黄铜丝线电极,当火花放电时瞬时高温使低熔点的锌迅速熔化、汽化,爆炸式地、尽可能多地把工件上熔融的金属液抛入工作液中。因此要求脉冲电源有较大的峰值电流,一般都在 100 ~ 500 A,但脉宽极窄(0.1 ~ 1 μs),否则电极丝将被烧断。由此可见,低速走丝的脉冲电源必须能提供窄脉宽,大峰值电流。

(3)控制系统

控制系统是电火花线切割加工的重要环节。控制系统的稳定性、可靠性、控制精度及自动化程度都直接影响到加工工艺指标和工人的劳动强度。

控制系统在电火花线切割加工过程中的主要作用有两方面:一是按加工要求自动控制电极丝相对工件的运动轨迹;二是自动控制伺服进给速度,保持恒定的放电间隙,防止开路和短路,实现对工件形状和尺寸的加工。也就是说当控制系统使电极丝相对于工件按一定轨迹运动时,同时还应实现伺服进给速度的自动控制,以维持正常的放电间隙和稳定的切割加工。前者的轨迹控制主要依靠数控编程和数控系统来完成,后者则是根据放电间隙大小与放电状态自动伺服控制的,使进给速度与工件材料的蚀除速度相平衡。

综上所述,电火花线切割机床控制系统的具体功能主要包括:

①轨迹控制,精确控制电极丝相对工件的运动轨迹,以获得所需的形状和尺寸;

②保证加工精度,主要包括对伺服进给速度、电源装置、走丝机构、工作液系统以及其他机床操作控制。



此外,断电记忆、故障报警、安全控制及自动诊断功能也是重要的方面。

以前电火花线切割机床的轨迹控制系统主要靠仿形控制、光电跟踪仿形控制,现在已经普遍采用数控控制及计算机直接控制。

(4)工作液循环系统

在线切割加工中,工作液对加工工艺指标影响很大,如对切割速度、表面结构、加工精度等都有影响。低速走丝线切割机床大多采用去离子水为工作液,只有在特殊精加工时才采用绝缘性较高的煤油。高速走丝线切割机床使用的工作液是专用乳化液,目前供应的乳化液型号主要是 DX—1、DX—2、DX—3 等,它们的特点不尽相同,有的适用于快速加工,有的适用于大厚度切割,近年来多采用不含油脂的新型乳化液。工作液循环装置一般由工作液泵、液箱、过滤器、管道和流量控制阀组成。对高速走丝机床，通常采用浇注式供液方式；而对低速走丝机床，近年来多采用浸泡式供液方式。

## 知识链接3　电解加工

电解加工（ECM）是继电火花加工后发展较快、应用广泛的一项新工艺。目前在国内外成功地应用于武器、航空发动机、火箭等的制造工业，在汽车、拖拉机、采矿机械的模具制造中也得到了广泛的应用。因此，在机械制造业中，电解加工已成为一种不可缺少的工艺加工方法。

### 1. 电解加工的过程

电解加工是利用金属在电解液中的电化学阳极溶解，将工件加工成形的。在工业生产中，最早应用这一电化学腐蚀作用来电解抛光工件表面。不过，电解抛光时，由于工件与工具电极间的距离较大（100 mm 以上）和电解液静止不动等一系列原因，只能对工件表面进行普通的腐蚀和抛光，不能有选择地腐蚀成所需的零件形状和尺寸。

电解加工是在电解抛光的基础上发展起来的。图7-42所示为电解加工过程的示意图。加工时，工件接直流电源（10～20 V）的正极，工具接电源负极，工具向工件缓缓进给，使两极之间保持较小的间隙（0.1～1 mm），具有一定压力（0.5～2 MPa）的氯化钠电解液从间隙中流过，这时阳极工件的金属被逐渐电解腐蚀，电解产物被高速（5～50 m/s）的电解液带走。

电解加工成形原理如图7-43所示，图中的细竖线表示通过阴极（工具）与阳极（工件）间的电流，竖线的疏密程度表示电流密度的大小。在加工刚开始时，阴极与阳极距离较近的地方通过的电流密度较大，电解液的流速也较高，阳极溶解速度也就较大。在图7-43（a）中，由于工具相对工件不断进给，工件表面就不断被电解，电解产物不断被电解液冲走，直至工件表面形成与阴极工作面基本相似的形状为止。

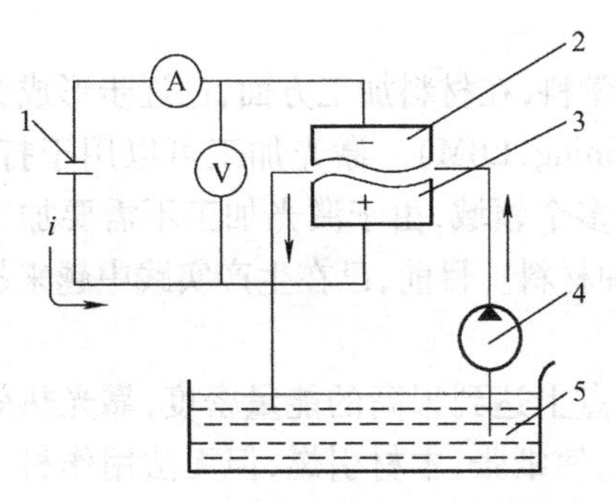


图7-42　电解加工过程示意图

1—直流电源；2—工具阴极；3—工件阳极；4—电解液泵；5—电解液

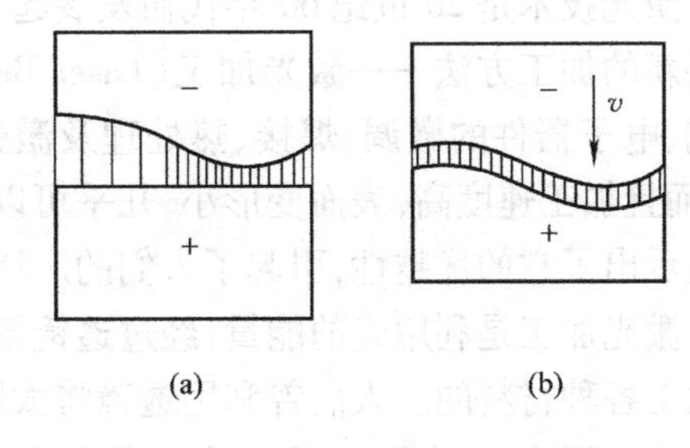


图7-43　电解加工成形原理

### 2. 电解加工的优点

①加工范围广，不受金属材料本身力学性能的限制，可以加工硬质合金、淬火钢、不锈钢、耐热合金等高硬度、高强度及高韧性金属材料，并可加工叶片、锻模等各种复杂的型面。

②电解加工的生产效率较高，为电火花加工的5～10倍，在某些情况下，比切削加工的生产效率还高，且加工成品率不直接受加工精度和表面结构的限制。

③可以达到较好的表面结构（$Ra0.2\sim1.25\ \mu m$）和±0.1 mm左右的平均加工精度。

④由于加工过程中不存在机械切削力，所以不会产生由切削力所引起的残余应力和变形，没有飞边毛刺。

⑤加工过程中阴极工具在理论上不会耗损，可长期使用。

**3. 电解加工的缺点**

①不易达到较高的加工精度和加工稳定性。这是由于影响电解加工间隙电场和流场稳定性的参数很多，控制比较困难，加工时杂散腐蚀液比较严重。目前，加工小孔和窄缝还比较困难。

②电极工具的设计和修正比较麻烦，因而很难适用于单件生产。

③电解加工的附属设备较多，占地面积较大，机床要有足够的刚性和防腐性能，造价较高。对电解加工而言，一次性投资较大。

④电解产物需进行妥善处理，否则将污染环境。例如重金属镉离子及各种金属盐对环境的污染，为此必须投资进行废弃工作液的无害化处理。此外，工作液及其蒸气还会对机床、电源甚至厂房造成腐蚀，也需进行防护。

由于电解加工的优点和缺点都比较突出，因此如何正确选择使用电解加工工艺，成为一个重要的问题。我国一些专家提出选用电解加工工艺的三原则包括：电解加工适用于难加工材料的加工，电解加工适用于相对复杂形状零件的加工，电解加工适用于批量大的零件加工。一般认为，在上述三个条件均满足时，可以考虑采用电解加工的方法。

**4. 电解加工的应用**

我国自1958年在膛线加工方面成功地采用了电解加工工艺并正式投产以来，电解加工工艺的应用得到了很大的发展，目前在各种膛线、花键孔、深孔、内齿轮、链轮、叶片、异形零件及模具等方面获得了比较广泛的应用。

## 知识链接4　激光加工

激光技术是20世纪60年代初发展起来的一门学科，在材料加工方面，已逐步形成为一种崭新的加工方法——激光加工（Laser Beam Machining，LBM）。激光加工可以用于打孔、切割、电子器件的微调、焊接、热处理及激光存储等多个领域，由于激光加工不需要加工工具，而且加工速度高，表面变形小，几乎可以加工各种材料。目前，已在生产实践中越来越多地显示出了它的优越性，引起了人们的广泛关注。



激光加工是利用光的能量，经过透镜聚焦，在焦点上达到很高的能量密度，靠光热效应来加工各种材料的。人们曾利用透镜将太阳光聚焦，使纸张、木材引燃，但无法用作材料加工。这是因为：一方面地面上的太阳光的能量密度不高；另一方面是由于太阳光不是单色光，而是由红、橙、黄、绿、青、蓝、紫色等不同波长的光组成的多色光，并不能在同一平面聚焦。通过研究，人们发现激光不但是一种单色光，而且强度高、能量密度大，所以避免了像太阳光那样的缺点，可以使用激光来进行相应的加工。

**1. 激光的产生**

某些具有亚稳定状态能级结构的物质，在一定的外来光子能量激发的条件下，会吸收光能，使处在较高能级（亚稳态）的原子（或粒子）数目大于处于低能级（基态）的原子数目，这种现象称为“离子数反转”。在粒子数反转的状态下，如果有一束光子照射该物体，而光子的能量恰好等于这两个能级相对应的能量差，这时就会产生受激辐射，输出大量的光能。

2. 激光的特性

激光也是一种光，它具有和一般其他光相同的特点（如光的反射、折射、绕射以及干涉等），也有它的特性。

普通光源的发光是以自发辐射为主，基本上是无序地、相互独立地产生光发射的，发出的光波无论方向、位相或者偏振状态都是不同的。激光则不同，它的光发射以受激辐射为主，因而发光物质中基本上是有组织地、相互关联地产生光发射的，发出的光波具有相同的频率、方向、偏振状态和严格的位相关系。

正是基于上述原因，激光具有如下的特征。

（1）强度高

从表7-1可以看出，一台红宝石脉冲激光器的亮度要比脉冲氙灯高三百七十亿倍，比太阳光表面的亮度也要高出二百多亿倍，所以激光的亮度和强度特别高。

表7-1　光源亮度比较

| 光源 | 亮度/熙提① | 光源 | 亮度/熙提① |
|---|---|---|---|
| 蜡烛 | 约0.5 | 太阳 | 约$1.65\times10^5$ |
| 电灯 | 约470 | 高压脉冲氙灯 | 约$10^5$ |
| 炭弧 | 约9 000 | 红宝石等固体脉冲激光器 | 约$3.7\times10^{16}$ |
| 超高压水银灯 | 约$1.2\times10^5$ | | |

①1熙提(sb)$=10^4$ cd/m$^2$（坎/m$^2$）。

激光的亮度和能量密度如此之高，原因在于激光可以实现光能在空间和时间上的亮度和能量集中。就空间集中而论，试想如果将分散在180°立体角范围内的光能全部压缩到0.18°立体角的范围内，则在不增加总发射功率的情况下，发光体在单位立体角内发射的功率就可以提高100万倍，亦即亮度提高了100万倍；就时间集中而论，如果把1 s时间内发出的光压缩在亚毫秒数量级的时间内发射，形成短脉冲，则在总功率不变的情况下，瞬时脉冲功率又可以提高几个数量级，从而极大地提高了激光的亮度。

（2）单色性好

在光学领域，“单色”是指光的波长（或者频率）为一个确定的数值。实际上严格的单色光是不存在的，波长为$\lambda_0$的单色光都是指中心波长为$\lambda_0$，谱线宽度为$\Delta\lambda$的一个光谱范围。$\Delta\lambda$称为单色光的谱线宽，是衡量单色性好坏的尺度，$\Delta\lambda$越小，单色性就越好。

在激光出现以前，单色性最好的光源是氪灯，它发出的单色光$\lambda_0=605.7$ nm，在低温条件下，$\Delta\lambda$只有0.000 47 nm。激光出现后，单色性有了很大的飞跃，单纵模稳频激光的谱线宽度可以小于$10^{-8}$ nm，单色性比氪灯提高了上万倍。

（3）相干性好

光源的相干性可以用相干时间或相干长度来度量。相干时间是指光源先后发出的两束光能够产生干涉现象的最大时间间隔。在这个最大时间间隔内光所走的路程（光程）就是相干长度，它与光源的单色性密切相关，即

$$L=\frac{\lambda_0}{\Delta\lambda}$$

式中：$L$——相干长度；

$\lambda_0$——光源的中心波长；

$\Delta\lambda$——光源的谱线宽度。

这就是说，单色性越好，$\Delta\lambda$ 越小，相干长度就越大，光源的相干性也越好。某些单色性很好的激光器所发出的光，采取适当措施后，其相干长度可达几十公里。而单色性能很好的氪灯所发出的光，相干长度仅为 78 cm，用它进行干涉测量时最大可测长度只有 38.5 cm，其他光源的相干长度就更小了。

(4)方向性好

激光的方向性是用发散角来表征的。普通光源由于各个发光中心是独立发光的，而且各具有不同的方向，所以发射的光束是很发散的。即使是加上聚光系统，要使光束的发散角度小于 0.1 sr，仍是十分困难的。激光则不同，它的各个发光中心是互相关联地定向发射，所以可以把激光束压缩在很小的立体角内，发散角甚至可以小于 $0.1\times10^{-3}$ sr。

**3. 激光加工的原理和特点**

①聚焦后，激光功率密度可达 $10^8\sim10^{10}$ W/cm$^2$，光能转化为热能，几乎可以熔化、气化任何材料。所以，激光可以用于加工目前所知的几乎所有金属和非金属材料。例如耐热合金、陶瓷、石英、金刚石等这些极难加工的硬脆材料。

②激光光斑大小可以聚焦到微米级，而且输出功率是可以调节的，因此可以用于精密微细加工。

③激光加工所用的工具是激光束，所以激光加工是一种非接触加工，没有明显的接触力，没有工具损耗等问题，且加工速度高，热影响区小，容易实现加工过程的自动化。通过调节聚焦点，还能通过透明体进行加工，如对真空管内部进行焊接加工等。

④与电子束加工比较起来，激光加工所用的装置简单，不要求复杂的抽真空装置。

⑤激光加工是一种瞬时的局部熔化、气化的热加工，这一过程中影响的因素很多，因此精微加工时，精度尤其是重复精度和表面结构不易保证，必须进行反复试验，寻找合理的加工参数，才能达到一定的加工要求。由于光的反射作用，对于表面光泽或透明材料的加工，必须预先进行色化或打毛处理，使更多的光能被吸收后转化为热能进行加工。

⑥加工中产生的金属气体及火星等飞溅物，要注意通风抽走，操作者应戴防护眼镜。

**4. 激光加工机的组成**

激光加工的基本设备包括激光器、电源、光学系统及机械系统等四大部分。

①激光器：激光加工的重要设备，用于把电能转化为光能，产生激光束。

②电源：为激光提供所需要的能量及控制功能。

③光学系统：包括激光聚焦系统和观察瞄准系统，后者能观察和调整激光束的焦点和位置，并将加工位置显示在投影仪上。

④机械系统：主要包括床身、能在三坐标范围内移动的工作台及机电控制系统等。随着电子技术的发展，目前激光加工已采用计算机来控制工作台的移动，从而实现了激光加工的数控操作。

目前常用的激光器按激活介质的种类可分为固体激光器和气体激光器，按激光器的工作方式可大致分为连续激光器和脉冲激光器。这里对固定式激光器进行简单的介绍。

固定式激光器一般采用光激励，能量转化环节多，光的激励能量大部分转换为热能，所以效率较低。为了避免固体介质过热,固体激光器通常采用脉冲工作方式,并用合适的冷却装置,较少采用连续工作方式。由于晶体缺陷和温度引起的光学不均匀性,固体激光器不容易获得单模,而倾向于多模输出。

图 7-44 所示为固体激光器的结构示意图,由于固体激光器的工作物质尺寸较小,因而其结构比较紧凑。图中的激光器结构中包括工作物质、光泵、玻璃套管和滤光液、冷却水、聚光器以及谐振腔等部分。

①光泵是供给工作物质光能用的,一般使用氙灯或氪灯作为光泵。脉冲状态工作的氙灯有脉冲氙灯和重复脉冲氙灯两种。前者只能每隔几十秒工作一次;后者可以每秒工作几次至几十次,后者的电极需要用水冷却。

②聚光灯的作用是把氙灯发出的光聚集在工作物质上,一般将氙灯发出来的 80% 左右的光能集中在工作物质上。常用的聚光灯有很多种形式,如图 7-45 所示。其中圆柱形加工制造方便,用得较多;椭圆柱形聚光灯效果好,采用也较多。为了提高反射率,聚光灯内面需磨平抛光至 $Ra0.025$ μm,并蒸镀一层银膜、金膜或铝膜。

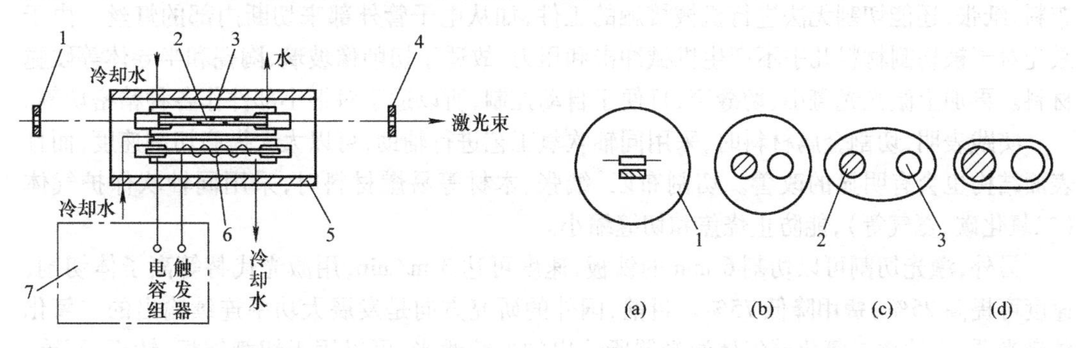


图 7-44　固体激光器的结构示意图

1—全反射镜;2—工作物质;3—玻璃套管;

4—部分反射镜;5—聚光镜;6—氙灯;7—电源

图 7-45　各种聚光灯

(a)球形;(b)圆柱形;(c)椭圆柱形;(d)紧包裹形

1—聚光器;2—工作物质;3—氙灯

③滤光液和玻璃套管是为了滤去氙灯发出的紫外线成分,因为这些紫外线成分对于钕玻璃和掺钕钇铝石榴石都是十分有害的,它会使激光的效率显著下降,常用的滤光液是重铬酸钾溶液。

④谐振腔由两块反射镜组成,其作用是使激光沿轴向来回反射共振,用于加强和改善激光的输出。

**5. 激光加工的应用**

激光加工的用途很广泛,现在已经在打孔、切割、焊接、表面处理等领域得到了大量的应用,不论从加工效率还是加工精度来看,都具有较好的保证,未来加工的领域将会逐渐扩大。

(1)激光打孔

利用激光几乎可以在任何材料上打微小孔(图 7-46),目前激光打孔已广泛应用于火箭发动机和燃料喷嘴加工、化学纤维喷丝板打孔、钟表及仪表中的宝石轴承打孔、金刚石拉丝模加工等。激光打孔适合于自动化连续打孔,如在钟表行业,加工钟表中用的宝石轴承上直径为 0.12 ~ 0.18 mm、深度为 0.6 ~ 1.2 mm 的小孔,采用自动传送每分钟可连续加工几十个宝石轴承。又比如采用数控激光加工生产化学纤维用的喷丝板,在直径 100 mm 的不锈钢喷丝板上打 10 000 多个直径为 0.06 mm 的小孔,不到半天即可完成。激光打孔直径可以小

图 7-46　激光打孔加工的产品
(a)各种燃料喷嘴;(b)宝石轴承与手表;(c)金刚石拉丝模

至 0.01 mm 以下,深径比可达 50:1。

(2)激光切割

激光可用于切割加工各种各样的材料。这当中既包括金属材料,也包括非金属材料;既包括无机物材料,也包括皮革等有机物材料。它可以代替钢锯来切割木材,代替剪子来切割布料、纸张,还能切割无法进行机械接触的工件,如从电子管外部来切断内部的灯丝。由于激光对于被切割材料几乎不产生机械冲击和压力,故适于切削像玻璃、陶瓷和半导体等硬脆材料。再加上激光光斑小、切缝窄,且便于自动控制,所以适于对细小部件作各种精密切割。

实践表明,切割金属材料时,采用同轴吹氧工艺进行辅助,可以大大提高切割速度,而且表面结构也会有明显的改善。切割布匹、纸张、木材等易燃材料时,采用同轴吹保护气体(二氧化碳、氮气等),能防止烧焦和切缝缩小。

另外,激光切割可以切割 6 mm 的钛板,速度可达 3 m/min,用激光代替等离子体切割,速度可提高 25%,费用降低 75%。目前,国外的研究方向是发展大功率连续输出的二氧化碳激光器,大功率二氧化碳气体激光器所输出的连续激光,可以用于切割钢板、钛板、石英、陶瓷及塑料、木材、布匹、纸张等,其工艺效果较好。

(3)激光刻蚀打标记

小功率激光束可用于对金属或非金属表面进行刻蚀打标记,加工出文字图案或工艺美术品。图 7-47 所示为采用激光刻蚀打标记做出的样件。

图 7-47　激光刻蚀打标件

(4)激光焊接

激光焊接是以高功率聚焦的激光束为热源,熔化材料形成焊接接头的。它是一种熔深大、速度高、单位时间熔合面积大的高效焊接方法,又是一种焊接深宽比大、比能小、热影响区小、变形小的高精度焊接方法。当激光功率密度为$10^5$ ~ $10^7$ W/$cm^2$,照射时间约为0.01 s,即可进行激光焊接。激光焊接一般无须焊料和焊剂,只需将工件的加工区域“热熔”在一起就可以了。

(5)激光表面处理

激光表面处理是近几十年来激光加工领域中最为活跃的研究和开发方向。当前,在这一领域,已发展了相变硬化、快速熔凝、合金化、融覆等一系列处理工艺。其中相变硬化和熔凝处理的工艺技术更趋向成熟并已开始产业化。例如激光表面淬火就是激光表面硬化最成功的实际应用,以高能量的激光束快速扫描工件表面,在扫描表面极薄的一层小区域内极快吸收能量而使被扫描件表面温度急剧上升,升温速度可达到$10^5$ ~ $10^6$ ℃/s,此时工件基体仍处于冷态,由于热传导作用,表面热量迅速传到工件其他部位,其冷却速度可达$10^4$ ℃/s,因而在瞬间可进行快速自冷淬火,实现工件表面的相变硬化。当采用4 ~ 5 kW的大功率激光器进行处理时,能使硬化层深度达到3 mm。由于激光加热速度特别快,工件表层的相变是在很大过冷度下进行的,因而得到的不是均匀的奥氏体晶粒,冷却后变成隐晶或细针马氏体。激光淬火比常规淬火的表面硬度高15% ~ 20%,可显著提高钢的耐磨性。另外,表面淬硬层造成较大的压力,有助于其疲劳强度的提高。合金化和融覆技术,对基体材料的适用范围和性能改善的幅度相比前两种工艺广得多,发展前景也更为广阔。

## 知识链接5 超声加工

超声加工(Ultrasonic Machining,USM)也称为超声波加工。电火花加工只能加工金属导电材料,不易加工不导电的非金属材料,而超声加工不仅可以加工硬质合金、淬火钢等金属脆硬性材料,而且还可以用于加工玻璃、陶瓷、半导体锗和硅片等不导电的非金属的硬脆性材料,同时还可以用于清洗、焊接和探伤等。近几年来,超声加工的应用已经逐渐开始普及。

### 1. 超声加工的特点

①适合于加工各种脆硬材料,特别是不导电的非金属材料,例如玻璃、陶瓷(氧化铝、氧化硅等)、石英、锗、硅、玛瑙、宝石、金刚石等。对于导电的硬质合金材料,如淬火钢、硬质合金等,也能进行加工,但加工生产的效率较低。

②由于加工工具可以使用较软的材料,做成较复杂的形状,故不需使工具和工件作比较复杂的相对引动,因此超声加工机床的结构比较简单,只需一个方向轻进给,操作、维修比较方便。

③由于去除加工材料是靠极小磨料瞬时局部的撞击作用,故工件表面的宏观切削力很小,切削应力、切削热很小,不会引起变形及烧伤,表面结构也较好,可达 *Ra* 0.1 ~1 μm,加工精度可达0.01 ~0.02 mm,而且可以加工薄壁、窄缝、低刚度零件。

### 2. 超声加工设备及其组成部分

超声加工设备又称为超声加工装置,各种超声加工装置的功率大小和结构形状虽有不同,但其组成部分基本相同,一般包括超声发生器、超声振动系统、机床本体和磨料工作液循环系统。

(1)超声发生器

超声发生器也称为超声波或超声频发生器,其作用是将工频交流电转变为有一定功率输出的超声频电振荡,以提供工具端面往复振动和去除被加工材料的能量。其基本要求是:

输出功率和频率在一定范围内连续可调,最好能具有对共振频率自动跟踪和自动微调的功能,此外要求结构简单、工作可靠、价格便宜、体积小。

(2)声学部件

声学部件的作用是把高频电能转变为机械能,使工具端面作高频率、小振幅的振动以进行加工。它是超声波加工机床中很重要的部件。声学部件由换能器、变幅杆(振幅扩大棒)及工具组成。其中换能器的作用是将高频电振荡转化成机械振动;变幅杆用于将换能器产生的振荡的振幅加大,以完成加工;最后由加工工具来完成加工的过程。

(3)机床

超声加工的机床一般比较简单,包括支撑声学部件的机架及工作台,使工具以一定压力作用在工件上的进给机构等。图 7-48 所示为国产 CSJ—2 型超声加工机床简图。图中 4、5、6 为声学部件,安装在一根能上下移动的导轨上,导轨由上下两组滚动导轮定位,使导轨能灵活精密地上下移动。工具的向下进给及对工件施加压力靠声学部件自重,为了能调节压力的大小,在机床后部有可加减的平衡重锤 2,也有采用弹簧或其他办法加压的。

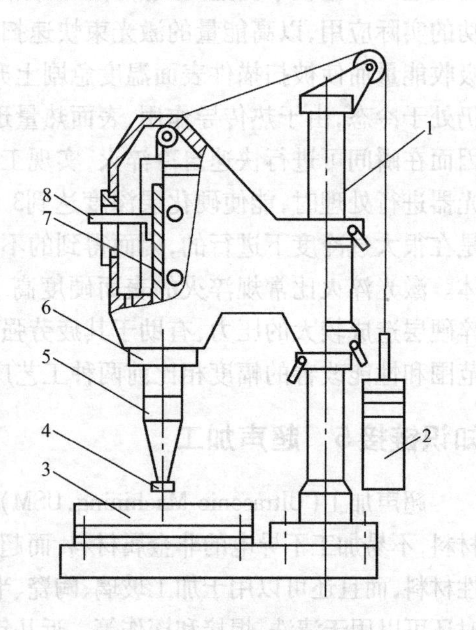

图 7-48　CSJ—型超声加工机床

1—支架;2—平衡重锤;3—工作台;4—工具;5—振幅扩大棒;6—换能器;7—导轨;8—标尺

(4)简单的超声波加工装置

其磨料是靠人工输送和更换的,即在加工前将悬浮磨料的工作液浇注在加工区,加工过程中定时抬起工具并补充磨料。也可以利用小型离心泵使磨料悬浮液搅拌后注入到加工间隙中去。对于较深的加工表面,应将工具定时抬起以利磨料的更换和补充。

目前效果较好而又最常采用的工作液是水,为了提高表面质量,有时也用煤油或机油当工作液。磨料常用氮化硼、碳化硅或氧化铝等,其粒度大小是根据加工生产效率和精度要求等来决定的。颗粒大的生产效率高,但加工精度及表面结构较差,反之亦然。

**3. 超声加工的应用**

超声加工的生产效率虽然比电火花、电解加工等低,但其加工精度和表面结构等都比前两者好,而且能加工半导体、非导体的脆硬材料。即使是电火花加工后的一些淬火钢、硬质合金冲模、拉丝模、塑料模具,最后还常用超声加工进行光整加工。

(1)型孔、型腔加工

目前超声加工在工业部门主要用于对脆硬性材料加工圆孔、型孔、型腔、套料、微细孔等。图 7-49 所示为超声加工的型孔、型腔等。

(2)切割加工

用普通机械切割硬脆性的半导体材料是很困难的,采用超声切割则较为有效。方法是用锡焊或铜焊将工具(薄钢片或磷青钢片)焊接在变幅杆的端部。加工时喷注磨料液,一次可切割 10 ~20 片。

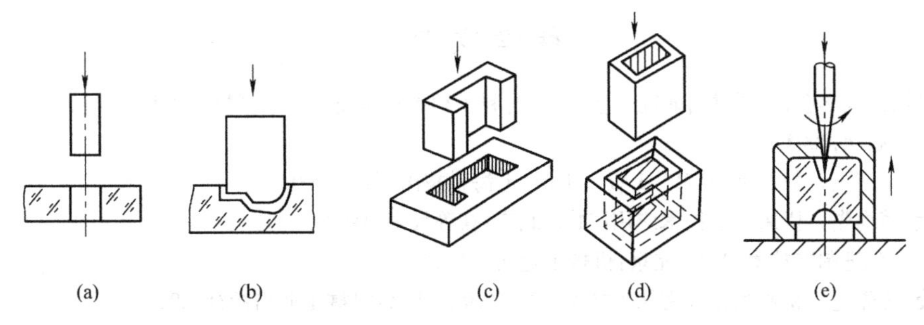


图 7-49　超声加工的型孔、型腔

(a)加工圆孔;(b)加工型腔;(c)加工异形孔;(d)套料加工;(e)加工微细孔

(3)复合加工

在超声加工硬质合金、耐热合金等硬质金属时,加工速度较低,工具损耗大。为了提高加工速度及降低工具损耗,可以把超声加工和其他加工方法结合进行复合加工。例如采用超声与电化学加工相结合的方法来加工喷油嘴、喷丝板上的小孔和窄缝,可以大大提高加工速度和质量。

(4)超声清洗

超声清洗的原理主要是基于超声频振动在液体中产生的交变冲击波和空化作用。超声波在清洗液(汽油、煤油、酒精、丙酮或水等)中传播时,液体分子往复高频振动产生正负交变的冲击波。当声强达到一定数值时,液体中急剧生长微小空化气泡并瞬时强烈闭合,产生的微冲击波使被清洗物表面的污物遭到破坏,并从清洗液表面脱落下来。即使是被清洗物上的窄缝、细小深孔以及弯孔中的污物,也很容易被清洗干净。虽然每个微气泡的作用不是很大,但每秒钟有上亿个空化气泡在作用,就具有很好的清洗效果了。所以,超声振动被广泛应用于对喷油嘴、喷丝板、微型轴承、仪表齿轮、零件、手表整体机芯、印制电路板、集成电路微电子器件的清洗,可获得很高的净化度。

# 参考文献


[1] 中国机械工程学会,中国材料研究学会,中国材料工程大典编委会．中国材料工程大典[M]．北京:化学工业出版社,2005.

[2] 吴育祖,秦鹏飞．数控机床[M].3版．上海:上海科技出版社,2000.

[3] 李宏胜,黄尚先．机床数控技术应用[M]．北京:高等教育出版社,2001.

[4] 王隆太．先进制造技术[M]．北京:机械工业出版社,2003.

[5] 袁哲俊,王先逵．精密和超精密加工技术[M].2版．北京:机械工业出版社,2011.

[6] 刘晋春,白基成．特种加工[M].5版．北京:机械工业出版社,2010.

[7] 周宏甫．机械制造技术基础[M]．北京:高等教育出版社,2004.

[8] (德)约瑟夫·迪林格,等．机械制造工程基础[M]．长沙: 湖南科学技术出版社, 2010.

[9] 倪为国,吴振勇．金属工艺学实习教材[M]．天津: 天津大学出版社,1994.

[10] 程熙．热能与动力机械制造工艺学[M]．北京:机械工业出版社, 2003.

[11] 赵志修．机械制造工艺学[M]．北京:机械工业出版社,1985.

[12] 双元制培训机械专业理论教材编委会．机械工人专业工艺——机械切削工分册[M]．北京:机械工业出版社,2005.

[13] 姜波．钳工工艺学[M].4版．北京:中国劳动社会保障出版社,2005.

[14] 刘汉蓉．钳工生产实习[M]．北京:中国劳动出版社,1996.

[15] 王雅然．金属工艺学[M]．北京:机械工业出版社,1999.

[16] 吕广庶,张远明．工程材料及成形技术基础[M]．北京:高等教育出版社,2001.

[17] 戴枝荣．工程材料[M]．北京:高等教育出版社,1998.

[18] 邓文英．金属工艺学[M]．北京:高等教育出版社,2000.

[19] 乔世民．机械制造基础[M]．北京:高等教育出版社,2003.

[20] 邢忠文．金属工艺学[M]．哈尔滨:哈尔滨工业大学出版社,1999.

[21] 王俊昌．工程材料及机械制造基础[M]．北京:机械工业出版社,1998.

[22] 陈永．工程材料与热加工[M]．武汉:华中科技大学出版社,2001.

[23] 王纪安．工程材料与材料成形工艺[M]．北京:高等教育出版社,2006.

[24] 邢建东,陈金德．材料成形技术基础[M]．北京:机械工业出版社,2007.

[25] 卢秉恒．机械制造基础[M]．北京:机械工业出版社,2008.

[26] 吴东平,于慧．机械制造基础[M]．北京:化学工业出版社,2009.

[27] 宋昭祥．机械制造基础[M]．北京:机械工业出版社,2010.

[28] 宾鸿赞,王润孝．先进制造技术[M]．北京:高等教育出版社,2009.

[29] 盛晓敏,邓朝辉．先进制造技术[M]．北京:机械工业出版社,2011.

[30] 于俊一,邹青．机械制造技术基础[M]．北京:机械工业出版社,2009.

[31] 贾振元,王福吉．机械制造技术基础[M]．北京:科学出版社,2011.

[32] 刘英,袁绩乾．机械制造技术基础[M].2版．北京:机械工业出版社,2008.